山东省普通高等教育一流教材

石油和化工行业"十四五"规划教材

遗传学 第三版

Genetics

赵凤娟　姚志刚　主编

化学工业出版社

·北京·

内容简介

遗传学是生命科学中发展迅速、极为活跃的前沿学科。本教材的修订秉承初次出版的定位，专门面向应用型本科院校应用型人才的培养；既保证基础，更注重应用，在融入遗传学发展前沿知识（例如表观遗传、基因编辑、免疫遗传等）的基础上，结合教师课堂实践以及读者的意见反馈，对第二版中各章节内容进行了删减（如细胞结构、遗传与优生）、调整（如数量性状遗传等）或完善（如细胞质遗传、人类遗传），进一步丰富了思考拓展内容，以支撑学生课后拓展活动。

本教材适合应用型本科院校生物科学、生物技术、生物工程、生态学、草业科学、生物化工、生物制药等专业学生使用；也可供其他民办本科院校、独立学院及高职高专院校的生命科学、医学及环境科学相关专业学生参考。

《遗传学》（第三版）力求科学性强、思想端正、出版特色鲜明，对标应用型人才培养，是对国内相关遗传学教材的积极补充，可对应用型本科院校为主的生命科学类专业的遗传学课程教学和学习起到很好的指导、支持或借鉴作用。

图书在版编目（CIP）数据

遗传学 / 赵凤娟，姚志刚主编. -- 3版. -- 北京 ：化学工业出版社，2026. 2. --（山东省普通高等教育一流教材）（石油和化工行业“十四五”规划教材）.
ISBN 978-7-122-49366-8

Ⅰ. Q3

中国国家版本馆CIP数据核字第2025C70P08号

责任编辑：李建丽 傅四周　　文字编辑：刘洋洋
责任校对：李雨晴　　装帧设计：张　辉

出版发行：化学工业出版社
（北京市东城区青年湖南街13号　邮政编码100011）
印　　装：三河市双峰印刷装订有限公司
787mm×1092mm　1/16　印张21¾　字数561千字
2026年2月北京第3版第1次印刷

购书咨询：010-64518888　　售后服务：010-64518899
网　　址：http://www.cip.com.cn
凡购买本书，如有缺损质量问题，本社销售中心负责调换。

定　　价：59.00元

《遗传学》（第三版）

编写人员名单

主　　编　赵凤娟　姚志刚

副 主 编　赵自国　张韩杰　曾万勇　陈兆贵

参　　编　（按姓氏汉语拼音排序）

郭　彦　刘雪红　张伟伟

前言

遗传学是研究生物遗传和变异规律的科学，是生命科学中体系完整、方向交叉性强、发展十分迅速的理论科学，同时又是一门密切联系生产实际的科学，不仅对生命科学领域的发展起着重要的作用，同时也与生物育种乃至农、林、牧、渔等行业息息相关，并涵盖环境保护、工业生产、医药健康领域，尤其对人类遗传疾病防治具有重要的指导作用。

《遗传学》第一版出版于2011年6月，第二版出版于2015年9月，由全国各类应用型本科院校从事遗传学教学的一线教师分工协作编写，出版后得到广大师生的好评，先后有五十余所高校使用本教材，并且《遗传学》（第二版）在2023年被认定为山东省普通高等教育一流教材。本教材第三版的修订秉承原有出版定位，面向应用型本科院校应用型人才的培养，入选了石油和化工行业“十四五”规划教材。本教材的编写既保证基础，更注重应用，在融入最新遗传学发展前沿知识（如表观遗传、基因编辑、免疫遗传等）的基础上，结合教师课堂实践以及来自编者和读者的意见反馈，对第二版中部分章节内容进行了删减（如细胞结构、遗传与优生）、调整（如数量性状遗传）或完善（如细胞质遗传、人类遗传），进一步丰富了思考拓展内容，以支撑学生课外拓展活动。并且，对第二版的疏漏甚至错误之处进行了校正。

本教材继续突出面向应用型本科院校的特点，内容侧重遗传基本原理、统计分析方法和具体实例的有机结合，尤其突出融入我国科学家在各领域的贡献，注重对学生爱国情操、科学思维和专业兴趣的培养和引导。教材出版得到了山东省本科一流课程“遗传学”和化学工业出版社的支持，在此表示感谢。

具体修订分工如下：赵凤娟（第一章、第十章、第十三章）、姚志刚（第一章、第四章）、赵自国（第二章、第九章）、张韩杰（第三章、第八章）、刘雪红（第十一章、参考文献）、张伟伟（第十五章、名词索引），曾万勇（第五章、第六章），陈兆贵（第十二章、第十四章），郭彦（第七章）。全书由赵凤娟和姚志刚老师统稿。

遗传学发展十分迅速，涉及领域广泛，限于编者教学与科研的局限性，难免有遗漏和不妥之处，恳请专家、同行和同学们不吝批评指正！

编者

2025年1月

目 录

第一章 绪论 1

第二章 遗传的染色体基础 9

第七章 数量性状遗传 115

第八章 微生物遗传 143

第一章

绪　论

【本章导言】

遗传学是20世纪兴起的一门年轻的学科，发展极为迅速，随着研究的不断深入，它的分支已广泛渗透到生物科学的各个领域，成为现代生物学的中心和带头学科。它既是生物学中的一门基础理论学科，同时又是应用性非常强的一门课程。遗传学新理论、新技术、新成果层出不穷，而新成果又快速地转化为生产力。如依托遗传工程技术的产业已成为世界各国的支柱产业，而基因诊断和基因治疗等也显示出美好的应用前景。这一切也向人们展示，21世纪的遗传学是一个极具活力的学科，它将带动整个生命科学迅猛发展，使人类支配和主宰生命世界的能力有一个巨大的飞跃。

第一节　遗传学概述

一、遗传学的基本概念

遗传学（genetics）是研究生物遗传和变异规律的科学。遗传和变异是由遗传信息决定的，因此，遗传学也就是研究生物体遗传信息的组成、传递和表达规律的一门学科。

遗传和变异是生物界最普遍、最基本的两个特征。

1. 遗传

在生物繁殖的过程中，亲代与子代之间在性状上总是表现相似的现象，称为**遗传**（heredity）。性状包含了生物所有的特征和特性，如人的身高、眼睛的颜色等，小麦的株高、颖壳的颜色等。俗话说“种瓜得瓜，种豆得豆”“龙生龙，凤生凤，老鼠生仔会打洞”，这些都是人们对遗传现象的描述。

2. 变异

尽管遗传现象是生物界的普遍现象，但是这并不意味着亲代与子代完全相同，亲代和子代总是存在着不同程度的差异。俗语“一母生九子，连娘十个样”“一树结果，有甜有酸”就是早期人类对变异现象的初步描述。生物界没有绝对相同的两个个体，即使是同卵双生的同胞之间也不完全相同。生物在繁殖的过程中，亲代与子代、子代与子代之间总是存在着相对的差异，这种同种个体之间的差异叫**变异**（variation）。

3. 遗传和变异的关系

遗传和变异的表现都与环境有着不可分割的关系。生物与环境的统一是生命科学中的基本原则。因为任何一种生物都必须在合适的环境中摄取营养，通过新陈代谢生长、发育和繁殖后代，从而表现出性状的遗传和变异现象。在整个生物界，遗传是相对的、保守的，而变异是绝对的、发展的，遗传和变异是相互制约又相互依存的。在生物进化的过程中，如果没有遗传，生物就不能把种的特征传递下去，任何物种都不可能存在；没有变异，物种就无法适应急剧变化的环境，生物就是在遗传与变异这对矛盾的斗争和转化中不断向前发展进化的。因此，遗传和变异是生物进化发展和物种形成的内在因素。

二、遗传学研究的对象和任务

遗传学就是以植物、动物、微生物以及人类为研究对象，研究其为什么能产生遗传和变异，有什么规律性，其物质基础是什么，人类能否控制遗传和变异。人类不仅研究这些规律，而且要能动地运用这些规律，使之成为改造生物的有力武器，如提高某些生物育种效率和医药研究水平，攻克各种遗传性疾病，为人类造福。

第二节　遗传学发展简史

人们早在古代从事农业生产过程中便注意到了遗传和变异的现象。春秋时期有“桂实生桂，桐实生桐”，战国末期又有“种麦得麦，种稷得稷”的记载。东汉王充曾写道“万物生于土，各似本种”，并进一步指出“嘉禾异种……无常本根”，认识到了变异的现象。这说明古代人民对遗传和变异有了粗浅的认识，但基于种种原因没能形成一套遗传学理论。直到19世纪才有人尝试把积累的材料加以归纳、整理和分类，并用理论加以解释，对遗传和变异进行系统研究。

一、遗传学的诞生

1. 拉马克的“用进废退学说”和“获得性状遗传假说”

18世纪下半叶和19世纪上半叶法国学者拉马克（J.B.Lamarck）对生物遗传和变异进行了系统的研究，并在1809年出版了《动物的哲学》（*Philosophie Zoologique*）一书，认为环境条件的改变是生物变异的根本原因，提出了动物器官的进化与退化取决于用与不用，即器官的“用进废退”（use and disuse of organ）理论以及每一世代中由于用或不用而加强或削弱的性状是可以遗传的，即“获得性状遗传”（inheritance of acquired characters）等学说。虽然“用进废退学说”和“获得性状遗传假说”都存在科学问题，但在当时，对于遗传和变异规律的研究起了很重要的推动作用。

2. 达尔文的“泛生说”

达尔文（Darwin，1809—1882年），进化论学者，英国的博物学家，为了解释生物的遗传现象，他提出了“泛生论”假说（hypothesis of pangenesis）。他假设：生物的各种性状，都以微粒——“泛因子”状态通过血液循环或导管运送到生殖系统，从而完成性状的遗传。限于当时的科学水平，对复杂的遗传变异现象，他还不能做出科学的回答。虽然如此，达尔文学说的产生促使人们重视对遗传学和育种学的深入研究，为遗传学的诞生起了积极的推动作用。

3. 魏斯曼的“种质学说”

魏斯曼（Weismann，1834—1914年）认为多细胞生物体由种质和体质两部分组成，体质是由种质产生的，种质在世代中是连绵不断的。环境只能影响体质，而不能影响种质，后天获得性状不能遗传。魏斯曼的种质学说（germplasm theory）使人们对遗传和不遗传的变异有了深刻的认识，但是他对种质和体质的划分过于绝对化。

4. 孟德尔的“遗传因子学说”

孟德尔（G.J.Mendal，1822—1884年）在前人工作的基础上进行了8年豌豆杂交试验，并于1866年发表了题为“植物杂交实验”的论文，首次提出分离和自由组合两个遗传的基本定律。认为生物的性状由体内的“遗传因子”决定，而遗传因子可从上代传给下代。他应用统计方法分析和验证这个假设，对遗传现象的研究从单纯的描述推进到正确的分析，为近代颗粒性遗传理论奠定了科学基础。遗憾的是限于当时科学的发展和一些人为的因素，这一重要理论未被重视，直至34年后才被3位科学家在不同的国家，利用不同的实验材料所验证。

5. 遗传学学科的奠基

1900年三位植物学家，Hugo de Vries研究月见草和玉米，Carl Correns研究玉米、豌豆和菜豆，Erich von Tschermak研究豌豆等几种植物，都从自己独立的研究中同时发现并证实了孟德尔定律，此后许多学者都按照孟德尔的理论和研究方法对动植物的遗传现象进行了广泛深入的研究，遗传学研究得到了迅速发展。因此，这一年，即1900年，由于孟德尔定律的重新发现而被公认为是遗传学的奠基年，孟德尔则被称为“遗传学之父”。

但是，遗传学作为一个学科的名称却是英国人Bateson于1906年首先提出的，他还将孟德尔最初提出的控制一对相对性状的遗传因子定名为**等位基因**（allelomorph，后缩写为allele）。1903年，Sutton发现染色体行为与遗传因子的行为一致，于是提出了染色体是遗传因子载体的观点。1909年丹麦遗传学家Johannson提出用**基因**（gene）一词代替孟德尔的遗传因子。至今遗传学中仍广泛使用等位基因和基因这两个名词。

二、遗传学的发展

（一）经典遗传学的发展

1. 摩尔根及连锁遗传定律

1910年美国遗传学家摩尔根（T.H.Morgan）和他的学生们以果蝇为材料，研究性状的遗传方式，进一步证实了孟德尔定律，并把孟德尔所假设的遗传因子（后称为基因）具体落实在细胞核内的染色体上，从而建立了著名的基因学说（gene theory）。他们还得出连锁交换定律，确定基因直线排列在染色体上。摩尔根所确立的连锁交换定律与孟德尔的分离定律和自由组合定律共称为遗传学三大基本定律。此后的遗传学就以基因学说为理论基础，进一步深入到各个领域进行研究，建立了众多的分支和完整的体系，并日趋复杂和精密。

2. 人工诱变

1927年Muller和Stadler几乎同时采用X射线诱发果蝇和玉米突变成功，开创了人工诱变研究的新领域，进一步丰富了遗传学的内容，为育种实践提供了理论基础和新的方法。1937年Blakeslee等利用秋水仙素成功诱导植物产生多倍体，为探索遗传的变异规律开辟了新途径。

3. 群体遗传、数量遗传和杂种优势理论的确立

1908年英国数学家哈迪（G.H.Hardy）和德国医生温伯格（W.Weinberg）分别发现了群体中的基因平衡理论（又称遗传平衡理论或Hardy-Weinberg定律），奠定了群体遗传学的基础。

1930—1932年Fisher、Wright和Haldane等应用数理统计方法分析性状的遗传变异，推断群体的各项遗传参数，建立了群体数量遗传学，使遗传学的发展从个体水平延伸到群体水平。

1910—1949年，随着玉米等杂种优势在生产上的利用，Bruce、Jone、Shull、East和Fisher等提出了杂种优势理论。

4. 遗传物质是DNA或RNA的证实

1928年Griffith用肺炎链球菌进行转化实验，发现了遗传转化物质，但未能加以鉴定；1944年Avery等直接证实DNA是转化肺炎链球菌的遗传物质；1952年Hershey和Chase通过噬菌体的侵染与繁殖实验证实其遗传物质也是DNA。随后，Frankel-Conrat和Singer等通过烟草花叶病毒的感染和重建实验证实在没有DNA的生物中，遗传物质是RNA。

5. “一个基因一个酶”学说

1941年Beadle和Tatum等开始用粗糙脉孢菌（*Neurosopora crassa*，又称红色面包霉）为材料，着重研究基因的生理功能和生化功能、分子结构及诱发突变等问题。Beadle等的研究证明了基因是通过它所控制的酶决定生物代谢中的生化反应步骤，进而决定性状，提出了“一个基因一个酶”的假说，从而发展了微生物遗传学和生化遗传学。

（二）现代遗传学的发展

1. 分子遗传学的诞生与早期发展

1953年美国分子生物学家沃森（J.D.Watson）和英国分子生物学家克里克（F.H.C.Crick）根据X射线衍射分析提出了著名的DNA右手双螺旋结构模型，更清楚地说明了基因组成成分就是DNA分子，它控制着蛋白质的合成过程。基因的化学本质的确定，标志着遗传学又进入了一个新阶段——分子遗传学时代。

1957年法国遗传学家本兹尔（Benzer）以T4噬菌体为材料，在DNA分子结构的水平上，分析研究了基因内部的精细结构，提出了**顺反子**（cistron）学说。顺反子的概念打破了过去经典遗传学关于基因是突变、重组、决定遗传性状差别的“三位一体”的概念，把基因具体化为DNA分子上的一段核苷酸序列，它负责遗传信息的传递，是决定一条多肽链的完整的功能单位。但它又是可分的，它内部的核苷酸组成可以独自发生突变或重组，而且基因同基因之间还有相互作用，且排列位置不同，会产生不同的效应。所有这些均是基因概念的重大发展。同年，Meselson和Stahl用实验证明了DNA的半保留复制。Crick还根据实验提出了中心法则，确定了遗传信息的流动方向和基因的表达。

2.基因表达调控的研究

1961年Monod和Jacob依据大肠杆菌在乳糖分解时各种酶含量的变化试验，发现基因有结构基因和调节基因的差别，阐明了原核生物基因“开”和“关”的机制，提出了“乳糖操纵子（operon）学说”，首先证明了基因是在特定的遗传调控下进行表达的，从而正式开始了对基因表达的各种调控方式的研究。

1961—1966年Nirenberg、Lederberg等经过多年的研究，搞清了密码子的三联体结构，破译了64个密码子的含义，列出了遗传密码表，使遗传信息的表达有了更多根据，从而把生物界统一起来。

3.重组DNA技术的诞生和发展

1973年美国遗传学家伯格（Berg）第一次把两种不同生物（SV40和λ噬菌体）的DNA人工重组在一起，首次获得了杂种分子，建立了DNA重组技术。以后，人们又把大肠杆菌的两种不同质粒重组在一起，并把杂种质粒引入大肠杆菌中，结果发现能稳定复制并表达出来自双亲质粒的遗传信息。从此，基因工程的研究便蓬勃发展起来。

1985年Mullis发明了模拟DNA体内复制过程在体外复制特定DNA片段的方法，即PCR技术。PCR可以在短时间内扩增极微量DNA，因而可以简便、快速地从微量生物材料中获得大量特定的核酸，为遗传学的研究提供了方便、快捷的技术。DNA测序方法的创立和PCR技术的发明，大大加快了遗传学研究的进程，也激发人们试图从根本上解决生物的遗传变异问题。

4.基因多样性的确立

1951年美国遗传学家McClintock根据对玉米染色体的长期观察研究，提出了“**跳跃基因**”（jumping gene）的概念。

1976年Varmus发现原癌基因（proto-oncogene）。

1977年Roberts和Sharp分别用实验证明真核生物的基因内部是不连续的，基因中的编码区被一些非编码区所割裂，提出**断裂基因**（split gene）的概念。

1977年Sanger发现重叠基因。

1988年Whyfe认识到癌的发生是癌基因的激活和抑癌基因失活的结果。

5.基因组计划的启动和应用

1990年4月美国宣布“人类基因组计划”（human genome project，HGP）正式启动，旨在在15年内对人类基因组约30亿碱基对的排列顺序进行测定，构建控制人类生长发育的约3.5万个基因的遗传和物理图谱，确定人类基因组DNA编码的遗传信息。2001年完成第一个人类染色体基因组全序列测定。1994年日本科学家发表了水稻基因组遗传图谱。1997年克隆羊“多莉”（Dolly）在英国诞生。1998年克隆牛诞生。2000年完成第一个植物拟南芥的基因组全序列测定。

6.后基因组时代

21世纪开始，遗传学的发展进入了“后基因组时代”，综合运用基因组学、转录组学、蛋白质组学、代谢组学等多种组学方法，进一步阐释DNA序列所包含的遗传信息，以及其转录的RNA及编码的蛋白质的生物学功能，深入探索生命的本质和奥秘。

回顾遗传学100余年的发展历史，充分说明遗传学是一门发展极为迅速的学科。究其原因，一是由于遗传学与多学科的相互结合和渗透，促进了一些交叉学科的形成；另一方面是由于近代化学、数学、物理学的新成就、新技术和设备在遗传学中的应用，能够更加深入地研究遗传物质的结构和功能。当前，现代遗传学已发展出30多个分支。例如，细胞遗传学、微生物遗传学、分子遗传学、发育遗传学、医学遗传学、数量遗传学、群体遗传学、进化遗传学、辐射遗传学、遗传工程、基因组学、生物信息学等。

第三节 遗传学在国民经济中的作用

遗传学的快速发展，不仅在理论上有重大意义，而且在国民经济的发展中起着越来越重要的作用。

一、在农牧业生产中的作用

无论是农林还是畜牧业都是和国计民生紧密相关的，其中心问题都是“种”的问题。所谓的优良品种主要体现在产量、质量、抗病害三大指标上。为了提高育种工作的预见性，改良品种，甚至培育新的品种，有效地控制生物体的遗传和变异，加速育种进程，就必须在遗传学的理论指导下，利用诱变、杂交、细胞工程、基因工程、组学技术等方法来开展品种选育和良种繁育工作。

我国的遗传育种学家通过多年选育培育成功的水稻矮秆优良品种，已经在生产上大面积推广种植，获得了显著的增产效益；墨西哥科学家培育出矮秆、高产、抗病的小麦品种，菲律宾也培育出抗倒伏、高产、抗病的水稻品种，正是由于大量优良品种的培育和推广，世界上很多国家的粮食产量有了不同程度的增加，促使农业生产发生了根本性的变化。动物育种方面，通过系统选育培育出的速生鸡在肉的质量和年产蛋量上都得到显著提高；采用人工授精的方法，可以培育出性状优良的牛、猪新品种。尤其伴随DNA重组技术的发展，可以定向地改良生物的品质、抗性等性状，高效培育动植物新品种。例如，抗虫棉花、抗除草剂大豆、抗虫玉米、耐储藏番茄等多种转基因植物已培育成功。并且，相继从拟南芥、水稻、玉米、番茄等植物中成功克隆到了一批重要的功能基因。近几年兴起的基因编辑技术能够高效率地进行定点基因组编辑，在生物基因研究、遗传改良等方面显示出巨大潜力。

二、在工业生产中的作用

生物制药、食品工业和发酵工业等都与遗传学的关系非常密切。人们可以利用遗传学原理来进行工业微生物的育种，用基因工程的途径制备各种工程菌，还可以改变酶的分子结构以提高其活性。尤其引起了制药业的深刻变化，基因工程生物制品现在已发展成为一项支柱产业，其重要性和市场份额越来越大，将会赶上和超过化学药品，带来巨大效益。原来依赖于从生物组织中提取的微量但具有很大医疗价值的药物，利用基因工程技术和发酵技术就可以量化生产。目前生产的干扰素、胰岛素、白细胞介素-2等重组产品已正式投放市场。人们还在研究把蜘蛛丝蛋白基因克隆出来用于生产高强度的丝纤维。

三、在能源开发和环境保护中的作用

利用工程菌可以水解植物的茎秆，产生乙醇，变废为宝；还可以通过厌氧发酵使工业废水产生沼气；利用工程菌来富集废水中的重金属，不仅可以节约资源，还可清除重金属的

污染；还能利用工程菌进行三次采油，以及消除海洋中的原油污染等。另外，利用Ames法（污染物致突变性检测法，通过检验加入待测试剂后进行培养的微生物是否发生回复突变，评估待测试剂是否有致癌性）、染色体畸变、微核技术以及果蝇ClB品系检测等系列技术，可以检测致癌、致畸变和致突变物质。

四、在医疗保健工作中的作用

人类疾病中存在四大难题：肿瘤、心血管疾病、遗传病和某些病毒感染疾病（如艾滋病、埃博拉出血热和疯牛病等）。这些难题都和遗传学紧密相关，肿瘤是癌基因的突变或调控的改变影响其产物的质和量，造成细胞内信息传递紊乱所致；心血管疾病中有的也具有遗传性；已经发现遗传病有4000多种是由基因突变所造成。艾滋病等虽然不是人类本身的基因突变所致，但要想获得有效的防治方法，首先必须搞清这些病毒基因组的结构及其复制和表达的规律，从而针对性地制定防治方法。例如，对于一些遗传性疾病，利用基因疗法用正常基因替换非正常基因而治疗遗传疾病，并不乏成功的事例；若已知家系成员中有人患有某种遗传病，同时又清楚其遗传规律，那么就可选择是否生孩子，或选择是生男还是生女。

可见，基因重组技术为基因操作和基因治疗铺平了道路。许多重要的基因被分离出来并整合到各种载体上,然后转移到寄主细胞中,组成可以合成各种蛋白质的生产中心,由此可以合成出各种生物活性物质,用于多种人类疾病的治疗和预防。

总之，遗传学在医学方面（基因检测、治疗、咨询等）的应用推动了疾病防治，但是仍需多方面关注医学伦理要求。一是知情同意充分性：基因检测结果关联个体与家族遗传特征，需以通俗语言说明技术目的、风险及局限性，保障受检者无胁迫自主决策。二是隐私与数据安全：基因信息具唯一性和家族关联性，需靠加密存储、严格授权及法律规范防范滥用。三是公平性保障：基因治疗费用高，易形成“技术鸿沟”，需通过医保、公益提升可及性，严禁基因歧视。四是非医学目的管控：禁止基因编辑用于性别筛选或“增强性”改造，避免破坏基因多样性，守住“设计婴儿”底线。五是后代权益考量：生殖细胞基因治疗效果可遗传，长期安全性不明，需跨学科评估权衡风险。这些方面共同构成遗传学的伦理框架，亟需法律、行业规范与社会监督协同守护。

五、在社会学和安全领域中的应用

当今社会遗传学涉及面已经很广，如法律上亲子鉴定、犯罪嫌疑人的排查、考古中DNA的鉴定，以及体育人才的选拔等方面均有应用。

安全领域方面，主要是防范“基因武器”。例如，利用基因工程方法把繁殖力弱但致病力强的微生物或病毒的基因（带有强致病基因）移植到繁殖力强但致病力弱的微生物或病毒中，或者是进行反向移植，制造繁殖力和致病力均强的新型微生物或新型病毒——战剂微生物或战剂病毒。对此，应该严格做好社会安全和国防安全防范。

本章小结

遗传学是研究生物遗传和变异规律的科学。遗传和变异是生物界最普遍、最基本的两个特征。18世纪下半叶，以拉马克、达尔文、魏斯曼为代表的科学家致力于遗传现象的研究，促进了遗传学的诞生；孟德尔经过8年的豌豆杂交试验，发现了分离定律和自由组合定律；de Vries、Correns、Tschermak三位科学家1900年重新证实了分离定律和自由组合定律，标志着遗传学的正式诞生。1910年，摩尔根发现了遗传的第三个基本定律——连锁交换定律，孟德尔和摩尔根的理论，为经典遗传学的发展奠定了基础。随着沃森和克里克DNA双螺旋结构模型的提出，以分子遗传学为代表的现代遗传学进入了一个高速发展的新时代。21世纪开始，遗传学进入了“后组学时代”。遗传学100余年的发展，充分说明它是一门发展极为迅速的学科，无数事实说明，遗传学的发展正在为人类的未来展示出无限美好的前景。

思考拓展

1. 名词解释

遗传学　遗传　变异　泛生论　人类基因组计划

2. 遗传学的研究对象和任务是什么？

3. 在遗传学的发展史上，有哪些科学家做出了重要贡献？

4. 举例说明遗传学在国民经济发展中的作用。

第二章

遗传的染色体基础

【本章导言】

在所有生物全部生命活动中，繁殖后代是生物得以世代延续的一个必要环节，是一个重要的基本特征，而只有通过繁殖后代才能表现出遗传和变异、适应和进化等重要的生命现象。不同生物的繁殖方式是不同的，然而不论是无性繁殖还是有性繁殖，又都是以细胞为基础，通过一系列构成细胞物质的复制和细胞分裂而完成的。19世纪末期，由于细胞学的迅速发展，生物学家们认识到，细胞核中的染色体可能是遗传的物质基础。1903年，T.H.Boveri和W.S.Sutton等提出了遗传的染色体学说，揭示了与动植物生殖细胞形成有关的减数分裂过程，使人们进一步看到了染色体与基因之间的平行现象，这一学说得到了摩尔根的证实和发展。自此以后，遗传学的发展始终与细胞学密切相关。因此，为了研究生物遗传和变异的规律及其机理，探讨遗传变异的原因及物质基础，必须具备一些与遗传学相关的细胞学基础知识。

第一节　染色体

一、染色体的形态特征和类型

早在1848年，当W.F.B.Hofmeister研究鸭跖草的花粉母细胞时，已经发现染色体并加以描述。40年后，由H.W.G.Waldeyer-Hartz将它命名为染色体。

染色体是细胞核中重要的组成部分。各个物种的染色体各有特定的形态特征。在细胞分裂过程中，染色体的形态和结构表现出一系列规律的变化，其中以有丝分裂的中期表现得最为明显和典型。因为这个阶段染色体收缩到最粗最短的程度，并且从细胞的极面上观察，可以看到它们分散地排列在赤道板上，故通常都以这个时期进行染色体形态的识别和研究。根据细胞学的观察，在外形上可以看到：每个染色体都有一个着丝粒和被着丝粒分开的两个

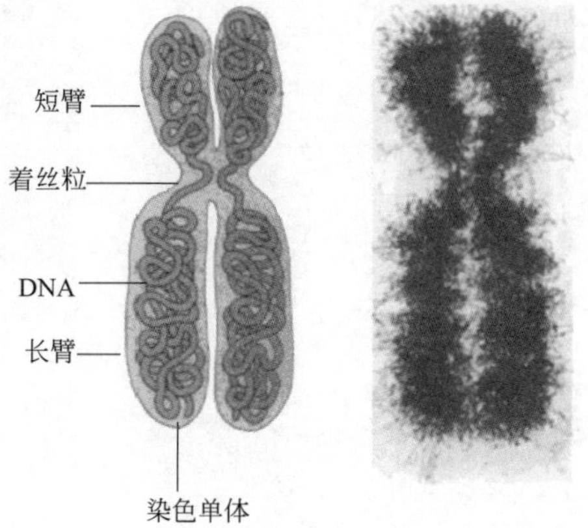

图2-1　染色体模式图

臂，如图2-1所示。染色体复制后，着丝粒尚未分裂（因为着丝粒区复制较晚），所以每个染色体实际上都带有两条染色单体（chromatids），称为**姐妹染色单体**（sister chromatid）。

着丝粒（centromere）是染色体上浅染、内缢的一个区域，也叫**主缢痕**（primary constriction），它是细胞分裂时**纺锤体**（spindle）牵引染色体的部位。着丝点和着丝粒虽然有时被当作同义词使用，但它们实际上是在空间位置上相关，而构造上又有所区别的两个结构。目前认为，着丝点是着丝粒表面的一种三层蛋白质复合结构，盘状或颗粒状，负责和纺锤丝相连接。在某些染色体的一个或两个臂上还常另有缢缩部位，染色较淡，称为**次缢痕**（secondary constriction），通常在短臂的一端。此外，染色体的次缢痕一般具有组成核仁的特殊功能，在细胞分裂时，它紧密联系着一个球形的核仁，因而称为核仁组织中心。例如，玉米第6对染色体的次缢痕就明显地联系着一个核仁。也有些生物在一个核中有两个或几个核仁。例如，人的第13、第14、第15、第21和第22对染色体的短臂上都各联系着一个核仁。某些染色体次缢痕的末端所具有的圆形或略呈长形的突出体，称为**随体**（satellite）。它的大小可以不同，其直径可与染色体相同，或者较小，甚至小到难以辨认的程度。连接染色体臂和随体的次缢痕也可长可短。次缢痕的位置和范围，是相对恒定的。这些形态特征也是识别某一特定染色体的重要标志。

各个染色体的着丝粒位置是恒定的，因而着丝粒的位置直接关系染色体的形态表现。根据位置的不同，可以把染色体分成长短大体上相等的或不等的两个臂。如果着丝粒位于染色体的中间，则两臂大致等长，称为**中着丝粒染色体**（metacentric chromosome，简写M），因而在细胞分裂后期当染色体向两极牵引时表现为V形。如果着丝粒位于染色体的靠近中央的部分，则两臂长短不一，形成一个长臂和一个短臂，称为**近中着丝粒染色体**（submetacentric chromosome，简写SM），因而在细胞分裂后期当染色体向两极牵引时表现为L形。如果着丝粒靠近染色体末端，两臂长度差异显著，则有一个长臂和一个极短的臂，因而近似于棒状，称为**亚端着丝粒染色体**（subtelocentric chromosome，简写ST）。如果着丝粒位于染色体末端，称为**端着丝粒染色体**（telocentric chromosome，简写T），由于只有一个臂，故亦呈棒状（图2-2，表2-1）。此外，某些染色体的两臂均极其粗短，则呈颗粒状。

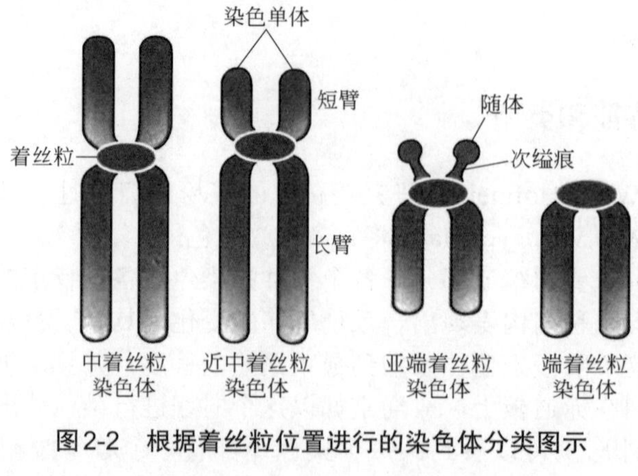

图2-2　根据着丝粒位置进行的染色体分类图示

表2-1 根据着丝粒进行染色体的分类

着丝粒位置	染色体符号	着丝粒比（长臂长度/短臂长度）	着丝粒指数（短臂长度/染色体总长度）
中着丝粒	M	1.00 ～ 1.67	0.500 ～ 0.375
近中着丝粒	SM	1.68 ～ 3.00	0.374 ～ 0.250
亚端着丝粒	ST	3.01 ～ 7.00	0.249 ～ 0.125
端着丝粒	T	7.01 ～∞	0.124 ～ 0.00

不同物种和同一物种的染色体大小差异都很大，而染色体大小主要就长度而言，在宽度上同一物种的染色体大致是相同的。一般染色体长度变动范围为0.20 ～ 50.00μm，宽度变动范围为0.20 ～ 2.00μm。在高等植物中单子叶植物一般比双子叶植物的染色体大些，但双子叶植物中牡丹属和鬼臼属是例外，具有较大的染色体。玉米、小麦、大麦和黑麦的染色体比水稻的大，而棉花、紫苜蓿和车轴草等植物的染色体则较小。

二、染色体的精细结构

染色体的化学成分为DNA、组蛋白、非组蛋白和少量RNA。其中DNA是构成染色体的主要成分，占染色质质量的30% ～ 40%，它含有两条相互平行的多核苷酸长链，并呈双螺旋结构；组蛋白是一种碱性蛋白，它与DNA的含量大致相等，很稳定，在高等动植物中含有H_1、H_2A、H_2B、H_3、H_4五种组蛋白，它们在染色体结构中起重要作用；非组蛋白是一种酸性蛋白，其种类和含量不很稳定，和RNA一样不是构成染色体的必需成分。如前所述，当细胞进入分裂期，染色质细丝卷缩成染色体，分裂结束进入分裂间期，染色体又恢复成染色质。那么，染色质的基本结构是什么？染色体是怎样形成的？

（一）染色质的基本结构单位

染色质（chromatin）是染色体在细胞分裂间期所表现的形态，呈纤细的丝状结构，也称为**染色质丝**（chromatin fiber）。染色质和染色体实际上是同一物质在细胞周期的不同时期所表现的不同形态。

在电子显微镜下，经盐溶液处理后的染色质就像一串念珠，因而奥林斯（A.L.Olins，1974年、1978年）、柯恩伯格（R.D.Kornberg，1974年、1977年）和钱朋（P.chambon，1978年）等提出了染色质结构的串珠模型，从而更新了人们关于染色质结构的传统观念，该模型已为绝大多数学者所接受。这个模型认为染色质由**核小体**（nucleosome）和**连接DNA**（linker DNA）组成（图2-3）。每个核小体由包括147bp的DNA和4种组蛋白H_2A、H_2B、H_3和H_4各两个分子组成的八聚体构成。长147bp的DNA分子以左手螺旋方向盘绕八聚体1.65圈，所形成的核小体直径约为11nm。从DNA分子包装成核小体，使DNA压缩了7倍，同时直径加粗了5倍。核小体之间联结是以组蛋白H_1和DNA结合而成，可能还含有非组蛋白。

（二）从DNA到染色体的四级结构模型

关于细胞分裂过程中染色质怎样卷缩成染色体结构的问题，贝克（A.Bark，1977年）等提出的染色质螺旋化的四级结构模型能够解释。一级结构：用核酸酶水解核小体后产生一种只含140bp DNA的核心颗粒。这样由核心加连接区就构成了核小体的基本结构单位，许多这样的单位重复连接起来，形成直径11nm的核小体串珠结构，该结构称为**多核小体链**（polynucleosomal chain）。这是染色质包装的一级结构。核小体的形成是染色体中DNA压缩的第一步，经螺旋使DNA长度被压缩了7倍。二级结构：DNA包装成染色体的下一个水平的变化是在组蛋白H_1存在下，由直径11nm的串联排列的核小体进一步螺旋化，每一圈由6个核小体构成外径30nm，内径10nm，螺距11nm的中空**螺线管**（solenoid），这时DNA又压缩了6倍，形成染色体包装的二级结构。三级结构：进一步被压缩成超螺线体，被压缩了40倍。四级结构：再次折叠和螺旋化，被压缩5倍，形成染色体。

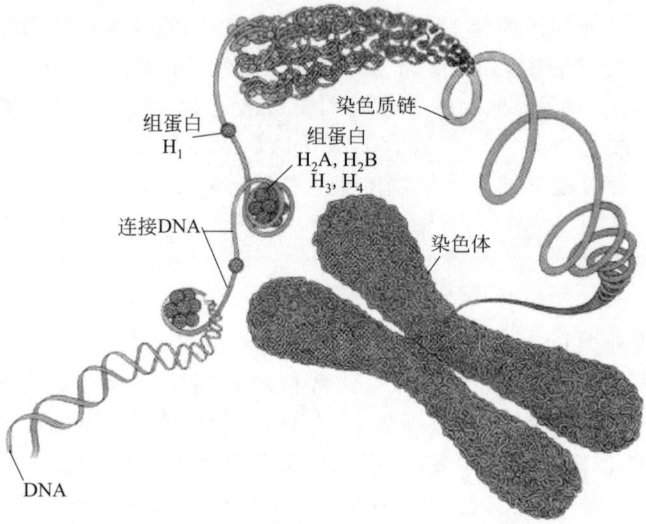

图2-3　染色质结构的核小体模式图

目前已经知道，染色体内DNA是一个连续的长分子，而染色体相对来说要短得多，人类体细胞一条染色体中DNA平均有几厘米长，而染色体只有几微米，所以，DNA在染色体中是反复折叠或螺旋化的，其压缩程度大约为一万倍。与上述各级结构模型压缩率基本一致（7×6×40×5=8400）。

（三）异染色质和常染色质

根据染色反应和形态特征，间期染色质分为两种类型：**常染色质**（euchromatin）和**异染色质**（heterochromatin）。

常染色质是构成染色质的主要成分，用碱性染料染色时染色较浅且着色均匀。在细胞分裂间期，常染色质呈高度分散状态，伸展而折叠疏松。其DNA包装比为1/2000 ～ 1/1000，即DNA实际长度为染色质纤维长度的1000 ～ 2000倍。其DNA复制发生在细胞周期的S期的早期和中期。常染色质主要由单一序列和中度重复序列DNA构成。处于常染色质状态只是基因转录的必要条件，而不是充分条件。随着细胞分裂的进行，这些染色质区段由于逐步螺旋化，从而染色逐渐加深。

异染色质是指间期核中，染色质纤维折叠压缩程度高，处于聚缩状态，用碱性染料染色时着色深的那些染色质。根据其性质又可进一步分为**结构异染色质**（或称**组成型异染色质**，constitutive heterochromatin）和**兼性异染色质**（facultative heterochromatin）。组成型异染色质就是通常所指的异染色质，它是一种永久性异染色质，在染色体上的位置较恒定，在间期细胞核中仍保持螺旋化状态，染色很深，因而在光学显微镜下可以鉴别。异染色质部分的DNA合成较晚，发生在细胞周期S期的后期。与常染色质相比，异染色质G、C碱基的含量较高，其DNA序列具有高度重复性。组成型异染色质在染色体上的分布因不同物种而异。大多数生物的异染色质集中分布于染色体的着丝粒周围。兼性异染色质，又称X性染色质。它起源于常染色质，具有常染色质的全部特点和功能，其复制时间、染色特征与常染色质相同。但在特殊情况下，在个体发育的特定阶段，兼性异染色质可以转变成异染色质，一旦发生这种转变，则获得了异染色质的属性，如发生异固缩、迟复制、基因失活等变化。

（四）染色体核型和带型

核型（karyotype）一词在20世纪20年代首先由苏联学者提出。核型是指染色体组在有丝分裂中期的表型，包括染色体数目、大小、形态特征等。核型分析是在对染色体进行测量计算的基础上，进行分组、排队、配对并进行形态分析的过程。核型分析对于探讨人类遗传病的机制、物种亲缘关系与进化、边缘杂种的鉴定等都有重要意义。将一个染色体组的全部染色体逐个按其特征绘制下来，再按长短、形态等特征排列起来的图像称为核型模式图。

随着制片技术的改进和完善，可以制备出很多处于有丝分裂中期染色体分散较好的材料，再经过显带处理，能够识别更加微细的染色体形态特征，这就是染色体的分带或显带，也叫**染色体分染**（differential staining of chromosome）。所谓“带”是指经过一系列处理和染色后，在染色体上出现颜色较深或较浅的一段区域。而染色带的数目、宽窄、色泽深浅及位置等相对恒定，由此可以鉴别染色体。

三、染色体的数目

各种生物的染色体数目是恒定的，通常以$2n$表示体细胞的染色体数目，用n表示性细胞的染色体数目。例如人类为$2n$=46，n=23；玉米为$2n$=20，n=10。在体细胞中的染色体都是成双的，各种染色体都有相同的两条，性细胞中的染色体都是成单的，各种染色体只有一条。

遗传上，把形态和结构相同、遗传功能相似的一对染色体称为**同源染色体**（homologous chromosome），而这一对染色体与另一对形态结构不同的染色体，则互称为**非同源染色体**（non-homologous chromosome）。例如水稻有12对同源染色体，这12对同源染色体彼此之间互称非同源染色体。

不同生物的染色体数目往往差异很大。例如动物中有一种马蛔虫的变种只有一对同源染色体，即n=1，而有一种蝴蝶可达191对同源染色体，n=191。染色体数目的多少并不反映物种进化的程度，但染色体数目和形态特征对于鉴别物种之间的亲缘关系具有重要意义。表2-2列出了一些生物的染色体数目，仅供参考。

四、特异染色体

在某些生物的细胞中，特别是在它们生活周期的某些阶段中，可以观察到一些特殊的染色体。它们的特点是体积巨大，相应的细胞核及整个细胞的容积也随之增大，此类染色体称为**巨大染色体**（giant chromosome），包括动物卵母细胞中所看到的**灯刷染色体**（lampbrush chromosome）及双翅目昆虫的幼虫中所见的**多线染色体**（polytene chromosome）。有些生物的细胞中除具有正常恒定数目的常染色体以外，还常出现额外的染色体，称为B**染色体**，也称**超数染色体**（supernumerary chromosome）或**副染色体**（accessory chromosome）。

表2-2　一些生物的染色体数目

物种名称	染色体数目（2*n*）	物种名称	染色体数目（2*n*）
人类（*Homo sapiens*）	46	水稻（*Oryza sativa*）	24
黑猩猩（*Pan troglodytes*）	48	拟南芥（*Arabidopsis thaliana*）	10
猕猴（*Macaca mulatta*）	42	玉米（*Zea mays*）	20
大鼠（*Rattus norvegieus*）	42	普通小麦（*Triticum aestivum*）	42
小鼠（*Mus musculus*）	40	一粒小麦（*T.monococcum*）	14
家蚕（*Bombyx mori*）	56	二粒小麦（*T.dicoccum*）	28
黑腹果蝇（*Drosophila melanogaster*）	8	甘蓝（*Brassica oleracea*）	18
斑马鱼（*Danio rerio*）	50	萝卜甘蓝（*Raphanobrassica*）	36
鸡（*Gallus domesticus*）	78	大豆（*Glycine max*）	40
猪（*Sus scrofa*）	38	蚕豆（*Vicia faba*）	12
黄牛（*Bos taurus*）	60	豌豆（*Pisum sativum*）	14
马（*Equus calibus*）	64	马铃薯（*Solanum tuberosum*）	48
中华大蟾蜍（*Bufobufo gargarizans*）	22	粗糙脉孢菌（*Neurospora crassa*）	7
秀丽隐杆线虫（*Caenorhabditis elegans*）雄	11	酿酒酵母（*Saccharomyces cerevisiae*）	16
秀丽隐杆线虫（*Caenorhabditis elegans*）雌	12	青霉菌（*Penicillium* spp.）	4

（一）灯刷染色体

这是一类形态特殊的巨大染色体，1882年W.Flemming在观察美西螈卵巢组织切片时首次发现了灯刷染色体，但由于其形态特殊而未能得到认可。1892年R.Rückert研究鲨鱼卵母细胞时，给灯刷染色体正式命名。灯刷染色体是未成熟的卵母细胞进行减数第一次分裂时停留在双线期的染色体，光学显微镜下形似20世纪早中期用于清洁煤油灯灯罩的灯刷而得名。现已知道，灯刷染色体普遍存在于动物的卵母细胞中，在一些植物（如玉米）花粉母细胞的终变期，也出现在柱状体的表面伸出许多毛状突起的染色体，形似灯刷。其中研究最普遍最深入的是两栖类的灯刷染色体。

灯刷染色体呈现一种典型的双线期交叉结合的二价体形态［图2-4（a），图中箭头指示交叉］。每个姐妹染色单体上排列着由高度凝缩的染色质形成的、呈串珠状的、深染的**染色粒**（chromomere），每一个染色粒的直径为1～2μm，它们由一根极细的纤丝（中心轴）连接，这种纤丝实际上是组成每个染色单体的双链DNA［图2-4（b）］。染色粒中的DNA是不活动的，但有一部分从中心轴伸展出很长的**侧环**（loop），成环的DNA区域是活跃合成RNA的地方[图2-4（c）]，其中，两侧环的阴影所显示的即是。因而，灯刷染色体是在光学显微镜下直接观察并识别特殊位置上的单个基因转录活性极为理想的材料。

（二）多线染色体

1881年由意大利细胞学家E.O.Balbiani发现，存在于双翅目昆虫的幼虫组织细胞中，如唾液腺、气管、肠及马氏管的细胞，在植物胚珠细胞（胚乳、胚柄）和蚕豆属的两个物种的胚柄细胞中也发现有多线染色体。在果蝇中唾腺染色体经9～10次内源有丝分裂而形成具有1024条或2048条染色线的多线染色体。多线染色体较有丝分裂及减数分裂的染色体大上百倍。如果蝇唾腺细胞多线染色体比同种有丝分裂染色体长200倍以上，其4条配对的染色体全长达2mm。沿着多线染色体的纵向分化成深浅相间的带纹，深者为带，浅者为带间。一个染色体的任何结构变化都会在横纹图式的变化上反映出来。因此，通过多线染色体不仅可对染色体变异进行细胞学鉴定，还可以对其基因活性的差别进行研究。

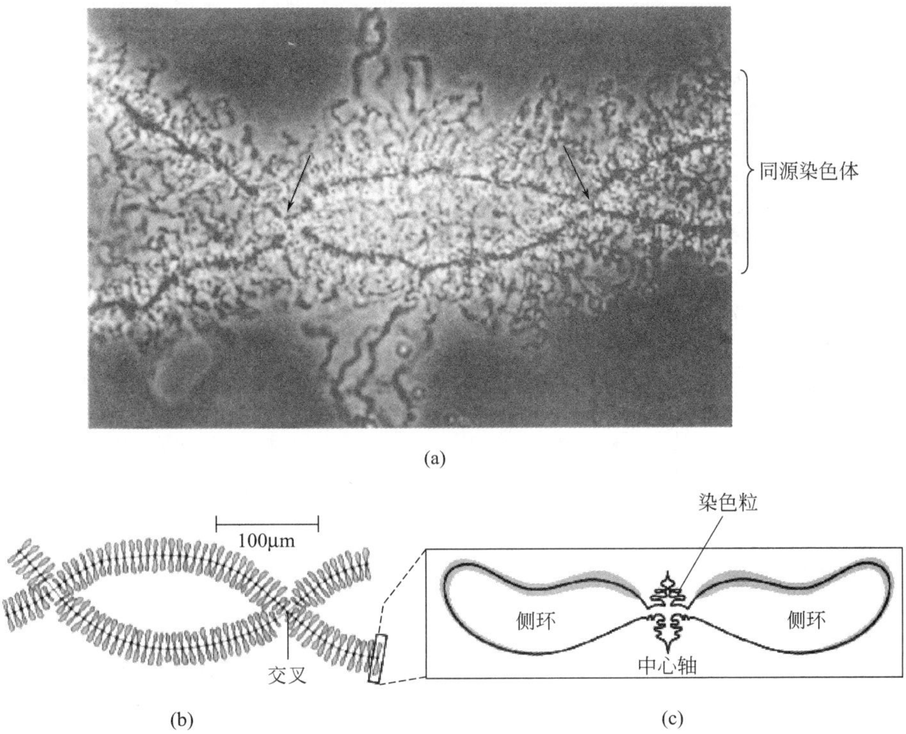

图2-4　灯刷染色体结构

（三）B染色体

在玉米的细胞核内，除具有正常恒定20条染色体外，还会看到一些小的染色体，通常把正常的染色体称为A染色体，把这种额外的染色体称B染色体，也称为**超数染色体**（supernumerary chromosome）或**副染色体**（accessory chromosome）。

B染色体在生物界的分布十分广泛，据不完全统计，迄今为止，科学工作者已在1000多种植物和近300种动物中发现B染色体。B染色体分布如此广泛，引起科学工作者的密切关注，从而促进了对其细胞学机制、生物学效应及其在进化中的意义等方面的研究。

在B染色体研究方面的开创性工作是由A.R.Longley（1927年）和L.F.Randolph（1928年）所开展的，他们首次在玉米中发现并命名了B染色体。生物体中的B染色体通常较正常染色体小，所以容易从形态上相区别，例如玉米中的B染色体只是最小的A染色体的2/3。它们同样具有臂和着丝粒，并且着丝粒的位置和常染色体一样，具端部着丝粒、中部着丝粒及其他中间类型。所不同的是目前还未发现具有随体的B染色体。

第二节　细胞分裂

细胞分裂是生物进行生长和繁殖的基础，亲代的遗传物质就是通过细胞分裂向子代传递的。细胞分裂的方式可分为**无丝分裂**（amitosis）、**有丝分裂**（mitosis）和**减数分裂**（meiosis）3种。

一、无丝分裂

无丝分裂也称直接分裂，是一种简单而常见的分裂方式。细胞分裂时，核仁先行分裂，细胞核伸长，核仁向核的两端移动，而后在核的中部从一面或两面横向缢裂，使核形成“8”字状，然后再从细胞中部直接收缩成两个相似的细胞。其间不经过染色体的变化，故称无丝分裂。

早在1841年，R.Remak就在鸡胚血红细胞中发现了细胞的无丝分裂，其后在各种动植物细胞中陆续有所发现。一般认为，无丝分裂多见于衰老的细胞或病态细胞。在这种情况下，细胞核以简单的方式横缢为二之后，细胞质却不分裂，结果就形成了多核细胞。如肝细胞、血细胞、植物的胚乳细胞等，均可观察到这种无丝分裂。近几年的研究表明，高等生物的许多正常组织也常发生无丝分裂。

二、细胞周期

（一）细胞周期的概念

所谓**细胞周期**（cell cycle）是指一次细胞分裂结束后，细胞开始生长到下一次细胞分裂结束所经历的过程，所需的时间叫细胞周期时间。现在一般将细胞周期分为4个阶段：①**G_1期**（gap1），指从有丝分裂完成到DNA复制开始之前这段间隙时间，所以又称**合成前间隙期**（presynthetic gap period）；②**S期**（synthesis phase），指DNA进行复制的时期；③**G_2期**（gap2），即主要为有丝分裂做准备活动的时期，细胞的整个代谢水平显著提高，为进入有丝分裂准备条件，又称**合成后间隙期**（postsynthetic gap period）；④**M期**又称**D期**（mitosis，division），即**有丝分裂期**（mitotic period），指细胞开始分裂到结束这段时期，在这个阶段，可以在显微镜下看到细胞分裂的过程。

从增殖的角度来看，可将高等动物的细胞分为3类：①连续分裂细胞，在细胞周期中连续运转因而又称为周期细胞，如表皮生发层细胞、部分骨髓细胞；②休眠细胞，暂不分裂，但在适当的刺激下可重新进入细胞周期，又称G_0期细胞，如淋巴细胞、肝细胞、肾细胞等；③终端细胞，指不可逆地脱离细胞周期，不再分裂的细胞，如神经细胞、肌细胞、多核细胞等。

细胞周期的时间长短与物种及细胞类型有关，不同物种、不同组织的细胞其细胞周期所经历的时间不同。在恒定条件下，各种细胞的细胞周期时间是恒定的。细菌在适宜条件下，一般每20min就分裂一次。但此种情况是较少的，绝大多数真核生物的细胞周期都是时间较长的。例如，紫竹梅（*Tradescantia pallida*）根尖细胞的周期约为20h，其中分裂间期约17.5h（G_1期4h，S期10.8h，G_2期2.7h），M期2.5h（前期1.6h，中期0.3h，后期及末期0.6h）；人囊胚细胞周期19.5h，其中间期18.5h（G_1期8h，S期6h，G_2期4.5h），M期1h（前期24min，中期5～6min，后期10min，末期20min）。间期时间总是长于M期。哺乳动物各种细胞的周期时间，除G_1期变化很大，从两三小时到几天以外，其余各期都比较恒定：M期大多1h左右，G_2期大多3h左右，S期大多7h左右。高等动物细胞周期最短的是受精卵。受精卵含有足够的分裂所需物质，所以早期的分裂只有DNA的复制而几乎无细胞的生长，这时细胞周期很短，最短可不足8min，最长也不超过1h，其中S期和M期约各占一半，而G_1期和G_2期全然没有了。双子叶植物的细胞周期持续的时间比单子叶植物要长一些。

（二）细胞周期时间的测定

标记有丝分裂百分率法（percentage labeled mitoses，PLM）是一种常用的测定细胞周期时间的方法。其原理是对测定细胞进行脉冲标记、定时取材、利用放射自显影技术显示标记细胞，通过统计标记有丝分裂细胞百分数的办法来测定细胞周期。

（三）细胞周期调控的分子机制

生物体的各种细胞有的终生分裂不止，有的一旦生物体成熟就不再分裂，这说明细胞分裂这一复杂过程必然受控于一定的调节机制。有了这种调节机制，生物体才能有序地分裂分化。癌细胞的一个特点就是不受控制地分裂，分裂不停，到处乱窜，产生的多余细胞形成肿瘤，最终致人死亡。

在细胞周期的调控中起决定作用的是**检验点**（check point）。这些检验点是细胞周期中的关键点，它发出的信号使前一阶段的事件停止而启动后一阶段的事件。在大多数真核细胞中，检验点控制着细胞周期中关键的阶段转换进程。第一个是G_1晚期的起始点（或限制点），这时细胞进入细胞周期并开始DNA复制。第二个是G_2/M期转换，触发有丝分裂的早期事件，进而使染色体在纺锤体的作用下排列到赤道板上。第三个是中/后期转换，促使姐妹染色单体分离，进而导致有丝分裂和胞质分裂的完成。如果细胞周期调控系统检测到细胞内部或外部条件出现问题，则阻止其相应的时期转换进程。例如，如果在起始点细胞检测到外部条件不适宜，细胞会延迟G_1期的进程，甚至可能进入一种特殊的休息状态，称为G_0（G零）期，在这种状态下，它们可以保持几天、几周甚至几年。事实上，许多细胞一直处于G_0期，直到生物体死亡。如果细胞外条件变得有利或发出生长信号，则细胞很快度过G_1期，进入S期，开始DNA的复制。

细胞周期调控系统的核心组件是一个被称为**细胞周期蛋白依赖性激酶**（CDK）的蛋白激酶家族成员。这些激酶的活性随着细胞周期的进行而上升或下降，导致细胞内蛋白质磷酸化的周期性变化，启动或调节细胞周期的主要事件。例如，在G_2/M期，CDK活性增加，进而使某些蛋白质的磷酸化水平升高，而这些蛋白质的磷酸化促进了染色体凝聚、核膜破裂、纺锤体组装以及其他有丝分裂早期事件的发生。

CDK活性的周期性变化是由一系列复杂的其他蛋白质所控制的，这些CDK调节因子中最重要的是**细胞周期蛋白**（cyclin）。顾名思义，CDK的活性依赖于细胞周期蛋白：除非它们与细胞周期蛋白结合，否则CDK是没有蛋白激酶活性的。细胞周期蛋白最初被这样命名，是因为它们在每个细胞周期中都经历周期性的合成和降解。相比之下，CDK蛋白的含量比较稳定。细胞周期蛋白含量的周期性变化导致CDK-cyclin复合物的周期性组装，以及在细胞周期的特定阶段激活CDK的激酶活性，进而促进细胞周期从一个阶段向下一个阶段转换（图2-5）。

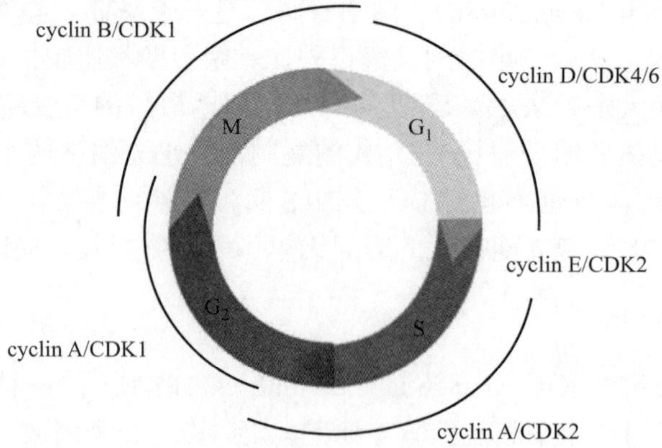

图2-5　细胞周期调控的分子机制

三、有丝分裂

（一）有丝分裂的过程

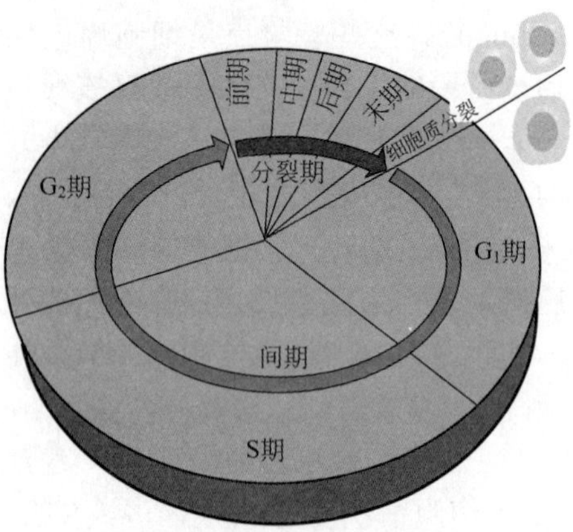

图2-6　细胞分裂周期

高等生物的体细胞分裂，主要是以有丝分裂方式进行的，它包括两个紧密相连的过程；先是细胞核分裂为两个，即**核分裂**（karyokinesis），随后立即进行**胞质分裂**（cytokinesis），使每团细胞质中各有一个核。通常情况在使用有丝分裂这个词时，一般均指核分裂。为了便于描述，一般把核分裂的过程分为四个时期（图2-6），即**前期**（prophase）、**中期**（metaphase）、**后期**（anaphase）和**末期**（telophase）。实际上，在两次细胞分裂之间的**间期**（interphase），细胞内进行着旺盛的生理代谢，它为细胞进行分裂准备了条件。虽然这种时期划分是人为的，但各个时期的特征对于研究染色体的行为非常有用，因此有丝分裂的过程按照这五个时期分述如下，其中植物细胞有丝分裂的典型过程如图2-7所示。

1. 间期

间期是两次细胞分裂之间的一个准备时期。其特点是在光学显微镜下，活体细胞的间期是均匀一致的，看不见染色体，因为此时染色体伸展长度最大，处于高度水合、膨胀的凝胶状态，其折射率与核液相似。染色质分散在核质中，核仁由于染色深而显得很明显。这时细胞的外表上似乎是静止的，然而，细胞化学分析证明，它正处于高度活跃的生理、生化代谢阶段。不仅DNA含量加倍，而且与DNA相结合的组蛋白也是加倍合成的。此时，细胞的呼吸作用很低，这有利于为有丝分裂的发生储备足够的能量。同时，细胞在间期进行生长，使核体积和细胞质体积的比例达到最适的平衡状态，这对发动细胞分裂也是很重要的。细胞核体积增大、核内RNA活性的增加是间期细胞转化为一个将要分裂细胞的重要标志。

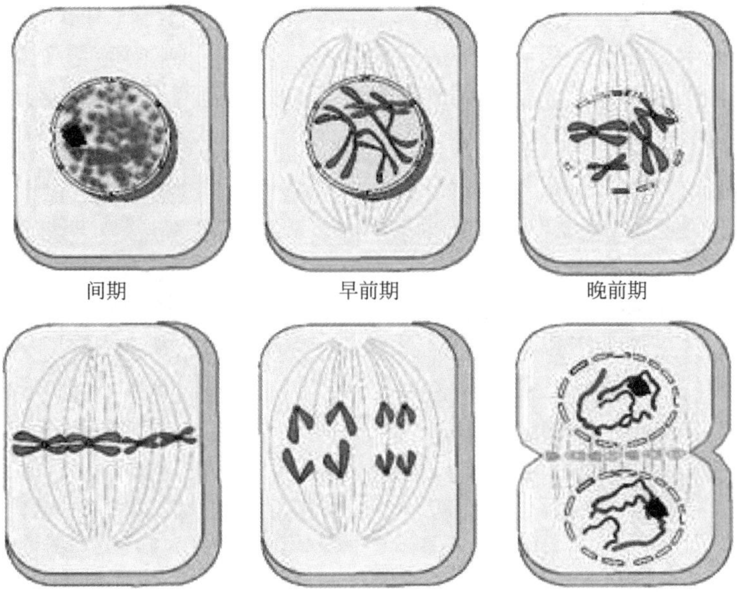

图 2-7　植物细胞有丝分裂模式图

2. 前期

前期是细胞分裂的开始。一般认为当在光学显微镜下染色体呈可见的细线时就是前期的开始。在前期，核内出现细长而卷曲的染色体，以后逐渐缩短、变粗，大多数生物的核仁逐渐解体，到前期结束时消失，而在某些低等生物中，核仁保持到中期和后期，并分成两半分配给两个子细胞。核仁对细胞分裂非常重要，比如在蚕豆中发现，如果细胞中没有核仁，细胞就不能再进行分裂。在前期晚期，核膜也开始解体消失。核膜的解体是前期结束的标志。核与细胞质已无明显的界限，细胞内出现清晰可见的、由来自两极的纺锤丝所构成的纺锤体。染色体与纺锤丝相连，并开始向赤道板的方向运动、排队。

3. 中期

各个染色体的着丝粒均排列在纺锤体中央的赤道板上，而其两臂则自由地分散在赤道板的两侧，这时染色体卷曲到最大程度，比其他任何时期都更短、更粗。由于这时染色体具有典型的形状，故最适于采用适当的制片技术鉴别和计数染色体。如果用秋水仙素处理这个时期的染色体，染色体臂很容易分开，染色体只在未分裂的着丝粒位置连接在一起。

4. 后期

排列在赤道板上的每条染色体，着丝粒分裂，其两条染色单体彼此分开并在纺锤丝的牵引下，分别移向纺锤体的两极，标志着后期开始。后期是染色体移动迅速而又活跃的一个时期，也是有丝分裂各时期最短的时期。如果在这个时期，纺锤体的形成和活动受阻，则染色体只停留在中期阶段而不分向两极，在染色体检查技术中所用的前处理药物，可能正是起着这种作用。如果着丝粒的分裂并未受到药物的抑制，但各染色单体却不能分向两极，就会产生多倍体细胞。如果一个染色体失去了着丝粒，它就会迷失方向，从而不能进入两极并最终消失。

5. 末期

两群子染色体达到两极时通常认为是末期的开始。然后，在两极围绕着染色体出现新的核膜。染色体又伸展变为染色质，核仁重新出现，于是在一个细胞内形成两个子核。接着细胞质分裂：在动物中，细胞以缢裂的方式完成胞质分裂；在植物中，在纺锤体的赤道板区域形成细胞板，最后形成细胞壁，从而完成胞质分裂，分裂为两个子细胞，又恢复为分裂前的间期状态。

（二）特殊的有丝分裂

1. 内源有丝分裂

内源有丝分裂是指在一个间期核内，染色体复制以后，染色体发生凝缩，然后又分开、伸长，但不发生核分裂（即不出现核膜破裂、不形成纺锤丝、染色体不在中期赤道板上取向等）和细胞质分裂的一种现象。如果染色体连续复制后并不分裂，仍紧密聚集在一起，就会形成**多线染色体**（polytene chromosome），由于在果蝇等的幼虫的唾腺细胞中发现有这种多线染色体，故亦称**唾腺染色体**（salivary gland chromosome），这类细胞称**多线细胞**（polyteny cell）。如果核内染色体复制后发生着丝粒分裂，则核内染色体的数目按倍性水平增加，形成内源多倍性细胞；如果多线性和内源多倍性同时存在于同一细胞内，就成为多线性-内源多倍性细胞。多倍性比多线性更广泛。

2. 质内有丝分裂

细胞核进行多次重复分裂，而细胞质却不进行分裂，因而会形成具有很多游离核的细胞，这种细胞叫多核细胞。

3. 多次有丝分裂

G.W.Beadle（1933年）在玉米中发现一个基因*Po*，该基因影响减数分裂后的有丝分裂，使小孢子在进行第一次有丝分裂时，当染色体尚未复制和分裂，然而细胞质分裂便连续多次地发生，将染色体分配到很小的细胞内，就造成一个细胞内只有一个染色体或者没有染色体，导致这些小细胞完全不育。但是这个基因对雌配子形成过程的影响比对雄配子的稍弱，大概有10%的雌配子是正常的。同时在其他植物也发现了多次有丝分裂的现象，比如看麦娘。

4. 体细胞联会

染色体联会一般认为是减数分裂的一个过程（见本章减数分裂部分），但是在一些动物和植物体中却发现了体细胞联会的现象。比如，黑腹果蝇的唾腺细胞间期核内观察到的巨大染色体，实际上就是由两条内源多线性染色体进行紧密、平行地配对而形成的，从表面上看非常像单个染色体。同时在植物分生组织细胞的有丝分裂和孢母细胞减数分裂前的有丝分裂中期Ⅰ时，观察到有些染色体在细胞内分布并不是完全随机的，而是具有与其同源染色体靠近的倾向，称为体细胞联会（somatic synapsis）或体细胞配对。

（三）有丝分裂的遗传学意义

多细胞生物的生长主要是通过有丝分裂，使体细胞数目增加来实现的，因而有丝分裂又称体细胞分裂。它在遗传学上具有重要意义：核内每个染色体准确地复制分裂为二，为形成的两个子细胞在遗传组成上与母细胞完全一样提供了基础，这样能维持个体正常的生长和发育，而且保证了物种的连续性和稳定性；复制的各对染色体有规律而均匀地分配到两个子细胞的核中去，从而使两个子细胞与母细胞具有同样数量和质量的染色体。植物采用无性繁殖所获得的后代之所以其性状保持稳定，就在于无性繁殖后代是通过有丝分裂而产生的，而有丝分裂过程中，很少发生可遗传的变异，且染色体数目和结构基本保持不变，所以亲子间能达到性状的一致性。

四、减数分裂

减数分裂（meiosis）是在配子形成过程中的成熟期进行的，又称**成熟分裂**（maturation division），包括两次连续的核分裂而染色体只复制一次，每个子细胞核中只有单倍数的染色体的细胞分裂形式（图2-8）。两次连续的核分裂分别称为减数第一次分裂（或减数分裂Ⅰ，meiosis Ⅰ）和减数第二次分裂（或减数分裂Ⅱ，meiosis Ⅱ）。

在两次分裂中都能区分出前期、中期、后期和末期。减数分裂Ⅰ导致染色体的数目从二倍体到单倍体的减少，减数分裂Ⅱ导致姐妹染色单体的分裂。结果经两次分裂而产生的4个细胞核中都只有一套完整的单倍体基因组。在大多数情况下，减数分裂伴随着胞质分裂，所以一个二倍体细胞经过减数分裂产生4个单倍体细胞。减数分裂具有以下特点。

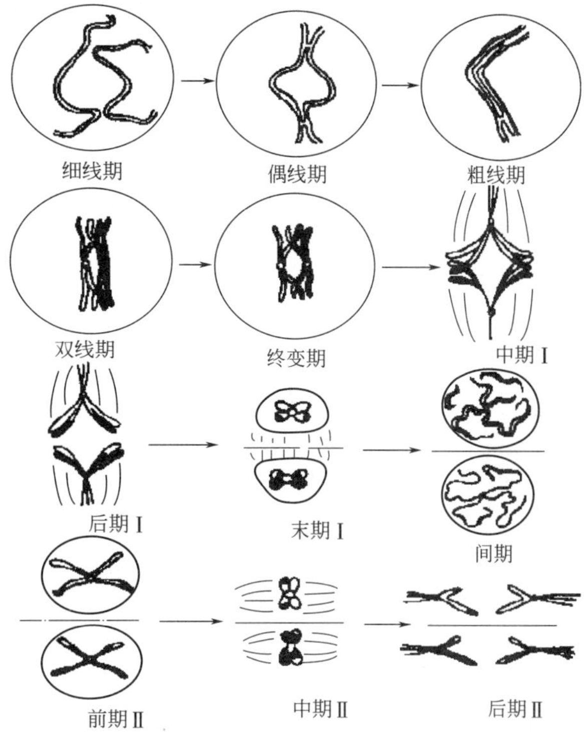

图2-8　减数分裂模式图

① 减数分裂具有一定时间性和空间性。时间上，减数分裂只发生在动植物性成熟的时候；空间上，只发生在植物的造孢组织和动物的性腺内。

② 在减数分裂的第一次分裂过程中，各对同源染色体要互相配对或联会。

③ 减数分裂的整个过程包括两次连续的细胞分裂：减数分裂的第一次分裂和第二次分裂。染色体只复制一次，而细胞却分裂了两次，从而使得生殖细胞（子细胞）内染色体数目减少一半。比如水稻体细胞染色体数目$2n$=24，经过减数分裂后形成的精细胞和卵细胞只有原来染色体数目的一半，即n=12，其中第一次是减数的，第二次是等数的。

（一）减数分裂间期

研究表明，细胞在进入分裂期之前，有一个较长的间期。这个间期称为前减数分裂间期，也称前间期。前间期要比一般有丝分裂前的间期时间长，也分为G_1期、S期、G_2期，但S期较有丝分裂所用的时间相对较短，而且在此期只合成全部染色体的99.7%，余下的0.3%要在偶线期合成。

（二）减数分裂Ⅰ

减数分裂Ⅰ可以划分为4个时期：前期Ⅰ、中期Ⅰ、后期Ⅰ、末期Ⅰ。其中，前期Ⅰ最为复杂，经历的时间最长，在遗传上的意义也最大。

1. 前期Ⅰ

此时期最明显的特征就是细胞核明显增大，比有丝分裂前期的核大。同时在这一时期还表现出有丝分裂前期所没有的特殊行为：染色体配对、交叉端化、染色单体互换等。根据这些特征，可以把前期Ⅰ分为5个亚期：细线期、偶线期、粗线期、双线期和终变期。

（1）**细线期**（leptotene）：核内出现细长如线的染色体，绕成一团。由于染色体在间期已经复制，因此，这时的每个染色体都是由一个共同的着丝粒连接的两条染色单体组成，但染色质浓缩为细而长的细线，看不出染色体的双重性。

（2）**偶线期**（zygotene）：**同源染色体**（homologous chromosome）开始配对，也叫**联会**（synapsis），出现**联会复合体**（synaptonemal complex，SC）。联会复合体是同源染色体联会过程中形成的一种独特的亚显微的非永久性的复合结构。由配对着的同源染色体的相对面各产生一个侧结构，称为**侧成分**（lateral element），两个侧成分在中央合并成为一个**中央成分**（central element），亦可称为中体。研究表明，SC的主要功能是，一方面使同源染色体的两个成员稳定在大约120nm的恒定距离中，是同源染色体配对的必要条件；另一方面，可能会在适当条件下激活染色体的交换与遗传重组。通常，联会复合体出现在偶线期，成熟于粗线期，消失于双线期。

（3）**粗线期**（pachytene）：配对的染色体随着螺旋化的加强而逐渐缩短变粗，个体性也逐渐明显。这时配对的每个二价体实际包含四条染色单体，称为**四分体**（tetrad）。二价体中每个染色体的两条染色单体互称为姐妹染色单体，而不同染色体的染色单体互称为非姐妹染色单体。此时非姐妹染色单体间出现片段互换，称为**交换**（crossing over），其结果会使双亲的遗传物质发生重新组合。

（4）**双线期**（diplotene）：染色体继续变短变粗，交叉也变得更为明显。同源染色体之间的联会吸引减弱，非姐妹染色单体相互排斥而松解，但仍被一两个至多个**交叉**（chiasma）相互联结在一起。除交叉处联会复合体的横丝未脱落外，其余部位均已脱落。由于二价体有交叉存在，所以形状上呈环形或藕形。因此，双线期的染色体外形似“麻花”状。

（5）**终变期**（diakinesis）：也称浓缩期，染色体凝缩变得粗短。染色体的交叉逐渐向端部移动，称**交叉端化**（terminalization）。随着移端过程的进行，中间交叉数目逐渐减少，最后只在端部相接。此时染色体高度浓缩，每个二价体分散在整个核内，可一一区分对染色体进行计数。因此这个时期是鉴定染色体数目有利的时期。在终变期时计数交叉的数目，由于交叉端化而不够准确，只有在粗线期、双线期无法计数时，才在终变期计数，获得一个近似数值。

终变期结束时，核仁消失，核膜破裂，纺锤体形成，前期Ⅰ终止。

2. 中期Ⅰ

核仁和核膜消失，细胞质里出现纺锤体，二价染色体集中排列在赤道板上。每对同源染色体上有两个着丝粒，分别向着相对的两极。每个染色体上有一个着丝粒，使两个染色单体连在一起。中期染色体的形态与着丝粒的位置、染色体的大小和交叉的数目及位置有关。此时，染色体分散排列在赤道板的近旁。此时期也是鉴定染色体数目的有利时期。此时期与有丝分裂中期相比较，有明显的不同：有丝分裂中期的姐妹染色单体由一个未分裂的着丝粒联结在一起，而着丝粒位于赤道板上；在减数分裂中期Ⅰ时，同源染色体的两个着丝粒不是位于赤道板上，而是位于纺锤体长轴方向上与赤道板距离相等的地方，端粒交叉则位于赤道板上。

3. 后期Ⅰ

在纺锤丝的牵引下，每个双价体中的一对同源染色体彼此分开，分别移向两极。结果在最后形成的细胞核内，染色体数目减少了一半（$2n \rightarrow n$），但同源染色体的各个成员各自的着丝粒并不分裂，非同源染色体发生了自由组合（$2n$），导致遗传多样性。染色体的减数过程在此时期开始进行。

4. 末期Ⅰ

染色体到达两极后，松散伸长变细，核膜、核仁重新出现，逐渐形成两个子核。同时进行细胞质分裂，出现两个子细胞，称为二分体。至此，减数分裂的第一次分裂便告结束。

末期Ⅰ后大都有一个短暂的间期，但DNA不复制。这一时期在很多动物中几乎没有，它们在末期Ⅰ后紧接着就进入下一次分裂。

（三）减数分裂Ⅱ

减数分裂的第二次分裂实际上就是普通的有丝分裂，也经过前期、中期、后期、末期四个时期。但是减数分裂Ⅱ又不同于一般的有丝分裂，因为减数分裂Ⅱ的染色体数为单倍体数，而且染色体由于有的经过了交换，与减数分裂开始相比，在遗传上有显著的不同。

（四）减数分裂的遗传学意义

减数分裂在遗传学上具有重要意义。减数分裂是形成性细胞时所进行的一种细胞分裂，染色体经过一次复制，细胞连续两次分裂，结果形成的子细胞的染色体数为母细胞的一半，由$2n$变为n。通过配子结合，染色体又恢复到$2n$。这样保证了有性生殖时染色体的恒定性，从而保证了生物上下代之间遗传物质的稳定性和连续性，也保证了物种的稳定性和连续性。另一方面，由于同源染色体分开，移向两极是随机的，非同源染色体之间进行了自由组合，加上同源染色体的交换，大大增加了配子的种类，从而增加了生物的变异性，提高了生物的适应性，为生物的发展进化提供了物质基础。

第三节　染色体周史

一、生物的生殖方式

生殖是生物繁衍后代的过程，生物的生殖方式可以分为3种：**有性生殖**（sexual reproduction）、**无性生殖**（asexual reproduction）和**无融合生殖**（apomixis）。

（一）有性生殖

有性生殖是生物界最普遍最重要的生殖方式，大多数动植物都是有性生殖的。它是通过亲本产生的雌配子和雄配子受精而形成合子，随后进一步分裂，分化和发育而产生后代，即通过单倍的性细胞结合产生二倍体后代的生殖方式。无性生殖生物在一定条件下也可进行有性生殖。植物界的有性生殖方式基本上有3种：同配生殖、异配生殖和卵式生殖。同配生殖是指形态和大小相似的配子融合，常见于低等动植物，特别是藻类和真菌，其配子一般没有雌雄性的分化，但是在生理上可能有性的差别，常以“+”和“−”来表示这两种有性别差异的配子。由于性细胞的进一步分化，配子在大小、生理等方面表现差异，即异型配子，由异型配子配合发生受精，称为异配生殖，比如绿藻。卵式生殖是一种高级的异配生殖，发生融合的雌雄性配子（卵细胞、精细胞）在结构、大小和能动性方面差异更为显著。卵式生殖是高等植物和多数动物所具有的一种有性生殖方式。

1. 配子形成

一般来说动植物的减数分裂过程基本上都相同，但是最终形成配子的情况却不尽相同。

（1）动物配子的发生

高等动物中，大多数都是雌雄异体，其生殖细胞分化很早。雄体的性腺叫睾丸或精巢，雌体的性腺叫卵巢。当动物发育至性成熟时，雄性的性腺中就会产生雄配子——精子，雌性的卵巢中就会产生雌配子——卵。

① 精子的发生。在精巢或睾丸中，内层的精原细胞经过几次有丝分裂后便停止分裂，生长发育成为初级精母细胞。初级精母细胞经过减数第一次分裂产生两个染色体数目减半的次级精母细胞，次级精母细胞再经过减数第二次分裂，便形成四个精细胞。精细胞经过一系列的发育，最后形成高度特化的、能够运动的精子。精子由头部、颈部和尾部三部分组成。头部含有染色体，颈部很短，含两个中心粒，尾部分为中段、主段和末段三段，尾部轴丝中的微管通过相对滑动使尾部摆动，帮助精子在液体环境中游动。

② 卵子的发生。卵巢中的卵原细胞经过几次有丝分裂后，长大成为初级卵母细胞，初级卵母细胞经过减数第一次分裂后形成一个大的次级卵母细胞和一个很小的第一极体，次级卵母细胞再经过一次分裂形成一个大的卵细胞和一个小的第二极体。第一极体有能够分裂成为两个第二极体的，也有不分裂的，与第二极体一起退化。因此，一个初级卵母细胞经过两次分裂产生的四个子细胞中，只有一个卵细胞是有效的，这显然与精子的生成过程不一样。

（2）高等植物雌雄配子的形成

植物大多数为雌雄同花或同株，部分为雌雄异株。植物的有性生殖过程在花器里进行，由雄蕊和雌蕊内的孢原组织细胞经过减数分裂，形成雄配子和雌配子。

① 雄配子的形成过程。在雄蕊的花药中分化出孢原组织，再进一步分化为小孢子母细胞（花粉母细胞），经过减数分裂形成单倍体的四分孢子（n），再发育成四个**小孢子**（microspore），然后各自分开，逐步长大，并形成较厚的细胞壁，发育成花粉的内壁和外壁，每一个成熟的小孢子就是一个单核的花粉粒，它经过一次有丝分裂，形成一个营养细胞和一个生殖细胞，再由生殖细胞经过一次有丝分裂形成三核花粉粒，内含一个**营养核**（vegetative nucleus）和两个**精细胞**（sperm cell），这时花粉粒已不是一个生殖细胞，可称为**雄配子体**（male gametophyte）。

② 雌配子的形成过程。在雌蕊的子房中着生着胚珠，在胚珠的珠心里分化出大孢子母细胞（胚囊母细胞），由一个大孢子母细胞经过减数分裂形成呈直线排列的四个单倍体的**大孢子**（macrospore），即四分孢子，其中只有远离珠孔的一个大孢子继续发育，它的核经过连续三次有丝分裂，形成具有八个核（n）的胚囊，称为雌配子体，其中有三个**反足细胞**（antipodal cell），两个**助细胞**（synergid），两个**极核**（polar nucleus），还有一个为**卵细胞**（egg），即为雌配子。

2. 受精

雄配子（精子）和雌配子（卵子）融合为一个合子或受精卵的过程，称为**受精**（fertilization）。

（1）高等动物的受精

高等动物的受精过程异常复杂，在精子实际接触卵子的时候便是受精过程的开始。精子的顶体分泌消化酶，使得卵膜溶解，有利于精子的穿入。然后精子带着有核的头部和带有中心粒的颈部，真正进入卵内，很快就会发生180°的倒转，把中心粒转到前面，核转到后面。这时候精核膨大成为雄性原核，并向雌核移动，雌核也膨大成为雌原核，然后雌雄原核融合。对于脊椎动物，精子一般都是在卵母细胞减数第二次分裂的中期进入卵内，而无脊椎动物的精子进入卵内的阶段不一致，但精子与卵子的融合是在卵子减数分裂第二次分裂时进行的。一旦受精作用结束，在其后短暂时间里，合子就进行有丝分裂，进行胚胎发育。

（2）植物的受精

植物中，受精前有一个授粉的过程，就是成熟的花粉粒落在雌蕊柱头上的过程。根据植物的授粉方式不同，有**自花授粉**（self-pollination）和**异花授粉**（cross-pollination）两类。同一朵花内或同一植株花朵间的授粉，称为自花授粉。不同株的花朵间授粉，称为异花授粉。授粉后，花粉粒在柱头上萌发，形成花粉管。随着花粉管的伸长，营养核与精核进入胚囊内。随后一个精核与卵细胞受精结合成合子，将来发育为**胚**（embryo）（$2n$）。另一个精核与两个极核受精结合为胚乳核（$3n$），将来发育成**胚乳**（endosperm）（$3n$），故这一过程被称为**双受精**（double fertilization）。通过双受精，最后发育成种子，这是种子植物的特点。

种子的主要组成部分是种皮、胚和胚乳。合子和胚乳核产生以后，种子的形成过程就开始了。卵子与精子受精结合使合子有了$2n$染色体，合子就是子代的开始，因为胚细胞就是合子通过一系列有丝分裂形成的。种子播种以后所形成的幼苗，是胚细胞通过一系列有丝分裂产生的，由此可知，子代个体的全部体细胞，不过是合子无数次有丝分裂的复制品。因此，合子和由合子发育的种子，虽然都长在母本植株上，却同由种子长成的植株一样，是子代的个体。

由两个极核与一个精核结合所产生的胚乳细胞是种子内胚乳的始祖，种子发育初期的全部胚乳细胞都是它通过一系列有丝分裂形成的。胚乳细胞既然是由两个极核和一个精核结合所产生，自然就有$3n$个染色体，例如，玉米的体细胞有20条染色体，而胚乳细胞有30条染色体。

种皮不同于胚和胚乳，它是母体的体细胞组织，因此，就种子的组织结构来说，胚和胚乳是受精后发育而成的，属于子代，而种皮、果皮，则属于亲代组织，所以说，一个正常的种子可以说是由胚（$2n$）、胚乳（$3n$）和母体组织（$2n$）三方面密切结合的嵌合体，或者说一个正常的种子是由亲代和子代形成的嵌合体。

双受精是植物界有性生殖过程的最进化的形式，精子和卵细胞的融合，使父母本具有差异的遗传物质重新组合，形成具有双亲遗传特性的合子，并恢复了植物原有的染色体数目。因此，由受精卵发育成的植株，往往出现新的性状，这是有性生殖容易产生变异的原因，也是杂交育种提供选择可能的依据。此外，双受精还表现在一个精子与两个极核或一个次生核（中央细胞）融合，形成三倍体的初生胚乳核及其发育成的胚乳，同样具有双亲的遗传特性，生理上更为活跃，更适合于作为新一代植物胚胎期的养料（在胚的发育或种子萌发过程中被吸收），但不同于受精卵的染色体组成和遗传表现。例如，精子含有基因A，极核含基因a，那么胚乳的遗传组成为Aaa，在育种上，柑橘、苹果和枣通过胚乳细胞的离体培养已获得三倍体植物。由此可见，双受精对遗传育种有重要的理论和实践意义，是植物界有性生殖的最进化、最高级的形式，是被子植物在植物界占据优势并广泛繁衍的重要原因之一。同时，双受精作用的生物学意义也是植物遗传和育种学的重要理论依据。

在双受精过程中，有一种遗传现象称为直感现象，指杂交当代的种子或胚乳中直接表现父本某些遗传性状的现象。胚乳细胞是$3n$，其中$2n$来自极核，n来自精核，由花粉影响而引起的直感现象有两类，**胚乳直感**（xenia）和**果实直感**（metaxenia）。例如，常见的玉米子粒有黄色和白色两种，如果黄粒植株的花粉授给白粒植株的雌蕊，所结籽粒是黄色，这是由于黄粒父本对胚乳产生的直接影响。还有玉米胚乳的某些其他的性状，如非甜质对甜质、非糯性对糯性也都有明显的花粉直感现象。

（二）无性生殖

无性生（繁）殖（asexual reproduction）是指不经过生殖细胞的结合，由亲体直接产生新个体的生殖方式。常见的无性生殖方式有：分裂生殖、孢子生殖、出芽生殖和营养生殖等。其中营养生殖是高等植物利用其营养器官来繁殖后代的一种方式。无性生殖的优点是：后代的遗传物质来自一个亲本，有利于保持亲本的性状。从一个祖先经无性繁殖所产生的一群生物体，称为**克隆**（clone）。该名词于1903年由Webber提出。扩展的概念有细胞克隆，即指来源于同一祖先细胞的、基因型完全相同的众多子细胞。个体水平的克隆，称为无性繁殖系，指的是通过无性繁殖获得基因型完全相同的众多的生物个体。核苷酸序列完全相同的基因或DNA分子的众多拷贝，则构成一个基因克隆或DNA分子克隆。进行无性生殖的生物，变异只来自基因突变和染色体畸变，没有基因重组，其原因是在无性生殖过程中不经过减数分裂，所以一般不发生基因重组。但有些生物的体细胞中存在基因重组。

（三）无融合生殖

早在1906年，H.Winkler在描述有花植物的生殖方式的时候，就使用了“无融合生殖”一词，至今很多学者对其所包含的范围的理解仍存在争议，但倾向于G.L.Bashaw等1988年对无融合生殖概念的解释。无融合生殖（apomixis）是指雌雄配子不发生核融合，但由性器官产生后代的生殖行为，它是介于有性生殖和无性生殖之间的一种特殊生殖方式，可分为**营养的无融合生殖**（vegetative apomixis）和**无融合结籽**（agamospermy）两种类型。这一现象在植物界和动物界都存在，在植物界更普遍。

无融合生殖在遗传育种中具有重要意义，一方面，营养的无融合生殖，如洋葱和大蒜的气生鳞茎作为与种子相似的繁殖器官，能无性繁殖，可以保持稳定的遗传性状。另一方面，由单倍体无融合生殖方式形成的胚，含有单倍体数的染色体组，能从母体分离出各种遗传组成的单倍体，经染色体加倍可形成纯合的二倍体植株，而且是可育的。因此，是很好的遗传研究材料，也有利于作为异花授粉植物产生杂种优势后代的亲体。

二、生活周期

任何生物都具有一定的**生活周期**（life cycle），生活周期也称生活史，即个体发育的全部过程。一般有性生殖生物的生活周期就是指从合子到个体成熟和死亡所经历的一系列的发育阶段。每种生物的生活周期是不相同的。深入了解各种生物的生活周期的发育特点及其时间长短，这是研究和分析生物遗传和变异的一项必要前提。有性生殖生物的生活周期大多数是由一个有性世代和一个无性世代的相互交替即**世代交替**（alternation of generations）构成的。植物界在通常情况下，无性世代即孢子体世代，指一个受精卵（合子）发育成为一个**孢子体**（sporophyte，$2n$）的过程。孢子体再经过一定的发育阶段，某些细胞特化进行减数分裂，染色体数目减半，即转入**配子体**（gametophyte，n），产生雌性和雄性配子，这称为配子体世代，就是有性世代。雌性和雄性配子经过受精作用形成合子，于是又发育为新一代的孢子体（$2n$）。孢子体世代与配子体世代的相互交替，刚好与这两个世代的染色体数目的交换是一致的，因而能够保证各物种染色体数目的恒定性，从而保证各物种遗传性状的稳定性。

（一）真菌的生活史

真核生物中，减数分裂产生单倍体细胞，在此过程中，亲代的遗传物质通过染色体分离和交换产生新的组合。单倍体细胞的融合产生几乎无穷的新的遗传重组，因此，有机体的生活周期为遗传物质的重组创造了机会。下面以粗糙脉孢菌（*Neurospora crassa*）为例来说明真菌的生活史（图2-9）。

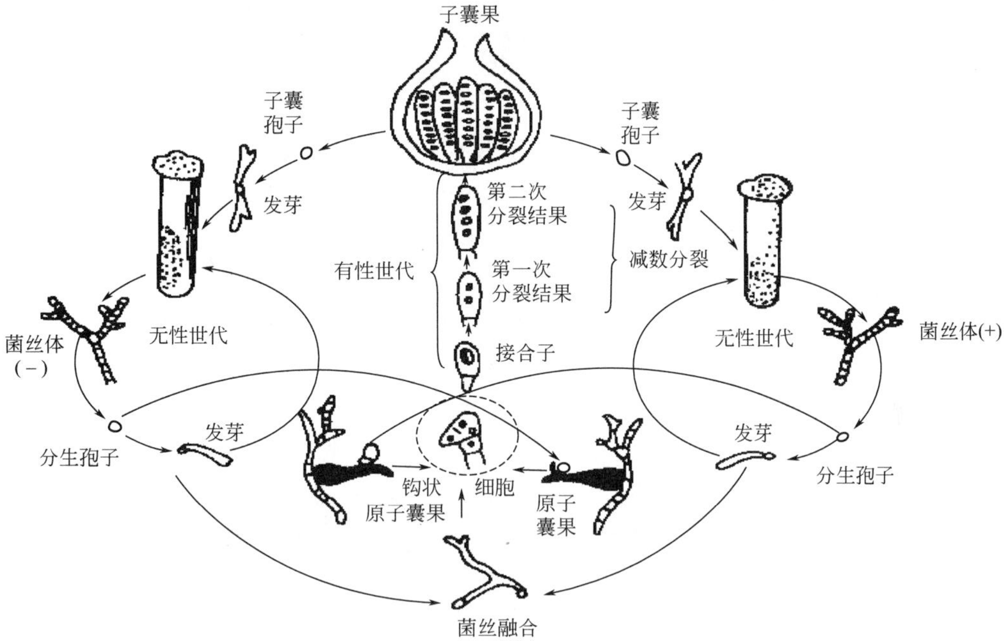

图2-9 粗糙脉孢菌的生活周期

粗糙脉孢菌是丝状真菌，属于子囊菌（Ascomycetes），它在近代遗传学的研究上具有特殊的作用。因为粗糙脉孢菌一方面能进行有性生殖，并具有像高等动物那样的染色体；另一方面它像细菌那样具有相对较短的世代周期（它的有性世代可短到10d），并且能在简单的化学培养基上生长。

粗糙脉孢菌与大多数真菌一样，它的单倍体世代（n=7）是多细胞的**菌丝体**（mycelium）和**分生孢子**（conidium），由分生孢子发芽形成新的菌丝，这是它的无性世代。一般情况下，它就是这样循环地进行无性生殖。但是，当两种不同生理类型的菌丝，一般分别假定为正（+）和负（−）两种**接合体**（conjugant），将类似于雌雄性别一样，通过融合和**异核体**（heterocaryon）的结合而形成二倍体的合子，这便是它的有性世代。合子本身是短暂的二倍体世代。粗糙脉孢菌的有性生殖过程也可以通过另一种方式来实现。因为它的“+”和“−”两种接合型的菌丝都可以产生**原子囊果**（perithecium）和分生孢子。如果说原子囊果相当于高等植物的卵细胞，则分生孢子相当于精细胞。这样当“+”接合体（n）与“−”接合体（n）融合和受精后，便形成二倍体的合子（2n）。无论是哪一种方式，在子囊里**子囊**（ascus）的菌丝细胞中合子形成以后，立即进行减数分裂，产生四个单倍体的核，这时称为四分孢子。四分孢子中每个核进行一次有丝分裂，最后形成8个**子囊孢子**（ascospore），这样子囊里的8个孢子有4个为“+”接合型，另有4个为“−”接合型，二者总是成1∶1的比例分离。

（二）植物的生活史

高等植物的一个完整的生活周期是从种子胚到下一代的种子胚，它包括无性世代和有性世代两个阶段。现以玉米（图2-10）为例说明高等植物的生活周期。

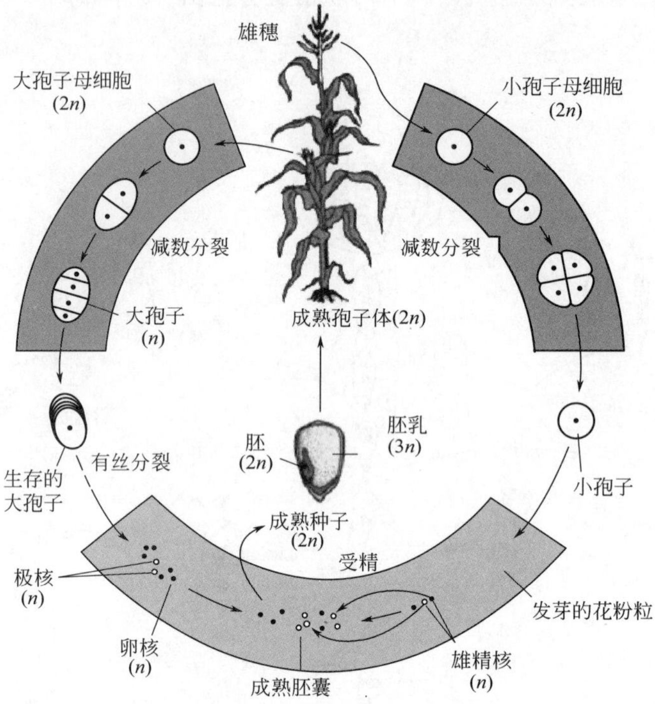

图2-10　玉米的生活周期

玉米是一年生的禾本科植物。玉米种子种下去，不久就会发育成一个完整的绿色植株，是孢子体的无性世代，称为孢子体世代。这个世代中体细胞的染色体是二倍体。孢子体发育到一定程度以后，在孢子囊（花药和胚珠）内发生减数分裂，产生单倍体的小孢子（n）和大孢子（n）。大孢子和小孢子经过有丝分裂分化为雌雄配子体（雌配子体为8核胚囊，雄配子体为花粉粒），它们分别包含单倍体的雌配子（卵细胞）和雄配子（精细胞），为受精作用做好准备。雌雄配子体的形成标志着植物进入了生命周期的有性世代，称为配子体世代。雌雄配子体受精结合以后，即完成有性世代，又进入无性世代，由此可见，高等植物的配子体世代是很短暂的，而且它是寄生在孢子体内度过的。在高等植物的生活周期中大部分时间是孢子体体积的增长和组织的分化。

根据上述可知，真菌和高等植物的一个完整的生活周期，都是交替进行着无性世代和有性世代，它们都具有自己的单倍体世代和二倍体世代，只是各世代的时间和繁殖过程有所不同，这种不同从真菌到高等植物之间存在着一系列的过渡类型。生命越向高级形式发展，它们的孢子体世代就越长。

（三）动物的生活史

遗传的染色体学说的发展在孟德尔遗传定律和染色体之间建立了实验联系，这一学说的发展几乎完全基于对果蝇的研究。因此没有任何一个生物能像黑腹果蝇（*Drosophila melanogaster*）那样对遗传学的发展做出如此重大的贡献。果蝇属于双翅目昆虫，由于其生活周期短，在25℃条件下饲养，大约12d就完成一个生活周期，并且繁殖率高，饲养方便，变异类型丰富多样，染色体数目（$2n=8$）少，所以，果蝇一直以来是细胞过程的遗传控制以及发育遗传研究方面的好材料。果蝇基因组测序结果已于2000年3月公布。受精卵排出雌蝇体外，发育成胚，然后孵化成分节的一龄幼虫。此幼虫非常活跃，摄食迅速，其头部特化了的口钩在摄食时如同一个耙子。幼虫继续长大，蜕皮进入二龄发育阶段。进一步的生长发育导致另一次蜕皮形成大的三龄幼虫。这一阶段大约在受精后5d出现。在三龄阶段的末期，幼虫游走到一个相对干燥的地方，虫体缩短，表皮变厚，色素积累，变成一个坚硬的蛹壳。果蝇的成体结构，如头、翅和腿在蛹壳中发育，但在幼虫体内以小的未成熟的决定细胞丛——成虫盘形式存在。这些成虫盘遗传上注定要形成特定的成虫结构，但在幼虫发育阶段，它们不分化成这些结构。当成虫结构发育时，幼虫结构分解。受精后大约10d，成虫从蛹壳中羽化。如果是雄蝇，精子发生产生精子，如果是雌蝇，卵子发生产生卵。受精后产生合子又开始一个新的生活周期（图2-11）。其减数分裂和受精过程同其他高等动物如人、兔、牛等一样，只是果蝇的卵受精后即脱离母体独立进行发育，从受精卵经幼虫和蛹三个阶段发育为成虫，而人、兔、牛等高等动物的受精卵是在母体内发育成为成体的。

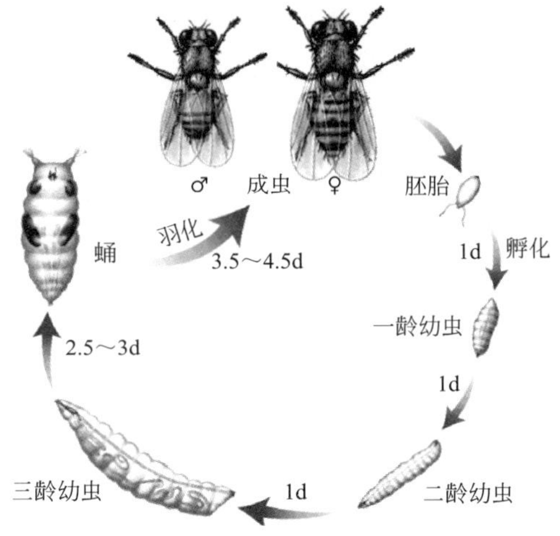

图2-11 果蝇的生活史

本章小结

各种生物之所以能够表现出复杂的生命活动，主要是由于生物体内遗传物质的表达，推动了生物体内新陈代谢过程。生命之所以能够在世代间延续，也主要是由于遗传物质能够绵延不断地向后代传递。染色体是细胞内遗传物质的主要载体，遗传物质的许多重要功能的实现都是以染色体为基础的。

染色质是间期细胞核内由DNA、组蛋白、非组蛋白及少量RNA组成的线性复合结构。20世纪70年代发现，核小体是构成染色质的基本结构单位，每个核小体由组蛋白八聚体核心及200bp左右的DNA和1分子组蛋白H_1组成。间期染色质按其形态表现、染色和生化特点，可分为常染色质与异染色质两类。异染色质又分为结构异染色质和兼性异染色质。在某些生物的细胞周期的某些阶段中，还可以观察到一些特殊的染色体，比如灯刷染色体、多线染色体、B染色体等。染色体具有一定的形态结构，每一物种的染色体数是恒定的。细胞分裂是生物进行生长和繁殖的基础，主要包括无丝分裂、有丝分裂和减数分裂3种。而细胞周期的有序运行受控于特定的分子调节机制。染色体在细胞分裂过程中呈现有规律的运动，造成了有丝分裂形成的子细胞与母细胞在染色体的数量和质量上完全相同；而减数分裂形成的子细胞的染色体数是母细胞的一半。减数分裂形成的雌雄配子相互结合形成合子，发育成新的个体。当然，植物界还存在例外的情况，即无融合生殖现象。

有性繁殖生物的生活周期，即个体发育，总是包括一个有性世代和无性世代，二者交替发生，称世代交替。

思考拓展

1. 名词解释

同源染色体　非同源染色体　常染色质　异染色质　联会　二价体

四分孢子　双受精　胚乳直感　无融合生殖　世代交替

2. 玉米二倍体染色体数是20。在下述细胞中你能找到多少条染色体？

①孢子体的叶细胞　②胚细胞　③胚乳细胞　④花粉　⑤极核

3. 在人类中，$2n$=46。如下细胞中你能观察到多少条染色体？

① 脑细胞　② 红细胞　③ 极体　④ 精细胞　⑤ 次级卵母细胞

4. 简述植物的双受精过程，并说明何为雌、雄配子体？具体形成过程怎样？

5. 细胞周期的4个主要阶段是什么？哪些阶段包括在间期中？什么事件可以区分G_1期、S期和G_2期？

6. 请结合最新的研究，阐述细胞周期调控的分子机制有哪些。

7. 简述生物有丝分裂与减数分裂的区别与联系，并说明减数分裂和有丝分裂有何遗传学意义。

8. 什么是生物的生活周期？低等植物与高等植物的生活周期有何不同？高等植物与高等动物的生活周期有何不同？

第三章

遗传物质的分子基础

【本章导言】

自1900年孟德尔遗传规律的重新发现标志着遗传学诞生后，在20世纪的上半叶，人们对生物遗传规律进行了深入的研究，建立了**基因遗传的染色体理论**（chromosome theory of inheritance），认为基因存在于染色体上，生物界的各种遗传变异现象及性状的表现均与基因的活动有关。那么，基因的实质是什么？基因是如何控制性状表达的？这就是本章要着重介绍的内容。

不论基因的化学本质如何，其必须具备三种基本的功能：①遗传功能，即基因的复制，遗传物质必须能够贮存遗传信息，并能将其复制且一代一代精确地传递下去；②表型功能，即基因的表达，遗传物质必须能够控制生物体性状的发育和表达；③进化功能，即基因的变异，遗传物质必须能够发生变异，以适应外界环境的变化，没有变异就没有进化。

第一节　DNA作为主要遗传物质的证据

基因存在于染色体上。从化学上分析，生物的染色体是核酸和蛋白质的复合物。其中，核酸主要是脱氧核糖核酸（DNA），在染色体中平均约占27%；其次是核糖核酸（RNA），约占6%；蛋白质约占66%，主要有组蛋白与非组蛋白两种，其中组蛋白的含量比较稳定，根据细胞的类型与代谢活动，非组蛋白的含量与性质变化较大；此外，还含有少量的拟脂与无机物质。

20世纪40年代以来，由于微生物遗传学的发展，加上生物化学、生物物理学以及许多新技术不断引入遗传学，促成了一个崭新的领域——分子遗传学的诞生和发展。已有大量间接和直接的分子遗传学方面的证据证明DNA是主要的遗传物质，而在缺乏DNA的某些病毒中，RNA就是遗传物质。

一、细菌的转化实验

1928年英国微生物学家格里菲斯（F.Griffith）研究肺炎链球菌（*Streptococcus pneumoniae*）的致病性时意外地观察到热灭活的致病细菌与活的非致病细菌混合，能够使小部分非致病细菌转变成致病细菌（图3-1）。肺炎链球菌的致病型含荚膜，菌落表面光滑（S型）；非致病型无荚膜，菌落表面粗糙（R型）。S型和R型分别含有多种抗原，可诱导不同的免疫反应。RⅡ型的肺炎链球菌中加入热灭活（65℃处理）的SⅢ型注射家鼠后可使其死亡，并可从其体内分离到SⅢ型的细菌。

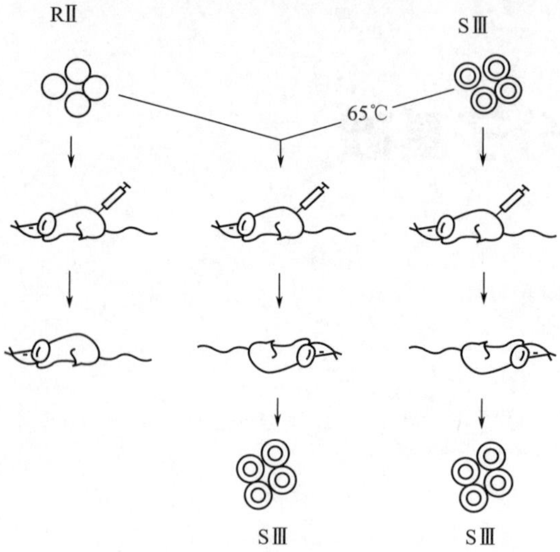

图3-1　Griffith的细菌转化实验

在无致病力的粗糙型（RⅡ）肺炎链球菌中加入加热处理的致病光滑型（SⅢ）细菌后，注射小鼠导致其死亡，并从其体内分离出SⅢ细菌

由于加热杀死的光滑型（SⅢ）细菌是不能致病的，Griffith推测存在一种活性物质促进粗糙型（RⅡ）细菌的转化，但并没有鉴定是什么物质。后来，艾弗里（O.T.Avery）及其同事经过严谨的实验设计及多次重复实验，分别提取了光滑型（SⅢ）细菌的DNA和蛋白质进行活性因子鉴定，发现只有其DNA提取物可使粗糙型（RⅡ）转化为光滑型（SⅢ），同时转化活性不受RNA酶或蛋白酶降解所影响，只有DNA酶能够阻止该转化实验。艾弗里于1944年与同事合作报告指出：肺炎链球菌Ⅲ型转化因子是DNA。

二、噬菌体的侵染与繁殖实验

赫尔希（A.D.Hershey）等用同位素^{32}P和^{35}S分别标记T2噬菌体的DNA与蛋白质。因为P是DNA的组分，但不存在于蛋白质；而S是蛋白质的组分，但不存在于DNA。然后用标记的T2噬菌体（^{32}P或^{35}S）分别感染大肠杆菌，经10min后，用搅拌器甩掉附着于细胞外面的噬菌体外壳。发现在第一种情况下，基本上全部放射活性见于细菌内而不被甩掉并可传递给子代。在第二种情况下，放射性活性大部分见于被甩掉的外壳中，细菌内只有较低的放射性活性，且不能传递给子代（图3-2）。

该实验说明，侵入的DNA能够在短时间内繁殖出与原来一样的子代噬菌体，证明具有遗传作用的是DNA而不是蛋白质。从此，DNA是遗传物质得到了普遍认可。

三、烟草花叶病毒的感染和重建实验

烟草花叶病毒（tobacco mosaic virus，TMV）是由RNA核心和蛋白质外壳组成的管状微粒。如果将TMV的RNA与蛋白质分开，把提纯的RNA接种到烟叶上，可以形成新的TMV而使烟草发病；单纯利用它的蛋白质接种，就不能形成新的TMV，烟草继续保持健康。如果事先用RNA酶处理提纯的RNA，再接种到烟草上，也不能产生新的TMV。这说明在不含DNA的TMV中，RNA就是遗传物质。

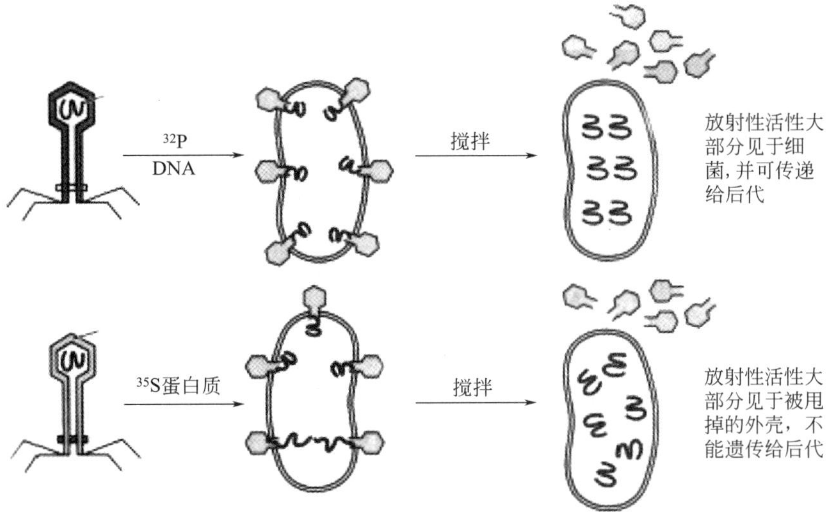

图3-2　Hershey-Chase实验证明DNA是T2噬菌体的遗传物质

为了进一步验证上述的结论，1957年，弗兰克尔-康拉特（H.Fraenkel-Conrat）与辛格（B.Singer）把TMV的RNA与另一个病毒品系（Holmes ribgrass，HR）的蛋白质，重新组合成混合的烟草花叶病毒，用它感染烟草叶片时，所产生的新病毒颗粒与提供RNA的品系完全一样，即亲本的RNA决定了后代病毒的类型（图3-3）。

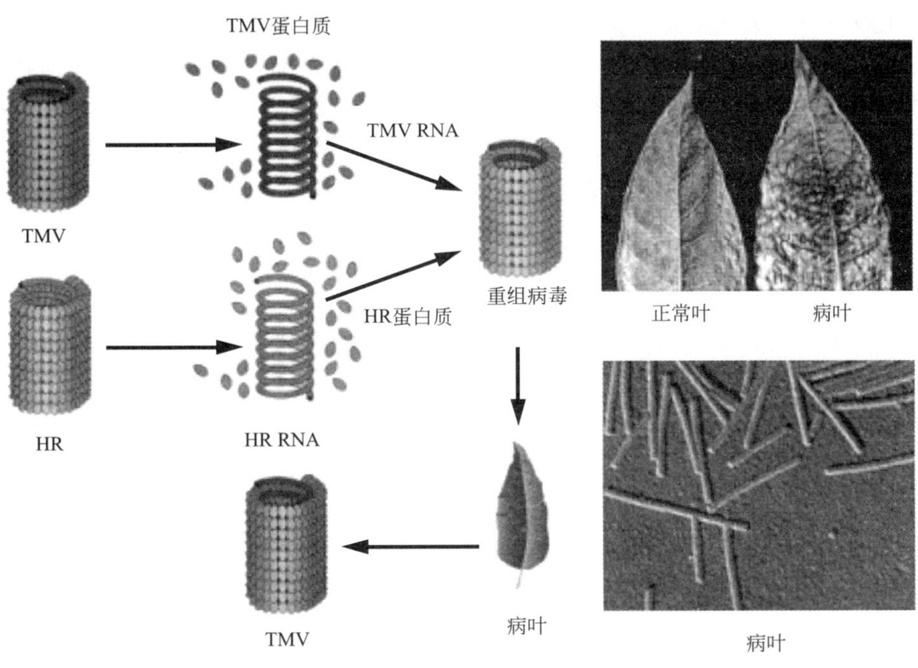

图3-3　病毒重组实验证明RNA是烟草花叶病毒的遗传物质

以上实例均直接证明DNA是生物主要的遗传物质，而在缺少DNA的生物中，RNA则为遗传物质。

第二节　核酸的化学结构与自我复制

一、两种核酸及其分布

核酸（nucleic acid）是一种高分子化合物，是由许多核苷酸单元通过磷酸二酯键形成的链状多聚体。每个核苷酸包括三部分：五碳糖、磷酸和环状含氮碱基（图3-4）。碱基包括双环结构的**嘌呤**（purine）和单环结构的**嘧啶**（pyrimidine）。两个核苷酸之间由3′位和5′位的磷酸二酯键相连。核酸有两种：脱氧核糖核酸（DNA）和核糖核酸（RNA），其主要区别见表3-1。

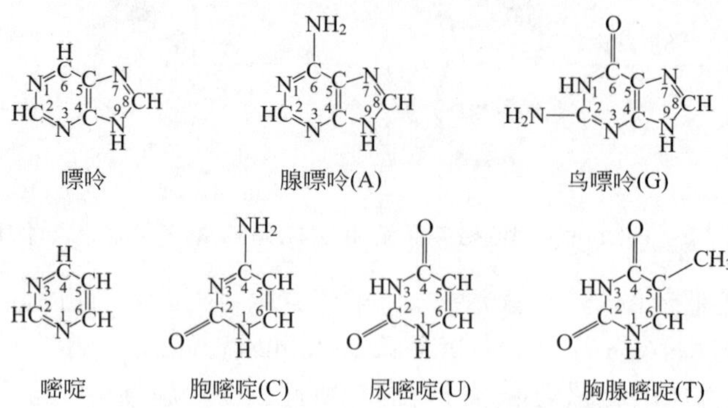

图3-4　构成核苷酸分子的碱基结构

真核生物的绝大部分DNA存在于细胞核内的染色体上，它是构成染色体的主要成分之一，还有少量的DNA存在于细胞质中的叶绿体、线粒体等细胞器内。RNA在细胞核和细胞质中都有，核内则更多地集中在核仁上，少量在染色体上。细菌也含有DNA和RNA。多数噬菌体只有DNA；多数植物病毒只有RNA；动物病毒有些含有RNA，有些含有DNA。

表3-1　DNA与RNA的主要区别

项目	脱氧核糖核酸（DNA）	核糖核酸（RNA）
基本组成单位	脱氧核苷酸，包括： 一分子磷酸 一分子脱氧核糖 一分子含氮碱基（ATGC）	核苷酸，包括： 一分子磷酸 一分子核糖 一分子含氮碱基（AUGC）
五碳糖结构示意图	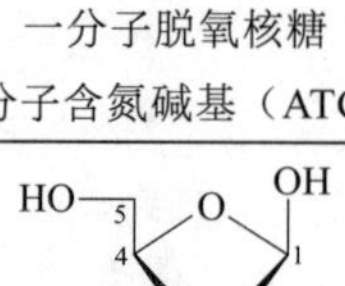	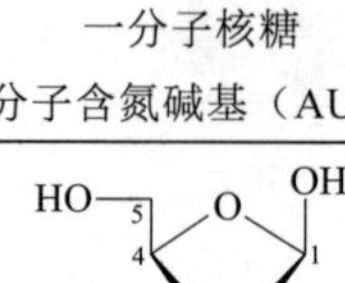
空间结构	一般为双链，较长	主要为单链，较短
细胞定位	主要存在于细胞核	主要存在于细胞质

二、DNA与RNA的分子结构

（一）DNA的分子结构

DNA分子是脱氧核苷酸的多聚体，其一级结构就是指核苷酸在DNA分子中的排列顺序。因为构成DNA的碱基通常有四种，所以，脱氧核苷酸也有四种。

1953年，沃森（J.D.Watson）和克里克（F.H.C.Crick）根据碱基互补配对的规律以及对DNA分子的X射线衍射研究的成果（图3-5），提出了著名的DNA**双螺旋结构模型**（double helical structure）（图3-6）。这个模型已被后来拍摄的电镜直观形象所证实。这个空间构型回答了分子遗传学需要解答的许多问题，例如DNA的复制机制、DNA对于遗传信息的贮存及其改变和传递等，从而奠定了分子遗传学的基础。

DNA双螺旋结构模型最主要的特点如下。①两条多核苷酸链以右手螺旋的形式，彼此以一定的空间距离，平行地环绕于同一轴上，很像一个扭曲起来的梯子（图3-6）。②两条多核苷酸链走向为反向平行。即一条链磷酸二酯键为5′→3′方向，而另一条为3′→5′方向，二者刚好相反。亦即一条链相对另一条链是颠倒过来的，这称为反向平行。③每条长链的内侧是扁平的盘状碱基，碱基一方面与脱氧核苷酸相联系，另一方面通过**氢键**（hydrogen bond）与和它互补的碱基相联系（图3-7），相互层叠宛如一级一级的梯子横档。互补碱基对A与T之间形成两对氢键，而C与G之间形成三对氢键（图3-7）。上下碱基对之间的距离为0.34 nm。④每个螺旋为3.4nm长，刚好含有10个碱基对，其直径约为2 nm。⑤在双螺旋分子的表面**大沟**（major groove）和**小沟**（minor groove）交替出现。

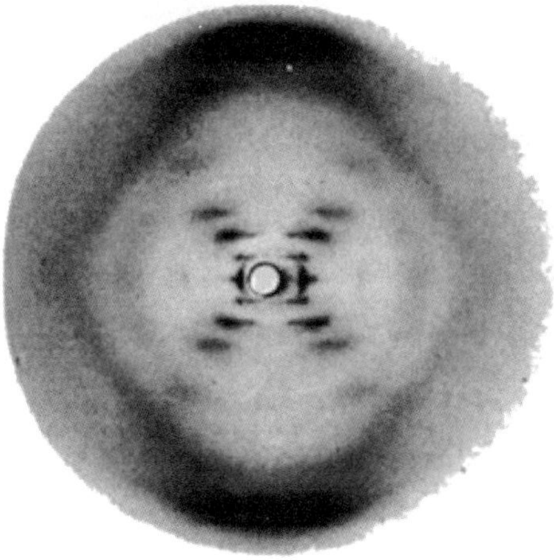

图3-5 DNA分子的X射线衍射照片

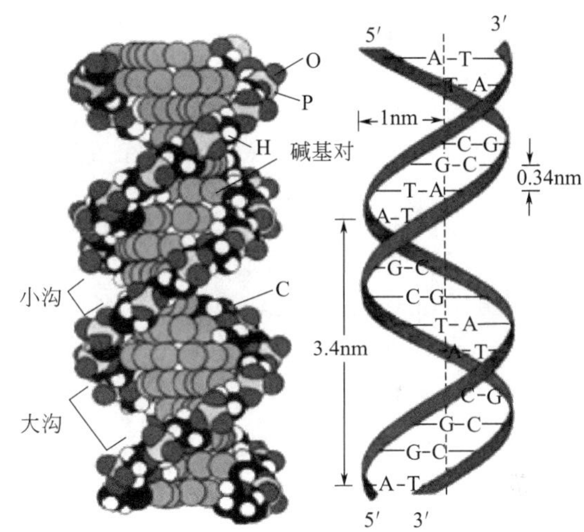

图3-6 DNA分子的双螺旋结构模型

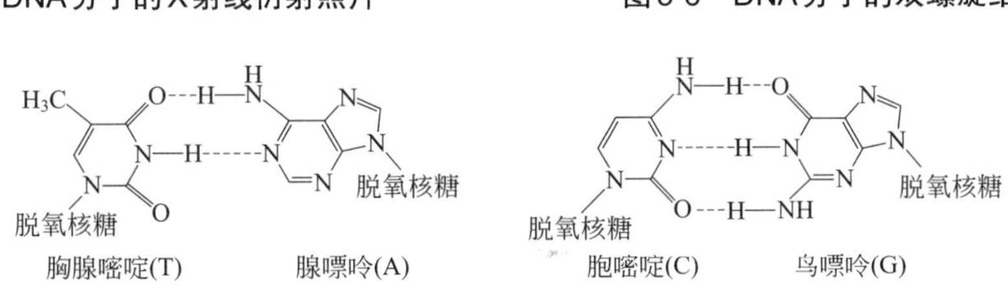

图3-7 DNA碱基之间通过氢键互补配对

另外，DNA的构型并不是固定不变的，除主要以右手双螺旋模型，即B-DNA形式存在外，还有许多变型。B-DNA是DNA在生理状态下的构型。活细胞中绝大多数DNA以B-DNA形式存在，B-DNA一个螺圈也并不是正好10个碱基对，而平均一般为10.4对。当外界环境条件发生变化时，DNA的构型也会发生变化。当DNA在高盐浓度下时，则以A-DNA形式存在（图3-8，左）。A-DNA是DNA的脱水构型，它也是右手螺旋，但每一螺圈含有11个核苷酸对。A-DNA比较短而密，其平均直径为23nm。大沟深而窄，小沟宽而浅。在活体内DNA并不以A构型存在，但细胞内DNA-RNA或RNA-RNA双螺旋结构，却与A-DNA非常相似。现在还发现，某些DNA序列可以以左手螺旋的形式存在，称为Z-DNA（图3-8，右）。当某些DNA序列富含G-C，并且嘌呤和嘧啶交替出现时，可形成Z-DNA。Z-DNA除左手螺旋外，其每个螺圈含有12个碱基对。直径为18nm，并只有一个深沟。目前，已有实验证据表明Z-DNA在体内存在。

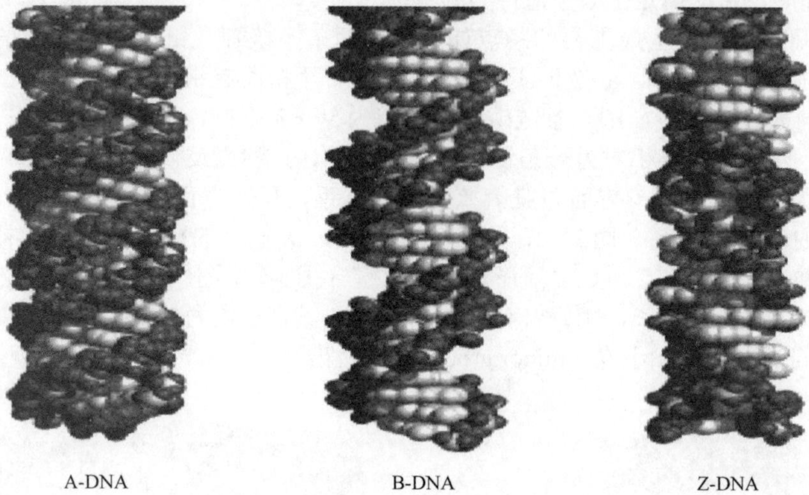

图3-8　DNA分子的不同构型

DNA结构除上述构型变化外，在体内还以超螺旋的形式存在。从病毒到高等生物，DNA在生物体内均表现为**负超螺旋**（negative supercoil）形式。负超螺旋是DNA复制过程中，在**拓扑异构酶**（topoisomerase）的催化下形成。现在已有很多证据表明，这种负超螺旋结构与DNA复制、重组以及基因的表达和调控有关。

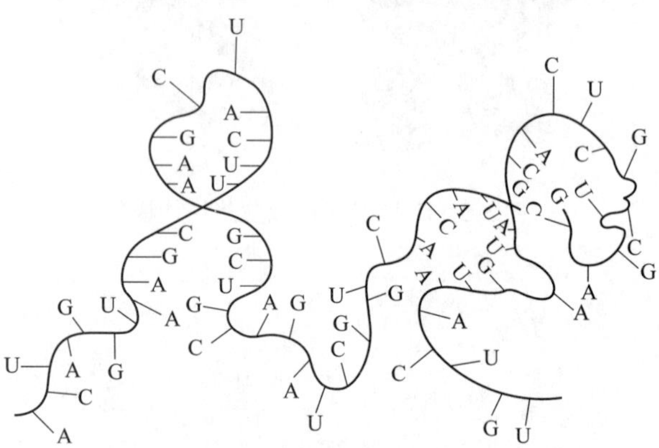

图3-9　RNA分子图式

（二）RNA分子结构

至于RNA的分子结构，从其化学组成上看，也是由四种核苷酸组成的多聚体。它与DNA的不同，首先在于以U代替了T，其次是用核糖代替了脱氧核糖，此外，还有一个重要的不同点，就是绝大部分RNA以单链形式存在，但可以折叠起来形成若干双链区域。在这些区域内，凡互补的碱基对间可以形成氢键（图3-9）。此外，有一些以RNA为遗传物质的动物病毒含有双链RNA。

三、DNA与RNA的自我复制

（一）DNA的复制模型

1. Watson-Crick模型

J.D. Watson和F.H.C.Crick提出DNA结构时已指出DNA复制的机制可能与其结构密切

相关。由于DNA的两条链互补，故均可作为模板合成新的子链，复制产生的DNA分子含一条旧链和一条新链，称**半保留复制**（semiconservative replication）（图3-10）。半保留复制由M.S.Meselson和F.W.Stahl在1958年以大肠杆菌为材料，利用^{15}N及^{14}N同位素标记的实验进行了证实。

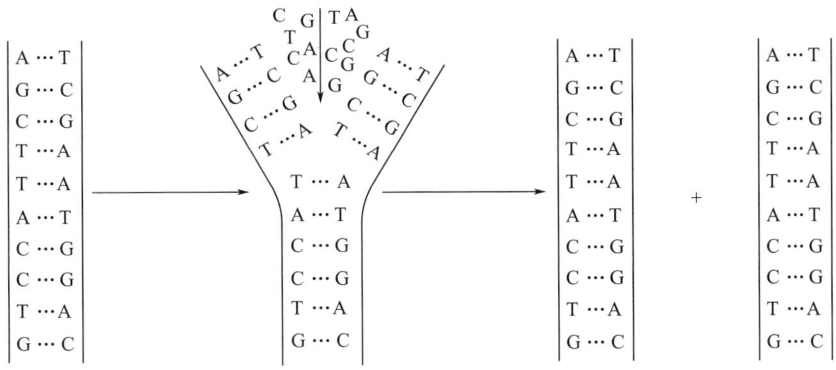

图3-10　Watson和Crick的DNA半保留复制模型

2. 科恩伯格（Kornberg）模型

DNA复制是以四种脱氧核苷三磷酸（简称dNTP，即dATP、dTTP、dGTP和dCTP）为原料，在DNA聚合酶催化下完成的。DNA复制需要引物才能开始聚合反应，引物为RNA分子，在复制开始以后被去除并由DNA填补。DNA聚合反应从引物3′-羟基端聚合酶的结合开始，四种脱氧核苷三磷酸根据碱基互补原则与模板的碱基配对；在DNA聚合酶的催化下3′-羟基与dNTP的5′-磷酸基团形成共价键即3′→5′磷酸二酯键；DNA聚合酶沿模板移动不断合成新链，新生DNA链的合成方向是从5′→3′。DNA的复制是半保留的，复制时两条模板链打开，一条链沿3′→5′模板链连续进行，而另一条链则为不连续的复制，即一段段合成后再连接为完整的子链（图3-11）。

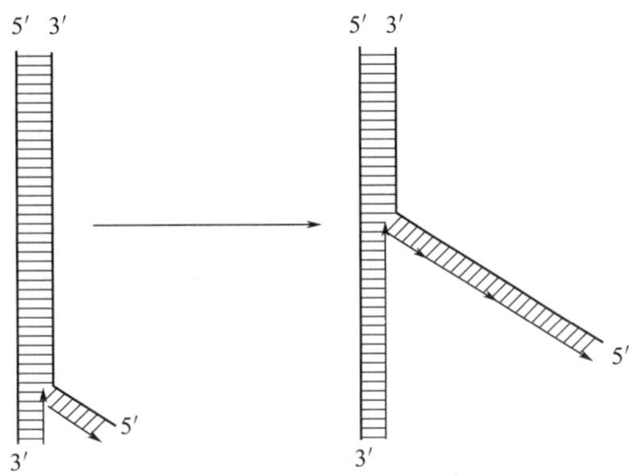

图3-11　Kornberg的DNA复制模型

3. 冈崎（Okazaki）模型

DNA复制由复杂的酶系统参与（原核细胞和真核细胞中的酶类是不同的，但其复制机制大体相同），主要包括：解旋酶作用下DNA超螺旋变为双螺旋，解链酶催化下解开DNA双链，引物酶催化RNA引物的合成，DNA聚合酶催化单核苷酸的聚合，连接酶催化新形成DNA片段的连接等。DNA复制还存在校对机制，即刚插入的核苷酸发生错配时，DNA聚合酶的活性可将其切除后继续进行。此外，修复酶可识别复制后的DNA链上的核苷酸插入错误，并由复制酶系统将其修复。因此，DNA的复制是极其精确的过程，这也是物种的性状得以稳定遗传的根本原因。

考虑到DNA分子的长度大大超过细胞的直径，如果从头到尾合成的话，在时间上将超过细胞周期，因而，DNA的合成将是多起点的，这已有许多实验证据予以证明。1968年，日本学者冈崎等发现，新链合成是先从新链的5′-端向3′-端方向合成一个个大约1000～2000个脱氧核苷酸残基的片段（后人称为“**冈崎片段**”），然后在连接酶的作用下连接成一条完整的子链（图3-12）。

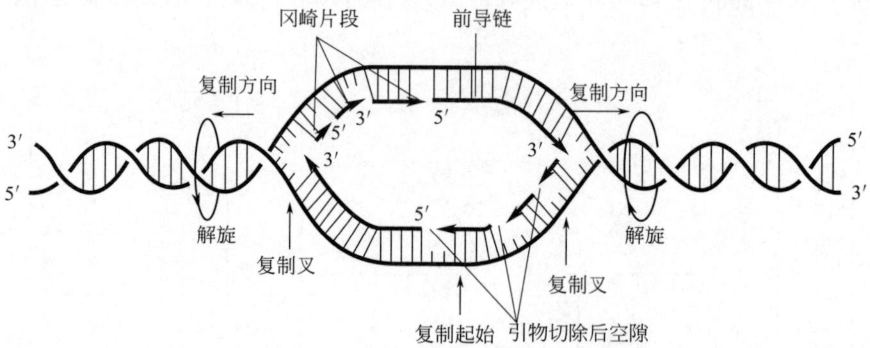

图3-12　DNA复制过程示意图（冈崎模型）

（二）RNA的复制模型

在不含DNA的RNA病毒和类病毒中RNA的复制主要有两种途径：一是从RNA到RNA途径；二是反转录途径。第一条途径中，在RNA聚合酶的作用下，单链RNA以自己为模板（“+”链）合成一条互补的单链RNA（“−”链），形成一个暂时性的双螺旋式的复制型，接着两条链分开，以“−”链为模板合成“+”链。一般一条“−”链上往往结合有几条合成中的“+”链。第二条途径中，在反转录酶催化下，以单链RNA为模板合成互补的DNA链，形成DNA-RNA杂交分子。再通过其RNA酶H活性水解杂交分子中的RNA链，然后在RNA聚合酶的作用下以DNA为模板合成RNA子链。

第三节　遗传信息与遗传密码

一、三联体密码

前面我们已经介绍，DNA分子是由四种脱氧核糖核苷酸组成的多聚体。这四种脱氧核糖核苷酸的不同在于所含碱基的不同，即A、T、C、G四种碱基的不同。用A、T、C、G分别代表四种密码符号，以一个DNA含有1000对核苷酸来说，这四种密码的排列组合就可以有4^{1000}种形式，可以表达出无限信息。

遗传信息传递过程中，首先是以DNA的一条链为模板合成与它互补的mRNA，根据碱基互补配对的规律，在这条mRNA链上，A变为U，T变为A，C变为G，G变为C。因此，这条mRNA上的遗传密码与原来模板DNA的互补DNA链是一样的，所不同的只是U代替了T。然后再由mRNA上的遗传密码翻译成多肽链中的氨基酸序列。

遗传密码（genetic code）是联系mRNA的碱基序列和蛋白质氨基酸顺序的桥梁。碱基与氨基酸两者之间的密码关系，显然不可能是一个碱基和两个碱基决定一个氨基酸，因为它们的密码组合分别为4种和16（4^2）种，而组成蛋白质的氨基酸有20种。如果是每三个碱基决定一种氨基酸，这三个碱基的密码子可能的组合将是4^3=64种。这比20种氨基酸多出44种。所以会产生过剩密码子，可以认为是由于每个特定的氨基酸是由一个或一个以上的三联体（triplet）密码所决定的。一个氨基酸由一个以上的三联体密码所决定的现象，称为简并（degeneracy）。

二、三联体密码的翻译

每种三联体密码译成什么氨基酸呢？从1961年开始，科学家经过大量的试验，分别利用64个已知三联体密码，找出了与它们对应的氨基酸。1966—1967年，这套遗传密码的字典全部完成（表3-2）。从表3-2可以看出，大多数氨基酸都有几个三联体密码，多则6个，少则2个，这就是上面提到过的简并现象。只有色氨酸与甲硫氨酸这两种氨基酸例外，只有一个三联体密码。此外，还有三个三联体密码UAA、UAG、UGA不编码任何氨基酸，是蛋白质合成的终止信号。三联体密码AUG在原核生物中编码甲酰化甲硫氨酸，在真核生物中编码甲硫氨酸，并起合成起点作用。GUG编码缬氨酸，在某些生物中也兼有合成起点的作用。

表3-2　遗传密码字典

第一碱基	第二碱基								第三碱基
	U		C		A		G		
U	UUU	苯丙氨酸 Phe	UCU	丝氨酸 Ser	UAU	酪氨酸 Tyr	UGU	半胱氨酸 Cys	U
	UUC		UCC		UAC		UGC		C
	UUA	亮氨酸 Leu	UCA		UAA	终止信号	UGA	终止信号	A
	UUG		UCG		UAG	终止信号	UGG	色氨酸 Trp	G
C	CUU	亮氨酸 Leu	CCU	脯氨酸 Pro	CAU	组氨酸 His	CGU	精氨酸 Arg	U
	CUC		CCC		CAC		CGC		C
	CUA		CCA		CAA	谷氨酰胺 Gln	CGA		A
	CUG		CCG		CAG		CGG		G
A	AUU	异亮氨酸 Ile	ACU	苏氨酸 Thr	AAU	天冬酰胺 Asn	AGU	丝氨酸 Ser	U
	AUC		ACC		AAC		AGC		C
	AUA		ACA		AAA	赖氨酸 Lys	AGA	精氨酸 Arg	A
	AUG	甲硫氨酸 Met 为起始信号	ACG		AAG		AGG		G
G	GUU	缬氨酸 Val	GCU	丙氨酸 Ala	GAU	天冬氨酸 Asp	GGU	甘氨酸 Gly	U
	GUC		GCC		GAC		GGC		C
	GUA		GCA		GAA	谷氨酸 Glu	GGA		A
	GUG	兼做起始信号	GCG		GAG		GGG		G

在分析简并现象时可以看到，当三联体密码的第一个、第二个碱基决定之后，有时不管第三个碱基是什么，往往决定同一个氨基酸。例如，脯氨酸是由下列的四个三联体密码决定：CCU、CCC、CCA、CCG。也就是说，在一个三联体密码上，第一个、第二个碱基比第三个碱基更为重要，这就是产生简并现象的基础。同义的密码子越多，生物遗传的稳定性越大。因为一旦DNA分子上的碱基发生突变时，突变后所形成的三联体密码，可能与原来的三联体密码翻译成同样的氨基酸，或者化学性质相近的氨基酸，在多肽链上就不会表现任何变异或者变化不明显。因而简并现象对生物遗传的稳定性具有重要的意义。

除1980年以来发现某些生物的线粒体tRNA在解读个别密码子时，有不同的翻译方式外，整个生物界，从病毒到人类，遗传密码都是通用的，即所有的核酸“语”都是由四个基本碱基符号所编成；所有的蛋白质“语”都是由20种氨基酸所编成，它们用共同的“语言”写成不同的“文章”（各种生物种类和生物性状）。共同“语言”说明了生命的共同本质和共同起源；不同“文章”说明了生物变异的原因和进化的无限历程。

综上所述，现在已经证实遗传密码主要有下列基本的特性：

① 遗传密码为三联体：三个碱基决定一个氨基酸。

② 遗传密码间不能重复利用：除近来发现的少数情况外，在一个mRNA上每个碱基只属于一个密码子。

③ 遗传密码间无逗号：在翻译过程中，遗传密码的译读是连续的。

④ 遗传密码间存在简并现象：除色氨酸和甲硫氨酸这两种氨基酸外，所有氨基酸都由一种以上的密码子编码。

⑤ 遗传密码的**有序性**（ordered）：决定同一个氨基酸或性质相近的不同氨基酸的多个密码子，往往只是最后一个碱基发生变化。

⑥ 遗传密码包含起始密码子和终止密码子：蛋白质翻译的起始和终止由专门的密码子决定。

⑦ 遗传密码的通用性：除线粒体等极少数情况外（表3-3），遗传密码从病毒到人类是通用的。

表3-3 遗传密码子通用性的例外情况

密码子	通用情况	例外情况	发现的生物
UGA	终止子	色氨酸Trp	人和酵母的线粒体、支原体（*Mycoplasma*）
CUA	亮氨酸Leu	苏氨酸Thr	酵母的线粒体
AUA	异亮氨酸Ile	甲硫氨酸Met	人的线粒体
AGA	精氨酸Arg	终止子	人的线粒体
AGG	精氨酸Arg	终止子	人的线粒体
GUG	缬氨酸	丝氨酸	假丝酵母（*Candida*）
UAA	终止子	谷氨酸Gln	草履虫（*Paramecium*）、四膜虫（*Tetrahymena*）
UAG	终止子	谷氨酸Gln	草履虫（*Paramecium*）

第四节 遗传信息的传递

在本章开始时我们就介绍，遗传物质不管其化学性质如何，都必须具有遗传、表达和变异等三种基本功能。前面已经介绍了DNA是主要的遗传物质，介绍了它的结构以及复制和遗传功能。下面我们介绍其第二个重要的功能——基因表达。基因的表达（遗传信息的传递），第一步是DNA**转录**（transcription）为RNA，第二步由RNA**翻译**（translation）成蛋白质。

一、从DNA到RNA

（一）三种RNA分子

现在发现主要有三种不同的RNA分子在基因的表达过程中起重要的作用。它们是**信使**

RNA（messenger RNA，mRNA）、**转移**RNA（transfer RNA，tRNA）和**核糖体**RNA（ribosomal RNA，rRNA）。

1. mRNA分子

前面已经介绍，生物的遗传信息主要贮存于DNA的碱基序列中，但DNA并不直接决定蛋白质的合成。在真核细胞中，DNA主要存在于细胞核的染色体上，而蛋白质的合成中心却位于细胞质的核糖体上。因此，它需要一种中介物质，才能把DNA上控制蛋白质合成的遗传信息传递给核糖体。现已证明，这种中介物质是一种特殊的RNA，它起着传递信息的作用，因而称为信使RNA（mRNA）。mRNA的功能就是把DNA上的遗传信息精确无误地转录下来，然后，由mRNA的碱基顺序决定蛋白质的氨基酸顺序，mRNA是基因表达过程中遗传信息传递的中介。在真核生物中，转录形成的RNA中，含有大量非编码序列，大约只有25%的RNA经加工成为mRNA，最后翻译为蛋白质。因为这种未经加工的前体mRNA（pre-mRNA）在分子大小上差别很大，所以通常称为**核内不均一RNA**（heterogeneous nuclear RNA，hnRNA）。

2. tRNA分子

如果说mRNA是合成蛋白质的蓝图，则核糖体是合成蛋白质的工厂。但是，合成蛋白质的原材料——20种氨基酸与mRNA的碱基之间缺乏特殊的亲和力。因此，必须用一种特殊的RNA，即转移RNA（tRNA）把氨基酸搬运到核糖体上。tRNA能根据mRNA的遗传密码依次准确地将它携带的氨基酸连接成多肽链。每种氨基酸可与1 ～ 4种tRNA相结合。

几乎所有的tRNA都是小分子，由70 ～ 90个核苷酸组成，且往往具有稀有碱基。稀有碱基除假尿嘧啶与次黄嘌呤外，主要是甲基化的嘌呤和嘧啶。这类稀有碱基一般是tRNA在DNA模板转录后，经过特殊的修饰而成的。

1969年以来，研究了来自各种不同生物，如酵母、大肠杆菌、小麦、鼠等的十几种tRNA的结构，证明它们的碱基序列都能折叠成三叶草形二级结构和倒L形三级结构（图3-13）。其三叶草形二级结构具有如下的共性（图3-14）：

① 5′-端具有G（大部分）或C。

② 3′-端都以ACC的顺序终结。

③ 有一个富含鸟嘌呤的环。

④ 有一个反密码子环，在这一环的顶端有三个暴露的碱基，称为**反密码子**（anticodon）。可以与mRNA链上同自己互补的密码子配对。

⑤ 有一个胸腺嘧啶环。

3. rRNA分子

核糖体RNA，是组成核糖体的主要成分，而核糖体则是合成蛋白质的中心。在大肠杆菌中，rRNA量占细胞总RNA量的75% ～ 85%，tRNA占15%，mRNA仅占3% ～ 5%。rRNA一般与核糖体蛋白质结合在一起，形成**核糖体**（ribosome）。如果把rRNA从核糖体上除掉，就会发生塌陷。原核生物的核糖体所含的rRNA，有5S、16S及23S等三种。而真核生物的核糖体比原核生物复杂，含有4种rRNA和约80种蛋白质。四种rRNA为5S、5.8S、18S和28S。rRNA是单链，它包含不等量的A与U、G与C，但是有广泛的双链区域。在双链区，碱基因氢键相连，表现为发夹式螺旋。

rRNA在蛋白质合成中的功能尚未完全明了。但16S的rRNA 3′-端有一段核苷酸序列与mRNA的前导序列是互补的，这可能有助于mRNA与核糖体的结合。

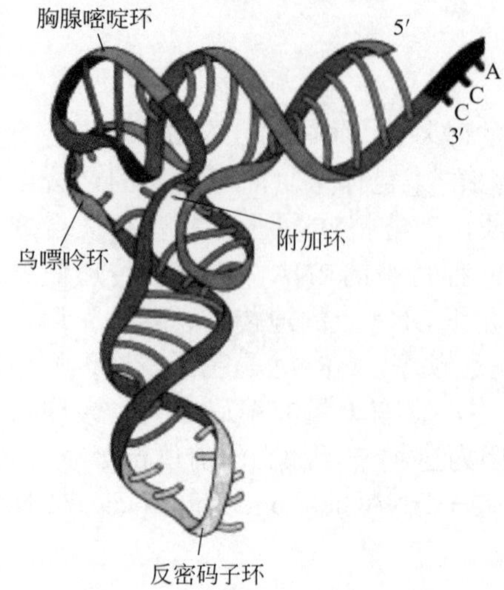

图3-13 tRNA的三维结构

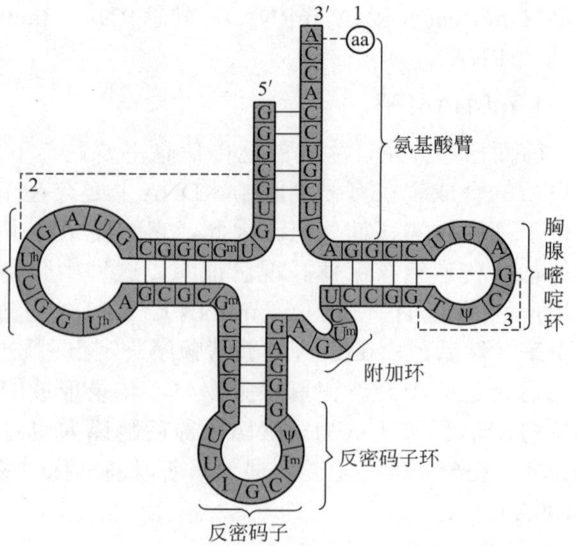

图3-14 酵母丙氨酸tRNA结构

除了上述三种主要的RNA外，还有**小核RNA**（small nuclear RNA，snRNA），小核RNA是真核生物转录后加工过程中**RNA剪接体**（spliceosome）的主要成分。现在发现有五种snRNA，其长度在哺乳动物中约为100～215个核苷酸。snRNA一直存在于细胞核中，与40种左右的核内蛋白质共同组成RNA剪接体，在RNA转录后加工中起重要作用。另外，还有**端粒酶RNA**（telomerase RNA），它与染色体末端的复制有关；以及**反义RNA**（antisense RNA），它参与基因表达的调控。

上述各种RNA分子均为转录的产物，mRNA作为模板翻译出蛋白质，而rRNA、tRNA及snRNA等并不翻译，其终产物即为RNA。

（二）RNA合成的一般特点

RNA的合成与DNA合成从总体上来看非常相似。但有以下三方面明显不同：①所用的原料为核苷三磷酸，而在DNA合成时则为脱氧核苷三磷酸；②只有一条DNA链被用作模板，而DNA合成时，两条链分别用作模板；③RNA链的合成不需要引物，可以直接起始合成，而DNA合成一定要引物的引导。

转录合成的RNA链，除了T替换为U以外，核苷酸序列（碱基排列顺序）与用作模板的DNA链互补，而与另一条非模板链相同。如果转录的RNA是mRNA，其信息最后通过密码子决定蛋白质的合成。现在通常将用作模板进行RNA转录的链称作**模板链**（template strand）；而另一条则为**非模板链**（nontemplate strand）。

RNA链的合成与DNA链的合成相同，也是从5′-端向3′-端进行的，此过程由**RNA聚合酶**（RNA polymerase）催化。RNA聚合酶首先在**启动子**（promoter）部位与DNA结合，形成**转录泡**（transcription bubble），并开始转录。在原核生物中只有一种RNA聚合酶完成所有RNA的转录，而在真核生物中，有三种不同的RNA聚合酶控制不同类型RNA的合成。RNA的合成也同样遵循碱基配对的规则，只是U代替了T。

（三）原核生物RNA的合成

现在通常把转录后形成一个RNA分子的一段DNA序列称为一个**转录单位**（transcription

unit）。一个转录单位可能刚好是一个基因，也可能含有多个基因。在细菌等原核生物中一个转录单位通常含有多个基因，而真核生物中则大多只含有一个基因。转录可以分为三步（图3-15）：①RNA链的起始；②RNA链的延伸；③RNA链的终止及新链的释放。

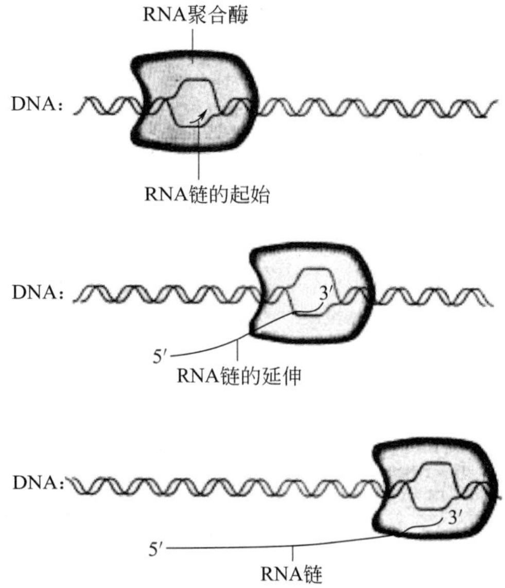

图3-15　转录过程

1. RNA聚合酶

催化转录的RNA聚合酶是一种由多个蛋白亚基组成的复合酶。如大肠杆菌的RNA聚合酶由五种亚基组成，含有α、β、β′、ω和σ 5种不同的多肽，其中α为两个分子。所以其**全酶**（holoenzyme）的组成是$\alpha_2\beta\beta'\omega\sigma$。α亚基与RNA聚合酶的四聚体核心（$\alpha_2\beta\beta'\omega$）的形成有关。β亚基含有核苷三磷酸的结合位点；β′亚基含有与DNA模板结合的位点；ω亚基虽然其具体功能尚不清楚，但它对RNA聚合酶的组装和稳定性可能有重要作用；而σ因子只与RNA转录的起始有关，与链的延伸没有关系，一旦转录开始，σ因子就被释放，链的延伸则由四聚体**核心酶**（core enzyme）催化。所以，σ因子的作用就是识别转录的起始位置，并使RNA聚合酶结合在启动子部位。

2. 链的起始

RNA链转录的起始首先是RNA聚合酶在σ因子的作用下结合于DNA的**启动子**（promoter）部位，启动子是决定RNA聚合酶转录起始位点的DNA序列。σ因子在RNA链延伸到8～9个核酸后，就被释放，然后由核心酶催化RNA的延伸。

启动子位于RNA转录起始点的上游（5′-端），σ因子对启动子的识别是转录起始的第一步。对大肠杆菌大量基因的启动子（图3-16）部位测序发现，在转录开始位置的上游10个和35个核苷酸位置有两段DNA序列比较保守，分别称为−10**序列**（−10 sequence）和−35**序列**（−35 sequence）。因为上述两段序列是大部分基因的启动子所共有，所以又称作**共有序列**（consensus sequence）。−10序列在非模板链为TATAAT，−35序列则为TTGACA。σ因子首先识别和结合于−35序列，所以该序列又称为**识别序列**（recognition sequence）。而富含AT的−10序列则与DNA的解链有关，因为A与T之间只有两对氢键，比较容易解开。另外，

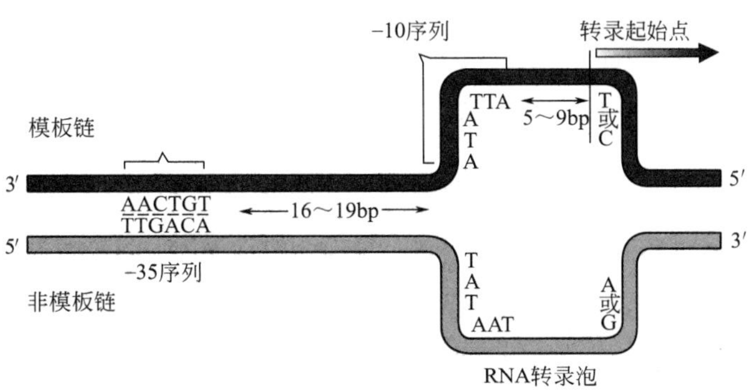

图3-16　原核生物启动子结构

在-10和-35序列之间的核苷酸数目是高度保守的，其长度在90%的原核生物启动子中为16～19bp。

3. 链的延伸

RNA链的延伸是在σ因子被释放以后，在RNA聚合酶核心酶的催化下进行。RNA聚合酶同时具有解开DNA双链，并使其重新闭合的功能。随着RNA的延伸，RNA聚合酶使DNA双链不断解开和重新闭合。RNA转录泡也不断前移，合成新的RNA链（图3-17）。在大肠杆菌中转录泡的大小约为18bp，而RNA合成的速度，每分钟约为40bp。实际上，DNA模板与新合成的RNA链之间配对非常少，可能只有3bp，所以现在认为并不是DNA模板与RNA链之间的氢键使转录复合体得以稳定。

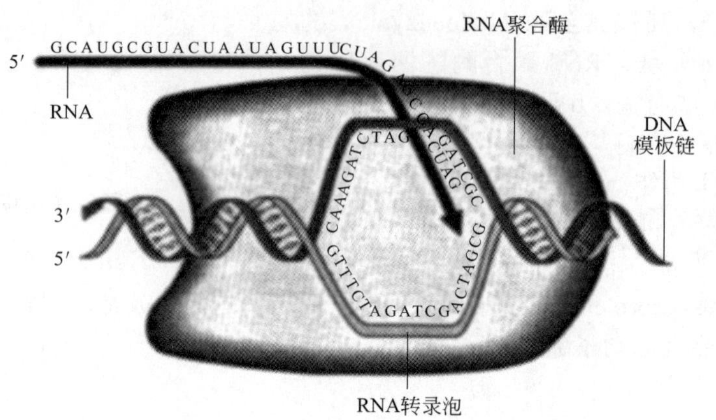

图3-17　RNA链的延伸

4. 链的终止

当RNA链延伸遇到**终止信号**（termination signal）时，RNA转录复合体就发生解体，从而使新合成的RNA链释放出来。现在发现在大肠杆菌中有两类终止：一类只有在存在蛋白质ρ因子的情况下，转录才会终止，称为**依赖于ρ因子的终止**（ρ-dependent termination）。第二类转录终止不需要ρ因子的参与，所以称为**不依赖于ρ因子的终止**（ρ-independent termination）。

实际上在原核生物中，RNA的转录、蛋白质的合成以及mRNA的降解通常可以是同时进行的。因为在原核生物中不存在核膜分隔的核，另外，RNA的转录和多肽链的合成都是从5′→3′方向进行，只要mRNA的5′-端合成后，就可以进行蛋白质的翻译过程。在原核生物中mRNA的寿命一般只有几分钟。因此，往往在3′-端mRNA的转录还没有结束，5′-端mRNA在完成多肽链的合成后，就已经开始降解。

（四）真核生物RNA的合成与加工

1. 真核生物基因转录的特点

真核生物与原核生物RNA的转录过程总体上基本相同，但是，其过程则要复杂得多，主要有以下几点不同（图3-18）：

① 真核生物RNA的转录是在细胞核内进行，而蛋白质的合成则是在细胞质内，所以，RNA转录后首先必须从核内运输到细胞质内，才能进行蛋白质的合成。

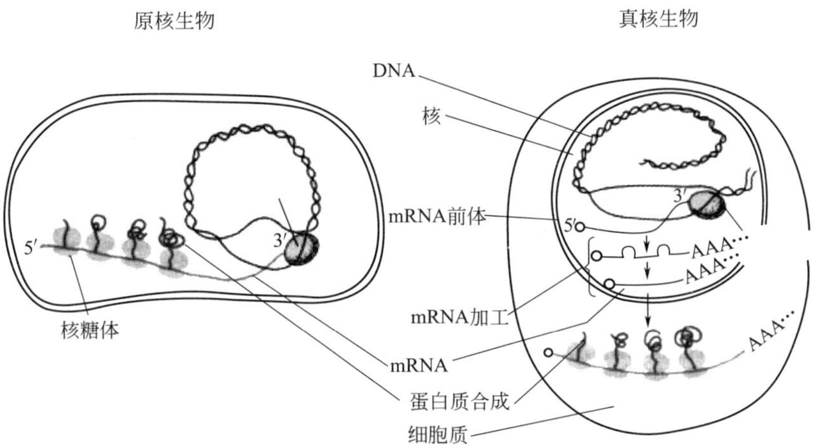

图3-18 原核生物和真核生物mRNA合成过程的比较

② 原核生物的一个mRNA分子通常含有多个基因，而除少数较低等真核生物外，在真核生物中，一个mRNA分子一般只编码一个基因。

③ 在原核生物中只有一种RNA聚合酶催化所有RNA的合成，而在真核生物中则有RNA聚合酶Ⅰ、RNA聚合酶Ⅱ、RNA聚合酶Ⅲ等三种不同酶，分别催化不同类型RNA的合成。三种RNA聚合酶都是由10个以上亚基组成的复合酶。聚合酶Ⅰ存在于细胞核内，催化合成除5SrRNA以外的所有rRNA；聚合酶Ⅱ催化合成mRNA前体，即核内不均一RNA（hnRNA）；聚合酶Ⅲ催化tRNA和小核RNA的合成。

④ 在原核生物中，RNA聚合酶可以直接起始转录合成RNA，而在真核生物中，三种RNA聚合酶都必须在蛋白质转录因子的协助下才能进行RNA的转录。另外，RNA聚合酶对转录启动子的识别，也比原核生物更加复杂，如对聚合酶Ⅱ来说，至少有三个DNA的保守序列与其转录的起始有关，第一个称为TATA**框**（TATA box），具有共有序列TATA（A/T）A（A/T）（非模板链序列），其位置在转录起始点的上游约−25～−30bp处，它的作用可能与原核生物中的−10序列相似，与转录起始位置的确定有关。第二个共有序列称为CCAAT**框**（CCAAT box），具有共有序列GGCCAATCT，位于转录起始位置上游约−70～−80bp处。如果该序列缺失会极大地降低生物的活体转录水平。第三个区域一般称为**增强子**（enhancer），其位置可以在起始位置的上游，也可以在基因的下游或者在基因之内。它可能不直接与转录复合体结合，但可以显著提高转录效率。

2. mRNA的加工

大多数真核生物的mRNA前体在转录后必须进行以下3方面的加工后（图3-19），才能运送到细胞质进行蛋白质的翻译。

（1）5′-端加上7-甲基鸟嘌呤核苷的帽子（cap）

当RNA链合成大概达到30个核苷酸后，就在其5′-端加上一个7-甲基鸟嘌呤核苷的帽子，它含有2个甲基和稀有的5′-5′三磷酸键。其作用主要是在蛋白质翻译时帮助识别起始位置以及防止被RNA酶降解。

（2）3′-端加上聚腺苷酸poly（A）的尾巴

真核生物中在RNA聚合酶Ⅱ催化下合成mRNA的前体hnRNA，比实际mRNA要长一些。一般hnRNA的转录终止于加poly（A）尾巴的3′-末端的下游1000～2000个核苷酸处，然后由核酸内切酶对其进行加工，切除多余的核苷酸。核酸内切酶一般在保守的共有序列

AAUAAA的下游11 ～ 30个核苷酸处停止切割。最后在poly（A）聚合酶的催化下加上大约200个聚腺苷酸poly（A）尾巴，此过程一般称为**多聚腺苷酸化**（polyadenylation）。它对增加mRNA的稳定性以及从细胞核向细胞质的运输具有重要作用。

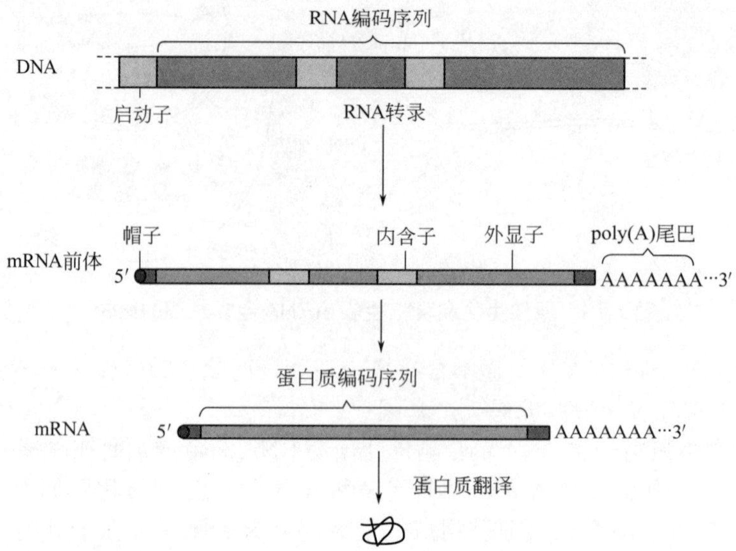

图3-19　真核生物mRNA的加工

而RNA聚合酶Ⅰ和聚合酶Ⅱ的转录都是停止于特定的终止信号。聚合酶Ⅰ在其蛋白质终止因子的协助下识别由18个核苷酸组成的终止序列而使转录终止。聚合酶Ⅲ的终止类似于原核生物中依赖于ρ因子的终止，但其具体过程还不是很清楚。

（3）内含子的剪接

真核生物基因与原核生物基因的一个显著不同就是真核生物的大多数基因含有大量的非编码序列。现在一般将一个基因中编码蛋白质的序列称为**外显子**（exon），而非编码的序列则称为**内含子**（intron）。因此，在一个基因中编码序列之间存在着大量的非编码序列，所以刚转录的hnRNA同样既含有编码序列，也含有非编码序列。因此，必须对hnRNA进行剪接，切除这些非编码序列，并将编码序列连接起来，才能进行蛋白质的翻译。

现在已经证实不同的RNA主要有三种RNA剪接的方式。①某些tRNA前体的剪接过程首先是在**剪接内切核酸酶**（splicing endonuclease）的催化下，非常精确地在内含子与外显子的交界处进行切割，并在一种特殊的**剪接连接酶**（splicing ligase）的催化下重新连接起来，而成为成熟的tRNA。②某些rRNA前体是在RNA分子本身的催化下完成剪接的，在此过程中发生一系列磷酯键的转移，不需要外界提供能量，也不需要蛋白酶的参与，所以称为**RNA自剪接**（self-splicing），这种具有自动催化活性的RNA有时也称为**核酶**（ribozyme）。③mRNA前体hnRNA的内含子是在复杂的核酸蛋白质复合结构——核酸**剪接体**（spliceosome）的作用下完成剪接的。核酸剪接体的结构有点像核糖体，它是由被称为**小核RNA**（small nuclear RNA，snRNA）的小分子RNA和蛋白质共同组成。现在发现大部分基因的内含子在5′-端为GU，3′-端为AG，并存在一些其他的共有序列。在剪接时首先是核酸剪接体的装配及对内含子共有序列的识别；然后在内含子与外显子交界处对RNA进行切割，再重新连接起来成为成熟的mRNA。

二、从RNA到蛋白质

翻译（translation）就是mRNA携带着转录的遗传密码附着在**核糖体**（ribosome）上，把由tRNA运来的各种氨基酸，按照mRNA上密码子的顺序，相互连接起来成为多肽链，并进一步折叠成为立体的蛋白质分子的过程。蛋白质的翻译过程非常复杂，有大量的蛋白质及RNA参与。现在发现蛋白质合成的场所核糖体至少由50多种多肽和3～5种RNA分子组成；至少有20种氨基酸活化酶，决定氨基酸的活化；有40～60种tRNA分子负责氨基酸的输送；还有大量的可溶性蛋白质参与多肽链的起始、延伸和终止。

（一）核糖体

核糖体是合成蛋白质的中心，是rRNA与核糖体蛋白结合起来的小颗粒。在细菌的细胞内，核糖体散见于细胞质内；它在高等生物细胞质中，大多附着于内质网上。在细胞内含有大量的核糖体，在大肠杆菌细胞内约含有200000个核糖体，约占整个细胞干重的25%。

核糖体包含大小不同的两个亚基，由Mg^{2+}结合起来，虽然不同生物核糖体的大小不同，但具有大致相同的三维结构，一般呈不倒翁形（图3-20）。大肠杆菌，包括其他原核生物的核糖体为70S，分子质量为2.6×10^6Da，由50S大亚基和30S小亚基结合而成；大亚基包括5S和23S两种rRNA和36种蛋白质；小亚基包括16S rRNA和21种蛋白质。高等生物的核糖体为80S，由60S大亚基和40S小亚基组成。大亚基包含5S、5.8S和28S三种rRNA以及49种蛋白质；小亚基包含18S rRNA和33种蛋白质。

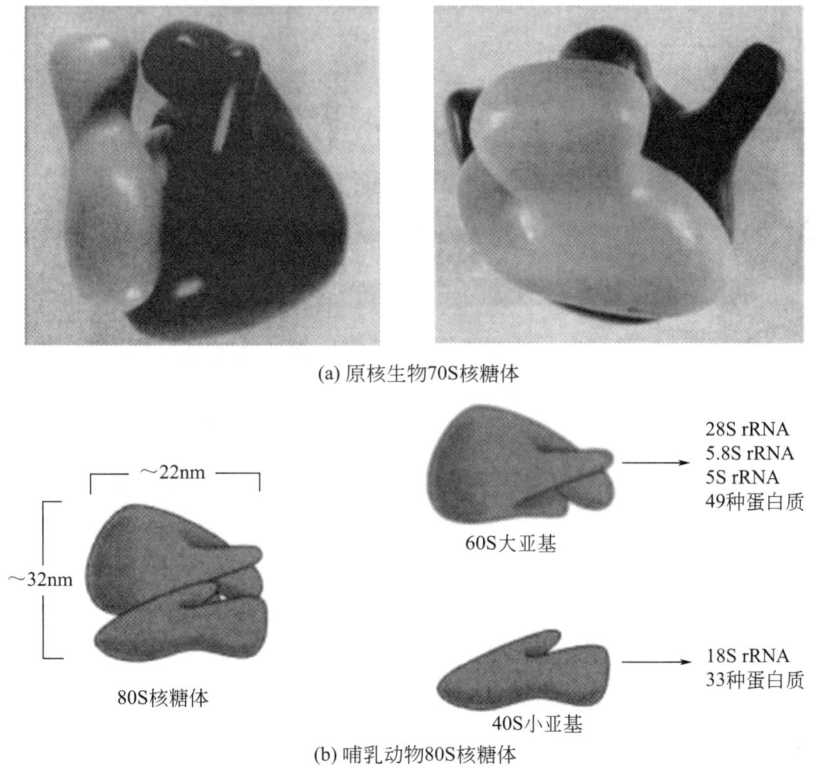

图3-20　核糖体的结构

在研究过的所有生物中，均发现rRNA基因是以多拷贝的形式存在的。在大肠杆菌中

rRNA基因存在于其染色体的三个不同区域，而在真核生物中rRNA基因有数百到几千个拷贝，其5.8S-18S-28SrRNA基因通常串联地存在于染色体的**核仁组织区**（nucleolar organizing region）区域。而5SrRNA基因则存在于其他染色体上，但其拷贝数也很多。这也就解释了单个细胞中为何会有大量核糖体。

在蛋白质合成过程中，核糖体以70S（80S）存在，因为只有这种状态才能维持它们生理上的活性。一般说来，rRNA在细胞内远较mRNA稳定，可以反复用来进行多肽的合成，而且核糖体本身的特异性小，这就是说，同一核糖体根据与其结合的mRNA不同，可以合成不同种类的多肽。

（二）蛋白质的合成

前面我们已经介绍，mRNA是蛋白质合成的模板，而tRNA则作为运载工具将氨基酸运送到核糖体上蛋白质合成的位置，从而完成蛋白质的合成。但是，在翻译开始以前，各种氨基酸必须在ATP的参与下先进行活化，然后在**氨酰tRNA合成酶**（aminoacyl tRNA synthetase）催化下，与其相对应的tRNA结合形成氨酰tRNA。现在发现总共有20种氨酰tRNA合成酶，即一种氨基酸一种合成酶。氨基酸与其相对应的tRNA结合是否准确，对蛋白质合成的准确与否非常关键，因此也有人将氨基酸与其相对应的tRNA的结合，称之为**第二遗传密码**（second genetic code）。

蛋白质的合成与RNA的合成一样，可将其分为翻译的起始、肽链的延伸和合成的终止3个步骤。相关内容请查阅生物化学教材的相关章节，本书不再赘述。

三、中心法则及其发展

真核细胞和原核细胞中每条染色体上均只含一个DNA分子，基因沿DNA分子呈线性排列，因而一个基因相当于DNA分子上的一个片段。生物的性状是多种多样和千变万化的，都跟蛋白质有关。细胞中含有成千上万种的蛋白质，每种蛋白质都有一定的氨基酸组成和空间结构，在细胞内执行不同的功能，从而引起一系列错综复杂的代谢变化，最后显示为各种各样的性状。所以，基因对性状的控制，实际上就是基因控制蛋白质的合成。作为基因的DNA片段上的碱基排列顺序代表着遗传信息，最终决定着蛋白质分子的氨基酸排列顺序，从而影响性状的表现。

遗传信息从DNA直接传递到蛋白质是不可能的，因为染色体DNA存在于细胞核内，而蛋白质主要在细胞质中，故需要一种载体分子。推测这种载体分子是RNA，因其在细胞质中大量存在，其主链与DNA糖-磷酸链很相似。故在DNA双螺旋结构模型提出几年后，Crick就推断遗传信息的流向应该是从DNA到RNA再到蛋白质，即DNA→RNA→蛋白质，后被称为遗传学的**中心法则**（central dogma）。

以DNA分子基因片段上一条单链作为模板，合成互补的RNA分子，这一过程称为转录，DNA的两条单链都可作为复制时新链合成的模板。以RNA分子作为模板合成有一定氨基酸顺序的蛋白质（或多肽链），这一过程称为翻译。在以RNA为遗传物质的RNA病毒和类病毒中，有些物种的RNA分子可作为模板，通过逆转录途径合成DNA，有些物种的RNA本身亦可进行复制，在离体条件下DNA可以直接指导蛋白质的合成，从而增加了原中心法则的信息流向，丰富了中心法则的内容，经修改后的中心法则可简单表示为图3-21。

（一）RNA的反转录

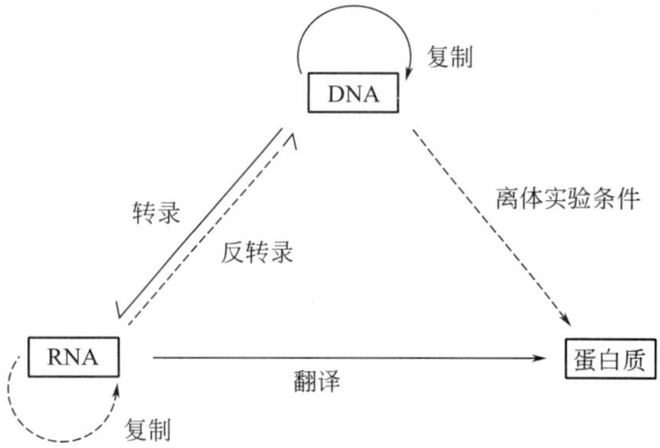

图3-21　中心法则

近年来的研究发现，在许多致癌RNA病毒中，存在着依赖于RNA的DNA聚合酶即**反转录酶**（reverse transcriptase），它可以以RNA为模板，合成DNA。当病毒RNA进入寄主细胞后，在反转录酶的催化下以RNA为模板合成一段RNA-DNA双螺旋，然后在其他酶系统的作用下，转化为DNA-DNA双螺旋，并整合到寄主细胞的染色体中。整合后的DNA又可转录合成病毒RNA，翻译成蛋白质，并装配成新的病毒，从而开始进行下一轮的侵染。迄今不仅在几十种由致癌RNA病毒引起的癌细胞中发现反转录酶，甚至在正常细胞，如胚胎细胞中也有发现。

反转录酶的发现不仅具有重要的理论意义，而且在遗传工程上，通过反转录进行基因的酶促合成以及致癌机理的研究也有重要的作用。

（二）RNA的自我复制

进一步的研究还发现一些RNA病毒如R17、f2、MS2等，可以以RNA为模板直接复制新的RNA。这些病毒都属于最简单的类型。例如，MS2的RNA只含有大约350个核苷酸，仅编码三种蛋白质：外壳蛋白，主要功能是构成病毒外壳，起到保护核酸的作用；**附着蛋白**（attachment protein），其功能主要是使病毒能附着于寄主细胞并进入其内部；RNA**复制酶**（RNA replicase）的一个亚基，该亚基与寄主细胞的三种蛋白质共同形成RNA复制酶，可以使病毒RNA进行自我复制。

（三）DNA指导的蛋白质合成

在20世纪60年代中期，B. McCarthy和J. J. Holland发现在他们的试验体系中加入抗生素等条件下，变性的单链DNA在离体情况下可以直接与核糖体结合，指导合成蛋白质。但这种DNA控制的蛋白质合成是否在活细胞体内也存在，至今仍不清楚。

从上面讨论我们不难发现，近年来的研究虽增加了遗传信息的流向，发展了中心法则，但是还没有发现箭头能从蛋白质起始指向其他方向，也就是说蛋白质不能进行自我复制，也不能由蛋白质的氨基酸顺序指导合成DNA或RNA。

本章小结

本章介绍了DNA作为主要遗传物质的证据，基因的化学本质和特性，以及遗传信息如何由DNA经RNA，再传递到蛋白质，进而控制性状表达的规律。

首先，不论基因的化学本质如何，其必须表现三种基本的功能：①遗传功能，即基因的复制，遗传物质必须能贮存遗传信息，并能将其复制且一代一代精确地传递下去；②表型功能，即基因的表达，遗传物质必须能控制生物体性状的形成和表现；③进化功能，即基因的变异，遗传物质必须能发生变异，以适应外界环境的变化，没有变异就没有进化。本章第一节列举了DNA的物理化学特性以及三个经典的遗传实验，从不同角度证实了DNA是生物体主要的遗传物质。

其次，介绍了核酸作为一种高分子化合物，是由许多核苷酸单元通过磷酸二酯键形成的链状多聚体，每个核苷酸包括五碳糖、磷酸和环状含氮碱基三部分；DNA和RNA在生物细胞里的定位；DNA双螺旋结构及其构型的变异；RNA分子的结构；DNA复制的半保留和半不连续特性。

最后，遗传信息从DNA直接传递到蛋白质是不可能的。Crick推断遗传信息的流向应该是从DNA到RNA再到蛋白质，即DNA→RNA→蛋白质，后被称为遗传学的中心法则。以DNA分子基因片段上一条单链作为模板，合成互补的RNA分子，这一过程称为转录。以RNA分子作为模板合成有一定氨基酸顺序的蛋白质（或多肽链），这一过程称为翻译。

本章着重介绍了遗传信息传递过程中三种RNA分子的特性及功能；RNA合成的一般特点，原核生物和真核生物基因转录过程及异同点；遗传学中心法则的内容发展。

思考拓展

1. 名称解释

半保留复制　冈崎片段　转录　翻译　简并　核糖体　中心法则

2. 如何证明DNA是生物的主要遗传物质？

3. 简述DNA双螺旋结构及其特点。

4. 真核生物与原核生物相比，其转录过程有何特点？

5. 简述原核生物蛋白质合成的过程。

6. 请查阅文献资料，说明艾弗里及其同事是如何通过严谨的实验设计，验证DNA是肺炎链球菌中的转化因子的？

7. 试述中心法则及其最新的发展。

第四章

孟德尔定律

【本章导言】

孟德尔是遗传学的创始人，他以豌豆作为试验材料，通过对生物性状传递规律以及控制生物性状因子的研究，提出了**分离定律**（law of segregation）和**自由组合定律**（law of independent assortment），这两个定律是遗传学中的基本定律，是遗传学发展的基石。其实质是在减数分裂过程中，同源染色体彼此分离，非同源染色体自由组合。遗传学定律的发现得益于对数据进行合理的数理统计分析；随着研究的深入，人们发现基因与环境、等位基因之间、非等位基因之间能够相互作用决定生物性状的遗传，从而扩展了孟德尔定律。

第一节　分离定律

一、一对性状的杂交试验

作为遗传学的奠基人，孟德尔学习和总结了前人的工作方法与经验教训，进行了大量的试验研究，得到了许多重要的试验数据。

孟德尔选择了豌豆作为试验材料，由于豌豆是自花授粉的双子叶植物，豌豆子代性状与亲代的遗传具有极高的一致性，因此便于试验结果的分析，得出试验结论。孟德尔选取了不同品系的豌豆的7对稳定的、易于区分的性状作为试验分析的对象。所谓**性状**（character），是指生物体所表现的形态特征和生理特性。孟德尔在研究豌豆等植物的性状遗传时，把植物所表现的性状区分为各个单位作为研究对象，这些被区分开的每一个具体性状称为**单位性状**（unit character）。例如豌豆的花色、种子形状、株高、子叶颜色、豆荚形状及豆荚颜色（未成熟）等。其中豌豆的花色有红花和白花，种子的形状有圆粒和皱粒，子叶的颜色有黄色和绿色等，这种同一单位性状在不同个体间所表现出来的相对差异，称为**相对性状**（contrast character）。

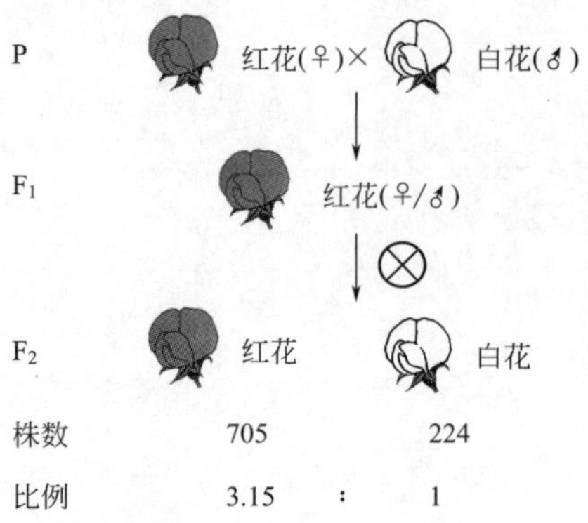

图4-1　豌豆花色的遗传

孟德尔在进行豌豆杂交试验时，选用了具有明显差别的7对相对性状的品种作为亲本，分别进行杂交，并按照杂交后代的系谱进行详细记载，采用统计学的方法计算杂交后代表现相对性状的株数，并进行统计分析，最后得出了比例关系。例如，为了研究豌豆花色的遗传，孟德尔用红花植株与白花植株进行杂交。在杂交时，需要先将母本花蕾的雄蕊完全摘除，这称为去雄，然后将父本的花粉授到已去雄的母本柱头上，这称为人工授粉。去了雄和授了粉的母本花朵还必须套袋隔离，防止其他花粉授粉。结果发现红花植株不论作父本还是母本，子一代杂种植株全部开红花，子一代自花授粉之后，得到的子二代同时出现了红花和白花两种植株，其中红花植株705株，白花植株224株，二者比例是3.15∶1，即接近于3∶1（图4-1）。如果把红花植株作母本的杂交组合称为正交，则作父本的杂交组合称为反交。正反交的结果一样，说明了杂交后代的性状表现不受亲本组合方式的影响。通常用P表示亲本，♀表示母本，♂表示父本，×表示杂交，F表示杂种后代。F_1表示杂种第一代，是指杂交当代所结的种子及由它所长成的植株。F_2表示杂种第二代，是指由F_1自交产生的种子及由它所长成的植株。依此类推，F_3、F_4分别表示杂种第三代、第四代。

孟德尔把F_1表现出来的性状称为**显性性状**（dominant character），如红花；F_1未表现出来的性状称为**隐性性状**（recessive character），如白花。其他6对相对性状的杂交试验都获得了同样的试验结果（表4-1）。

表4-1　孟德尔的豌豆一对相对性状杂交试验的结果

性状	组合	F_1表现的显性性状	F_2的表现		
			显性性状	隐性性状	比例
花色	红花×白花	红花	705红花	224白花	3.15∶1
种子形状	圆粒×皱粒	圆粒	5474圆粒	1850皱粒	2.96∶1
子叶颜色	黄色×绿色	黄色	6022黄色	2001绿色	3.01∶1
豆荚形状	饱满×不饱满	饱满	822饱满	299不饱满	2.95∶1
未成熟豆荚颜色	绿色×黄色	绿色	428绿色	152黄色	2.82∶1
花着生位置	腋生×顶生	腋生	651腋生	207顶生	3.14∶1
植株高度	高茎×矮茎	高茎	787高茎	277矮茎	2.84∶1

孟德尔从以上7对相对性状的杂交结果中看到了两个共同特点：第一，不论正交还是反交，F_1所有的性状表现是一致的，即都只表现双亲中一个亲本的性状，而另外一个性状并未表现；第二，F_2植株在性状表现上既出现显性性状，又出现隐性性状，这一现象称为**性状分离**（character segregation）。F_2群体中表现显性性状的个体与隐性性状的个体比例总是接近3∶1。

二、分离现象的解释

孟德尔就7对相对性状在F_2中都出现的3∶1的分离现象提出了如下假设。

① 遗传性状是由基因（孟德尔原始论文中称为遗传因子，后由丹麦学者W.L.Johannson改称为基因）决定的，每个单位性状是由一对基因所控制的。例如，豌豆花色的红色和白色是受一对基因控制的。

② 基因在体细胞内是成对存在的，一个来自父方，另一个来自母方。例如，F_1植株必须有一个控制显性性状的基因和一个控制隐性性状的基因，这两个基因位于同源染色体的相同位置上，这种位于同源染色体的同一位置并且影响同一性状的基因称为**等位基因**（allele）。位于非同源染色体上的基因甚至位于同源染色体的不同位置的基因均称为**非等位基因**（non-allele）。

③ 在形成配子时，每对基因能均等地分配到不同的配子中，结果每个配子（花粉或卵细胞）中只含有成对基因中的一个。

④ 配子的结合是随机的。

现仍以豌豆花色遗传的杂交试验为例加以具体说明。*R*表示显性的红花基因，*r*表示隐性的白花基因。根据假设，纯系红花应该具有一对红花基因*RR*，即纯系红花的基因型是*RR*。所谓**基因型**（genotype）指的是个体的基因组合，因此白花亲本的基因型是*rr*。基因型是生物性状的内在遗传基础，肉眼是看不到的，只能通过杂交试验根据表现型来推断。**表现型**（phenotype）简称表型，指的是生物体所表现出来的性状，如红花和白花等。

红花亲本产生的配子中只有一个*R*基因，白花亲本产生的配子中只有一个*r*基因。受精时，雌雄配子结合形成的F_1基因型应该是*Rr*。由于*R*对*r*有显性的作用，所以F_1植株的表现型是红色。但F_1植株在产生配子时，因为等位基因*R*和*r*将分配到不同的配子中去，所以产生的配子无论雌配子还是雄配子均有两种：一种为*R*，一种为*r*，两种配子的数目相等，比例1∶1。F_1自交时各类雌雄配子的结合是随机的（图4-2）。由此可见，F_2群体会出现4种基因型组合，归纳为3类：1/4*RR*，2/4*Rr*，1/4*rr*。其中基因型*RR*和*Rr*表现红花，*rr*表现白花，所以F_2中表型只有红花和白花两种，比例是3∶1。

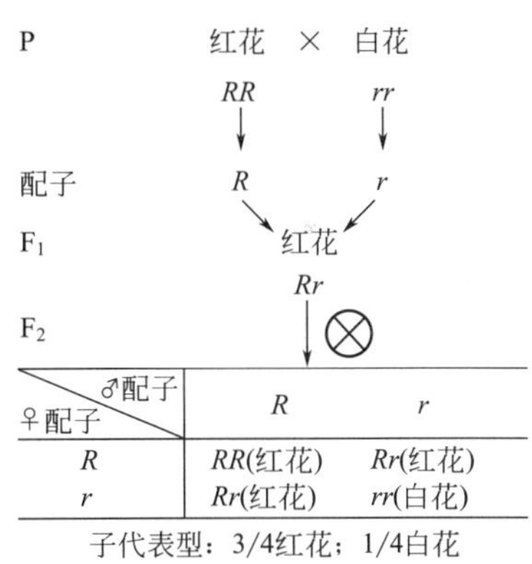

图4-2　孟德尔对分离现象的解释

F_2同样表现红花性状个体的基因型却有不同，其中*RR*的两个基因一样，在遗传学上称为**纯合基因型**（homozygous genotype）；*Rr*的两个基因不同，遗传学上称为**杂合基因型**（heterozygous genotype）。具有纯合基因型的个体称为**纯合体**（homozygote），*RR*个体为显性纯合体，*rr*个体为隐性纯合体。而基因型是*Rr*的个体为**杂合体**（heterozygote）。

从细胞学的角度看，*R*和*r*是一对等位基因，位于一对同源染色体的相同位置上，F_1基因型是*Rr*，当细胞进行减数分裂形成配子时，随着这对同源染色体在后期Ⅰ的分离，*R*和*r*也分别进入不同的二分体。最后形成的配子是*R*和*r*两种，比例1∶1。雌雄配子都是如此，因此雌雄配子相互随机结合出现4种基因型组合，比例为1*RR*∶2*Rr*∶1*rr*，表型上出现红花∶白花＝3∶1。

三、分离定律的验证

孟德尔对他所统计的试验结果用提出的假设进行解释，这个假设的实质就是在形成配子时成对的基因（等位基因）彼此发生分离，互不干扰，因而配子中只有成对基因的一个。为了证明这一假设的真实性，孟德尔采用了测交和自交等方法进行了验证。

（一）测交法

所谓**测交**（test cross）是指被测验的个体与隐性纯合个体间的杂交，所得后代称为测交子代，用F_t表示。根据测交子代所出现的表型的种类和比例，可以确定被测个体是纯合体还是杂合体。由于隐性纯合体只能产生一种含隐性基因的配子，它们和含有任何基因的另一种配子结合，其子代都只能表现出另一种配子所含基因的表现型。因此，测交子代表现型的种类和比例正好反映了被测个体所产生的配子种类和比例，从而可以确定被测个体的基因型。

例如，想要检测F_2中某一红花个体是纯合体还是杂合体，当它与隐性亲本白花个体杂交，由于白花亲本只产生一种含*r*的配子，所以如果测交子代全部开红花，则说明被检测个体是*RR*纯合体，因为*RR*只产生一种含*R*的配子。如果测交子代中出现性状分离，即出现了一半开红花的植株和一半开白花的植株，说明被测个体是基因型为*Rr*的杂合体（图4-3）。孟德尔当时用F_1红花植株和隐性亲本白花植株测交，测交子代表现出红花和白花两种类型，且比例接近1∶1，进一步验证了孟德尔的假设。

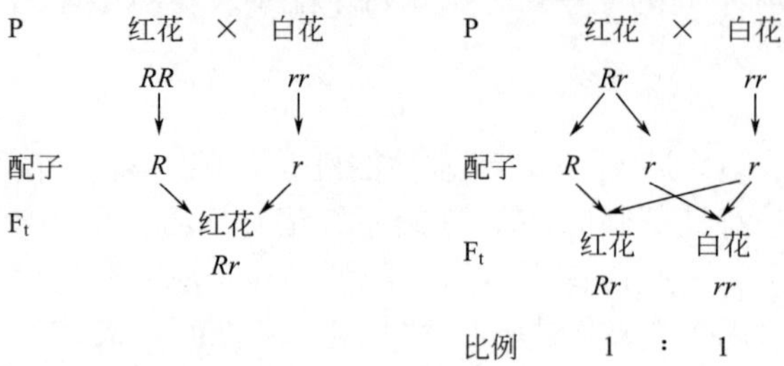

图4-3 豌豆红花和白花基因分离的测交实验

（二）自交法

孟德尔为了验证分离现象，继续使F_2植株自交产生F_3代，然后根据F_3的性状表现，证实他所设想的F_2基因型。他设想，F_2中的白花植株若自交产生F_3代群体，应该全部开白花。F_2中的红花植株中，应该是1/3的*RR*纯合体，2/3的*Rr*杂合体。*RR*纯合体自交的F_3群体，应该完全开红花，2/3的*Rr*杂合体红花植株自交产生的F_3群体中，应该分离为3/4的红花植株和1/4的白花植株。

孟德尔根据他的设想，让F_2植株自交，产生F_3群体。结果确实与他的设想一致，完全证实了他的推论。100株F_2红花植株的自交后代，即F_3代中，有64株的F_3分离为3/4的红花植株，1/4的白花植株；36株的F_3完全是红花植株。这两类F_2植株的比例为1.80∶1，接近2∶1。而白花的F_2植株的后代（F_3）全部开白花。孟德尔又观察了其他各对相对性状的F_2代自交的结果（表4-2），同样也证实了他的推论。连续自交了4～6代，都没有发现和他的推论不符合的情况。上述推论也可用图4-4表示。

表4-2 豌豆F_2表现显性性状的个体分别自交后的F_3表现型种类及其比例

性状	显性	在F_3表现为显性∶隐性=3∶1的株数及其比例	在F_3完全表现显性性状的株数及其比例	F_3株系总数
花色	红色	64（1.80）	36（1）	100
种子性状	圆形	372（1.93）	193（1）	565
子叶性状	黄色	353（2.13）	166（1）	519
豆荚形状	饱满	71（2.45）	29（1）	100
未熟豆荚色	绿色	60（1.50）	40（1）	100
花着生位置	腋生	67（2.03）	33（1）	100
植株高度	高	72（2.57）	28（1）	100

（三）F_1花粉鉴定法

用自交法或测交法验证分离定律或检测被测个体的基因型，必须等子代植株完全发育以后，才能根据其表现型推测其基因型。但有些性状，尤其是种子性状，可以在杂交当代所结的种子上观察，有些性状还可以提前到杂交以前观察，有些遗传学家就利用花粉鉴定法达到了目的，这样可以大大缩短试验周期，提高工作效率。例如，玉米的籽粒有糯性和非糯性之分，受一对等位基因控制。糯性的籽粒含支链淀粉，由隐性基因*wx*控制，非糯性的籽粒含直链淀粉，受显性基因*Wx*控制，这一对基因既控制籽粒中的淀粉性质，又控制花粉粒中的淀粉性质。通常用稀碘溶液处理糯性的花粉或籽粒的胚乳呈红棕色，非糯性的花粉或籽粒呈蓝黑色。如以碘液处理玉米*Wxwx*杂合植株上的花粉，然后在显微镜下观察，可以明显地看到红棕色和蓝黑色的花粉粒大致各一半。这表明杂合植株产生的配子中，一半带有*Wx*基因，一半带有*wx*基因（图4-5）。

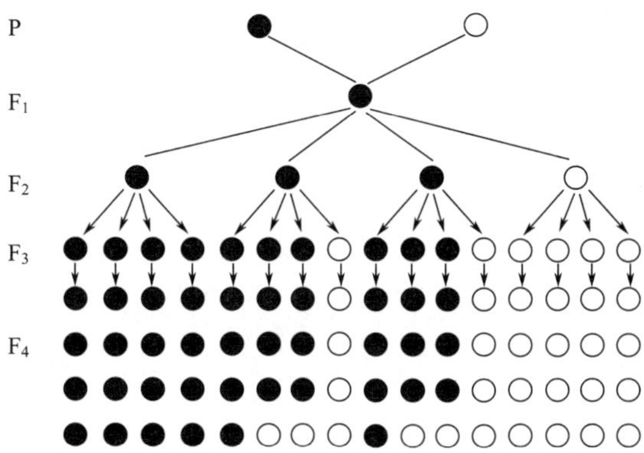

图4-4　孟德尔的一对相对性状杂交自交后代性状分离模式图

●表示红花性状；○表示白花性状

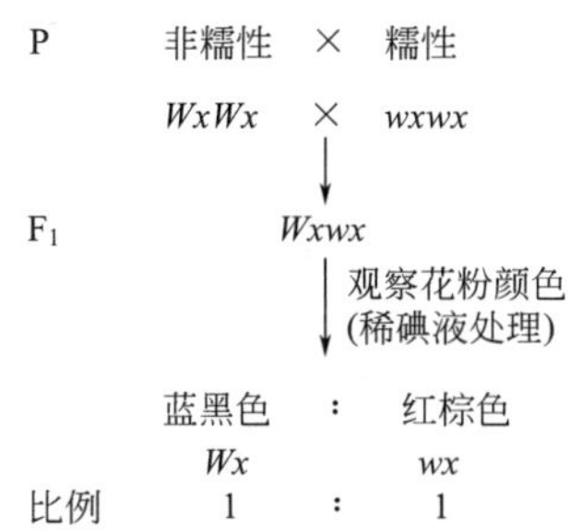

图4-5　玉米籽粒糯性与非糯性杂交一对基因分离的花粉鉴定

四、分离定律的实质

分离定律的实质是位于同源染色体上的等位基因在减数分裂时或形成配子时彼此发生分离，分别进入到不同的细胞中，而在受精过程中，不同的雌雄配子随机结合。具有一对相对性状的个体杂交产生的F_1，在完全显性的情况下自交后代性状分离为3∶1，测交后代性状分离比例为1∶1。然而，孟德尔的经典分离比例出现必须具备下列条件。

① 所研究的生物体必须是二倍体，研究的相对性状必须差异明显。

② 控制性状的基因显性作用完全，且不受其他基因的影响而改变作用方式。

③ 减数分裂过程中，杂合体体内的染色体必须以均等的机会分离，形成两类配子的数目相等。且两类配子都能良好地发育，参与受精的机会相等。

④ 受精以后不同基因型的合子具有同等的生命力。

⑤ 杂合体后代生长在相对一致的条件下，而且群体比较大。

这些条件在一般情况下是能够具备的，所以多数的试验结果都能够符合这个基本规律。但不是所有的试验都具备上述条件。

五、分离定律的意义

分离定律是遗传学中最基本的定律，这一定律从理论上说明了生物界由于杂交和分离所出现的变异的普遍性。

了解基因分离的规律，不仅可以正确认识生物的遗传现象，而且根据显隐性的表现规律，在农业生产实践上能提升培育优良品种的计划性和预见性，在医学实践中对了解遗传病的遗传规律，减轻危害都是很有用的。

① 要重视表现型和基因型之间的联系和区别。在遗传研究中要严格选用合适的材料，才能获得预期的结果，得到可靠的结论。例如，只有纯合基因型的两个亲本杂交，F_1才不会发生分离。

② 表现型相同的个体不一定基因型相同。有些作物的抗病性是由一个显性基因控制的，若抗病与不抗病的两个亲本杂交，后代很容易选到抗病株，但抗病植株中有的是纯合体，有些则是杂合体。杂合株的后代还会发生分离，必须将单株进行自交考查后，才能得到纯合抗病株。但是，若抗病性状为隐性，则一旦表现就是纯合的。

③ 生产上使用的优良品种要防止天然杂交而分离退化。

④ 营养繁殖的作物，可以利用杂合体。

⑤ 利用花粉培养和染色体加倍技术可以加快基因纯合的速度。

⑥ 在法医学上可以根据分离规律做亲子鉴定。

⑦ 进行产前诊断，降低人类遗传病的发生率。

目前已知的遗传病有3000多种。由单个基因控制的遗传病多为隐性表现，如先天性聋哑。若是显性遗传病，其双亲之一往往是杂合的患者，他们的子女约有1/2是患者，而且每生一个子女都有1/2的可能性是患者。

第二节　自由组合定律

孟德尔在分别研究了豌豆7对相对性状的遗传表现之后，提出了一对相对性状遗传的分离定律。但不同对相对性状从亲代遗传给子代的过程中相互关系如何呢？孟德尔又对两对和两对以上相对性状间的遗传关系做了进一步的研究，并提出了遗传学中的另一个基本定律，即独立分配定律，又称自由组合定律。

一、两对性状的杂交试验

孟德尔仍用豌豆为材料，同时研究两对相对性状的遗传。

他用黄色子叶、圆粒种子的豌豆与绿色子叶、皱粒种子的豌豆杂交，得到F_1种子（杂交母本植株上所结的种子）都是黄色子叶、圆粒，表明黄色子叶、圆粒都是显性，这与对7对性状分别进行研究的结果是一致的。F_1植株自交得到F_2种子，这些种子共可分为4种类型，其中两种类型与双亲相同，另两种是亲本性状的重新组合，且4种类型之间表现出一定比例（图4-6）。

如果把上述两对相对性状个体的杂交结果按一对性状分别进行统计分析，可得如下结果。

从子叶颜色看：黄色∶绿色＝（315+101）∶（108+32）=416∶140=2.97∶1≈3∶1

从种子形状看：圆粒∶皱粒＝（315+108）∶（101+32）=423∶133=3.18∶1≈3∶1

根据分析，虽然两对相对性状是同时由亲代遗传给子代的，但每一对性状的分离仍然接近3∶1的比例。说明在杂交后代中，各相对性状的分离是独立的，互不干扰，即子叶颜色的分离和种子形状的分离彼此互不影响，两对相对性状在F_2中是自由组合的。因而表现为：3/4黄色×3/4圆粒=9/16黄色、圆粒；3/4黄色×1/4皱粒=3/16黄色、皱粒；1/4绿色×3/4圆粒=3/16绿色、圆粒；1/4绿色×1/4皱粒=1/16绿色、皱粒。因此，孟德尔试验的556粒F_2种子中共出现四种表型，比例为9∶3∶3∶1。

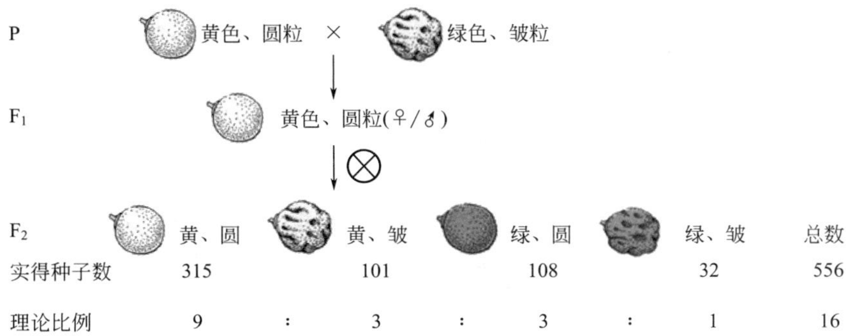

图4-6　豌豆两对相对性状的杂交试验

二、自由组合现象的解释

孟德尔为了解释他的试验现象，假设豌豆的黄色子叶和绿色子叶这一对相对性状是由一对等位基因*Y*和*y*控制的，圆粒和皱粒这一对相对性状是由另一对等位基因*R*和*r*控制的。用纯合的黄色圆粒豌豆（*YYRR*）与纯合的绿色皱粒豌豆（*yyrr*）杂交，亲本分别形成*YR*和*yr*两种配子，受精时雌雄配子结合成F_1合子，F_1的基因型为*YyRr*，表现为黄色、圆粒。F_1植株在形成配子时，成对的等位基因彼此分离，即*Y*和*y*分离，*R*和*r*分离，各自独立地分配到配子中去，而非等位基因进行自由组合，产生四种配子*YR*、*Yr*、*yR*和*yr*，这四种配子的比例相等。F_1植株自花授粉，这四种雌配子和四种雄配子随机结合，共有4×4=16种组合方式，在表现型上呈现9∶3∶3∶1的比例（图4-7）。

P　黄色、圆粒　×　绿色、皱粒
YYRR　*yyrr*
↓　↓
配子　*YR*　*yr*
↘　↙
F_1　黄色、圆粒(♀/♂)
YyRr
↓ ⊗
F_2

♀配子	♂配子			
	YR	*Yr*	*yR*	*yr*
YR	*YYRR*（黄圆）	*YYRr*（黄圆）	*YyRR*（黄圆）	*YyRr*（黄圆）
Yr	*YYRr*（黄圆）	*YYrr*（黄皱）	*YyRr*（黄圆）	*Yyrr*（黄皱）
yR	*YyRR*（黄圆）	*YyRr*（黄圆）	*yyRR*（绿圆）	*yyRr*（绿圆）
yr	*YyRr*（黄圆）	*Yyrr*（黄皱）	*yyRr*（绿圆）	*yyrr*（绿皱）

图4-7　豌豆两对相对性状杂交的F_2分离图解

从细胞学的角度来解释这4种配子的形成过程。*Y*和*y*这对基因位于一对染色体上，*R*和*r*这对基因位于另一对染色体上。它们随着同源染色体的分离而分离，又随非同源染色体的自由组合而组合（图4-8）。

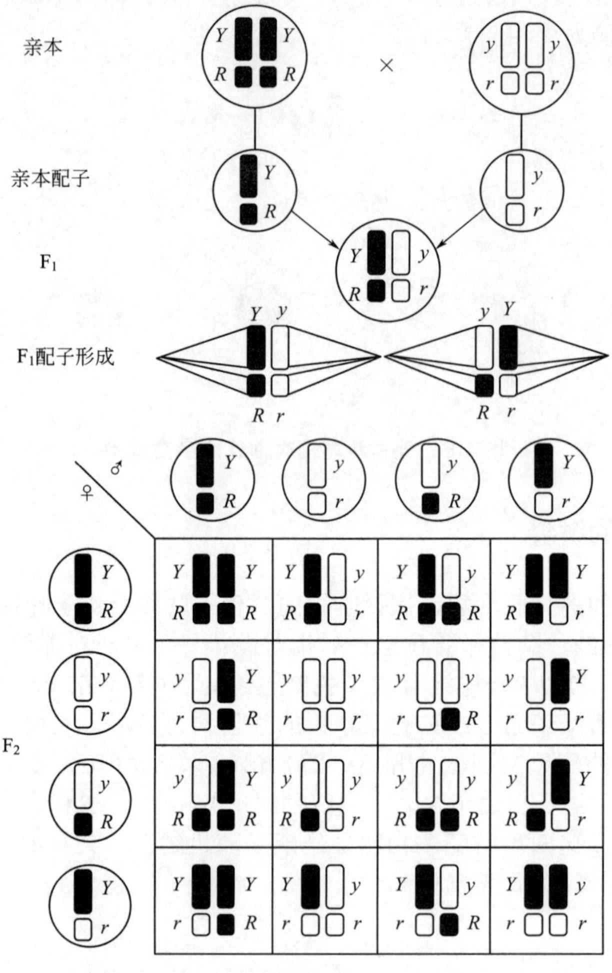

图4-8 两对同源染色体及其载荷基因的自由组合示意图

三、自由组合定律的验证

（一）测交法

用F_1与双隐性亲本测交。当F_1形成配子时，不论雌配子还是雄配子，都有4种类型，即*YR*、*Yr*、*yR*和*yr*，而且比例相等，即1∶1∶1∶1。双隐性亲本只产生一种*yr*配子，因此测交子代（F_t）种子的类型，应该符合1∶1∶1∶1的比例。孟德尔所得到的实际结果与理论推断是完全一致的（图4-9）。

（二）自交法

按照分离和自由组合定律的理论推断，由纯合的F_2植株自交产生的F_3种子不会出现性状的分离，如*YYRR*、*YYrr*、*yyRR*、*yyrr*植株，这类植株在F_2中应各占1/16；由一对基因杂合植株（*YyRR*、*YYRr*、*yyRr*、*Yyrr*）自交产生的F_3种子，其中一对性状是稳定的，不会发生分离，另一对性状将分离为3∶1，这类植株应各占F_2群体的2/16。由两对基因都杂合的植株（*YyRr*）自交产生的F_3种子，将与F_2种子一样，分离为9∶3∶3∶1的比例，这类植株应占F_2群体的4/16。孟德尔所做的试验结果，完全符合他的推论（表4-3）。

P	黄色、圆粒 *YyRr*				× 绿色、皱粒 *yyrr*
配子	*YR*	*Yr*	*yR*	*yr*	*yr*
测交后代表型	*YyRr* 黄、圆	*Yyrr* 黄、皱	*yyRr* 绿、圆	*yyrr* 绿、皱	
理论比例	1 ∶	1 ∶	1 ∶	1	
实际测交结果1	31	27	26	26	(F_1为母本)
实际测交结果2	24	22	25	26	(F_1为父本)
总数	55	49	51	52	
比例	1 ∶	1 ∶	1 ∶	1	

图4-9　豌豆两对相对性状的测交结果

表4-3　豌豆两对相对性状的自交结果

株数	理论比例	F_2植株基因型	自交形成F_3表现型
38	1/16	*YYRR*	黄色、圆粒，不分离
28	1/16	*YYrr*	黄色、皱粒，不分离
35	1/16	*yyRR*	绿色、圆粒，不分离
30	1/16	*yyrr*	绿色、皱粒，不分离
65	2/16	*YyRR*	圆粒，子叶色3∶1分离
68	2/16	*Yyrr*	皱粒，子叶色3∶1分离
60	2/16	*YYRr*	黄子叶，子粒形状3∶1分离
67	2/16	*yyRr*	绿子叶，子粒形状3∶1分离
138	4/16	*YyRr*	两对性状均分离，呈9∶3∶3∶1分离

F_2植株群体中按表现型归类，基因型简写为*Y_R_*、*Y_rr*、*yyR_*和*yyrr*，用自交法对F_2群体基因型的验证，也证明了自由组合定律的正确性。

四、自由组合定律的实质

两对相对性状自由组合的实质为控制两对相对性状的两对等位基因，分别位于非同源的两对染色体上。杂合体F_1在减数分裂形成配子时，同源染色体上的等位基因发生分离，而位于非同源染色体上的非等位基因自由组合，这样形成四类配子，且比例相等。在受精过程中四类雄配子和四类雌配子随机结合。

五、多对基因的自由组合

当具有三对相对性状差异的植株杂交时，只要决定这三对相对性状的基因是分别位于三对非同源染色体上的，也就是说它们是独立遗传的，仍然受自由组合定律的支配。如果黄色、圆粒、红花植株（*YYRRCC*）和绿色、皱粒、白花植株（*yyrrcc*）杂交，F_1全部为黄色、圆粒、红花（*YyRrCc*）。F_1的三对杂合基因分别位于三对染色体上，减数分裂过程中，这三对染色体有2^3=8种可能的分离方式，产生8种基因型的配子：*YRC*、*Yrc*、*YRc*、*yRC*、*yRc*、*yrc*、*yrC*和*YrC*，并且各种配子的比例相等。雌配子是8种，雄配子也是8种，受精时，8种雌配子和8种雄配子可以随机组合，F_2将产生64种组合，27种基因型，8种表现型。F_2代的表现型种类总是与F_1产生的配子种类数目相等（表4-4）。多对独立基因的分离组合时的F_1和F_2的遗传表现结果总结于表4-5。

表4-4　豌豆3对相对性状的杂交试验的F_2基因型、表现型及其F_3分离的比例

基因型	基因型比例	表现型	表现型比例	F_3的分离比例
YYRRCC *YyRRCC* *YYRrCC* *YYRRCc* *YyRrCC* *YYRrCc* *YyRRCc* *YyRrCc*	1 2 2 2 4 4 4 8	黄色 圆粒 红花	27	不分离 黄色：绿色=3：1 圆粒：皱粒=3：1 红花：白花=3：1 黄圆：黄皱：绿圆：绿皱=9：3：3：1 圆红：圆白：皱红：皱白=9：3：3：1 黄红：黄白：绿红：绿白=9：3：3：1 黄圆红：黄圆白：黄皱红：绿圆红：黄皱白：绿圆白：绿皱红：绿皱白=27：9：9：9：3：3：3：1
yyRRCC *yyRrCC* *yyRRCc* *yyRrCc*	1 2 2 4	绿色 圆粒 红花	9	不分离 圆粒：皱粒=3：1 红花：白花=3：1 圆红：圆白：皱红：皱白=9：3：3：1
YYrrCC *YyrrCC* *YYrrCc* *YyrrCc*	1 2 2 4	黄色 皱粒 红花	9	不分离 黄色：绿色=3：1 红花：白花=3：1 黄红：黄白：绿红：绿白=9：3：3：1
YYRRcc *YyRRcc* *YYRrcc* *YyRrcc*	1 2 2 4	黄色 圆粒 白花	9	不分离 黄色：绿色=3：1 圆粒：皱粒=3：1 黄圆：黄皱：绿圆：绿皱=9：3：3：1
yyrrCC *yyrrCc*	1 2	绿色 皱粒 红花	3	不分离 红花：白花=3：1
YYrrcc *Yyrrcc*	1 2	黄色 皱粒 白花	3	不分离 黄色：绿色=3：1
yyRRcc *yyRrcc*	1 2	绿色 圆粒 白花	3	不分离 圆粒：皱粒=3：1
yyrrcc	1	绿色 皱粒 白花	1	不分离

依据表4-5可以对多对基因个体间杂交形成后代（F_1和F_2）的各种类型及其分离比进行

分析，并可预测F_3或F_4等的遗传表现及其分离比。

表4-5 杂种杂合基因对数与后代表现型和基因型种类的关系

杂种杂合基因对数	F_2显性完全时表现型的种类	F_1形成的不同配子的种类	F_2基因型种类	F_2可能组合数	F_2纯合基因型种类	F_2杂合基因型种类	F_2表现型分离比例
1	2	2	3	4	2	1	$(3:1)^1$
2	4	4	9	16	4	5	$(3:1)^2$
3	8	8	27	64	8	19	$(3:1)^3$
4	16	16	81	256	16	65	$(3:1)^4$
5	32	32	243	1024	32	211	$(3:1)^5$
…	…	…	…	…	…	…	…
n	2^n	2^n	3^n	4^n	2^n	3^n-2^n	$(3:1)^n$

六、自由组合定律的意义

（一）理论上的意义

自由组合定律在分离定律的基础上，进一步揭示了多对基因之间自由组合的关系，解释了不同基因的独立分配是自然界生物发生变异的重要来源。

① 进一步说明生物界发生变异的原因之一，是多对基因之间的自由组合。例如：按照自由组合定律，在显性作用完全的条件下，亲本之间有2对基因差异时，F_2有2^2=4种表现型；4对基因差异时，F_2有2^4=16种表现型；若两个亲本之间有20对基因差异时，且这些基因都是独立遗传的，则F_2将有2^{20}=1048576种不同的表现型。至于基因型就更加复杂了。

② 生物有了丰富的变异类型，有利于广泛适应不同的自然条件，有利于生物进化。

（二）实践上的意义

① 分离定律的应用完全适用于自由组合定律，且自由组合定律更具有指导意义。

② 在杂交育种工作中，有利于有目的地组合双亲优良性状，并可预测杂交后代中出现的优良组合及大致比例，以便确定育种工作的规模。

例如：水稻某品种无芒、感病，另一品种有芒、抗病。已知有芒（*A*）对无芒（*a*）为显性，抗病（*R*）对感病（*r*）为显性。让有芒抗病（*AARR*）与无芒感病（*aarr*）进行杂交，F_1表现有芒抗病（*AaRr*），F_2中分离出2/16*aaRr*与1/16*aaRR*为无芒抗病。其中*aaRR*纯合型占无芒抗病株总数的1/3，在F_3中不再分离。所以如F_3要获得10个稳定遗传的无芒抗病株（*aaRR*），则在F_2至少选30株无芒抗病株（*aaRR*、*aaRr*）。

第三节 统计学原理在遗传学中的应用

一、概率的应用

孟德尔在豌豆遗传试验中已认识到3∶1、1∶1等分离比例都必须在子代个体数较多的条件下才比较接近；子代个体数不多时，所得实际比例与理论比例常表现明显的波动。在20世纪初，孟德尔的遗传规律被重新发现以后，通过大量的遗传试验资料的统计分析，人们才认识到概率原理在遗传学研究中的重要性和必要性。

（一）概率的概念

指一定事件总体中某一事件出现的概率，常用*P*（A）表示，有时也可用分数代表概率。例如F_1红花植株产生雌雄配子时，当F_1植株的花粉母细胞进行减数分裂时，*R*与*r*基因分配到每个雄配子的机会是均等的，即所形成的雄配子总体中带有*R*或*r*基因的雄配子概率各为1/2（表4-6）。遗传研究中可通过概率来推算遗传比率。

表4-6　F_1植株形成配子及后代基因型的概率

♀配子	♂配子	
	(1/2)*R*	(1/2)*r*
(1/2)*R*	(1/4)*RR*	(1/4)*Rr*
(1/2)*r*	(1/4)*Rr*	(1/4)*rr*

（二）概率的基本定理

1. 乘法定理

可计算独立事件出现的概率。设有两事件（A和B），如果A事件的出现并不影响B事件的出现，则A和B事件互称为独立事件。对于这类事件同时发生的概率等于各自发生概率的乘积。记为：

$$P(\mathrm{AB})=P(\mathrm{A})\times P(\mathrm{B}) \tag{4-1}$$

例如：在豌豆的遗传中，种子是黄子叶、圆粒和绿子叶、皱粒的植株杂交，F_1植株种子是黄子叶、圆粒（*YyRr*），由于这两对性状是受两对独立基因的控制，属于独立事件。所以*Y*或*y*、*R*或*r*进入一个配子的概率均为1/2，而两个非等位基因同时进入某一配子的概率则是各基因概率的乘积，即（$(1/2)^2$=1/4。而在F_1中，其杂合基因（*YyRr*）对数*n*=2，故可形成$2^n=2^2=4$种配子。根据概率的乘法定理，四个配子中的基因组合及其出现的概率分别是：$YR=(1/2)^2=1/4$，$Yr=(1/2)^2=1/4$，$yR=(1/2)^2=1/4$，$yr=(1/2)^2=1/4$。

2. 加法定理

两个互斥事件同时发生的概率是各个事件各自发生概率之和。互斥事件是指某一事件出现，另一事件不出现（即被排斥）。记为：

$$P(\mathrm{A或B})=P(\mathrm{A})+P(\mathrm{B}) \tag{4-2}$$

例如：豌豆子叶颜色不是黄色就是绿色。如求豌豆子叶黄色或绿色的概率，则为二者概率之和，即*P*（黄或绿）=1/2+1/2=1。同一配子中不可能同时存在具有互斥性质的等位基因，只可能存在非等位基因，故形成了*YR*、*Yr*、*yR*、*yr* 4种配子，且其概率各为1/4，其雌雄配子受精后成为16种合子。通过受精所形成的组合彼此是互斥事件，各雌雄配子受精结合为一种基因型的合子以后，它就不可能再同时形成另一种基因型的合子。根据上述概率的两个定理，可将豌豆杂种*YyRr*的雌雄配子发生概率、通过受精的随机结合所形成的合子基因型及其概率表示如下（表4-7）。

表 4-7　F_1 植株形成配子及后代基因型的概率

♀配子	♂配子			
	(1/4)*YR*	(1/4)*Yr*	(1/4)*yR*	(1/4)*yr*
(1/4)*YR*	(1/16)*YYRR*	(1/16)*YYRr*	(1/16)*YyRR*	(1/16)*YyRr*
(1/4)*Yr*	(1/16)*YYRr*	(1/16)*YYrr*	(1/16)*YyRr*	(1/16)*Yyrr*
(1/4)*yR*	(1/16)*YyRR*	(1/16)*YyRr*	(1/16)*yyRR*	(1/16)*yyRr*
(1/4)*yr*	(1/16)*YyRr*	(1/16)*Yyrr*	(1/16)*yyRr*	(1/16)*yyrr*

上述的雌雄配子受精结合成为16种合子，各个雌配子和雄配子受精结合为一种基因型的合子后，就不可能再同时形成另一种基因型的合子。也就是说通过受精形成的组合彼此是互斥事件。因此，可以把上述 F_2 群体的表现型和基因型进一步归纳如表4-8所示。

表 4-8　F_2 群体的表现型和基因型

配子	♀	♂	概率	♀	♂	概率	♀	♂	概率	♀	♂	概率	♀	♂	概率
子代基因型的排列	*YR*	*YR*	1/16	*YR*	*Yr*	1/16	*YR*	*yr*	1/16	*Yr*	*yr*	1/16	*yr*	*yr*	1/16
				YR	*yR*	1/16	*yr*	*YR*	1/16	*yR*	*yr*	1/16			
				Yr	*YR*	1/16	*Yr*	*Yr*	1/16	*yr*	*Yr*	1/16			
				yR	*YR*	1/16	*yR*	*yR*	1/16	*yr*	*yR*	1/16			
							yR	*Yr*	1/16						
							Yr	*yR*	1/16						
组合	4显性基因		1/16	3显性基因，1隐性基因		4/16	2显性基因，2隐性基因		6/16	1显性基因，3隐性基因		4/16	4隐性基因		1/16

二、二项式展开的应用

采用上述棋盘方格将显性和隐性基因数目不同的组合及其概率进行整理排列，工作较繁琐，可采用二项式公式进行简便分析。

设 p = 某一事件出现的概率，q = 另一事件出现的概率，$p+q=1$。n = 估测其出现概率的事件数。二项式展开的公式为：

$$(p+q)^n=p^n+np^{n-1}q+\frac{n(n-1)}{2!}p^{n-2}q^2+\frac{n(n-1))(n-2)}{3!}p^{n-3}q^3+\cdots+q^n \tag{4-3}$$

当 n 较大时，二项式展开的公式就会过长。为了方便，如仅推算其中某一项事件出现的概率，可用以下通式：

$$\frac{n!}{r!(n-r)!}p^rq^{n-r} \tag{4-4}$$

式中，r 代表某事件（基因型或表现型）出现的次数；$n-r$ 代表另一事件（基因型或表现型）出现的次数；! 代表阶乘符号。

例如，现以 *YyRr* 为例，用二项式展开分析其后代群体的基因结构。显性基因 *Y* 或 *R* 出现的概率p =1/2，隐性基因y或r出现的概率q =1/2，p+q =1。n =杂合基因个数。当n =4。则代入二项式展开为：

$$(p+q)^n=\left(\frac{1}{2}+\frac{1}{2}\right)^4$$

$$=\left(\frac{1}{2}\right)^4+4\left(\frac{1}{2}\right)^3\left(\frac{1}{2}\right)+\frac{4\times3}{2!}\left(\frac{1}{2}\right)^2\left(\frac{1}{2}\right)^2+\frac{4\times3\times2}{3!}\left(\frac{1}{2}\right)\left(\frac{1}{2}\right)^3+\left(\frac{1}{2}\right)^4$$

$$=\frac{1}{16}+\frac{4}{16}+\frac{6}{16}+\frac{4}{16}+\frac{1}{16}$$

这样计算所得的各项概率与表4-8所列结果相同：4显性基因为1/16，3显性和1隐性基因为4/16，2显性和2隐性基因为6/16，1显性和3隐性基因为4/16，4隐性基因为1/16。如果只需了解3显性和1隐性基因个体出现的概率，即n=4，r=3，$n-r$=4−3=1，则可采用单项事件概率的通式进行推算，获得同样结果：

$$\frac{n!}{r!(n-r)!}p^r q^{n-r}=\frac{4!}{3!(4-3)!}\left(\frac{1}{2}\right)^3\left(\frac{1}{2}\right)=\frac{4\times3\times2\times1}{3\times2\times1\times1}\left(\frac{1}{8}\right)\left(\frac{1}{2}\right)=\frac{4}{16}$$

上述二项式展开可应用于杂种后代F_2群体基因型的排列和分析，同样也可应用于测交后代F_t群体中表现型的排列和分析。因为测交后代，显性个体和隐性个体出现的概率都分别是：$\frac{1}{2}\left(p=\frac{1}{2},\ q=\frac{1}{2}\right)$。

如果推算杂种F_2不同表现型个体频率，亦可采用二项式分析。任何一对完全显隐性的杂合基因型，其F_2群体中显性性状出现的概率p=3/4、隐性性状出现的概率q=1/4，p+q=3/4+1/4=1。n代表杂合基因对数。则其二项式展开为：

$$(p+q)^n=\left(\frac{3}{4}+\frac{1}{4}\right)^n$$

$$=\left(\frac{3}{4}\right)^n+n\left(\frac{3}{4}\right)^{n-1}\left(\frac{1}{4}\right)+\frac{n(n-1)}{2!}\left(\frac{3}{4}\right)^{n-2}\left(\frac{1}{4}\right)^2+\frac{n(n-1)(n-2)}{3!}\left(\frac{3}{4}\right)^{n-3}\left(\frac{1}{4}\right)^3+\cdots+\left(\frac{1}{4}\right)^n$$

例如，两对基因杂种$YyRr$自交产生的F_2群体，其表现型个体的概率按上述的（3/4）：（1/4）概率代入二项式展开为：

$$(p+q)^n=\left(\frac{3}{4}+\frac{1}{4}\right)^2=\left(\frac{3}{4}\right)^2+2\left(\frac{3}{4}\right)\left(\frac{1}{4}\right)+\left(\frac{1}{4}\right)^2=\frac{9}{16}+\frac{6}{16}+\frac{1}{16}$$

表明$Y_R_$个体概率为9/16，Y_rr和$yyR_$个体概率为6/16，$yyrr$的个体概率为1/16，即表现型比例为9：3：3：1。

同理，三对基因杂种$YyRrCc$，其自交的F_2群体的表现型概率，可按二项式展开求得：

$$(p+q)^n=(p+q)^3=\left(\frac{3}{4}\right)^3+3\left(\frac{3}{4}\right)^2\left(\frac{1}{4}\right)+3\left(\frac{3}{4}\right)\left(\frac{1}{4}\right)^2+\left(\frac{1}{4}\right)^3=\frac{27}{64}+\frac{27}{64}+\frac{9}{64}+\frac{1}{64}$$

表明$Y_R_C_$的个体概率为27/64，Y_R_cc、$Y_rrC_$和$yyR_C_$的个体各占9/64，$Y\_$

rrcc、*yyR_cc*和*yyrrC_*的个体各占3/64，*yyrrcc*的个体概率为1/64。即表现型的遗传比例为27∶9∶9∶9∶3∶3∶3∶1。

三、χ^2测验

在实际工作中，我们往往从某群体中抽取若干个样品进行分析。如果群体较大，而实际条件控制得很严，那么实际值与预期的理论值可能比较接近；如果样品较少又有许多条件限制，二者之间就有可能出现偏差。这种偏差到底是由试验随机误差造成的还是由真正存在的误差造成的，遗传学上通常采用卡方（χ^2）测验法来判断。所谓的χ^2测验就是将实际比数与理论比数进行比较，以确定二者的符合程度，从而确定某一分离比例是否能用某种遗传定律去解释。例如我们调查了100个新生婴儿，其中男婴54个，女婴46个，这就需要用χ^2测验去分析与理论比例（1∶1）之间的误差是由于随机误差还是本质的不同。

χ^2测验时一般按照下列步骤进行。

① 明确理论假设：根据总数与理论上预期的比例求理论值。

如上述100个新生婴儿应符合男∶女=1∶1的比例，根据该理论比例可以求出理论值为：男婴50个，女婴50个。

② 求差数并计算χ^2值，卡方值公式为：

$$\chi^2=\sum\frac{(O-E)^2}{E} \tag{4-5}$$

式中，O为实测值，E为理论值，$\sum$为总和。

③ 求自由度（*df*）：所谓自由度是指在总数确定后，实际变数中可以变动的项数。通常是总项数减1（即$n-1$）。例如有100粒麦子，3只鸡去啄食。如果第1只鸡吃了40粒，第2只鸡吃了30粒，第3只鸡就只能吃30粒；如果第1只鸡吃了30粒，第2只鸡吃了10粒，第3只鸡就能吃到60粒。可见，麦子的总数已经确定，若前两只鸡吃的粒数已确定，则第3只鸡所吃的麦子数就没法变动，这里能变动的项数就只有3−1=2，亦即自由度为2。再如上述案例中，1000个新生儿总数已定，那么能变动的项数就只有2−1=1，自由度为1。

④ 确定符合概率（P值）标准，以便确定或否定所假设的理论。P值是指实测值与理论值相差一样大以及更大的累加概率。在遗传学实验中P值常以5%（0.05）为标准，$P \geq 0.05$说明“差异不显著”；$P<0.05$说明“差异显著”；$P<0.01$说明“差异极显著”。χ^2测验法不能用于百分比，如果遇到百分比应根据总数把其化成频数，然后计算差数。

⑤ 如何找P值？依据χ^2值和自由度查χ^2值表，就能找到对应的P值，从而按照步骤④的标准去检验符合情况。在新生儿案例中，可尝试进行对应计算和分析，并进行检验来确定结论。

例题：用χ^2测验检验上一节中孟德尔两对相对性状的杂交试验结果。

解：

① 理论假设，孟德尔的分离比例（两对因子9∶3∶3∶1）。

② 计算χ^2值，见表4-9。

表4-9　孟德尔两对基因杂种自交结果的χ^2测验

项目	圆、黄	圆、绿	皱、黄	皱、绿	总数
实测值（O）	315	108	101	32	556
理论值（E）	312.75	104.25	104.25	34.75	556

续表

项目	圆、黄	圆、绿	皱、黄	皱、绿	总数
$O-E$	2.25	3.75	−3.25	−2.75	—
$(O-E)^2$	5.06	14.06	10.56	7.56	—
$\frac{(O-E)^2}{E}$	0.016	0.135	0.101	0.218	—
$\chi^2=\sum\frac{(O-E)^2}{E}$	χ^2=0.016+0.135+0.101+0.218=0.47				

注：理论值是由总数556粒种子按9∶3∶3∶1分配求得的。

③ 求自由度：有四种表型，因此$df=n-1=3$。

④ 查χ^2表找P值（表4-10）：在df=3时，$\chi^2_{0.05}$=7.815，本题求得χ^2=0.47，小于7.815，即P>0.05（差异不显著），说明实际值与理论值相符，试验结果符合孟德尔分离比例。

表4-10　χ^2表（常用数值摘录）

df	P值										
	0.99	0.95	0.90	0.80	0.70	0.50	0.30	0.20	0.10	0.05	0.01
1	0.00016	0.004	0.016	0.064	0.148	0.455	1.074	1.642	2.706	3.841	6.635
2	0.0201	0.103	0.211	0.446	0.713	1.386	2.408	3.219	4.605	5.991	9.210
3	0.115	0.352	0.584	1.005	1.424	2.366	3.665	4.642	6.251	7.815	11.345
4	0.297	0.711	1.064	1.649	2.195	3.357	4.878	5.989	7.779	9.488	13.277
5	0.554	1.145	1.610	2.343	3.000	4.351	6.064	7.269	9.236	11.070	15.086
6	0.872	1.635	2.204	3.070	3.828	5.345	7.231	8.588	10.645	12.592	16.812
7	1.239	2.167	2.833	3.822	4.671	6.346	8.783	9.803	12.017	14.067	18.475
8	1.646	2.733	3.490	4.594	5.527	7.344	9.524	11.030	13.362	15.507	20.090
9	2.088	3.325	4.168	5.380	6.393	8.343	10.656	12.242	14.684	16.919	21.666
10	2.558	3.940	4.865	6.179	7.627	9.342	11.781	13.442	15.987	18.307	23.209

第四节　基因在性状发育中的作用

一、基因的作用与环境的关系

生物的生长和发育不是孤立的，而是在一定的环境中展开的。从基因型到表现型，即从遗传的可能性到性状表现的现实性之间，有一个个体发育的过程，其中包括一系列相当复杂的形态、生理生化以及分化等过程。这些错综复杂的变化，离不开生物体内在和外在环境条件的作用，因此，表现型是基因型和内外环境条件相互作用的结果，可用“基因型+环境=表现型”来表示这层关系。

个体发育是基因按照特定的时间、空间表达的过程，是生物体的基因型与内外环境因子相互作用，并逐步转化为表型的过程。例如，黑腹果蝇的残翅表型是隐性基因vg纯合时表现的简单的孟德尔性状，其双翅变小且边缘缺损而不完整。在发育过程中残翅果蝇表现明显地受温度的影响。在31℃高温条件下培养的残翅果蝇，比正常温度25℃条件下培养的残翅果蝇的翅长很多，某些个体的翅膀可发育到正常大小的2/3以上，而且出现了大约25种不同大小的残翅类型，但其共同特征仍表现为双翅的末端边缘有不同程度的残缺。

由于环境的影响，显性可以由一种性状表现变为另一种性状表现，这种现象也称为条件显性。例如曼陀罗茎秆颜色的遗传，当紫茎和绿茎个体杂交后，F_1个体在夏季的田间生长时，茎是紫色的，说明紫茎对绿茎为显性；但在温度较低、光照较弱时，F_1个体则表现为淡紫色茎，说明显隐性可依条件而转化。

生物的显隐性表现在同一世代个体不同的发育时期还可以发生变化。如香石竹的花苞颜色有白色和暗红色之分，让开白花的植株与开暗红花的植株杂交，F_1的花最初是纯白色的，以后慢慢渐变为暗红色。这是因为植株体内的酸碱度在开花时发生了变化，影响了花的颜色。

二、等位基因的相互作用

等位基因间的相互作用主要表现为显、隐性的相对性。孟德尔研究的7对性状中，杂合体与显性纯合体的表型几乎完全一样，即两个不同的基因（等位基因）同时存在时，只有一个基因的表型效应完全表现，这即为等位基因间的相互作用类型之一——**完全显性**（complete dominance）。后来还发现等位基因间还有其他类型的相互作用。

（一）不完全显性（incomplete dominance）

指F_1表现为双亲性状的中间型。例如：金鱼草花色的遗传（图4-10）。红花亲本（*RR*）与白花亲本（*rr*）杂交，F_1表现为双亲的中间型——粉红色花。

F_1自交，F_2中1/4红花，2/4粉红花，1/4白花，符合孟德尔的分离定律，此时杂合态表型为双亲的中间类型。因此在不完全显性时，表现型和其基因型是一致的。

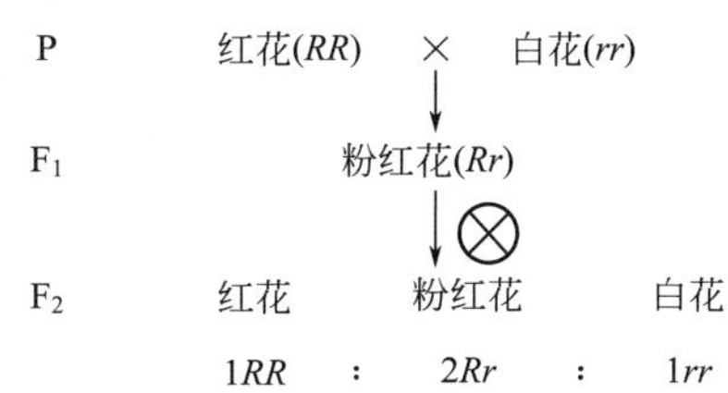

图4-10 金鱼草花色的遗传

（二）共显性（codominance）

指双亲对后代的影响力相同，等位基因无显隐性关系，它们决定的性状共同表现的现象。例如，正常人的红细胞呈圆盘形，镰状细胞贫血症患者的红细胞呈镰刀形。这种贫血症患者和正常人结婚所生的子女，其红细胞既有圆盘形，又有镰刀形，这就是共显性的表现。人的ABO血型系统遗传也是如此，当个体基因型为I^AI^B时，在红细胞表面既可以形成A抗原，也可以形成B抗原，因而表现为AB血型，具有双亲的性状表现。MN血型的遗传也具有同样的特点。

（三）镶嵌显性（mosaic dominance）

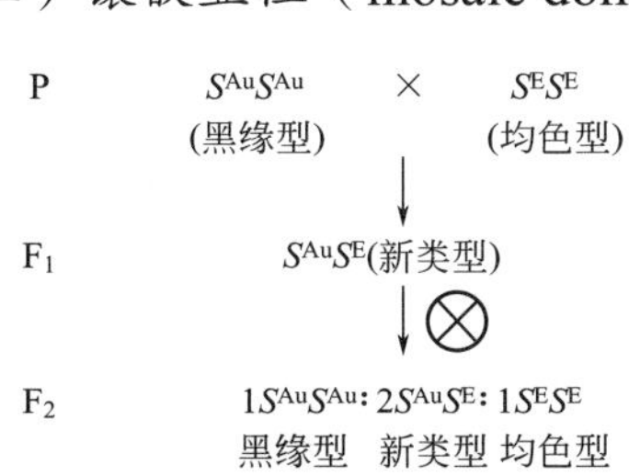

图4-11 瓢虫鞘翅色斑的镶嵌显性遗传

指F_1同时在不同部位表现双亲性状。例如：异色瓢虫鞘翅有很多颜色变异，其中基因型为$S^{Au}S^{Au}$时，表现为黑缘型（鞘翅前缘呈黑色），基因型为S^ES^E时表现为均色型（鞘翅后缘呈黑色），二者杂交，F_1杂种（$S^{Au}S^E$）既不表现黑缘型，也不表现均色型，而是出现一种新的色斑，即上下缘均呈黑色（图4-11）。在植物中，如玉米花青素的遗传也表现出这种现象。

三、复等位基因

孟德尔所研究的每一对相对性状都只有两种不同的表现形式，控制某一性状的基因均为一对等位基因，且仅有两个等位形式，它们成对地位于同源染色体的相同座位上。但就整个群体而言，人们发现同一座位上有两个以上等位基因的现象。人们把种群中同源染色体上同一座位上存在的两个以上的等位基因称为**复等位基因**（multiple allele）。

复等位基因的表示方法：用一个字母作为该基因座位的基本符号，不同的等位基因就在这个字母的右上方作不同的标记，基本符号的大小写表示该基因的显隐性。

以人的ABO血型为例，它是由一组复等位基因控制的，分别表示为I^A、I^B和i，共三个基因相互等位，即位于同源染色体的同一个座位上。对于同一个人来说，只能具有其中的两个基因，因为人的同源染色体只有两条，每条上只带有一个决定血型的基因，但在人群中却有三个复等位基因存在。I^A控制A血型，I^B控制B血型，i控制O血型，I^A、I^B对i都为显性，I^A、I^B之间为共显性（表4-11），它们谁也压不了谁，二者相遇性状都表现出来。复等位基因的遗传同样遵循分离定律。

表4-11　ABO血型的类型与基因型

血型类型	O	A	B	AB
基因型	ii	I^AI^A、I^Ai	I^BI^B、I^Bi	I^AI^B

根据ABO血型系统的遗传规律，可将血型系统作为亲子鉴定的一个指标。表4-12可说明父母血型与子女血型的相互关系。

表4-12　父母血型与子女血型的相互关系

母亲血型	父亲血型			
	A	B	AB	O
A	A、O	A、B、O、AB	A、AB	A、O
B	A、B、O、AB	B、O	AB、B	B、O
AB	A、AB	AB、B	A、B、AB	A、B
O	A、O	B、O	A、B	O

又如家兔中有4种不同的毛色，分别为全色（全灰或全黑），由C控制，银灰cch，喜马拉雅型（耳尖、鼻尖、尾尖、四肢末端为黑色，其余部分为白色）ch，白化c。它们是由一组复等位基因控制的，显隐性关系为$C>cch>ch>c$。任何两种毛色的兔交配，再让子代近亲交配，F_2代均呈3∶1的分离。

四、致死基因

致死基因（lethal gene）是指当其发挥作用时导致生物体死亡的基因。致死作用可以发生在个体发育的各个时期。第一次发现致死基因是1904年，法国遗传学家Cuenot在小鼠中发现黄色皮毛的品种不能稳定遗传（图4-12）。黄色小鼠与黄色小鼠交配，其后代总会出现黑色鼠，而且黄色、黑色比例往往是2∶1，而不是通常应出现的3∶1的分离比。黑色鼠的后代都是黑色，证明黑色是隐性纯合体。黄色小鼠与黑色小鼠杂交的子代则是黄色、黑色比例1∶1，表明黄色皮毛老鼠是杂合体。根据孟德尔定律，既然黄色是杂合体，其自交结果却不出现3∶1的比例，唯一的可能性就是其中纯合的黄色小鼠个体在胚胎发育过程中死亡了。后来的研究证明了这一推断。

致死基因包括**显性致死基因**（dominant lethal gene）和**隐性致死基因**（recessive lethal gene）。上述例子中，黄色*A*基因在控制皮毛的颜色上是显性的，但在“致死”这个表型上属于隐性的（纯合致死）。隐性致死基因只有在隐性纯合时才能使个体死亡。植物中常见的白化基因也是隐性致死基因。因为不能形成叶绿素，它使植物成为白化苗，最后植株死亡。显性致死基因在杂合体状态时就可导致个体死亡。如人的神经胶症（epiloia）基因只要一份就可引起皮肤的畸形生长，严重的智力缺陷，多发性肿瘤，所以该基因是杂合的个体在很年轻时就丧失生命。

P	黄鼠 × 黄鼠 ↓	黄鼠 × 黑鼠 ↓	$Aa \times Aa$ ↓
F_1	2/3黄鼠 ∶ 1/3黑鼠	1/2黄鼠 ∶ 1/2黑鼠	死亡　黄鼠　黑鼠 1AA ∶ 2Aa ∶ 1aa

图4-12　小鼠皮毛色的遗传

五、非等位基因的相互作用

在分离定律和自由组合定律中，孟德尔都是假定一对基因控制一个单位性状的，其实基因和性状远远不是一对一的关系。有些单位性状并不是受一对基因控制的，而是受两对甚至许多对基因控制的。两对以上的非等位基因相互作用控制同一个单位性状的现象称为非等位基因间的互作。

例如，鸡冠形状的遗传。鸡冠的形状很多，最常见的是单片冠。此外，还有玫瑰冠、豌豆冠和胡桃冠。不同形状的鸡冠是品种的特征之一。让豌豆冠的鸡和玫瑰冠的鸡交配，F_1的鸡是胡桃冠，F_1间相互交配，F_2中有胡桃冠、豌豆冠、玫瑰冠和单冠，比例大体上接近9∶3∶3∶1。这里有两点值得特别注意：F_1的鸡冠不像任何一个亲本，而是一种新类型；F_2中既有两个亲本的类型，又有F_1的类型，此外又出现了一种新类型。怎样来解释这种遗传现象呢？

假定控制玫瑰冠的基因为*R*，控制豌豆冠的是*P*，且都是显性，那么玫瑰冠的鸡不带有显性豌豆冠基因，其基因型为*ppRR*，与之相反，豌豆冠的鸡不带有显性玫瑰冠基因，其基因型为*PPrr*。前者产生的配子全为*pR*，后者为*Pr*，这两种配子受精得到的F_1是*PpRr*。由于*P*和*R*的相互作用，出现了胡桃冠。F_1的公鸡和母鸡都产生*PR*、*Pr*、*pR*和*pr*四种配子，且数目相等。根据自由组合定律，F_2应该出现四种表现型，胡桃冠（*P_R_*）、玫瑰冠（*ppR_*）、豌豆冠（*P_rr*）和单冠（*pprr*），其比例为9∶3∶3∶1（图4-13）。

值得注意的是，这里的9∶3∶3∶1不是两对相对性状的组合比例，而是一个单位性状的不同相对性状之比，这是基因互作的典型例子。两对基因的互作有以下几种常见形式。

P	玫瑰冠(*ppRR*)	×	豌豆冠(*PPrr*)	
		↓		
F_1		胡桃冠(*PpRr*)		
		↓ ⊗		
F_2	胡桃冠 9*P_R_*	玫瑰冠 3*ppR_*	豌豆冠 3*P_rr*	单冠 1*pprr*

图4-13　鸡冠性状的遗传

（一）互补作用

两对独立遗传的基因决定同一个单位性状，当它们同时处于显性纯合或杂合状态时，决定一种性状（相对性状之一）的发育，当只有一对基因处于显性纯合或杂合状态时，或两对基因均为隐性纯合时，则表现为另一种性状。这种基因互作的类型称为**互补作用**（complementary effect)，发生互补作用的基因称为互补基因。例如，香豌豆有许多不同花色的品种。白花品种A与红花品种O杂交，F_1为红花，F_2为3红花∶1白花。另一个白花品种B与红花品种O杂交，F_1也是红花，F_2也是3红花∶1白花。但白花品种A与白花品种B杂交，F_1全是紫花，F_2中9/16紫花，7/16白花。

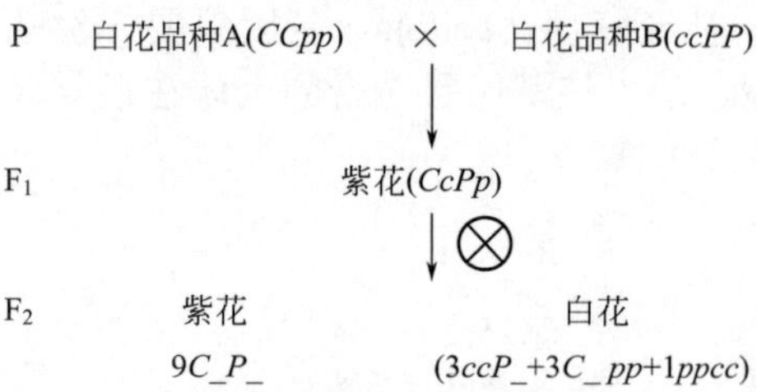

图4-14　香豌豆花色的遗传

从F_1的表现型看，白花品种A和B的基因型是不同的，若相同，F_1应该全是白花。品种A和B均由不同的隐性基因控制花色，假定A有隐性基因*pp*，B有隐性基因*cc*，品种A的基因型为*CCpp*，B为*ccPP*。两品种杂交，F_1的基因型为*CcPp*，显性基因*C*与*P*互补，使花为紫色。F_2中，9/16是*C_P_*基因型，表现为紫花，3/16是*C_pp*，3/16是*ccP_*，1/16是*ppcc*，均表现为白花（图4-14）。

在这个试验中，F_1和F_2的紫花植株与它们的野生祖先的花色相同。这种现象称为返祖遗传。紫花性状决定了两种显性基因的互补。在进化过程中，*C*突变成*c*，产生一种白花品种，*P*突变成*p*，成为另一种白花品种，两个白花品种杂交后，两对显性基因重新组合，又出现了祖先的紫花表现型。

（二）积加作用

两种显性基因同时处于显性纯合或杂合状态时，表现一种性状，只有一对处于显性纯合或杂合状态时表现另一种性状，两对基因均为隐性纯合时表现为第三种性状，这种基因互作称为**积加作用**（additive effect)。

例如南瓜的果形，扁盘形对圆球形为显性，圆球形对细长形又为显性。两种不同基因型的圆球形品种杂交，F_1为扁盘形，F_2为9/16扁盘形，6/16圆球形，1/16细长形（图4-15）。

从以上分析可知，两对基因都是隐性时，形成细长形；只有显性基因*A*或*B*存在时，形成圆球形；*A*和*B*同时存在时，则形成扁盘形。

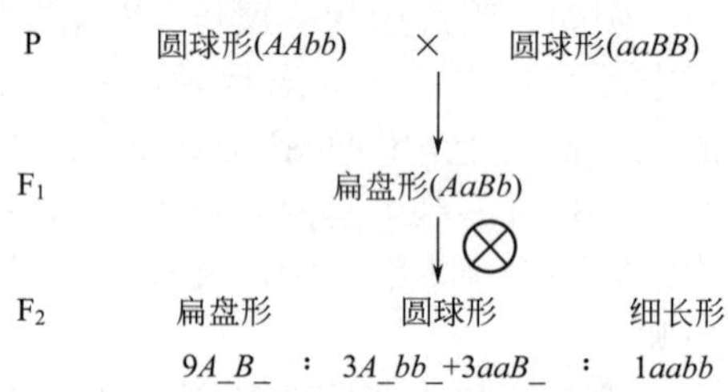

图4-15　南瓜果形性状的遗传

（三）上位性

两对独立遗传的基因共同对一个单位性状发生作用，其中一对基因对另一对基因的表现有遮盖作用，这种现象称为**上位性**（epistasis）。

1. 显性上位作用

燕麦中，黑颖品系与黄颖品系杂交，F_1全为黑颖，F_2中12黑颖∶3黄颖∶1白颖（图4-16）。黑颖与非黑颖之比为3∶1，在非黑颖中，黄颖和白颖之比也是3∶1。所以可以肯定，有两对基因的差异，一对是*B-b*，分别控制黑颖和非黑颖，另一对是*Y-y*，分别控制黄颖和白颖。只要有一个显性基因*B*存在，植株就表现为黑颖，有没有*Y*都一样。在没有显性基因*B*存在时，即*bb*纯合时，有*Y*表现为黄色，无*Y*时即*yy*纯合时表现为白色。显性基因*B*的存在对*Y-y*有遮盖作用，叫显性上位作用。*B*对*Y-y*是上位，*Y-y*对*B*为下位。

这个例子很容易直观地理解，黑色素颜色很深，既然有黑色素存在，有无黄色素就区别不出，一定要没有黑色素时才看得出有没有黄色素的存在。

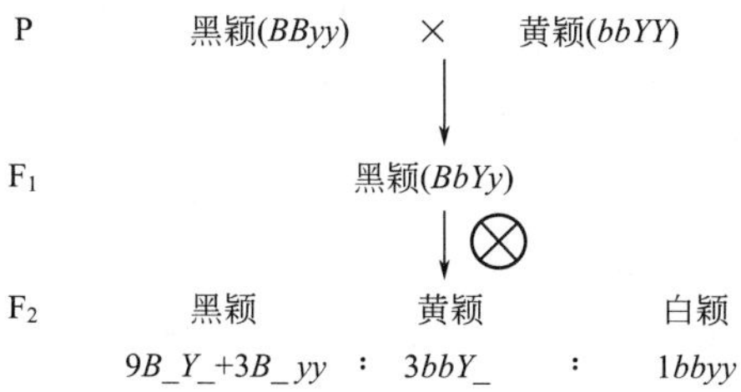

图4-16　燕麦颖壳颜色的遗传

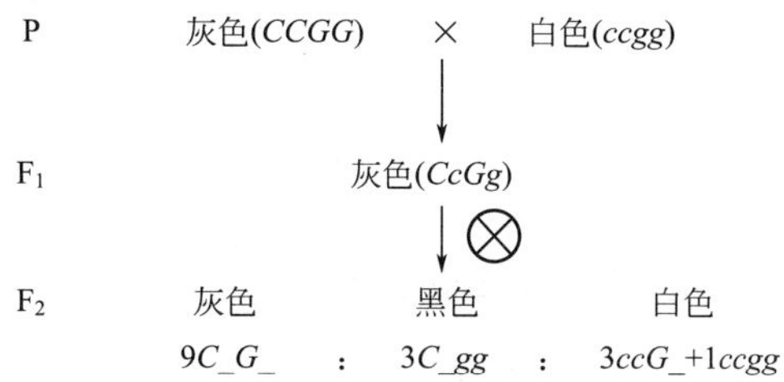

图4-17　家兔毛色的遗传

2. 隐性上位作用

在家兔中，灰兔和白兔杂交，F_1全是灰兔，F_2中9灰∶3黑∶4白（图4-17）。有色个体（包括灰与黑）与白色个体之比为3∶1，而在有色个体内部，灰与黑也是3∶1，显然也是两对基因的差异。

每一个体中至少有一个显性基因*C*存在，才能显示出颜色来。没有*C*时，即*cc*纯合，不论是*GG*、*Gg*还是*gg*都表现为白色。一对隐性基因纯合时（*cc*），遮盖另一对非等位基因（*G*-*g*）的表现，这种现象称为隐性上位作用。其中*cc*对*G*-*g*是上位，*G*-*g*对*cc*是下位，两对非等位基因间的这种关系称为隐性上位效应。

基因*C*可能决定黑色素的形成，*cc*基因型个体无黑色素形成。*G*-*g*控制黑色素在毛内的分布，没有黑色素的存在，就谈不上黑色素的分布，所以凡是*cc*个体，*G*和*g*的作用都表现不出来。

（四）重叠作用

两对独立遗传的基因决定同一单位性状，当两对基因同时处于显性纯合或杂合状态时，与它们分别处于显性纯合或杂合状态时，对表现型产生相同的作用，这种现象称为**重叠作用**（duplicate effect），产生重叠作用的基因称为重叠基因。例如：荠菜蒴果的果形多数是三角形，极少数植株的果形是卵形蒴果。将这两种植株杂交，F_1全是三角形蒴果。F_2分离为15/16三角形和1/16卵形（图4-18）。该试验中F_2出现15∶1的比例，实际是9∶3∶3∶1比例的变形，只有前三种表现型没有区别。这显然是由于每对基因中的显性基因具有使蒴果表现为三角形的相同作用。如果缺少显性基因，即表现为卵形蒴果。当杂交试验涉及三对重叠基因时，则F_2的分离比例将相应为63∶1。在这里它们的显性基因作用虽然相同，但并不表现累积的效应。基因型内的显性基因数目不等，并不改变性状的表现，只要有一个显性基因存在，就能使显性性状得到发育。但在有些情况下，重叠基因也表现累加的效应。

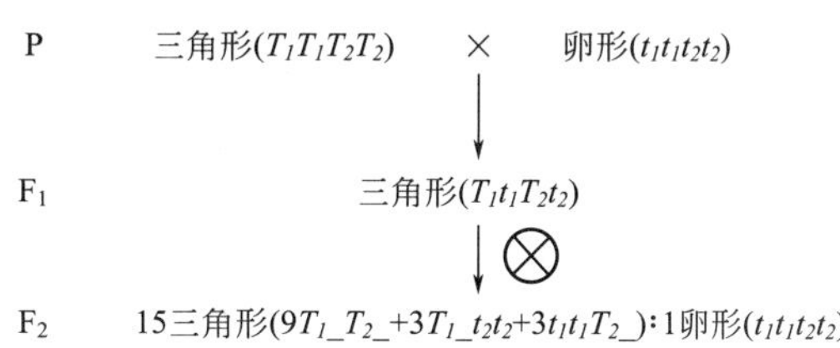

图4-18　荠菜蒴果形状的遗传

（五）抑制作用

在两对独立基因中，其中一对并不控制性状的表现，但当它处于显性纯合和（或）杂合状态时，对另一对基因的表达有**抑制作用**（inhibiting effect），这种基因称为抑制基因。

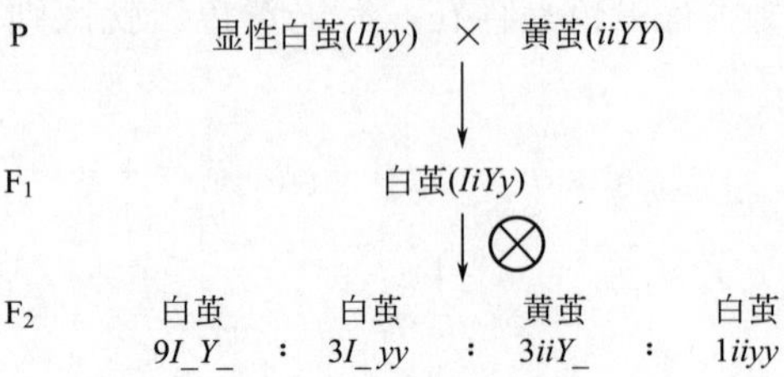

图4-19 家蚕茧色的遗传

例如，家蚕有结黄茧的，但大多数是结白茧的。令结黄茧的品种与结白茧的中国品种杂交，F_1全是结黄茧的，表明中国品种的白茧是隐性的。令黄茧品种与结白茧的欧洲品种交配，F_1是结白茧的，表明欧洲品种的白茧是显性的。让子代结白茧的家蚕相互交配，F_2白茧与黄茧之比为13∶3。黄茧基因是*Y*，白茧基因是*y*。*Y*控制黄色素的合成，*y*不能产生黄色素。还有一个非等位基因的抑制基因*I*，有*I*存在时，*Y*不能表达。黄茧品种的基因型为*iiYY*，显性白茧的基因型是*IIyy*，F_1是*IiYy*，因为*I*对*Y*有抑制作用，*Y*的作用不能显示出来，表现为白茧。F_1互交，F_2（9/16*I_Y_*+3/16*I_yy*+1/16*iiyy*）表现为白茧，3/16*iiY_*由于无*I*的抑制，表现为黄茧。*iiyy*基因型虽然没有*I*的抑制，但因没有色素基因*Y*存在，也表现为白茧（图4-19）。13∶3也是9∶3∶3∶1比例的变形。抑制作用与上位性作用不同，抑制基因本身不能决定性状，而显性上位基因除遮盖其他基因的表现外，本身也控制性状。

以上是两对独立基因共同决定同一单位性状时的几种互作情况。两对基因互作的模式如图4-20所示。两对基因分别控制两个单位性状，且显性完全时，F_2中不同表现型比例为9:3:3:1，这是最基本的类型。当两对独立遗传的基因共同决定同一单位性状时，由于互作类型不同，才出现上述6种不同的表现型比例，然而，不管这些表现型比例如何变化，都是9∶3∶3∶1比例的变形。表现型的比例有所改变，而基因型的比例和独立分配是完全一致的。由于基因互作，杂交后代的分离类型和比例与典型的孟德尔比例不同，并不能因此而否定孟德尔定律，而正是对它的进一步深化和发展。

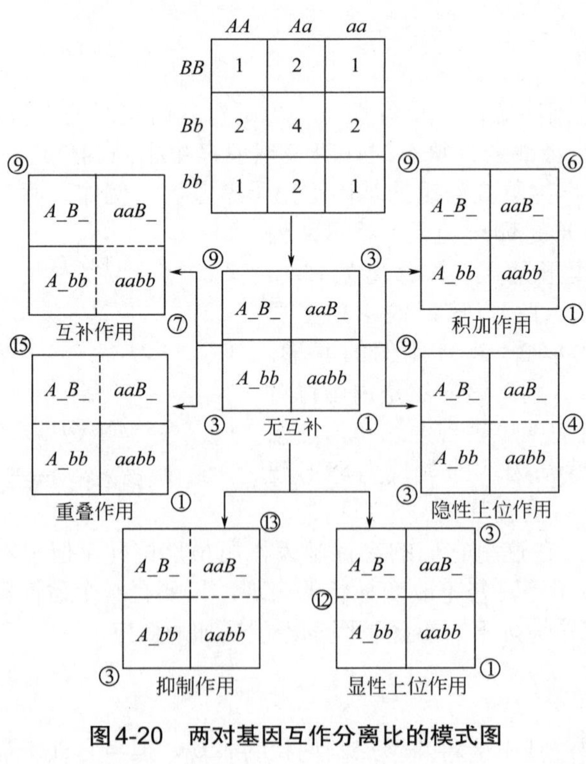

图4-20 两对基因互作分离比的模式图

本章小结

本章分别介绍了孟德尔的分离定律和自由组合定律，分离定律主要解释一对相对性状的遗传，即杂种内杂合基因在配子形成时互不干涉地分离到配子中去，杂交后代相对性状呈3∶1的分离比例。自由组合定律主要解释两对相对性状的遗传，即两对基因（独立基因）分布在2对非同源染色体上，而其中每对同源染色体基因分离、非同源染色体基因可以自由组合，结果表型符合9∶3∶3∶1的分离比例。并由此总结了多对相对性状的遗传，即多对基因位于不同的非同源染色体上，等位基因发生分离、非等位基因自由组合。除此之外，还介绍了遗传数据的统计处理，包括概率应用（乘法定律和加法定律）、二项式展开应用及χ^2测验，性状表现与环境关系，等位基因及非等位基因的相互作用等。

思考拓展

1. 番茄的红果（R）对黄果（r）为显性，分别选用红果和黄果作亲本进行杂交，后代出现了不同比例的表现型，请注明下列杂交组合亲代和子代的基因型：（1）红果×红果⟶3红果∶1黄果；（2）红果×黄果⟶红果；（3）红果×黄果⟶1红果∶1黄果。

2. 金鱼草和虞美人的红花（R）对白花（r）为不完全显性。基因R和r互相作用产生粉红色花。指出下列杂交后代的花色：（1）Rr×Rr；（2）RR×Rr；（3）rr×RR；（4）Rr×rr。

3. 一只白色豚鼠和一只黄色豚鼠交配，所有后代都是奶油色。F_1相互交配，F_2出现32只白色，66只奶油色，30只黄色，豚鼠肤色是怎样传递的？写出亲本、F_1和F_2的基因型。

4. 令毛腿雄鸡和光腿雌鸡交配，其F_1有毛腿和光腿两种，这两种鸡各自雌雄交配，其结果是光腿的后代全是光腿，毛腿的45只后代中有34只为毛腿，其余为光腿，问：（1）毛腿和光腿哪个是显性性状？（2）设显、隐性基因分别为F和f，则双亲的基因型各是什么？其F_1的基因型各是什么？

5. 红色小麦籽粒是由基因型$R_B_$控制的，双隐性基因型$rrbb$产生白色籽粒，R_bb和$rrB_$为棕色。纯红色品种和白色品种杂交，问：F_1和F_2中的期望表现型比各为多少？

6. 番茄缺刻叶是由基因P控制，马铃薯叶则决定于基因p；紫茎由基因A控制，绿茎决定于基因a。令紫茎马铃薯叶的纯合株与绿茎缺刻叶纯合株杂交，F_2代得到9∶3∶3∶1的分离比。如把F_1代（1）与紫茎马铃薯叶亲本回交，（2）与绿茎缺刻叶亲本回交，以及（3）用双隐性植株测交时，其下代表现型比例各如何？

7. 黑腹果蝇的红眼对棕眼为显性，长翅对残翅为显性，两性状为独立遗传：（1）以一双因子杂种果蝇与一隐性纯合体果蝇测交，得1600只子代。写出子代的基因型、表现型和它们的比例；（2）以一对双因子杂种果蝇杂交，也得1600只子代，那么可期望各得几种基因型、表现型？比例如何？

8. 燕麦白颖×黑颖，F_1黑颖，F_2自交后得到黑颖419株，灰颖106株，白颖35株，问：（1）燕麦壳色的可能遗传方式是什么？（2）自定基因符号解释这一结果，并写出基因型和表现型。

9. 两个开白花的香豌豆（*Lathyrus odoratus*）杂交，F_1全开紫花。F_1随机交配产生了96株后代，其中53株开紫花，43株开白花。问：（1）F_2接近什么样的表型分离比例？（2）涉及哪类基因互作？（3）双亲的可能基因型是什么？

第五章

连锁交换定律

【本章导言】

1900年孟德尔定律被重新发现后，引起了生物界的广泛重视，生物科学家以更多的动、植物为材料进行杂交实验，获得了大量宝贵的遗传资料，在众多的属于两对性状遗传的结果中，一部分实验完整无误地验证了孟德尔定律，但另一部分实验却没有得到孟德尔定律的预期结果。最早发现并提出另一遗传现象的是英国学者贝特生（W.Bateson）和潘耐特（R.C.Punnett），但他们未能提出科学的解释。1910年摩尔根（T.H.Morgan）和他的学生们通过大量果蝇方面的实验，确认了另一类遗传现象，即**连锁**（linkage），于是继孟德尔揭示的两大遗传定律之后，连锁遗传成为遗传学中的第三大遗传定律。他还创立了**基因论**（theory of gene），认为特定的基因在染色体上占有特定的位置，呈线性方式顺序排列。摩尔根的学生A.H.Sturtevant绘制了世界上第一张果蝇的X染色体图，这张遗传图的结构证实了染色体实际上是由基因线性排列所组成。总之，摩尔根对遗传学的伟大贡献就在于连锁遗传定律的提出和基因论的创立，不仅补充和发展了孟德尔的遗传定律，为对真核生物包括人类在内的连锁分析奠定了理论基础，而且推动了后基因组时代的基因定位和作图技术的发展，为育种学中分子标记辅助选择、亲本选择和后代群体大小确定提供了理论依据，也切实指导了生物育种的发展。本章将在对连锁和交换的实质加以探讨的基础上，重点讲述遗传学第三定律与染色体作图的基本原理与方法。

第一节　连锁交换定律的实质

一、连锁与交换现象的发现

性状连锁遗传现象最早是由贝特生和潘耐特于1906年在香豌豆的两对性状杂交实验中发现的。该实验的一个亲本的性状是纯合的紫花、长花粉粒，另一个是红花、圆花粉粒。已知紫花（P）对红花（p）为显性，长花粉粒（L）对圆花粉粒（l）为显性，实验结果如图5-1所示。

在上述结果中，F_2中也出现4种表现型，但不符合两对性状独立遗传的9∶3∶3∶1的分离比例。其中亲本型的性状组合（紫长、红圆）的实际数明显多于理论数。而重组类型（红长、紫圆）却明显少于理论数，很难用自由组合定律来解释。

贝特生又设计了另一个香豌豆的两对性状杂交实验。实验的结果与前一实验基本相似，与9∶3∶3∶1的独立遗传比例相比，F_2群体中仍然是亲本型（紫圆、红长）的实际数多于理论数，重组型（紫长、红圆）的实际数少于理论数（图5-2）。

P　紫花、长花粉粒 × 红花、圆花粉粒

$PPLL$ ↓ $ppll$

F_1　紫花、长花粉粒

$PpLl$ ↓ ⊗

F_2	紫、长	紫、圆	红、长	红、圆	总数
	$P\_L\_$	P_ll	$ppL\_$	$ppll$	
实得株数	4831	390	393	1338	6952
按9∶3∶3∶1推算的理论数	3910.5	1303.5	1303.5	434.5	6952

图5-1　香豌豆两对相对性状的遗传实验一

P　紫花、圆花粉粒 × 红花、长花粉粒

$PPll$ ↓ $ppLL$

F_1　紫花、长花粉粒

$PpLl$ ↓ ⊗

F_2	紫、长	紫、圆	红、长	红、圆	总数
	$P\_L\_$	P_ll	$ppL\_$	$ppll$	
实得株数	226	95	97	1	419
按9∶3∶3∶1推算的理论数	235.8	78.5	78.5	26.2	419

图5-2　香豌豆两对相对性状的遗传实验二

贝特生的两个实验结果都表明，原来为同一亲本所具有的两个性状，在F_2常常有联系在一起遗传的现象，这种现象叫**连锁**（linkage）。不同的是，在第一个实验中，是两个显性性状集中在一个亲本中，两个隐性性状集中在另一个亲本中。而第二个实验是每个亲本中都是一个显性性状和一个隐性性状。

遗传学上把如第一个实验那样，甲乙两个显性性状联系在一起遗传，而甲乙两个隐性性状联系在一起遗传的杂交组合叫**相引相**（coupling phase）；把如第二个实验那样，甲显性性状和乙隐性性状联系在一起遗传，而乙显性性状和甲隐性性状联系在一起遗传的杂交组合称为**相斥相**（repulsion phase）。

二、连锁与交换现象的解释

对于上述两个实验结果，就单个性状进行分析，仍然符合分离定律。不论是相引相还是相斥相，F_2群体中紫花对红花，长花粉对圆花粉的分离比例都接近3∶1。

相引相：紫花∶红花=(4831+390)∶(1338+393)=5221∶1731≈3∶1

长花粉∶圆花粉=(4831+393)∶(1338+390)=5224∶1728≈3∶1

相斥相：紫花∶红花=(226+95)∶(97+1)=321∶98≈3∶1

长花粉∶圆花粉=(226+97)∶(95+1)=323∶9≈3∶1

分析说明，若同时考虑两对相对性状，不符合自由组合定律，但就每个单位性状而言，仍是受分离定律支配的。

我们知道，在独立遗传的情况下，F_2群体中9∶3∶3∶1的分离比例是以F_1形成四种配子且数量相等为前提条件的。因此，可以推论，在连锁遗传中，F_2不表现独立遗传的典型比例，可能是F_1形成的四种配子数不相等的缘故，即F_1形成的四种配子中，亲本型配子多于重组型配子的缘故。因为测交后代的表现型种类及其比例就是F_1产生的配子的种类和比例的直接反映，可以用测交法再检验一下相似实验中F_1产生的配子的种类和比例。

例如，玉米籽粒的糊粉层有色*C*对无色*c*为显性，饱满*Sh*对凹陷*sh*是显性。在相引相中，以有色、饱满纯种与无色、凹陷纯种杂交，杂种F_1用双隐性亲本测交；在相斥相中，以有色、凹陷纯种与无色、饱满纯种杂交，同样用双隐性的亲本测交，获得的实验结果如图5-3和图5-4所示。

相引相：

P　　*CSh/CSh* × *csh/csh*

↓

F_1测交　　*CSh/csh* × *csh/csh*

↓

测交子代	*CSh/csh*	*Csh/csh*	*cSh/csh*	*csh/csh*	
	有色饱满	有色凹陷	无色饱满	无色凹陷	总数
实得粒数	4032	149	152	4035	8368
百分比	48.2	1.8	1.8	48.2	100

图5-3　玉米籽粒相引相的杂交及其测交验证

相斥相：

P　　*Csh/Csh* × *cSh/cSh*

↓

F_1测交　　*Csh/cSh* × *csh/csh*

↓

测交子代	*CSh/csh*	*Csh/csh*	*cSh/csh*	*csh/csh*	
	有色饱满	有色凹陷	无色饱满	无色凹陷	总数
实得粒数	638	21379	21096	672	43785
百分比	1.5	48.8	48.2	1.5	100

图5-4　玉米籽粒相斥相的杂交及其测交验证

相引相：F_t中，亲本型性状组合=(4032+4035)/8368=96.4%

重组型性状=(149+152)/8368=3.6%

相斥相：F_t中，亲本型=(21379+21096)/43785=97.0%

重组型=(638+672)/43785=3.0%

假如是自由组合，F_t中四种类型应该是1∶1∶1∶1，测交结果显然不能用自由组合定律来解释，亲本组合类型配子占绝大多数，重组类型的配子为少数。相斥组测交结果与相引组基本一致，F_t群体中也有四种类型，但亲本型组合占97.0%，远远超过自由组合所应有的50%，重组型只有3.0%，远远低于自由组合所应有的50%。

两组测交结果说明，亲本所具有的*C-c*、*Sh-sh*这两对非等位基因不是自由组合的，大多数情况下是联系在一起遗传的。在相引相中，*C*和*Sh*联系在一起遗传，*c*和*sh*联系在一起遗传，因此在F_1产生的配子中，亲本型的（*CSh*和*csh*）占大多数，重新组合型的（*cSh*和*Csh*）数量偏少。在相斥相中，*c*与*Sh*、*C*与*sh*联系在一起遗传，亲本型配子（*cSh*和*Csh*）明显多于50%，重组型配子（*CSh*和*csh*）明显少于50%。

这就清楚地证明，原来亲本具有的两对非等位基因不是自由组合的，而是联系在一起遗传的，即连锁遗传。但是，有一点应充分注意：无论是相引相还是相斥相，两种亲本型的配子数是相等的，两种重组型配子数也是相等的，即就一对性状而言，分离仍然符合孟德尔定律，也就是说，一对因子在形成配子时的分离是互不干扰的，形成的配子结合成合子的概率是均等的。

三、完全连锁与不完全连锁

贝特生的香豌豆杂交试验，反映了连锁遗传性状的表现特点，但当时未能对此做出科学的解释。摩尔根（T.H.Morgan）等通过果蝇的一系列实验，提出了连锁交换定律，并首次论证了染色体是基因的载体。在任何一种生物中，控制遗传的基因是很多的，但一种生物的染色体数目是有限的。例如，玉米已确定的基因有400多个，但玉米只有10对染色体，果蝇已知的基因有500个以上，而果蝇只有4对染色体，这说明一个生物的基因数目远远超过了染色体的数目。因此，生物的每条染色体上必然带有许多基因，而位于同一条染色体上的基因，将不能进行独立分配，常常表现为**连锁遗传**（linkage）。根据连锁程度不同，分为两大类。

（一）完全连锁（complete linkage）

同一条染色体上的基因构成一个**连锁群**（linkage group），它们在遗传过程中不能独立分配，而是随着这条染色体作为一个整体共同传递到子代中去，这叫完全连锁。即，同属一个连锁群的基因100%联系在一起传递到下一代。这就是说，位于同源染色体上的非等位基因的杂合体在形成配子时，只有亲本型的配子，而没有重组型配子产生。

果蝇的褐眼（brown eye，*bw*）和宽翅脉（heavy wing vein，*hv*）是两个紧密连锁的隐性突变基因，其对应的等位基因bw^+和hv^+表现显性，分别表现野生型的红眼（red eye，bw^+）和窄翅脉（thin wing vein，hv^+）性状。选择具有突变的褐眼和正常窄翅脉的亲本（$bw\ hv^+/bw\ hv^+$）和具有红眼和突变的宽翅脉亲本（bw^+hv/bw^+hv）杂交得到的F_1均为杂合体（$bwhv^+/bw^+hv$），表现两种显性性状。在完全连锁情况下，其自交和测交子代的遗传表现如图5-5所示。

由上面实验结果可以看出，完全连锁具有其独特的遗传特点，不论涉及多少对基因，完全连锁的杂合体只产生两种亲本型配子，自交子代分离出三种基因型，比例为1∶2∶1，测交子代分离出两种基因型和两种表现型，比例为1∶1，它们的遗传表现与一对因子的遗传很近似。

在整个生物界，完全连锁现象极其少见，目前仅发现雄果蝇和雌家蚕有这种遗传方式，可能是它们在分化发育时，染色体不发生交换的原因所致。

（二）不完全连锁（incomplete linkage）

非等位基因间完全连锁的情形是非常少见的。一般的情况都是不完全连锁，即位于同一条染色体上的非等位基因连锁不紧密。当两对非等位基因为不完全连锁时，杂合体F_1不仅产生亲本型配子，也产生少量的重组型配子。和两对因子的独立遗传一样，自交子代也能产生四种表现型，但四种表现型的比例不是9∶3∶3∶1，而是亲本组合性状出现的实际数远远大于用9∶3∶3∶1估算的理论数，重组组合性状出现的实际数小于理论数，例如，香豌豆的相引相和相斥相杂交试验（图5-1和图5-2）。

不完全连锁的特点如下：①两对基因的杂合体在形成配子时，不仅有亲本型配子，也有少量的重组型配子产生；②双杂合体所形成的配子中，两种亲本型配子数大致相等，两种重组型配子数也大致相等。

四、不完全连锁的细胞学基础

（一）不完全连锁的细胞学证据

一系列的试验研究表明，完全连锁和不完全连锁的基因都是位于同一染色体上的基因，位于同一条染色体上的基因都有联系在一起遗传的倾向，但为什么不完全连锁遗传的基因在

F_1自交时能产生重组型的配子呢？为什么F_1产生的重组型配子总是比亲本型配子数少呢？回答这些问题，就必须从产生配子的减数分裂过程谈起。

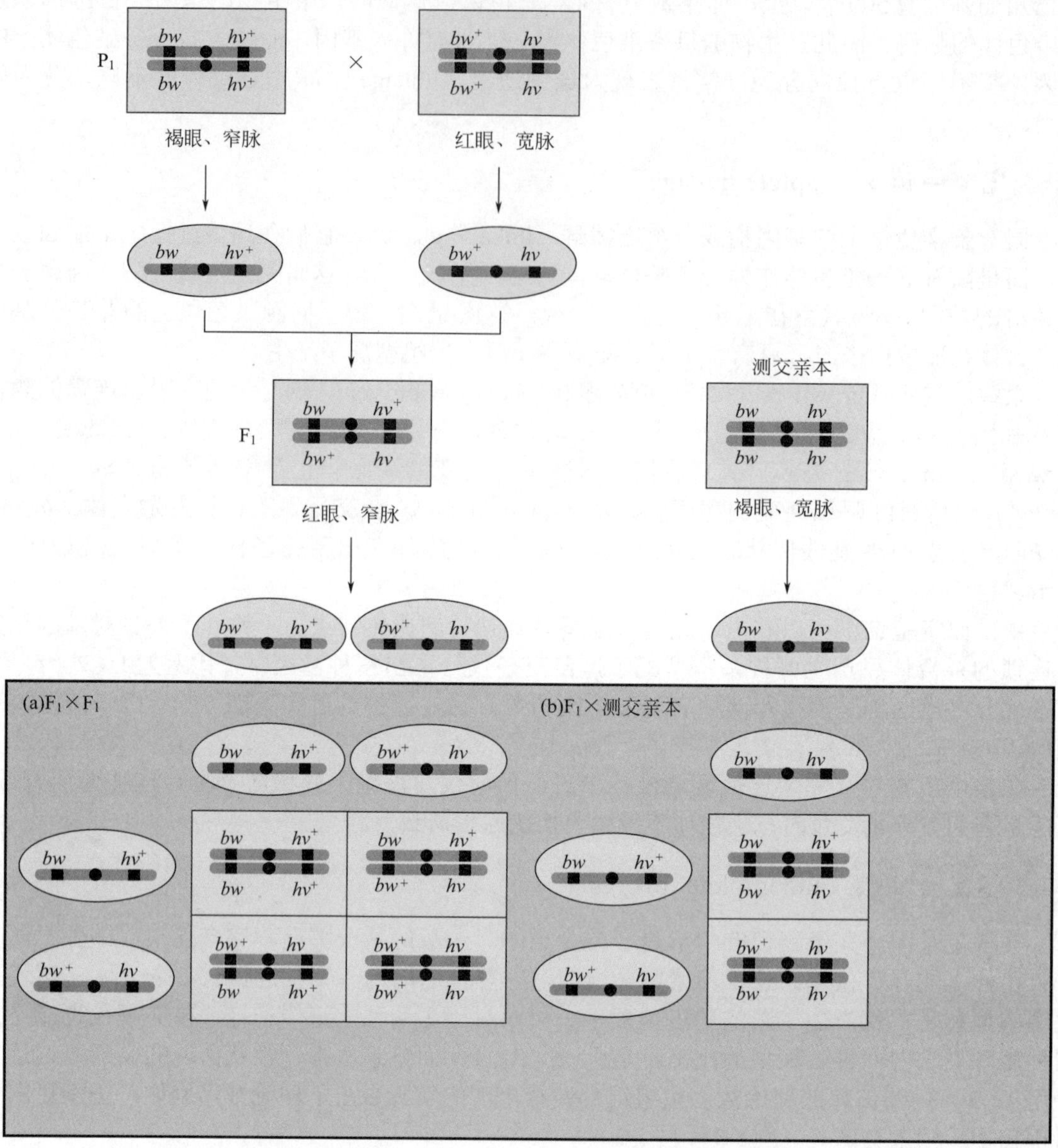

图5-5 涉及果蝇两个完全连锁基因的杂交及其测交

（a）F_1代自交，F_2代表现1∶2∶1的分离比，即1/4褐眼窄脉∶2/4红眼窄脉∶1/4红眼宽脉；

（b）F_1代的测交，测交后代表现1∶1的分离比，即1/2褐眼窄脉∶1/2红眼宽脉

根据对果蝇的遗传研究，摩尔根在1911年提出了基因连锁的概念。认为重组型配子的产生是**交换**（crossing over）的结果，即在减数分裂前期Ⅰ一部分细胞中同源染色体的两条非姐妹染色单体之间发生同源区段的交换，从而使原来在同一染色体上的基因不再伴同遗传。而原核生物中基因间的交换常称为**重组**（recombination）。具体过程如下（图5-6）。

① 各基因在染色体上有一定的位置，呈直线排列。两对连锁基因*Aa*和*Bb*位于一对同源染色体的不同位点上。

② 染色体在间期复制，形成两条染色单体，基因也随之复制。

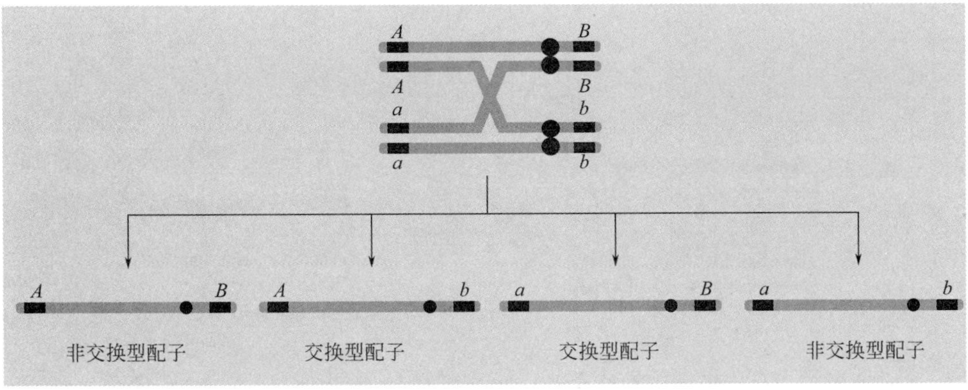

图5-6 交换型配子的形成过程

③ 在减数分裂前期Ⅰ的偶线期，各对同源染色体要分别联会配对，在粗线期，配对后的同源染色体间要发生非姐妹染色单体片段的互换，先在两基因位点之间相对等的位置上发生断裂，然后又在非姐妹染色单体之间连接起来，随着染色体节段的互换，基因也发生了交换。

④ 经过染色单体节段的互换，形成四种基因组合的染色单体，经两次细胞分裂分配到四个子细胞中去，以后发育成四个配子，其中两种是亲本组合配子，两种是重新组合配子。

⑤ 相邻两基因位点之间发生断裂和交换的概率与基因间的距离有关，距离越大，则断裂和交换的概率也越大。

（二）具体解释说明

连锁与交换的遗传机制表明，当一个性母细胞的一对同源染色体在两个基因位点之间发生了一次交换，在形成的四个配子中，必定有两个是亲本组合的，有两个是重新组合的，四种配子的比例是1∶1∶1∶1。但测交试验表明，F_1产生的四种配子的比例并不相等。

研究认为，在多数情况下只有一部分性母细胞在两个基因位点之间发生交换。交换可能发生在两对基因之间，也可能发生在两对基因之外。

① 若交换发生在两对基因之外，对这两对连锁基因来说，等于没有交换，这一性母细胞减数分裂后只产生两种亲本型配子，无重组型配子［图5-7（a）］。

② 若交换发生在所研究的两对基因之间，则交换打破了原有基因间的连锁关系，从而引起同源染色体间非等位基因的重组，经减数分裂后，产生出重组型的配子［图5-7（b）］。

在任何一个F_1群体中，性母细胞数都是大量的，假设在F_1个体的100%性母细胞内，一对同源染色体间的交换都发生在某两对连锁基因区段之内，最后产生的重组型配子也只能是配子总数的一半，即50%。但这种情况几乎是不可能发生的。通常的情形是在一部分性母细胞内，一对同源染色体的交换发生在某两对连锁基因相连区段之间；而在另一部分性母细胞内，该两对连锁基因相连区段之内不发生交换。后者产生的配子全是亲本型的，前者产生的配子，一半是重组型的。所以就整个F_1代群体来说，重组型配子少于50%。表现在测交子代中，就是重组组合类型出现的概率总是小于50%。

连锁与交换定律的内容可归纳为：位于同源染色体上的非等位基因在形成配子时，多数随所在染色体一起传递，只产生亲本型配子；若同源染色体的非姐妹染色单体之间发生了交换，就可产生少量的重组型配子。

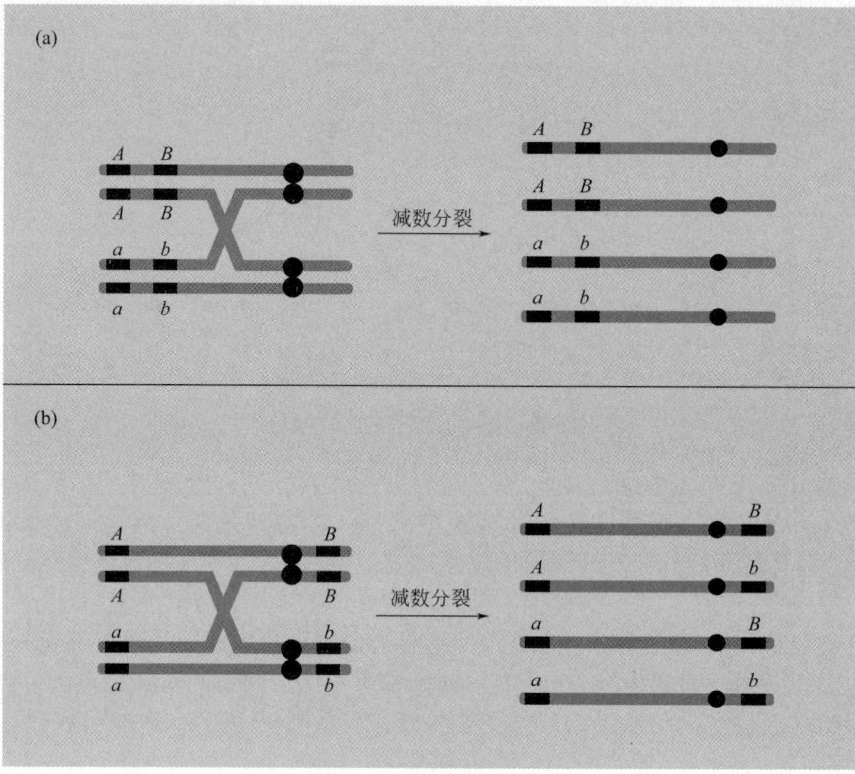

图5-7　连锁交换的机制

（a）交换发生在两个基因之外，均为亲本型配子；（b）交换发生在两基因之间，出现一半的重组型配子

第二节　重组率及其测定

一、重组率的概念

重组率（recombination frequency，RF），即连锁基因之间的重组率，以重组型配子占总配子的百分数表示，可以由下式求得：

$$\begin{aligned}\text{重组率(RF)}&=(\text{重组型配子数}/\text{总配子数})\times100\%\\&=(\text{交换型染色单体数}/\text{涉及的总染色单体数})\times100\%\end{aligned}\quad(5\text{-}1)$$

当两对基因为不完全连锁时，其重组率总是小于50%。由图5-6可以看出，一个交换的性母细胞形成的4个配子中，仅有1/2是交换型的。为了更深入地理解，交换的性母细胞比例与交换率的关系见表5-1。假设有100个性母细胞，连锁区段内发生交换的百分数为7%，即：93个在连锁区段内不发生交换，产生亲本型配子93×4=372个；7个在连锁区段内发生交换，产生7×4=28个配子，其中交换型配子*Ab*和*aB*各7个；共400个配子，故重组率(7+7)/400=3.5%；即交换的配子的比例恰恰是交换的性母细胞比例的一半。

表5-1　交换的性母细胞比例与交换率的关系

性母细胞	配子数	未交换的配子数		交换的配子数	
		AB	*ab*	*Ab*	*aB*
93个未交换	93×4=372	186	186	—	—
7个交换	7×4=28	7	7	7	7
100	400	193	193	7	7

二、重组率的测定

（一）测交法

利用F_1与双隐性亲本测交，最易测定F_1配子的类型和比例。因为测交后代（F_t）群体中表现型的种类和比例正是被测个体产生的配子的种类和比例的直接反映。重组率的计算公式可变为：

$$重组率(RF)=(F_t重组类型的个体数/F_t总个体数)\times 100\% \tag{5-2}$$

前述玉米籽粒的糊粉层颜色的测交实验中（图5-3和图5-4），根据测交结果和以上公式可以计算出*C-Sh*基因之间的重组率，相引相为3.6%，相斥相为3.0%。

（二）自交法

测交法用于异花授粉作物时较易进行，如玉米，它授粉方便，一次授粉能得到大量种子。但对于自花授粉植物，如小麦、水稻等来说就比较困难，不仅去雄和授粉比较困难，而且一次杂交只能得到很少量的种子，不宜用测交的方法测定重组率。

自花授粉作物可以用自交法，根据F_2群体的资料估算重组率。

例如：香豌豆的连锁遗传实验，相引相中（图5-1），F_2有四种表型，可以推想F_1有四种配子：*PL*、*Pl*、*pL*、*pl*，假定各配子比例为：a∶b∶c∶d，自交形成$F_2$$(aPL : bPl : cpL : dpl)^2$，其中只有红花、圆花粉粒的基因型（*ppll*）单纯由亲本型配子（*pl*）构成。那么，如果能够计算出*pl*配子的比例，亲本型配子（*PL*、*pl*）的总概率就可以求出，重组率就等于总数减去亲本型配子的概率。

假设隐性纯合体（*ppll*）所占概率为*X*，则：

$$X=d^2 或 d=\sqrt{X}$$

所以相引相杂交中：

$$重组率_{(引)}=1-2\sqrt{X}\ （X为隐性纯合体所占的概率） \tag{5-3}$$

以图5-1中的数据进行计算：

$$RF_{(p\text{-}l)}=1-2\sqrt{X}=1-2\sqrt{0.19}=0.128=12.8\%$$

相斥相杂交中，也可以用上述方法计算重组率，但在相引相中，双隐性配子就是重组型配子，故

$$重组率_{(斥)}=2\sqrt{X}\ （X为隐性纯合体所占的概率） \tag{5-4}$$

以图5-2所得数据进行计算：

$$\mathrm{RF}_{(p\text{-}l)}=2\sqrt{X}=2\sqrt{0.0024}=0.098=9.8\%$$

从以上两例可以看出，两次计算得到的*p-l*间的重组率稍有差异，这属于实验误差。

三、重组率的大小

重组率的变动幅度一般在0～50%之间，当重组率越接近0时，连锁强度越大，两个连锁的非等位基因之间交换的性母细胞越少。当重组率越接近50%时，连锁强度越小，两个连锁的非等位基因之间交换的性母细胞越多。重组率反映了连锁基因间的连锁强度。从理论上讲，在减数分裂中，沿着染色线上的每一个点，非姐妹染色单体发生片段互换的概率是相等的。那么，基因间的距离愈大，非姐妹染色单体发生片段互换的频率愈高，最终产生的重组配子的频率愈高，基因间重组率愈大，所以，可以用重组率表示两个基因在同一染色体上的相对距离，称为**遗传距离**（genetic distance）。其数值以重组率的数值去掉%表示，单位是“重组单位”或centi-Morgan（cM，厘摩尔根）。比如，*CSh*之间的重组率为3.5%，表示它们在染色体上相距3.5重组单位，或3.5 cM。距离越近，重组率越小，反之亦然。

在正常的条件下，重组率具有相对的稳定性，但重组率也受内外条件的影响而有新变化。如性别、年龄、温度等条件对某些生物连锁基因间的重组率都会产生影响。测定重组率时总是以正常条件下生长的生物为材料，并从大量资料中求得比较准确的结果。植物及绝大多数的动物，连锁基因的重组率在雌雄中是差不多的。但也有极少数的动物，重组率在雌雄间不一样。例如，在雄果蝇和雌蚕中通常不发生交换，连锁基因完全连锁，不发生重组。

四、重组率与交换值

在遗传学中，还有一个概念叫作**交换值**（crossing-over value）。严格地说，交换值是指在连锁的两个基因之间非姐妹染色单体间发生交换的频率。我们用遗传学方法所测出来的只是重组率，而不是交换值。如果所研究的两个基因之间的距离很短，或者说我们所关注的染色体片段很短，重组率就等于交换值。如果我们所研究的两个遗传标记相距较远，或者说我们所关注的染色体片段比较长，其间可能发生双交换甚至多次交换，遗传学方法测定出来的重组率往往小于交换值。但有时候，常把交换值和重组率混用。

基因间的交换值，反映了基因之间非姐妹染色单体交换的频率。减数分裂中非姐妹染色单体的互换到双线期表现在细胞形态上是出现染色体上的交叉现象。基因之间发生一次交叉的性母细胞占总性母细胞的百分数叫交叉频率。在连锁基因之间，每发生一个交叉，只产生一半重组型的配子，因而交换值（重组率）等于1/2交叉频率。

第三节　基因定位和遗传学图

基因在染色体上各有一定的位置。利用杂交、测交或自交，分别求出基因间的重组率和相对距离，然后在染色体上确定基因间的排列顺序，这一过程称为**基因定位**（gene localization，gene mapping）。具体来说，就是确定：①基因位于哪一条染色体上；②基因在染色体上的位置；③与相邻基因之间的关系。确定基因的位置主要是确定基因之间的相对顺序和距离。基因之间的距离是用重组率来表示的。

一、基因定位的方法

基因定位的方法，依不同的生物而异，常用的方法主要有：两点测验和三点测验。

（一）两点测验（two-point testcross）

两点测验是基因定位的最基本的一种方法，它是通过一次杂交和一次测交来确定两对基因是否连锁以及它们之间的距离。前面所讲的玉米的测交实验，实际上就是两点测验法。但是，仅凭一次两点测验结果，不能确定三对基因在染色体上的排列顺序。

假如要确定三对基因的位置，需要利用3次杂交、3次测交分别求出3对基因间的重组率，即要做三个两点测验才能完成。设有*A-a*、*B-b*和*C-c*三对基因，其定位的具体步骤如下。

（1）通过一次杂交和一次测交，求出*A-a*和*B-b*之间的重组率，根据重组率确定它们是否连锁。

（2）再通过一次杂交和一次测交，求出*B-b*和*C-c*之间的重组率，并根据重组率来确定它们是否连锁。

（3）又通过同样的方法确定*A-a*和*C-c*是否连锁。

（4）根据3个重组率的大小，确定这3对基因在染色体上的位置。

例题：玉米籽粒颜色有色（*C*）对无色（*c*）为显性，饱满（*Sh*）对凹陷（*sh*）为显性，非糯性（*Wx*）对糯性（*wx*）为显性，为了明确这三对基因是否连锁及其相对位置，需要通过三个两点测验来实现。

① *C-Sh*之间重组率的测定

P　　有色饱满 × 无色凹陷

CSh/CSh ↓ *csh/csh*

F_1测交　　有色饱满 × 无色凹陷

CSh/csh ↓ *csh/csh*

测交子代	有色饱满	有色凹陷	无色饱满	无色凹陷
	CSh/csh	*Csh/csh*	*cSh/csh*	*csh/csh*

具体数据参见图5-1，可计算得到：

$RF_{(C\text{-}Sh)}$=3.6%，即遗传距离为3.6cM

② *Wx-Sh*之间重组率的测定

P　　糯性饱满 × 非糯性凹陷

wxSh/wxSh ↓ *Wxsh/Wxsh*

F_1测交　　非糯性饱满 × 糯性凹陷

Wxsh/wxSh ↓ *wxsh/wxsh*

测交子代	非糯性饱满	非糯性凹陷	糯性饱满	糯性凹陷
	WxSh/wxsh	*Wxsh/wxsh*	*wxSh/wxsh*	*wxsh/wxsh*
实测粒数	1531	5885	5991	1488

$RF_{(Wx\text{-}Sh)}$=［(1531+1488)/(5885+5991+1531+1488)］×100%=20%，小于50%。说明*Wx-Sh*也是连锁的，遗传距离为20cM，这样*C-Wx*自然也是连锁的。

但是仅仅依据上述得到的*C-Sh*和*Wx-Sh*之间的重组率仍然无法确定三者在同一染色体上的相对位置。因为仅仅根据这两个交换值，它们在同一染色体上的排列顺序有两种可能：

第一种：

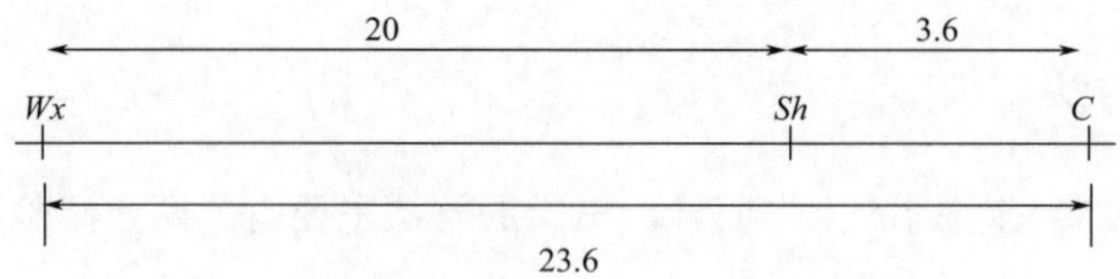

第二种：

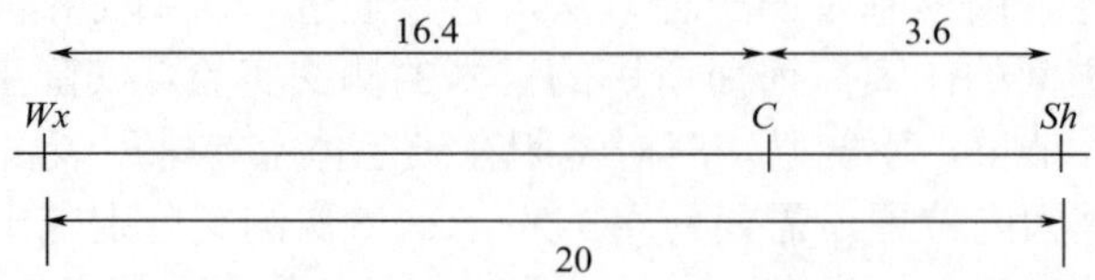

如果是第一种排列，则*C*-*Wx*之间的重组率应该是23.6%；如果是第二种排列顺序，则*C*-*Wx*之间的重组率应该是16.4%。究竟是哪种排列方式，需要根据第三个实验的结果来决定。

③ *C*-*Wx*之间重组率的测定

P　　　非糯性有色 × 糯性无色

WxC/*WxC* ↓ *wxc*/*wxc*

F_1测交　　　非糯性有色 × 糯性无色

WxC/*wxc* ↓ *wxc*/*wxc*

测交子代	非糯性有色	非糯性无色	糯性有色	糯性无色
	WxC/*wxc*	*Wxc*/*wxc*	*wxC*/*wxc*	*wxc*/*wxc*
实测粒数	2542	739	717	2716

$RF_{(Wx\text{-}C)}$=[(739+717)/(2542+739+717+2716)]×100%=22%。

综合三个两点测验的实验结果：$RF_{(C\text{-}Sh)}$=3.6%，$RF_{(Wx\text{-}Sh)}$=20%，$RF_{(Wx\text{-}C)}$=22%，所以可以确认第一种排列顺序符合这三对基因之间的实际情况，即*Sh*位于*Wx*和*C*之间。这样就将这三对基因的相对位置初步确定下来。用同样的方法和步骤，还可以把第四对、第五对及其他各对基因的连锁关系和位置确定下来。不过，如果两对连锁基因之间的距离超过5个遗传单位，两点测验法将不如下面介绍的三点测验法的准确性高。

两点测验法有两大缺点：①工作量大，要给三个基因定位须做三次杂交和三次测交；②如果基因间距离较远，很可能发生双交换，影响测定结果的精确性。两点测验的上述缺点，已为三点测验基因定位方法所改进。

（二）三点测验（three-point testcross）

摩尔根和他的学生Sturtevant改进了上述两点测验的方法，建立了一种新的测交方法，即三点测验。该法将三个基因包括在同一次交配中，取其三杂合体与三隐性纯合体进行测交，通过一次杂交和一次测交，能同时确定三个非等位基因间的排列顺序和遗传距离，而且结果也比较精确，是基因定位最常用的方法。现用以下实验说明其遗传分析的方法。

在果蝇中有棘眼（echinus，*ec*），其复眼表面多毛；截翅（cut，*ct*），翅的末端截短；横脉缺失（crossveinless，*cv*）。这3个隐性突变基因都是X连锁的。

1. 杂交

使表型为棘眼、截翅的个体与表型为横脉缺失的个体交配，得到3个基因的杂合体

ec ct+/++*cv*（在此*ec*、*ct*、*cv*的排列并不代表它们在染色体上的真实顺序）。

2. 测交

取其三杂合体的雌蝇*ec ct*+/++*cv*与三隐性体*ec ct cv*/Y雄蝇测交，测交结果见表5-2。

表5-2 *ec ct*+/++*cv*×*ec ct cv*/Y测交后代的数据

序号	表型（来自雌性杂合体的X染色体）	类型	子代的个体数
1	*ec* *ct* +	亲本型	2125
2	+ + *cv*		2207
3	*ec* + *cv*	单交换Ⅰ	273
4	+ *ct* +		265
5	*ec* + +	单交换Ⅱ	217
6	+ *ct* *cv*		223
7	+ + +	双交换型	5
8	*ec* *ct* *cv*		3
合计	—	—	5318

如何分析所得实验结果呢？

第一步：判断这三对基因是否连锁。若这三对基因不连锁，即独立遗传（分别位于非同源的三对染色体上），测交后代的八种表现型应该彼此相等，而现在的比例相差很多。

其次，若是两对基因位于同一对同源染色体上，另一对独立，应该每四种表现型的比例一样，总共有两类比例值。现在的结果也不是如此。实验结果是每两种表现型的比例一样，共有四类不同的比例值，这正是三对基因连锁在同一对同源染色体上的特征。

第二步：确定排列顺序。既然这三对基因是连锁的，在染色体上就有一个排列顺序的问题。

（1）分类

测交后代出现八种表型，必有双交换型，由于其发生概率较低，故表5-2中实得个体数最少的第7、第8两种类型必然为双交换的产物。实得个体数目最多的必为亲本型，其余为单交换（Ⅰ和Ⅱ）类型。

（2）确定中间的基因

三对基因有三种可能的排列顺序（*ec-ct-cv*）、（*ct-ec-cv*）、（*ec-cv-ct*），哪一种顺序是正确的？关键是确定中间的基因。由交换的机制可知，双交换会改变位于中间的基因的位置而不涉及其旁侧基因，所以依照这个原理可以直观地确定基因的顺序：用双交换类型和亲本型做比较，凡改变了位置的基因必然是位于三个基因中间的那个。在此例中，对比亲本型（类型1和类型2）与双交换型（类型7和类型8）可见，只有基因*cv*改变了位置，故可以断定，这三对基因的正确排列次序是（*ec-cv-ct*）或（*ct-cv-ec*）。

（3）重组率的计算，确定三个基因间的遗传距离

① 估算双交换值，由于测交子代的表现型的分离类型和比例正好反映了杂合体所产生的配子类型和比例，因而，在用三对连锁基因杂合体测交子代估算基因交换值时，双交换值等于测交子代中的双交换类型占总类型的百分数。在本例中：

$$双交换值=(5+3)/5318\times100\%=0.15\%$$

② 估算单交换值，以确定基因之间的距离。因为每个双交换是由两个单交换组成的，所以在估算两个单交换时，必须分别加上双交换值，才能正确地反映实际发生的单交换频率。

在实际计算时，每次只计算任意两对基因间的重组率，第三对基因暂不考虑（若计算更多对基因间的重组率时，同样采用先计算其中任意两对间的重组率，其他基因暂不考虑的策略）。那么本例中这三对基因间的重组率分别为：

$$RF_{(ec\text{-}cv)}=(273+265)/5318+0.15\%=10.3\%$$

$$RF_{(ct\text{-}cv)}=(217+223)/5318+0.15\%=8.4\%$$

$$RF_{(ec\text{-}ct)}=(273+265+217+223)/5318=18.4\%$$

从这3个数据来看，基因*ec-ct*之间的重组率是18.4%，不等于基因*ec-cv*和基因*cv-ct*重组率之和，这究竟是为什么呢？是否直线排列原理有误？回答是否定的，因为双交换类型中，两侧的两个基因*ec-ct*之间虽然同时发生了两次单交换，但看不到重组。但计算*ec-cv*以及*ct-cv*之间的重组率时两次都利用了这个数值，而计算*ec-ct*之间的重组率时双交换的数值未包含在内，因为末端两个基因之间双交换的结果并不出现重组。所以需要对*ec-ct*之间的重组率加以校正，其实际的重组率应当是：18.4%+2×0.15%=18.7%。

对*ec-ct*之间的重组率作上述校正后，它们之间的图距就是18.7cM，正好等于*ec-cv*和*cv-ct*图距之和。这三对基因在染色体上的位置和距离可以确定如图5-8所示。

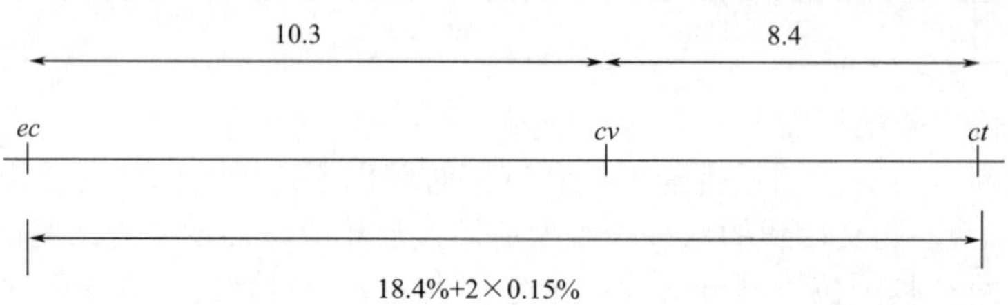

图5-8　果蝇基因*ec-cv-ct*染色体图

在此例中，F_2代出现了8种表型，表明发生了双交换，可分别计算重组率，然后用校正值去弥补相距最远的两个基因之间的图距。但是若相距较近的3个基因座的三点测交，往往不易发生双交换，测交后代只有6种表型，不出现双交换类型，则无需校正，可直接利用单交换Ⅰ和Ⅱ直接求第3对基因间的重组率和图距。

三点测验较两点测验具有突出的三个优点：①它通过一次杂交和一次用隐性亲本的测交，同时确定三对连锁基因在染色体上的位置，一次“三点测验”相当于三次“两点测验”；②一次三点测验中得到的三个重组率是在同一基因型背景、同一环境条件下得到的，是严格可以相互比较的；③通过“三点测验”还可以得到三次“两点测验”得不到的资料，就是关于“双交换”的资料。它可以纠正两点测验的缺点，使估算的交换值更加准确。

二、遗传干涉和并发系数

在上述三点测交中，双交换频率很低，这就是说，中间的基因与它两侧的基因同时分开的机会很小。一般双交换的发生率比预期的还少。预期的双交换率应是其两次单交换率的乘积，前提是每次单交换的发生是独立的事件。但实际上，在连锁遗传中，一次单交换可能影响它邻近发生另一次单交换的可能性，例如，在上述实验中*ec-ct*基因间双交换的预期频率应该是10.2%×8.4%=0.86%，但实际观察到的双交换率只有（5+3）/5318=0.15%，这种现象称为**干涉**（interference，I）或**染色体干涉**（chromosome interference）。

一般用**并发系数**（coefficient of coincidence，*C*）来表示干涉作用的大小，$I=1-C$。并发系数越大，干涉作用愈小。实际观察到的双交换率与预期的双交换率的比值称为并发系数，计算公式如下：

$$\text{并发系数}(C)=\text{观察到的双交换值}/\text{两个单交换值的乘积} \tag{5-5}$$

在上述实验中，并发系数=0.15%/(10.3%×8.4%)=0.174，说明在这两个单交换间发生了干涉。

并发系数经常变动于0～1之间。当并发系数C=1时，则I=0表示两个单交换独立发生，完全无干扰。当并发系数C=0时，表示干涉是完全的，意味着基因间相距很近，以致在一点发生交换，其邻近就不再发生交换，这种现象可以从三点测交后代中只出现6种表型的结果中看到。

在染色体干涉过程中可能有两种情况：第一次交换发生后，引起邻近发生第二次交换机会降低的情况称为**正干涉**（positive interference），或是第一次交换发生后，引起邻近发生第二次交换机会增加的现象称为**负干涉**（negative interference），负干涉在病毒等低等生物中常见。

三、连锁群与连锁遗传图

（一）连锁群

基因在染色体上呈线性排列。位于同一染色体上的所有基因组成一个**连锁群**（linkage group），它们具有连锁遗传的关系。现已知所有生物的连锁群数等于该物种单倍体染色体数。如玉米、水稻、豌豆的二倍体染色体数分别为20、24、14，它们的连锁群数则是10、12、7。大肠杆菌是单倍体生物，只有一个环形的染色体，连锁群数为1。同一生物的连锁群，不因其染色体数量的变化而变化。如西瓜是二倍体物种，有11对染色体，那么三倍体无籽西瓜的连锁群数仍然是11。

在雌雄性别分化的生物中，由于存在性染色体，异配性别的两条染色体携带的基因不同，所以在有两性分化的生物中，连锁群数目等于单倍体染色体数加上1，如人、小鼠、黑腹果蝇的染色体数分别是46，XY；38，XY；8，XY；连锁群数分别为24、20、5。

（二）连锁遗传图

通过两点测验或三点测验，可将一个连锁群的各个基因的位置确定下来，按照其顺序和遗传距离绘制成图，就成为**连锁图**（linkage map），又称为**遗传学图**（genetic map）。

连锁图是人们根据基因间的遗传距离和位置绘制的遗传学图。连锁图仅反映了人们目前已经认识的部分基因，一个连锁图并不全部反映这一染色体上的所有基因；基因在连锁图上有一定的位置，这个位置叫座位。利用基因定位的方法，把多个连锁基因标定在同一条染色体上，一般以最先端的基因位置定为原点（0），其他基因依次顺序下排，其距离逐渐累加。但随着研究的不断深入，发现有基因在更先端位置时，把原点的位置让给新的基因，其余基因位置作相应的移动；尽管两个基因间的实际重组率在0～50%之间，但在遗传图上，可以出现50个单位以上的距离，这是多次实验多个基因间图距累加的结果。要从图上知道基因间的重组率只限于邻近基因的位置。

人类已陆续绘制了一些生物的连锁遗传图，图5-9和图5-10分别为玉米和果蝇的连锁图及部分基因。

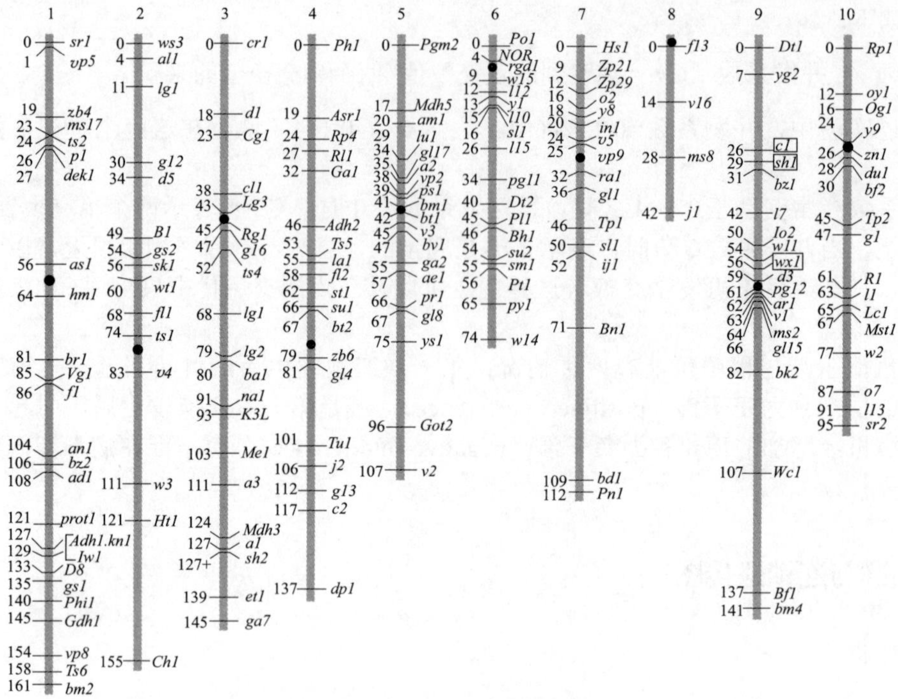

图5-9　玉米的连锁遗传图

图中最上方数字1、2、……10表示玉米染色体序号，即第1条染色体、第2条染色体……第10条染色体。“●”表示**着丝粒**（centromere）。每条染色体的左边的数字和右边的符号分别表示相应基因的位点和符号

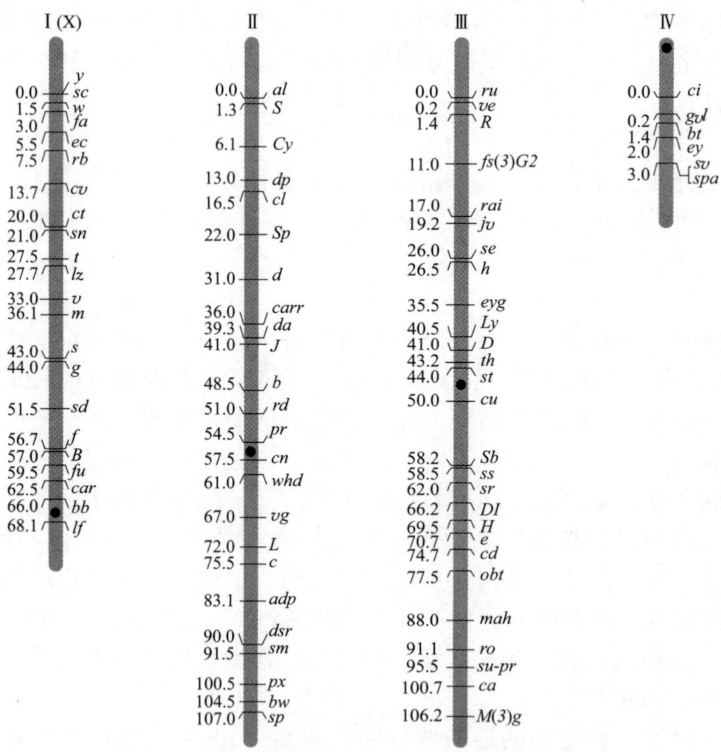

图5-10　果蝇的连锁遗传图

图中最上方数字Ⅰ、Ⅱ、Ⅲ、Ⅳ为果蝇的染色体序号；“●”表示着丝粒；

每条染色体左边的数字和右边的符号分别表示相应基因的位点和符号

第四节　连锁和交换定律的意义

一、理论上的意义

自由组合定律和连锁交换定律都是阐明在等位基因分离的基础上非等位基因重新组合而产生的变异。自由组合是独立的非等位基因之间随机地组合，交换则是连锁的非等位基因按一定概率（即重组率）重新组合。连锁遗传定律的发现，进一步证实了染色体是控制性状遗传的基因的载体。通过重组率的测定和计算进一步确定基因在染色体上具有一定的距离和顺序，呈直线排列。这为遗传学的发展奠定了坚实的科学基础。

连锁对于生命的延续是十分必要的，因为一个细胞中有许多基因，如果它们全部分散，很难设想在细胞分裂过程中使每一个子细胞都准确地获得每一个基因。自由组合和交换引起的基因重组是自然界产生变异的最主要原因，为自然选择提供了更大的可能性，对生物进化和育种都有重要意义。

二、育种实践中的应用

连锁基因重组类型的出现频率，依据重组率的大小而变化。因此在杂交育种时，如果所涉及的基因具有连锁遗传的关系，就要根据连锁遗传定律相应地安排育种工作。

一方面，可以根据连锁基因之间的遗传距离（或重组率），估计杂种后代各种性状重组个体出现的概率，从而合理安排杂交后代种植的群体。重组率大的性状，重组可能性大，育种工作量较小；而重组率小，重组个体出现的机会较少，就应在F_2种植较大的群体。如果连锁很紧密，后代重组概率很小，为了获得重组类型，往往采用辐射、回交等方法，提高重组类型出现的概率。

例如：已知水稻的抗稻瘟病基因（*P*）与晚熟基因（*L*）都是显性，而且是连锁遗传的，重组率仅为2.4%。如果用抗病、晚熟的水稻作为亲本，与感病、早熟的另一亲本杂交，计划在F_3代选出抗病、早熟的5个纯合株系（*PPll*），问，这个杂交组合的F_2代至少要种植多少株？

按照上述亲本组合进行杂交，F_1的基因型应该是*PL*/*pl*。要知道F_2中理想类型出现的概率，首先必须根据交换值求得F_1形成配子的类型和比例。已知重组率为2.4%，说明F_1的重组型配子（*Pl*和*pL*）的比例各为2.4%/2=1.2%，两种亲本型配子（*PL*和*pl*）的比例各为(100−2.4)%/2=48.8%。求得了各类配子及其比例，F_2可能出现的基因型及其比例见表5-3。

表5-3　水稻F_2抗稻瘟病与成熟期连锁遗传

雌配子/%	雄配子/%			
	48.8*PL*	1.2*Pl*	1.2*pL*	48.8*pl*
48.8*PL*	2381.44	58.56	58.56	2381.44
1.2*Pl*	58.56	1.44*PPll*	1.44	58.56
1.2*pL*	58.56	1.44	1.44	58.56
48.8*pl*	2381.44	58.56	58.56	2381.44

注：概率为表格内数字部分数值×1/10000。

根据表5-3，可知在F_2群体中出现理想的抗病、早熟且为纯合体的概率为1.44/10000，即在10000株中，只可能出现1.44株。

据此概率推算，要想从F_2代选出5株理想的纯合体，按照10000：1.44=x：5的比例推算，F_2代群体至少要种植3.5万株，才能满足计划育种需要。

另一方面，可以根据性状的连锁遗传进行间接选择，提高选择效率。例如，大麦的抗秆锈病基因（*T*）和抗散黑穗病基因（*Un*）是紧密连锁的，都位于1号染色体上，相距很近。在育种中，只要注意选择抗秆锈病个体，就有很大可能同时选得抗散黑穗病的材料，达到一举两得、提高选择效果的目的，大大简化了育种的手续和工作量。

现代分子育种中的分子标记辅助选择技术也是基于分子标记和目标性状的连锁，在实验室检测标记情况推测田间材料的性状，为一些不易观察性状（如抗病性、抗逆性）的材料选择提供了方便。此外，在图位克隆策略中，也是基于基因和标记之间的连锁和重组率克隆目的基因。我国在分子育种方面采用这一理论克隆了水稻抗稻瘟病基因*Pib*、抗白叶枯病基因*Xa21*等基因，成功选育了很多有价值的农作物品种。

三、人类遗传中的应用

绘制人类基因图谱具有很重要的意义，但人类不能像果蝇及其他动物那样进行有控制的杂交，所以往往只能采用家系分析法，用复杂的统计技术加以分析。现在，还可以通过体细胞培养和各种生化、分子生物学技术将基因定位在染色体上。基因定位后，可开发相应的医学检测技术，为人类预防某些遗传疾病的发生带来了福音。如果一个妇女从她的父亲那里遗传一个葡萄糖6-磷酸脱氢酶（G6PD）座位的同工酶基因（X^A）和一个血友病基因（X^h）。已知这两个基因为X染色体上的连锁基因，图距5cM。如果通过羊水检查，发现了同工酶A的存在，并且由核型分析得知胎儿为男性，由于X^A和X^h基因发生交换的概率仅仅为5%，那么可以预测该胎儿患有血友病的概率是95%。相反，如果羊水检查中未查出同工酶A，那么这一胎儿患血友病的概率仅有5%。

本章小结

摩尔根等以果蝇为实验材料对不符合自由组合定律的一些例证开展了深入细致的研究，提出了另一类独特的遗传现象，即连锁遗传。连锁交换定律，继孟德尔揭示的两个遗传定律之后，成为遗传学中的第三个遗传定律。摩尔根还创立了基因论，把抽象的基因概念落实在染色体上，大大地发展了遗传学。摩尔根的工作对孟德尔的遗传定律不是一种简单的修正，而是具有重大意义的补充和发展。本章结合具体的研究实例，对连锁和交换的实质进行了探讨，并且侧重介绍了关于重组率的计算和染色体作图的基本方法和原理，并对连锁交换定律的意义做了简要的介绍。

思考拓展

1. 名词解释

连锁交换　完全连锁　不完全连锁　重组率　双交换　干涉　并发系数　连锁遗传图　连锁群

2. 下面是果蝇的X染色体上的一段染色体图，表示出*r*、*s*和*t*基因的位点：

$r\underline{12}s\underline{10}t$，该区域的并发系数为0.5，在$++t/rs+\times+++/y$的杂交中，预期获得2000个后代，其中野生型雄果蝇有多少？

3. 控制甜豌豆的花色与花粉粒形状的基因间有较强的连锁关系。已知红花基因b与长花粉粒基因R之间交换值为12%，现用红花长花粉粒（$bbRR$）亲本与紫花圆花粉粒（$BBrr$）亲本杂交得F_1，F_1自交得F_2，请回答：

（1）F_1的基因型如何？

（2）F_2中出现红花个体的概率是多少？

（3）F_2中出现纯种紫花长花粉粒个体的概率是多少？

（4）若要F_2中出现9株纯种紫花长花粉粒植株，F_2群体至少应种多少株？

4. 有一个果蝇品系，对隐性常染色体等位基因a、b、c是纯合的，这三个基因以a-b-c的顺序连锁。将这种雌性果蝇和野生型雄蝇杂交。F_1的杂合子之间相互杂交，得到的F_2如下：

基因型	个数	基因型	个数
+++	1364	*a*++	47
abc	365	+*bc*	44
ab+	87	*a*+*c*	5
++*c*	84	+*b*+	4

问：（1）a与b、b与c间的重组率分别是多少？

（2）并发系数是多少？

5. 某种植物（二倍体）的3个基因座A、B、C的连锁关系如下：$A\underline{20}B\underline{30}C$，现有一亲本植株，其基因型为：$Abc/aBC$。问：

（1）假定没有干涉，如果亲本植株自交，后代有多少是abc/abc？

（2）假定没有干涉，如果亲本植株与abc/abc杂交，后代的基因型及比例如何？

（3）假定有20%的干涉，则问题（2）的结果如何？

6. 在果蝇中，有一品系对三个常染色体隐性基因a、b和c是纯合的，但不一定在同一条染色体上，另一品系对显性野生型等位基因A、B、C是纯合体，令这两个品系交配，用F_1雌蝇与隐性纯合雄蝇亲本回交，观察到下列结果：

表型　*abc*　*ABC*　*aBc*　*AbC*

数目　211　209　212　208

问：（1）这三个基因中哪两个是连锁的？

（2）连锁基因间重组率是多少？

7. 在家鸡中，白色由于隐性基因c与o的两者或任何一个处于纯合态，有色要有两个显性基因C与O的同时存在，今有下列的交配：

♀ $CCoo$ 白色 × ♂ $ccOO$ 白色

↓

子一代有色

子一代用双隐性个体$ccoo$测交。做了很多这样的交配，得到的后代中，有色68只，白色204只。问o-c之间有连锁吗？如有连锁，交换值是多少？

8. 果蝇中，正常翅对截翅（ct）是显性，红眼对朱砂眼（v）是显性，灰身对黄身（y）是显性。一只三隐性雄蝇（$ctvy$/Y）和一只三杂合雌蝇（$+++/ctvy$）交配，得到的子代如下：

表型	数目	表型	数目
黄身	440	黄身朱砂眼截翅	1710
黄身朱砂眼	50	朱砂眼	300
野生型	1780	黄身截翅	270
朱砂眼截翅	470	截翅	55

（1）写出子代各类果蝇的基因型。

（2）分出亲本组合、单交换、双交换类型。

（3）画出*ct*、*v*、*y*基因连锁图。

（4）并发系数是多少？

第六章

性别决定与伴性遗传

【本章导言】

雌雄性别分化是生物界最有趣的现象之一，在动植物的生命周期中起着至关重要的作用，也是遗传学研究的一个重要方面。在自然条件下，两性生物中雌雄个体的比例大多是1∶1，为典型的孟德尔测交分离比，这说明性别和其他性状一样受遗传物质控制。细胞学研究发现，多数高等动物和部分雌雄异株的植物，性别的差异主要由一对性染色体的差异引起。由于性染色体上存在多种基因，有的性状表现会和性别相联系，这就是伴性遗传。一旦决定性别的因素受到影响，就会出现性别畸形。探究性别形成的机制进而控制生物生长发育过程的性别形成，在生物育种、动植物生产实践中具有重要意义，对国民经济发展具有很大的促进作用。对人类而言，了解性别畸形对患者及其家庭的影响，有助于人们更加关爱生命，珍惜健康，形成科学的生命观念，也推动对性别决定机理开展深入研究。

第一节　性别决定

性别（sex）是从酵母到人类几乎所有真核生物的共同特征，是生物进化的产物。“性别”作为一种性状，是按孟德尔分离定律方式遗传的，两性生物中的雌性和雄性数量之比为1∶1，这是一个恒定的理论比例，我们称之为**性比**（sex ratio，SR）。而我们知道，1∶1的比值是一种典型的测交结果。这是否暗示着某一性别在遗传上是杂合体，而另一性别是纯合体？生物的性别决定机制是怎样的？

一、性染色体决定性别理论

所谓**性别决定**（sex determination）是指细胞内遗传物质对性别形成的决定作用。在二倍体动物以及人的体细胞中，都有一个或一对在形态、结构上有明显区别，与性别形成有明显直接关系的染色体，这种染色体叫**性染色体**（sex-chromosome）；其他的与性别无关，同源染色体形态一致的染色体通称为**常染色体**（autosome，A）（图6-1）。当精卵结合时，受精卵中性染色体的组成方式决定了性别发育的方向，即个体发育生成卵巢还是睾丸，这就是性染色体决定性别理论。从目前的研究结果来看，性染色体是同配型（如XX、ZZ）还是异配型（如XY、ZW）可以决定不同的性别，性染色体和常染色体的套数之比可以决定性别，性染色体上的基因也可以决定性别。此外，性别的形成还会受到环境因素的影响，因而性别的形成是个复杂的过程。

1891年德国细胞学家H.P.A.O.Henking在半翅目昆虫的精母细胞减数分裂过程中发现了一种特殊的染色体，它实际上是一团异染色质。这团异染色质的特殊之处在于在一半的精子中带有这种染色质，另一半则没有。由于当时对这一团染色质的性质尚不清楚，就起名为“X染色体”和“Y染色体”，但并未将它和性别联系起来。直到1902年美国细胞学家C.E.McClung才第一次把X染色体和昆虫的性别决定联系起来。后来有许多细胞学家，特别是E.B.Wilson在许多昆虫中进行了广泛的研究，终于在1905年证明，在半翅目和直翅目的许多昆虫中，雌性个体具有两套普通的染色体（常染色体）和两条X染色体，而雄性个体也有两套常染色体，但只有一条X染色体。于是后来将这种与性别有关的一对形态大小不同的同源染色体同其他染色体区别开来，现在一般以XY或ZW表示。

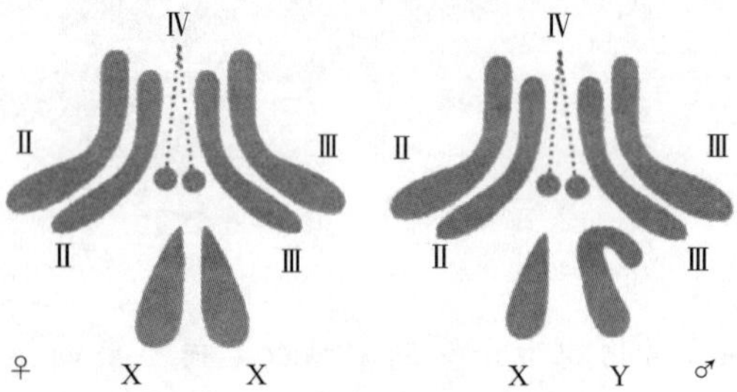

图6-1　果蝇染色体模式图

图中Ⅱ、Ⅲ、Ⅳ为常染色体（A），XY为性染色体，图示性染色体有同源部分也有非同源部分，XX组合为雌性，XY组合为雄性

X、Y性染色体在形态和遗传组成上都不相同（图6-1），它们有同源部分也有非同源部分。同源部分和非同源部分都含有基因，但因Y染色体上的基因数目较X染色体上少一些，所以，一般位于X染色体上的基因在Y染色体上没有相应的等位基因。

从进化角度看，性染色体是由常染色体进化来的，且这一过程需要进行很多次演变。低等脊椎动物的雄性和雌性个体的性染色体在形态上彼此难以区分。在它们的性染色体某些区段上，有许多等位基因的位点为两性所共有，而在另一些区段上，两性所带的遗传信息却互不相同，雄性个体的性染色体所携带的遗传信息主要与性别的决定有关。在鱼类中性染色体的分化就反映了这一进化趋势。蛇也是一个很好的例子。通过对一些原始类型和高度进化类型的蛇的染色体进行研究发现，在原始类型的蛇中性染色体形态是相同的，称为**同形**（homomorphic）性染色体。这两条染色体的差异仅仅在于复制的时期不同（在S期的晚期），实际上是W染色体。在较进化的种中，形成**异形**（heterochromatic）性染色体。新莱昂（Lyon）假说认为：性染色体是同形性染色体部分片段易位到同源染色体上所形成，所以Y染色体小于X染色体，而X染色体往往有重复的基因。随着分化程度的逐步加深，同源部分则逐渐缩小，或Y染色体逐渐缩短，甚至到最后消失。例如，雄蝗虫的性染色体可能最初是XY型，在进化过程中，Y染色体逐渐消失而成为XO型。因此X与Y染色体越原始，它们的同源区段就越长，非同源区段就越短。由于Y染色体基因数目逐渐减少，最后变成不含基因的空体，或只含有一些与性别决定无关的基因，所以它在性别决定中逐渐失去了作用（如果蝇）。但是，高等动物和人类中随着X和Y染色体的进一步分化，Y染色体在性别决定中却起主要作用。所以XO型的果蝇是雄性，而同样是XO型的人类则是雌性。

单细胞生物体可以有简单的性别决定系统，但多细胞生物却应用不同的策略产生雌雄配子进行有性繁殖。在很多无脊椎动物和植物中，可以看见单个个体同时拥有雌雄生殖器官，这样的个体称为**雌雄同体**（hermaphrodite）。雌雄同体可以同时拥有两种性别，也可以由一种性别变为另一种性别，但在这些生物中性别决定基因的重要性明显小于大多数高级生物体。然而，目前有证据表明在无脊椎动物的某些雌雄同体个体中，基因可调控不同性别阶段的分化时间和程度，这对个体的性别决定又具有重要影响。

综上所述，对于多数雌雄异体的动物来说，雌、雄个体的性染色体组成不同，根据性染色体决定性别理论，它们的性别是由性染色体差异决定的。动物的性染色体类型分为两大类：XY型和ZW型（表6-1），其性别决定方式将在后文阐述。

表6-1　性染色体类型与性别的关系

类型	XY型		ZW型	
性别	♀	♂	♀	♂
体细胞染色体组成	2A+XX	2A+XY	2A+ZW	2A+ZZ
性细胞染色体组成	A+X	A+X，A+Y	A+Z，A+W	A+Z
举　例	哺乳类、果蝇		蛾类、鸟类	

需要指出的是，虽然性别决定的性染色体理论并不适用于整个生物界，特别是在某些更低等的生物中并不存在真正的性染色体，但对于大多数种类的生物来说，其性别决定与性染色体理论还是相符的。

二、性别决定的方式

（一）染色体水平的性别决定

1. XY型性别决定

这一类型的生物雌性个体具有一对形态大小相同的性染色体，用XX表示，是**同配性别**（homogametic sex）；雄性个体则具有一对不同的性染色体，其中一条与雌性个体中的性染色体形态相同，是X染色体，另一条是在雄性个体中特有的性染色体，为Y染色体，雄性个体的性染色体构型为XY，称为**异配性别**（heterogametic sex），所以XY型也称为雄异配型。属这类性染色体决定性别的生物包括大多数昆虫类、原虫类、海胆类、软体动物、环节动物、多足类、蜘蛛类、硬骨鱼类、两栖类、爬行类和全体哺乳类等；雌雄异株的植物一般也属XY型性别决定。

2. ZW型性别决定

这类生物与XY型性别决定刚好相反，雄性个体中有两条相同的性染色体，为同配性别；雌性个体中有两条不同的性染色体，为异配性别。因此，这类生物又称为雌异配型生物。为了与雄异配型生物相区别，这类生物的性染色体记为ZW型，雌性的性染色体组成为ZW，雄性的性染色体组成为ZZ。属于这一类型的生物有鳞翅目昆虫，某些两栖类、爬行类和鸟类等。

无论属于哪种性染色体类型的生物，凡是异配性别个体，包括XY和ZW个体，均产生两种等比例配子；凡是同配性别的个体（包括XX和ZZ）只产生一种性染色体的配子。当精子、卵子随机结合时，形成异配性别和同配性别子代的机会相等。因而，生物群体中两性比例总是趋于1∶1（图6-2）。

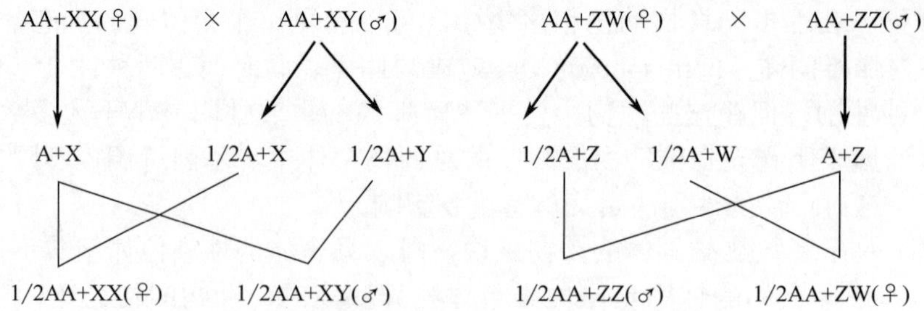

图6-2　性染色体理论对性比例1：1的解释

A—常染色体组；X、Y、Z、W—性染色体

3. XO型性别决定

蝗虫、蟑螂和蟋蟀等直翅目昆虫的性别决定为XO型。这类生物中雄性只有一个X性染色体而没有Y染色体，所以减数分裂形成带X染色体和不带X染色体的2种精子；雌性有一对X染色体，减数分裂形成只产生一种带X的卵细胞，受精后的XX合子发育为雌性，XO合子发育为雄性，它们的理论比例是1：1。这种性别决定方式为XO型性别决定，也可以看作是XY型的一种变种，即Y染色体在生物演化过程中逐渐缩短至丢失。例如：蝗虫雌体为22+XX，雄体则为22+XO。植物中的花椒、山椒、薯蓣也是属于XO型的性别决定方式。

4. ZO型性别决定

这种性别决定类型和XO型性别决定的机理类似，只不过性别刚好相反。在ZO型性别决定中，雄性有两条Z染色体（ZZ），而雌性只有一条Z染色体（ZO）。鳞翅目昆虫中，有少数种类是由ZO型性别决定，鸭的性别决定也是这种情况。

5. 由X染色体是否杂合决定

小茧蜂（braconid）的性别决定和蜜蜂有不同之处，在自然状态下小茧蜂和蜜蜂相似，二倍体（$2n$=20）为雌蜂，单倍体（n=10）为雄蜂。在实验室中，人们获得了二倍体（$2n$=20）的雄蜂，其性别决定取决于性染色体X是纯合型还是杂合型。小茧蜂的性染色体X有三种不同的类型：Xa、Xb、Xc。雌性的性染色体为一对杂合型的X染色体：XaXb或XaXc或XbXc；雄性为纯合型：XaXa、XbXb、XcXc。

6. 植物的性别决定

高等植物多为雌雄同株，因而对于植物的性别决定研究较少，也没有提出明确的性染色体决定性别的机制。然而，自然界存在的少数雌雄异株植物却是研究植物性别决定的重要材料。目前对植物性别决定机制的研究主要集中在如白麦瓶草（*Silene latifolia*）、酸模（*Rumex acetosa*）、石刁柏（*Asparagus officinalis*）等少数几种雌雄异株植物中。自1923年发现植物性染色体后，至今已知25科70多种植物含有性染色体。以性染色体方式决定性别的植物，绝大多数是雌雄异株的，并在雌雄配子结合时就决定了其性别。在部分雌雄异株的植物中，有与动物相类似的性染色体性别决定机制，这种机制类似于前文中的XY型性别决定，如：棕榈、女娄菜、菠菜，另外有些植物属于ZW型性别决定，如：银杏、草莓。总体来说，植物的性别决定也存在以下几种形式：XY型、XO型、ZW型、X/Y平衡型。

（二）染色体组水平的性别决定

有些生物虽有性染色体，但其性别并不完全由性染色体决定。这些生物在进化过程中采用了性染色体/常染色体组比值决定性别的性别决定系统，也就是说X染色体与常染色体之间的基因平衡决定其性别。典型的例子有蓼科及大麻科的植物。性染色体（X）与常染色体（A）的比值称为**性指数**（sex index）。例如：葎草属植物*Humulus lupulus*是相当严格的雌雄异株植物，$2n$=(20，XY)，但有时雌性植株上形成不育雄花。究其原因，发现这与该植物体细胞内性指数有关。当X染色体/常染色体组为0.5或更低时，植物个体表型为雄株，当比例为1.0或更高时，植物个体表型为雌株。染色体组成为$3n$=(3A+XXY)(X/A=0.67)的植株主要产生雄花，也产生部分雌花，而X/A的比例为0.75的四倍体（$4n$=4A+XXXY）植株上具有大致相等的雌花和雄花。

动物中果蝇的性别决定也有类似情况。果蝇的雌性决定基因位于X染色体上，而雄性决定基因并不位于Y染色体上，而位于常染色体上，并且不止一个。因此果蝇个体性别的最终表现取决于其性指数，当低于0.5时为雄性；介于0.5～1.0之间时为间性；大于等于1时，表现为雌性或者超雌性（表6-2）。

表6-2　果蝇染色体组成与性别的关系

X	A	X/A	性别类型	X	A	X/A	性别类型
3	2	1.5	超雌	3	4	0.75	间性
4	3	1.33	超雌	2	3	0.67	间性
4	4	1.0	雌（四倍体）	1	2	0.5	雄
3	3	1.0	雌（三倍体）	2	4	0.5	雄
2	2	1.0	雌（二倍体）	1	3	0.33	超雄

秀丽隐杆线虫（*Caenorhabditis elegans*）由于其个体小、细胞数目恒定、生活周期短、发育迅速、易于得到突变体、虫体透明等特点被认为是研究遗传学、动物发育和行为以及神经生物学的经典模式生物，其性别也是由性指数决定的。

在膜翅目昆虫蚂蚁和蜜蜂中，性别决定也取决于染色体组的数目，而不是性染色体。两者的雌性由受精的卵子发育而来，是二倍体；雄性数目很少，由未受精的卵子发育而来，是单倍体。此外，蜜蜂中雌性个体可育还是不育还受环境条件影响，属于后续性别分化的范畴。

（三）基因水平上的性别决定

除了由染色体决定外，有的生物中还存在基因决定性别的现象。决定性别的基因可以通过一对基因控制实现，也可能是多基因互作的结果。另外，作为基因的载体，染色体对性别的决定作用或多或少也是由其上的基因所调控的。

1. 单基因性别决定

酵母中的性别决定机制大概是最简单的。酵母单个位点的两个等位基因即决定了其交配型。在酿酒酵母（*Saccharomyces cerevisiae*）中，位于第三染色体上的MAT座位有两个等位基因a和α。在酵母生活周期的大部分时间里，都以单倍体形式存在，单倍体细胞中或者带有a基因，或者带有α基因，这就决定了该细胞的交配型。只有带有不同交配型基因的细胞才能融合形成二倍体，经过减数分裂释放新的单倍体孢子。因此MAT座位可以看作一种早期性别决定系统的类型。

石刁柏（*Asparagus officinalis*）是雌雄异株植物。1943年，Rick和Hanna曾提出并证明，石刁柏的性别是由单基因控制的，雄性基因型为*M_*，雌性基因型为*mm*，*M*对*m*是显性。一般认为该性别决定基因调节雄性或雌性分化途径的相对活性，在性别分化程序表达中发挥决定性作用。

20世纪中期以来，人们逐步认识到在动物性别分化过程中，Y染色体上存在着**睾丸决定因子**（testis determining factor，TDF），对动物性别决定基因的研究一直集中在探求哺乳动物Y染色体上的TDF方面。1989年，帕尔默（M.S.Palmer）等在对3个XX男性和一个XX间性人的研究中检测到了Y染色体上1A1区段，使TDF基因的搜索范围缩小到区间1A1上的60kb部分。对这一区域进一步研究发现，TDF位于距拟（伪）常染色体区域的边缘5kb处的一个片段。根据它在染色体上的位置，人们将其命名为Y染色体性别决定区，即SRY（sex-determining region of Y chromosome）。1990年，辛克莱（A.H.Sinclair）等在前人工作的基础上克隆到人的SRY，并发现在人和小鼠Y染色体的短臂上存在着性别决定基因，并在真兽亚纲动物中显示保守性，被认为是性别决定研究的一个里程碑。包括转基因动物在内的许多实验已被证明，SRY就是TDF基因。近年来的研究表明SRY并非决定性别的唯一基因，性别决定与分化是一个以SRY基因为主导、多基因参与的有序协调表达过程。

2. 两对基因的性别决定

禾本科植物玉米（*Zea mays*）为雌雄同株，但雌雄异花的植物。玉米的性别是由两个性别决定基因控制的。基因*Ba*/*ba*决定叶腋雌花序，基因*Ts*/*ts*决定雄花序。基因型*Ba_Ts_*表现正常雌、雄单性同株；当*Ba*突变为*ba*时，*babaTs_*表现为雄株；而当*Ts*突变为*ts*时，*Ba_tsts*使玉米表现完全雌性，*babatsts*基因型则表现为雄花序部位产生雌穗，也表现为雌株（图6-3）。如果雄株*babaTsts*与*babatsts*雌株杂交，植株的性别由*Tsts*的分离决定，*ts*基因所在的染色体就成为“性染色体”，雄株为异配性别，雌株为同配性别。利用这一特点，可以将杂交玉米制种过程中人工去雄的步骤省略，从而提高生产效率。与此类似的还有葡萄和树莓。树莓的性别也是由2对基因（*F*和*M*）控制的，雌株的基因型为*F_mm*，雄株为*ffM_*，两性株为*F_M_*。

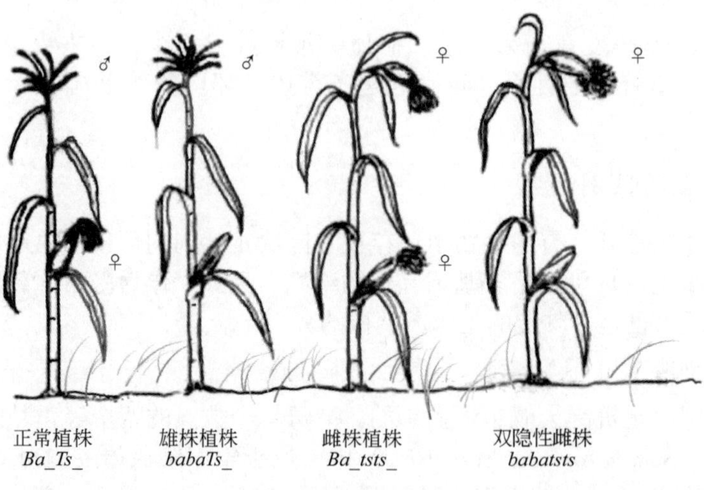

图6-3 玉米的性别

3. 多基因性别决定

葫芦科植物黄瓜（*Cucumis sativus*）性别表现主要分为雌雄异花同株（monoecious），全雌株（gynoecious），两性株（hermaphroditic），雄花、两性花同株（andromonoecius），雄花、雌花及两性花同株（trimonoecious）（又称三性株）等。有研究表明黄瓜的性别表现由多个位点控制，目前已确定影响黄瓜性别表达的7个不连锁位点：*a*（雄性，androdioecious）、F（雌性，female）、*gy*（雌花、两性花同株，gynodioecious）、*In-F*（雌性表达增强子，intensifier）、*m*（雄花、两性花同株，andromonoecious）、*m*-2（雄花、两性花同株基因-2，andromonoecious-2）、*Tr*（三性花同株，trimonoecious）。其中*m*、*m*-2和*Tr*调节雄花和雌花着生的位置和时间，而显性*F*基因是控制雌花产生的主要基因位点，*F*位点还受到*gy*、*In-F*的修饰，*a*位点则在*F*为纯合隐性时控制雄花的产生。后续研究中还不断发现有新的基因参与其性别决定。

4. 复等位基因性别决定

葫芦科的喷瓜（*Ecballium elaterium*）的性别决定是由复等位基因a^D、a^+、a^d控制的，其显隐性关系可以表示为$a^D>a^+>a^d$。该植物的性别决定特征见表6-3。植物中东方草莓的性别也是由3个复等位基因决定的。

表6-3 喷瓜的性别决定

基因	性别表型	基因型
a^D	雄性	a^Da^D（不存在）、a^Da^+、a^Da^d
a^+	两性	a^+a^+、a^+a^d
a^d	雌性	a^da^d

三、剂量补偿效应

1949年，加拿大遗传学家Murray Barr等在雌猫神经元间期核中首次观察到一个染色很深的异染色质小体，而在雄猫中未见该小体。以后在人类大部分正常女性表皮、口腔黏膜、羊水等部位的细胞核中也能找到这一个特征性的浓缩的异染色质小体。由于这种小体与性别及细胞中X染色体的数目有关，所以也被称为**性染色质体**（sex chromatin body），后来将这个小体以发现者的姓氏命名为**巴氏小体**，也称Barr**小体**。巴氏小体是性染色质异固缩的结果，是失活的X染色体。

巴氏小体为什么会出现在雌性哺乳动物细胞中，而雄性细胞中却找不到？这个问题和性染色体有关。雌性哺乳动物中有两条X染色体，而雄性动物中只有一条X染色体，因此X染色体上的基因在雌性动物中应该是有两个拷贝，而在雄性动物中只有一个拷贝，其表达量应该存在着两倍的差异。但事实上，很多证据却表明这种差异不存在。为什么雌性动物X染色体上的基因表达量不是雄性动物的两倍？为回答这两个问题，M.F.Lyon提出了阐明哺乳动物剂量补偿效应和形成性染色质体的X染色体失活的Lyon假说。假说的主要内容如下。

① 正常雌性哺乳动物的体细胞中，虽然具有两条X染色体，但只有一条X染色体在遗传上具有活性，另一条X染色体会失活。失活的结果使得X染色体上的基因在雌性动物中的表达剂量和雄性动物中的表达剂量相同。这就是**剂量补偿**（dosage compensation）。

② X染色体的失活是随机的。在哺乳动物的体细胞中，某些细胞是父源的X染色体失活，而另一些细胞是母源的X染色体失活。

③ 失活发生在胚胎发育的早期。如人类X染色体的随机失活发生在胚胎发育第16天，合子细胞分裂成为5000～6000个细胞的时期。在小鼠中X染色体的随机失活发生在胚胎发育的第4～6天。这些细胞一旦发生某条X染色体的失活后，其后代细胞中这条X染色体都将处于失活状态。

④ X染色体上的杂合基因在个体发育过程中表现出**嵌合体**（mosaic）现象，即在某些细

胞中是来自父亲的X染色体上的基因表达，而在另一些细胞中是来自母亲的X染色体上的基因表达。这两类细胞随机分布于组织中。

Lyon假说证据之一就是**玳瑁猫**（calico cat）现象。玳瑁猫的毛皮上有黑色和黄色两种颜色，这两种颜色随机嵌合形成斑块。因为支配毛皮黄色的基因位于X染色体上，其等位基因*o*支配黑色毛皮的形成，黄色对黑色为显性，所以玳瑁猫基因型为X^OX^o。由于X染色体的随机失活，在毛皮的某些部位*O*基因表达，另一些部位*o*基因表达。几乎所有的玳瑁猫都是雌性的，这是因为只有雌猫才存在X染色体随机失活的现象。偶然出现玳瑁雄猫的现象，其基因型组成无疑是X^OX^oY。

近年研究发现，X染色体的失活不是随机发生的，其失活始于特别的位点即**X失活中心**（X inactivation center，XIC），然后向两个相反的方向扩展直到染色体末端。失活过程受到失活X染色体上一个称为*XIST*的基因表达的非编码RNA调控，其机理依然有待进一步研究。

针对果蝇的研究结果对剂量补偿假说进行了补充。研究发现，果蝇X连锁基因的剂量补偿是通过雄性中某些基因活力的提升得以实现的，这一现象称为**超活化**（hyperactivation）。超活化过程是通过至少5个基因编码的不同蛋白组成的一种复合物结合在雄性X染色体的多个位点上而使基因活性加倍。而在雌性中，这一复合物不结合，超活化就不会发生。这样，X染色体上的基因在雄性和雌性中总的活性就能基本一致了。而线虫中解决X连锁基因非均等问题的方式则是通过雌雄同体的两条X染色体连锁基因的部分失活实现的，这种方式称为**亚激活**（hypoactivation）。

第二节　性别分化

生物的性别形成同样符合“表型是由基因型和环境共同作用的结果”这一规则。在性别决定的基础上，基因与环境相互作用，进行雄性或雌性性状分化和发育形成一定性别的过程，称为**性别分化**（sex differentiation）。性别决定是性别分化的内在动力，性别分化是性别决定的必然发展和体现。

一、外环境对性别分化的影响

（一）温度对爬行类性别分化的影响

在爬行纲动物中，大部分蛇类和蜥蜴类的性别是在受精时由性染色体决定的，但在一些龟鳖类和所有的鳄类中，性别分化是由环境因子决定的。这些爬行类动物卵内胚胎的某个发育时期所处的温度成为性别分化的决定因素，这种情况被称为**温度依赖型性别决定**（temperature dependent sex determination，TSD）。在某个温度范围内，温度微小的变化就会导致性比急剧变化。当卵在22～27℃的环境中孵化时只出现某种性别；当卵在30℃以上的环境中孵化时则产生另外一种性别。而在中间很小的温度区间里（3℃左右），同一批卵才会孵化出雌雄两种性别的个体，而且随着温度改变性比出现明显变化（图6-4）。

温度依赖型的性别决定对一个物种的生存既有利也不利。有利的是可使一个物种的性别不一定是1∶1，从而促进了有性生殖。例如，鳄鱼的性别可达10雌∶1雄，有利于产生大量后代。温度决定性别对物种生存不利的一面在于，这将使物种得以生存的温度范围变得很窄，容易出现单一性别而灭绝。有人曾推测这也可能正是恐龙灭绝的原因之一。这一现象也提醒人们，应爱护环境，避免环境变化和极端气候对生物多样性带来巨大影响。

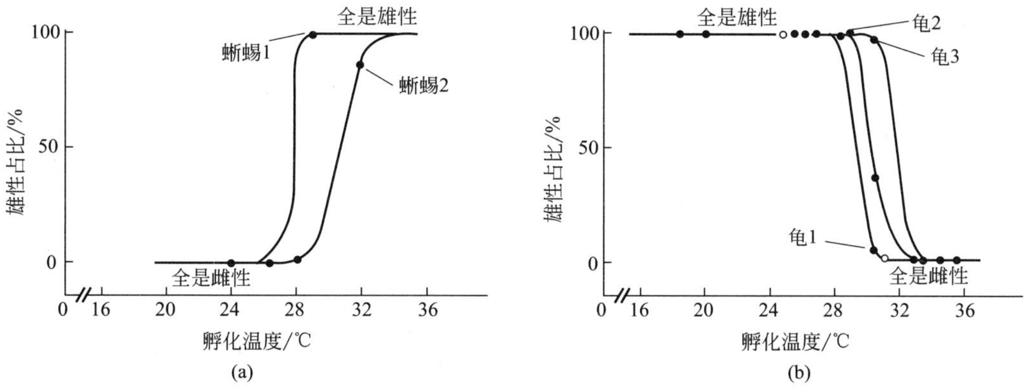

图6-4 爬行类动物孵化温度与性比间的关系

（a）蜥蜴的两个种（*Agama agama*和*Eublepharis macularius*）高温孵化的子代全是雄性；（b）龟的三个种高温孵化的子代全是雌性

（二）位置对某些动物性别分化的影响

海洋蠕虫生物后螠（*Bonellia viridis*）的性别分化过程与其生长过程中所处的海洋环境和幼虫是否到达雌虫吻部有很大的关系。后螠的雌虫体形像一颗豆子，宽10cm，口吻长可达1m，远端分叉；而雄虫很小，只有1～3mm长，像寄生虫一样生活在雌虫的子宫内。后螠的性别决定完全是由机遇决定的。自由游泳的幼虫是中性的，如果落在海底则成为雌虫；如果由于机遇，也可能由于某种吸引力，幼虫落在雌虫口吻上，就会进入雌虫的口，游向子宫，发育成为共生的雄虫。雄虫生活在雌虫体内，使卵受精。如果把已经落在雌虫口吻上的幼虫移去并使其继续发育，则发育为间性。间性偏向雌性或雄性的程度，取决于幼虫待在雌虫口吻上的时间长短。在这种情况下，雌虫的口吻可能提供某种特殊的环境，促进了雄虫的发育。

与后螠相似，*Stegophryxus*是寄生在寄居蟹（*Pagurus*）上的动物，其幼虫附着在寄主腹部发育成雌体，而落在雌体身上的幼虫则发育成雄性。雄性和雌性相比，个体很小，以后一直生活在配偶的育囊中。将落在寄主上预计发育成雌体的幼虫放在另外的雌体身上后发育为雄体，从而证实其性别分化是由其所处位置决定的。

（三）日照长短对性别分化的影响

黄瓜生长在连续光照下，几乎全部开雄花，如缩短光照时间，雌花的数量则增多。海水中有一种钩虾，日照长短是决定其性别的环境因子。英国动物学家把钩虾一次产下的正在孵化的卵分别放在两个培养箱内，箱内温度恒定，在模拟长日照条件培养箱内的卵发育成雄虾，而在模拟短日照培养箱内的卵则发育成雌虾。

（四）营养与性别分化

线虫的性别分化和营养条件有很大的关系。它们一般在性别未分化的幼龄期侵入寄主体内，如果侵入的个体数量较少，对单个线虫来说，营养条件好，发育成的成体基本上都是雌性，而当入侵的个体数增加，或称为高感染率时，分配到单个线虫的营养较少，营养条件差，此时发育成的成体通常都是雄性。

应当指出的是，环境因素对性别分化的影响本质仍然是通过作用于基因实现的，仍然符合基因型与环境互作决定表现型的规律，只不过目前尚无法了解环境因素与基因作用的机理。

二、内环境对性别分化的影响

“自由马丁”牛是内环境影响性别分化的典型例子。早在公元前1世纪，人们就发现在异性的双生犊中，母牛往往不育，这些母牛称为自由马丁（free martin）。“自由马丁”牛是由于在异性双胎中，雄性胚胎的睾丸优先发育，先分泌雄性激素，通过血管流入雌性胚胎，抑制了雌性胚胎的性腺分化，生出的雌性牛犊，虽然外生殖器很像正常雌牛，但性腺很像睾丸，使性别呈中间性，失去生育能力。同时，因为胎儿的细胞还可以通过绒毛膜血管流向对方，所以在异性双生雄犊中曾发现含有XX的细胞，在双生雌犊中曾发现含有XY的细胞，因为Y染色体在哺乳动物中具有强烈的雄性化作用，所以XY组成的雄性细胞可能会干扰异性双生雌犊的性别分化，这也是雌性雄性化的原因之一。在人及其他物种中也都发现了相似的情形。

某些低等的雌雄同体动物、雌雄同株或两性花植物并无严格的性染色体决定性别机制，它们的同一个体能够分化出两种性器官，产生两种配子，例如蚯蚓和大多数显花植物。不同性腺和配子的产生仅仅决定于细胞所处位置及内在发育环境的差异。

性激素对鱼类和两栖类性别的影响也很显著。用雌二醇将遗传上雄性的青鳉（*Oryzias latipes*）转换成为功能上的雌鱼，也可用甲基睾丸酮使遗传上的雌鱼转变成功能上的雄鱼。更有趣的是鱼类的性腺一旦被切除，副性征和性行为就会退化，以致消失，但是注射性激素后又可得到恢复。在两栖类中也有类似的报道，采用性激素处理非洲爪蟾的幼体，发现雌性激素能使雄体性反转，性反转后的雌体也是能育的，与正常的雄体（ZZ）交配可产生全雄后代。以上事实说明，虽然性别在受精时已经决定，但性别分化的方向可以受到激素或外来异性细胞的影响而发生改变。

第三节　伴性遗传

位于性染色体上的基因，它的遗传方式与性别相联系，这种遗传方式叫**性连锁遗传**（sex-linked inheritance），也称伴性遗传。对于人类来说，位于性染色体上的基因突变引起的疾病也称为**伴性遗传病**（sex-linked inheritable disease）。按照目标基因所在的染色体，伴性遗传可以分为伴X性遗传和伴Y性遗传两大类。对于ZW型性别决定，还有伴Z性遗传和伴W性遗传。对遗传性状的观察主要集中在人类一些疾病性状，所以对伴X性遗传病和伴Y性遗传病研究得比较多。

通过对伴性遗传的研究发现，伴X或Z性遗传有着明显的特点，主要表现如下。

① 正反交F_1结果不同，性状的遗传与性别相联系。

② 性状的分离比在两性间不一致。

③ 表现为**交叉遗传**（criss-cross inheritance），即母亲把性状传给儿子，父亲把性状传给女儿的现象。

一、伴X隐性遗传

摩尔根在研究的早期（1909年）发现一白眼雄蝇。这只白眼雄蝇与红眼雌蝇交配时，子一代无论雌雄都是红眼，但子二代中雌性全是红眼，雄性半数是红眼，半数是白眼。如果不考虑性别，这就是个普通的孟德尔比数3∶1，与一般孟德尔比数不同的是，具有白眼性状的全是雄蝇。

摩尔根根据实验结果，提出自己的假设：控制白眼性状的基因*w*位于X染色体上，是隐性遗传的，在Y染色体上不具有该基因，所以最初发现的那只雄果蝇的基因型是X^wY，表现为白眼，跟这只雄果蝇交配的红眼雌果蝇是显性纯合体，基因型是X^+X^+，因此前述实验的杂交过程为：

P　　红眼♀ X^+X^+　　×　白眼♂ X^wY

↓

F_1　　红眼♀ X^+X^w　　×　红眼♂ X^+Y

↓

F_2　　红眼♀ X^+X^+　红眼♀ X^+X^w　红眼♂ X^+Y　白眼♂ X^wY

对于人类来说，最关心的是一些伴X隐性遗传疾病。这类遗传疾病由位于X染色体上的隐性致病基因引起，女性由于有两条X染色体，两条X染色体上必须都有该致病基因才会发病。但男子由于只有一条X染色体，Y染色体很小，没有同X染色体相对应的等位基因。因此，这类遗传病对男子来说，只要X染色体上存在致病基因就会发病。伴X隐性遗传病的特点如下。

① 该病在男性中的发病率远高于女性，甚至在有些病中很难发现女患者，这是因为两条带有隐性致病基因的染色体碰在一起的机会很少。

② 患病的男子与正常的女子结婚，一般不会再生出患有此病的子女，但女儿都是致病基因的携带者；患病的男子若与一个致病基因携带者女子结婚，可生出半数患有此病的儿子和女儿；患病的女子与正常的男子结婚，所生儿子全患病，女儿为致病基因携带者。

③ 患病男子双亲都无病时，其致病基因肯定是从携带者的母亲遗传而来的，若女子患此病时，其父亲肯定是患病的，而其母亲可患有此病也可无病。

④ 患病女子在近亲结婚的后代中比非近亲结婚的后代中要多。

现在已发现的伴X隐性遗传病达200多种。常见的伴X隐性遗传病有血友病（hemophilia）、葡萄糖-6-磷酸脱氢酶缺乏症（glucose-6-phosphate dehydrogenase deficiency）、无汗性外胚叶发育不良症（ectodermal dysplasia I）、色盲、眼白化病、无眼畸形、先天性夜盲症、血管瘤病、睾丸女性化综合征、先天性丙种球蛋白缺乏症、眼-脑-肾综合征等。

二、伴X显性遗传

这类遗传性状是由位于X染色体上的显性基因引起。如果该基因是致病基因，这种遗传疾病就具有如下特点。

① 不管男女，只要存在致病基因就会发病。因女子有两条X染色体，故女子的发病率较男子高，在较低的发病率情况下，女性患者数目约为男性患者数目的两倍。

② 由于男性只有一条X染色体，没有另一条正常X染色体上基因的缓冲作用，男子发病时，病情往往重于女性患者。

③ 患者的双亲中至少有一人患同样的病（基因突变除外）。

④ 该疾病呈现连续遗传，但患者的正常子女不会将致病基因再传给后代。

⑤ 男患者将此病传给女儿，不传给儿子，基因型杂合的女患者将此病传给半数的儿子和女儿，基因型纯合的女患者，其儿子和女儿都会患病。

常见的伴X显性遗传病有：遗传性肾炎（hereditary nephritis）、口面指综合征、抗维生素D佝偻病等。

三、伴Z显性遗传

伴Z染色体显性遗传性状的特点为：雄性中比例多于雌性、连续遗传、雌性个体的雄性亲本及雄性后代都具有相应性状。典型例子是芦花鸡性状的遗传。

养鸡场为了提高产蛋率和饲料利用率，需要尽早对孵化出的小鸡进行性别鉴定，根据需要将雌鸡和雄鸡分开饲养。生产上即可利用鸡的伴Z染色体性状——芦花与非芦花羽毛实现。在这对伴性性状中，芦花为显性（用*B*表示）、非芦花为隐性（用*b*表示），如果用芦花母鸡（Z^BW）与非芦花公鸡（Z^bZ^b）杂交，其后代的性状将表现为：母鸡全为非芦花（Z^bW）、公鸡全为芦花（Z^BZ^b）。这一遗传性状可以应用到生产上（图6-5）。

四、伴Z隐性遗传

在ZW型性别决定中，控制性状的基因位于Z染色体上，且为隐性，杂合时不发病，称为Z连锁隐性遗传。伴Z染色体隐性遗传的特点为：在雌性中具有致病基因就会表现，雄性中致病基因纯合才表现；表型上雌性多于雄性，雄性个体的雌性亲本与子代均具有隐性基因。其遗传方式与伴X隐性遗传类似，只不过性别刚好相反。

在家蚕养殖中，蚕农喜欢养殖雄蚕。雄蚕具有生命力强，食桑少，茧丝净度好，生丝品质高，生丝产量可提高20%等优点。将雌蚕剔除，单养雄蚕，一直是蚕农和科技工作者的追求。家蚕中的油蚕由Z染色体上的隐性基因*os*控制，正常蚕由显性*Os*控制。将正常雌蚕与雄性油蚕交配，F_1油蚕和正常蚕之比为1∶1，油蚕全部是雌性，正常蚕全部是雄性（图6-6）。因而这一遗传性状也可用于家蚕性别筛选。

P　　芦花♀Z^BW　×　非芦花♂Z^bZ^b

↓

F_1　　芦花♂Z^BZ^b　　非芦花♀Z^bW

图6-5　利用芦花鸡性状进行早期性别鉴定的原理

P　　正常蚕$Z^{Os}W$♀　×　油蚕$Z^{os}Z^{os}$♂

↓

F_1　　$Z^{Os}Z^{os}$♂（正常）　　$Z^{os}W$♀（油蚕淘汰）

图6-6　利用油蚕性状筛选雄蚕

五、从性遗传和限性遗传

（一）从性遗传（sex-controlled inheritance）

从性遗传又称**性影响遗传**（sex-influenced inheritance）、性控遗传，是指控制性状的基因本身位于常染色体上，由于内分泌等因素的影响，该基因在不同性别中表现不同，在一种性别表现为显性，在另一性别表现为隐性。

绵羊的有角和无角受常染色体上一对等位基因控制，有角基因*H*为显性，无角基因*h*为隐性，所以对于*HH*基因型来说，雌雄个体都表现为有角。而在杂合体（*Hh*）中，公羊表现为有角，母羊则无角。这说明在杂合体中，有角基因H的表现是受性别影响的，雄性体液环境对角的发育有促进作用。在不同性别中绵羊的有角和无角见表6-4。属于这类遗传的人类遗传疾病有原发性血色病、遗传性斑秃等。

表6-4　绵羊有角无角性状基因型与性别的关系

基因型	雄性	雌性
HH	有角	有角
Hh	有角	无角
hh	无角	无角

（二）限性遗传（sex-limited inheritance）

控制性状的基因位于Y染色体上，X染色体上没有与之相对应的基因，所以这些基因只能随Y染色体传递，由父传子，子传孙，因此被称为“全男性遗传”或限雄遗传。这种控制性状的基因位于某一特定性染色体上，仅在某一性别中表现的遗传方式称为**限性遗传**。在ZW型性别决定中，W染色体上基因的遗传也具有类似特点，只不过为限雌遗传。

限性遗传典型的例子是毛耳缘（hairy ear rims）的遗传。这是目前学者公认的限Y性遗传症状。这种病在印第安人中发现较多，高加索人、澳大利亚土人、日本人、尼日利亚人中也有少数发现。携带该基因的个体外耳道长有长2～3cm的黑色硬毛，常成丛生长至耳孔之外。携带该基因的男性青春期后即可出现该性状［图6-7（a)］。图6-7（b）为一例毛耳缘性状系谱，系谱中连续3代所有具有毛耳缘性状的个体均为男性，呈现Y连锁遗传的特点。

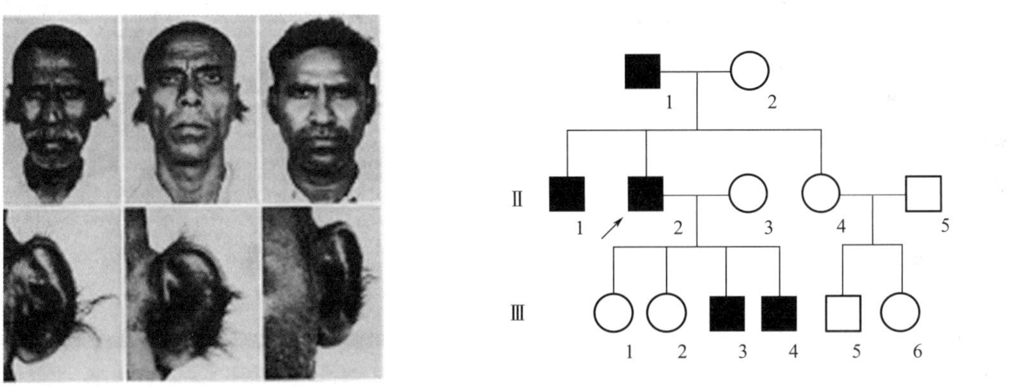

(a) 几例毛耳缘男性的性状表现　　(b) 一例毛耳缘性状的系谱图

图6-7　Y连锁遗传的毛耳缘性状

对于人类来说，Y连锁基因在系谱中最容易被检出，但只有极少数基因存在于Y染色体的特异区段，所以到目前为止，发现限Y性遗传病仅10余种。在鱼类中也有Y连锁遗传的例子，如背脊上的斑点就属于Y连锁遗传。

第四节　性别畸形

在由性染色体决定性别的生物中，性染色体的数目增减、性别决定的机制将受到干扰，常常出现各种性别的异常。或者由决定性别的控制基因异常所引起，表现为表型性别不能确定的中间性状态，或表型性别与性腺性别或遗传性别相矛盾，这些现象都称为**性别畸形**。性别畸形可能由遗传引起，也可能由环境条件引起。个体受到内外环境的影响，从一个性别变为另一个性别的现象称为**性别转换**或**性反转**。

一、由遗传因素引起的性别畸形

在正常的二倍体生物中，性染色体只有两条。如果由于某种原因，细胞中性染色体的数目多于或者少于两条，则会出现遗传组成导致的性别畸形。因为性别畸形和健康密切相关，所以在人类中发现的性别畸形比较多。人类常见的几种性染色体异常有：特纳氏综合征、克氏综合征、多X综合征和XYY综合征。

（一）特纳氏综合征

特纳氏综合征（Turner syndrome）又称原发性卵巢发育不全症，该病是人类出生后唯一能够生存的染色体单体类型。患者的症状表现为：外貌为女性，身材矮小（身高低于140cm），成年后仍保持幼稚状态，颈短有蹼（webbed neck），发际低，耳低位，小下颌，眼距宽，肘外翻，智力低下，但也有智力正常的。其内外生殖器均为女性，但第二性征发育不良；卵巢呈条索状发育不全，子宫小，原发性闭经，无生殖细胞，无生育能力。常伴有先天性心脏病（肺动脉狭窄或房间隔缺损），20%有淋巴瘤性甲状腺肿、多发性色素痣。尿中雌激素明显减少而含大量的促性腺激素。97%胚胎死亡而自发流产，少数完成胚胎发育但性别畸形，发病率在女性中为1/10000～1/5000。细胞学检测其核型多数为$2n$=(45，X)，少量有嵌合核型现象。分子生物学检测发现少量患者中能检测到Y染色体序列，但观察不到Y染色体。多数患者是由于亲代的性母细胞减数分裂时X染色体不分离（其中75%来自母亲，25%来自父亲）。约有10%是由早期卵裂时X染色体不分离导致的。现在也发现X染色体结构畸变也可能导致该病发生。

（二）克氏综合征

克氏综合征（Klinefelter syndrome）又称原发性睾丸发育不全症。该病患者外貌为男性，身体高大，四肢细长，须毛、体毛少，内外生殖器均为男性，但睾丸发育不全，曲细精管萎缩并呈玻璃样变性，尿中促性腺激素的排泄量上升，无精子，97%以上不育，约有25%出现女性类似的乳房，智力稍低。核型多为$2n$=(47，XXY)（图6-8），也有多X的情况出现，因此这一综合征的最低诊断标准被认为是至少有一条Y染色体和两条X染色体存在。发病原因在于亲代形成配子时，X染色体不分离，其中40%来自父亲，60%来自母亲。克氏综合征发病率在男性中为1/800。克氏综合征可能解释了大约5%～15%的男性不育。

（三）多X综合征

多X综合征又称三X染色体综合征或X-三体综合征等，是一种超雌现象。本综合征患者为女性，性染色体异常。70%的患者体格发育、女性第二性征、月经周期均正常，尚有少数妊娠、生育的报道，所生子女的染色体和外貌及智力均正常。另30%的患者性紊乱较严重，可出现闭经和不孕。患者出生时体重较轻，骨骼发育迟缓，眼间距宽，鼻梁扁平，耳廓畸形，关节松弛，膝外翻，平底足，颈短，部分患者早期卵巢功能减退或初潮延迟、月经减少、继发性闭经、过早绝经，多数有生育能力，但后代约有50%为47，XXX或47，XXY的异常个体。2/3智力较低，有的出现癫痫或精神缺陷，且X越多，智力损害越大，畸形越严重。

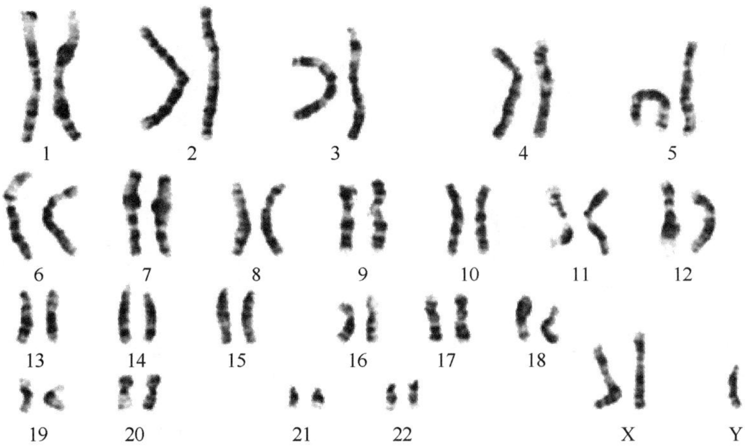

图6-8　克氏综合征患者核型图

核型分析发现，患者多数具有44条常染色体，3条X染色体，少数为48，XXXX或49，XXXXX。它的嵌合型有XXX/XX、XXX/XO、XXX/XX/XO等。一般Barr小体在两个以上。该病发病率约占全部女性的8/10000，在新生女婴中为1∶1200。X-三体的形成，可能是卵细胞减数第二次分裂时，X染色体不分离造成的。

（四）XYY综合征

XYY综合征（XYY syndrome）又名YY综合征、多Y男性综合征，是一种超雄现象。患者外貌为男性，主要表现为身材特别高（>180cm），甚至比克氏综合征患者还要高，四肢都成比例，智商低于平均水平，大部分在60～79。患者的性腺、第二性征和正常男性一样，但有睾丸功能轻度障碍，表现为精子形成障碍；血睾酮含量正常，FSH与LH轻度上升。患者可出现结节囊性痤疮（nodulocystic acne）和骨骼畸形，特别是尺桡骨骨性连接。

核型分析发现，XYY综合征患者染色体数为47条，性染色体为XYY，常染色体正常（图6-9）。XYY综合征也有一些变型，文献报道核型有XYYY、XYYYY以及X/XYYY等嵌合体，患者都为儿童，大都智力低下，并有轻度多发性躯干畸形。

多余Y染色体的产生是由于精细胞生成过程中染色体分离异常，即精细胞有丝分裂时出现不分离，形成XYY精原细胞或可能在减数分裂Ⅱ期时出现Y染色体不分离。男性中发病率为1/1500。

从上面介绍的几种人类性别畸形，我们可以得到如下结论。

① 多一个性染色体，或少一个性染色体，常能使性腺发育不全，失去生育能力。

② Y染色体有特别强烈的男性化作用，因为有Y染色体存在时，性别分化就趋向男性，体内出现睾丸，外貌也像男性；而没有Y染色体存在时，性别的分化就趋向女性，体内出现卵巢，外貌也像女性。

③ 少一个性染色体的影响比多一个性染色体的影响要大些，所以XO个体远比XXY个体少见。

同时，通过对比我们应该注意到，虽然人和果蝇都是XY型性决定，但人的Y染色体在性别决定上所起的作用很重要，有Y染色体存在就有睾丸组织，没有Y染色体存在就没有睾丸组织，所以XO个体是不育女性；而在果蝇中，Y只跟育性有关，所以XO个体是不育的雄蝇。

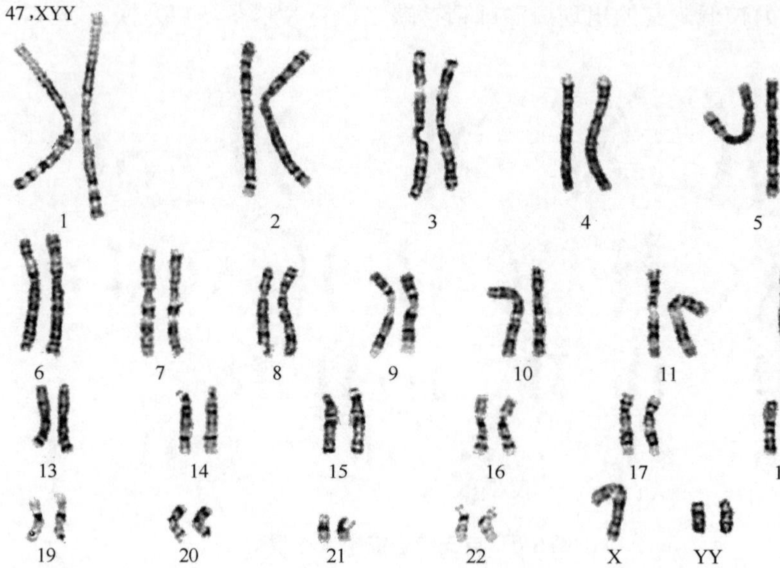

图6-9　XYY综合征患者的核型

二、由环境条件引起的性别畸形

虽然遗传因素对性别形成有决定性作用，对性别有很大的影响，也可能造成性别畸形，但有时候环境对性别畸形的发生也有着重要影响。

（一）人的假两性畸形

Y染色体虽然有强烈的男性化作用，但其作用也不是绝对的。通过观察比较发现，在有的家系中女人特别多。对其中的有些女性进行核型分析会发现某些个体有XY型的核型，体内也有睾丸，但其外貌跟正常女性一样，有女性的第一性征和第二性征。通过家系分析知道，这种**“睾丸女性化”**（testicular feminization）患者可能是基因突变的结果，也有可能是性激素对其性别分化产生了影响。

与睾丸女性化患者相似，女性假两性畸形是指染色体组成为女性，具有卵巢组织，但外生殖器表现部分男性化的患者。这种患者往往有肾上腺皮质增生症，发育过早，貌似男性。患者性腺只有1种，但外生殖器或第二性征都有两种特性或畸形。外观女性或男性，喉结不明显，无胡须，皮肤细腻，可有双侧乳房发育，但无周期性胀痛，无Y染色体但却有睾丸发育，内生殖器一侧为卵巢，另一侧为睾丸或卵巢睾，输精管发育不良，但有发育良好的子宫和输卵管。阴毛女性分布，但外阴为发育较差的阴茎，且无阴囊或阴囊中空，有的尿道下裂，不育。

（二）“自由马丁”牛

前面介绍过的“自由马丁”牛，其实也是环境条件引起性别畸形的例子。双生小牛中，如果为同性，则两犊都能正常发育，如果为异性，则公牛正常发育，母牛出现两性畸形。导致母牛出现两性畸形的原因就是在胚胎时期母牛所处的激素环境。由于雄性胚胎的睾丸优先发育，先分泌雄性激素，通过血管流入雌性胚胎，从而抑制了雌性胚胎的性腺分化，生出的牛犊虽然外生殖器很像正常雌牛，但性腺很像睾丸，使性别成中间型，失去生育能力。

第五节 性别控制

性别控制（sex control）技术是通过对生物的正常生殖过程进行人为干预，使成年生物产出人们期望性别后代的一门生物技术，目前主要应用于动物生产中。在过去的几十年里，对哺乳动物的性别控制进行了大量研究，特别是近20年来，性别控制技术取得了较大的发展。自Johnson（1989年）首先报道用流式细胞仪分离兔X和Y精子，并使用分离精子授精后产下后代以来，精子分离/性别控制技术已经在多种哺乳动物上取得成功，尤其是在奶牛繁育领域已得到商业化推广应用。

一、性别控制的意义

在农业生产中开展性别控制是一项意义重大、经济效益可观的工作。首先，通过控制后代的性别比例，可充分发挥受性别限制或影响的生产性状的最大经济效益。例如：奶牛、奶山羊等产奶动物需要的是母畜；在鹿茸生产中，只有雄性马鹿可以生产鹿茸；在宠物饲养中，雌性动物比较温顺，而雄性动物能省去繁殖带来的麻烦；在作物制种过程中，可以减少人工去雄工序，降低制种成本；濒危动物的保护则需要增加雌性动物数量，以有利于迅速扩大种群数量。其次，育种过程中控制后代的性别比例可增加选种强度，加快育种进程。体外授精控制所授精子的种类，将能有效利用优良的卵母细胞。再次，对于育种者来说，可根据市场需求，利用性别控制技术以更高的效率繁殖出所需性别的种质材料。另外，通过控制胚胎性别还可克服牛胚胎移植中出现的异性孪生不育现象，排除伴性有害基因的危害。在理论研究中，研究性别控制技术有助于更深一步探讨性别决定和性别分化机制，推动基础理论研究。在医学优生学上，通过控制性别，可以有效避免患某些性染色体连锁的遗传疾病的个体的出生，为优生优育提供保障。

二、影响性别的因素

前面章节中已经述及，性别的形成是遗传因素和环境因素共同作用的结果。遗传因素主要包括染色体水平和基因水平。环境因素也会影响不同性别的胚胎发育过程，研究发现，在家畜饲养过程中，营养条件、激素水平、金属离子、体液酸碱度、温度、出生胎次等诸多因素都会对性别有所影响。

（一）母体的营养条件和生理状态

研究发现，母牛在饲料不足或饲喂酸性饲料后多产雄犊；反之，在饲料丰富的条件下或饲喂碱性饲料后多产雌犊。此外，母畜的年龄也有一定关系，年老的母牛常常多生雄性后代，中年母牛多生雌性后代，双亲都为中年牛也会多生雌性牛犊。

（二）激素水平

如果母畜雌激素分泌增加，进而调整雌性动物生殖道内相应的离子、蛋白质、酶和氨基酸等的分泌，会促使母体的受精环境利于X精子与卵子结合，提高雌性比例。

（三）环境温度

在一定温度范围内，冷冻精液的解冻温度与精子的活力呈正比关系。解冻的温度越高，精子复活的速度越快，而活力也越强。由于活力强而消耗能量快而多，故Y精子存活的时间短。Y精子寿命的缩短，增加了X精子与卵子结合的机会，从而可以提高雌性胚胎的比例。

（四）受精条件

性别主要是由遗传决定的，但精子在雌性生殖道的运动和受精过程中，所处环境的差异也将对后代的性别产生一定影响。Y精子对酸性环境的耐受力比X精子差，而碱性环境则相反。当解冻液或母牛生殖道的pH值低于6.8时，Y精子的活力减弱，运动缓慢，失去了较多与卵子结合的机会，故后代雄性牛犊数少；当pH值大于7.0时，则Y精子的活力增强，有较多的与卵子结合的机会，故后代雄性牛犊多。另外，在排卵前一定时间输精，一般多产雌性后代，排卵后输精多产雄性后代。

三、性别控制的途径

性别控制可以分别在三个阶段实施：受精前对XY精子进行选择，受精过程中控制环境条件，受精后对胚胎进行性别鉴定。其中前两个阶段的控制是比较切实可行的策略。

（一）胚胎的性别鉴定

胚胎的性别鉴定适用于哺乳动物。在胚胎移植前进行性别鉴定，从中选择出所需性别的胚胎进行移植，通过这种方法来控制或改变后代中性别的比例。

经典的胚胎性别鉴定采用细胞遗传学方法即染色体组型鉴定法，准确率可达100%。胚胎性别鉴定中也可以应用免疫学方法。该法主要是利用H-Y抗血清或H-Y单克隆抗体检测胚胎中是否存在雄性特异性H-Y抗原，从而进行胚胎性别鉴定。目前对胚胎的H-Y检测主要方法是间接免疫荧光分析法。

家畜胚胎性别鉴定也可以采用PCR法。该方法通过合成*SRY*基因或Y染色体上其他特异片段的部分序列作为引物，在一定条件下进行PCR扩增反应，能扩增出目标片段的个体即为雄性，否则为雌性。与PCR法类似的一个方法是环介导等温扩增反应，即LAMP法。LAMP法是一种恒温核酸扩增方法，通过对目标基因的6个区段设定雄性特异性以及雌雄共同引物，利用特殊的链置换型DNA聚合酶，在64℃左右的恒温条件下对胚细胞中的雄性特异性核酸序列和雌雄共有核酸序列进行扩增反应，通过反应过程中获得的副产物焦磷酸镁形成的白色沉淀的浑浊度来进行早期胚胎性别的鉴定。

对生命体的早期胚胎进行鉴定，虽然是一种很好的性别控制手段，但是也存在着诸多的困难和问题。细胞遗传学方法存在技术要求高、胚胎浪费严重、耗时长和重复性差的缺点，因此不适于生产应用，主要用来验证其他性别鉴定方法的准确率。免疫学方法鉴定囊胚性别的准确率不是很高，但不损害胚胎，鉴定过的胚胎基本上都可以存活，进而可按需要的性别进行移植。PCR技术因其灵敏度高（可以检测到单个细胞）、快速、特异性强、简便、经济等优点，是目前唯一常规、最具商业价值的动物早期胚胎性别鉴定方法。而LAMP技术和PCR技术具有同样的缺点，就是容易受到污染的干扰。因此只有严格规范操作程序，进一步研究简易快速的胚胎切割取样技术、胚胎性别鉴定的PCR试剂盒以及取样胚胎的冷冻保存技术，才能进入推广应用阶段。

家畜胚胎性别鉴定总的发展趋势是不断提高性别鉴定技术的灵敏度和准确性，同时使操作更加简便迅速，对胚胎损伤尽量做到最小。相信在不久的将来，随着研究的深入和相关生物技术的发展，这些问题都能得到解决。

（二）精子分离技术

分离X、Y精子并用于人工授精是控制家畜性别诸多手段中最简单有效的方法。X精子和Y精子在密度、体积、运动特性、电荷、表面抗原及DNA含量等方面略有差异，据此人们设计了多种分离精子的方法。

1. 流式细胞仪精子分离法

流式细胞仪分离精子技术是目前最可靠、最广泛应用于生产实践的哺乳动物性别控制方法之一。通常，X染色体比Y染色体大而且含较多的DNA。该法即是根据X、Y两类精子在DNA含量上的差异来分离精子。操作策略是将精液用活体荧光染料（如Hoechst33342）孵育染色。精液经高频震动，形成流动的包含单个X精子或者Y精子的微小液滴。这些微滴在通过激光束时，用一束激光激发荧光染料，产生激发光，X精子发光量略高于Y精子。这种发光量的微小差别由光学检测器记录并把信号传送给计算机信息处理器。计算机把信息反馈到微滴，迅速给液滴充电，使含有X精子或Y精子的液滴分别带上负电荷或者正电荷。当带电精子进入偏转电场后，两类精子便分别向不同的方向移动，进入不同的容器（图6-10）。

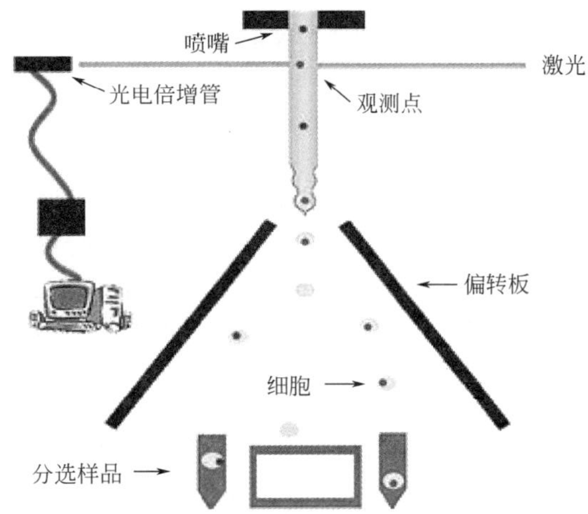

图6-10　流式细胞仪分离精子的原理

流式细胞仪分离精子在实际应用中也存在一些问题。首先，流式细胞仪分离精子的总体利用效率极低，X精子和Y精子合计的总利用效率实际不到20%，单独计算后的X精子或Y精子的回收效率不到总精子数的10%。其次，精子的活力跟其射精后保存时间有直接关系，所以分离精子所用的时间应尽可能短。可喜的是，流式细胞仪的分离速度已经从最初的每秒不到100个发展到了目前的每秒5000个甚至更高。另外，有人认为使用流式细胞仪分离后的精子在形态及生育能力上有可能因为分离精子的部分处理过程而受到影响，比如说精子细胞膜损伤、荧光染色、稀释冷冻、分离前后的保存、分离过程中紫外线的照射及机械摩擦等等，从而使其活力、储存能力、受精能力下降。虽然这些情况可能发生，但是，在精子分离过程中对死精、畸形精子也进行了去除，经过分离的精子基本是活力旺盛的可用精子。最终进行人工授精的受胎率、产犊率都说明了流式细胞仪分离的性控精液基本可以满足生产需要。

2. 离心沉降精子分离法

因为X精子的核酸含量高于Y精子，致使X精子的密度及质量大于Y精子，所以在缓冲液中由于重力的不同沉降速度不同，可以通过离心达到分离X、Y精子的目的。

Percoll是经过**聚乙烯吡咯烷酮**（polyvinyl pyrolidone，PVP）处理的硅胶颗粒混悬液，对细胞无毒性和刺激性。Percoll混悬液的硅胶颗粒大小不一，经过高速离心后，可形成一个连续密度梯度，将密度不同的细胞分离开。在精子分离中，也可以采用将Percoll液配成不连续密度梯度液做低速离心。此基本原理可用模式图表示（图6-11）。

3. 免疫学方法

同众多精子分离方法相比，H-Y抗原抗体分离法是比较简洁的方法，被众多研究者看好，

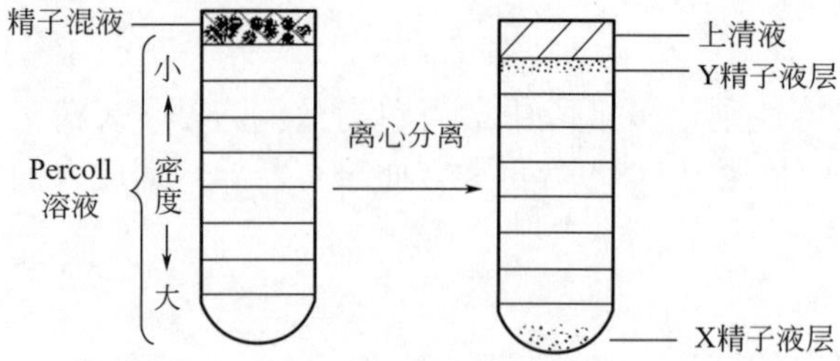

图6-11　Percoll不连续密度梯度离心分离精子

但由于H-Y抗原特异性的原因，其分离效果尚不能达到要求。如果能找到两种精子具有明显差异的蛋白，就可以利用抗原抗体反应，对精子进行大规模且快速的分离，然而这方面的研究一直都没有取得令人满意的结果。因此，对X、Y精子在转录组水平的差异进行研究，可以为两类精子是否存在差异蛋白从另一个角度提供有力的证据。

4. 电泳法

正常人精子膜表面含有的大量唾液酸使精子都带有负电荷，由于X、Y精子表面膜电荷量不等，在电场作用下，不同电荷量的精子泳动的速度不同，经过一段时间后，可将X、Y精子分离。但是，该法存在精子在电泳液中不易存活、分离后精子活力低、分离纯度不佳、分离效率低等问题，因而在生产实践中很难推广。尽管如此，电泳法随着科技的发展也在逐步改进，期待在不久的将来在分离性控精液方面能有突破性进展。

（三）利用外源药物进行人为的性别取向干预

用化学药品或激素处理精液，可以影响精子的活力，从而达到干预性别的目的。早期研究曾尝试在精液稀释液中加入雄性激素，使猪后代雄性比例达64%～70%。加入雌性激素后，后代有60%的雌性个体。Risade在猪饲料中添加锌元素，使雌性个体增多。但这些方法并没有成为人们进行性别控制的常规方法，因为它毕竟是用一些药物来达到目的。

（四）受精环境控制法

受精环境对性别的选择主要通过在阴道内投注药物实现。最常见的是pH值调节法，其理论依据为Y精子寿命短，尤其不耐受疲劳和酸，X精子则相反。因此改变受精环境的pH值可达到性别控制的目的。一般认为母体生殖道（甚至关系到食物、血液）中的酸碱度对子代性比有影响。pH值高时子代雄性多，pH值低时子代雌性多。

生殖道中注入精氨酸对生产雌畜也会有帮助。黑木常春（1978年）将精氨酸用生理盐水稀释后，输精前20～30min注入某一浓度的精氨酸溶液。结果以10%浓度的产雌率最高，并且申报了专利。现在已经有公司将精氨酸做成的性控胶囊应用到奶牛性别控制中。

在实践中人们发现在排卵前24h给马、驴输入鲜精，产雌率较高，而在排卵期间输精产雄率较高。后来通过进一步的观察发现牛冷冻精液输精时间、排卵时间与子代性别有一定的关系，将此方法用于家兔、狐狸等的繁殖也得到相似的结果。

总之，性别控制可以通过在不同的阶段采取各种策略实现。这些策略中，有的精确度高但效率低，有的需要昂贵的设备，有的分离效果好但精子损失大，每一种方法都各有优缺点。在应用时，可根据需要采取合适的手段来控制。将来随着技术进步，相信性别控制技术也会随之快速发展。

本章小结

雌雄性别分化是一种重要的遗传现象。性别形成主要涉及性别决定和性别分化。关于性别决定的机制，性染色体决定性别学说是被大家公认的学说。除性染色体决定性别外，还有基因平衡、染色体的倍数等理论与性别有关。

性别决定是性别分化的基础，性别分化是性别决定的必然发展和体现。性别分化是指受精卵在性别决定的基础上，进行雄性或雌性性状分化和发育的过程。这个过程和环境有密切关系。当环境条件符合正常性别分化的要求时，就会按照遗传基础所规定的方向分化为正常的雄体或雌体；如果环境不符合正常性别分化的要求，性别分化就会受到影响，从而偏离遗传基础所规定的性别分化方向，导致性别畸形出现。

性染色体上存在的基因控制的性状与性别相联系，我们称为伴性遗传或性连锁遗传，与伴性遗传相应的，还有限性遗传和从性遗传。伴性遗传常见于X染色体和Z染色体上非同源部分基因所控制的性状的遗传行为。从性遗传中所涉及的性状是由常染色体上的基因支配的，由于内分泌等因素的影响，其性状只在一种性别中表现，或者在一个性别为显性，另一性别为隐性。限性遗传是指由于控制性别的基因位于某一特定性别染色体上，因而只在某一性别中表现的性状的遗传，通常是指Y连锁遗传，实际上限性遗传也属伴性遗传的范畴。

了解性别决定和性别分化的机制对性别控制具有指导意义，生产实践中通常通过控制营养条件、用激素处理、改变环境温度、控制受精条件等手段控制性别。在现代生物技术发展过程中也衍生出了很多性别控制技术，比如：胚胎鉴定分子生物技术、流式细胞仪分离精子技术、离心沉降法精子分离技术等。性别控制技术在今后生产实践中一定大有用武之地。

思考拓展

1. 名词解释

性染色体　常染色体　性别决定　性别分化　同配性别　异配性别　性指数　伴性遗传　限性遗传　从性遗传　性别转变（性反转）　性别畸形　性别控制

2. 哺乳动物中，雌雄比例大致接近1∶1，怎样解释这一现象？

3. 纯种芦花公鸡和非芦花母鸡交配得到子一代。子一代个体相互交配，问子二代的芦花性状与性别关系如何？

4. 色盲为X连锁隐性遗传，一个男人的外祖母视觉正常，外祖父是红绿色盲，他的母亲也是色盲，父亲是正常的。问：

（1）父母、祖父母的基因型如何？

（2）这个男人自己的辨色能力如何？

（3）这个男人与表现正常的女人结婚，他的女儿辨色能力如何？

（4）如果他和遗传上与他的妹妹相同的女人结婚，他的子代辨色能力如何？

5. 一个男人患有一种X连锁显性遗传病，他的妻子正常。问：

（1）他们的儿子、女儿的基因型如何？

（2）他们的儿子和女儿的孩子们基因型又如何？

6. 一个既是白化病杂合体又是血友病杂合体的女子与一个白化病杂合体而非血友病男人结婚，试写出这对夫妇以及他们子女的基因型、表现型及其比例。

7. 血友病和红绿色盲都是性连锁遗传病，如果一个女人生了三个儿子，一个为血友病患者，两个为红绿色盲，另一个女人也有三个儿子，两个为正常，一个为血友病并是色盲。问这两个女人最可能的基因型是什么？

8. 一般地，X连锁隐性突变比常染色体隐性突变较易研究，这是因为：（1）X连锁隐性基因位于X染色体上，容易检测；（2）X连锁隐性基因容易在雄性合子身上表现出来；（3）X连锁隐性基因纯合率较高。以上说法哪种正确？

9. 假定有只母鸡变成了一只能育的公鸡，这只公鸡与母鸡交配后，产生的后代是什么样的性别比例？这说明了什么问题？

10. 金丝雀黄棕色羽毛由性连锁隐性基因a控制，绿色羽毛由基因A控制。在下列交配中，哪一种组合会产生雄雀都是绿色，雌雀都是黄棕色？（1）黄棕色（♀）×杂合绿色（♂）；（2）绿色（♀）×杂合绿色（♂）；（3）绿色（♀）×黄棕色（♂）；（4）黄棕色（♀）×黄棕色（♂）。

11. 蝗虫的性别决定是XO型，发现一只蝗虫的体细胞中含有23条染色体。问：

（1）这只蝗虫是什么性别？

（2）这只蝗虫产生不同类型配子的概率是多少？

（3）与这只蝗虫性别相反的二倍体染色体数目是多少？

12. 蟑螂的性别取决于性指数，当X/A=1.0时，向雌性发育。当体细胞内染色体数为23时，请写出

（1）该个体的性别、性指数；

（2）相反的性别、体细胞内的染色体、性指数；

（3）雌雄的性染色体组成。

13. 有角基因h^+在雄羊中为显性，在雌羊中为隐性。如果一个无角公羊与一个有角母羊交配，F_2中雄羊有角和雌羊有角的比例是怎样的？

第七章

数量性状遗传

【本章导言】

生物界遗传性状的变异有连续的和不连续的两种,表现不连续变异的性状，称为**质量性状**（qualitative character）。前面几章所讲到的一些性状，如豌豆种皮颜色的黄色或绿色，种子形状的圆形或皱缩、花色的红色与白色、植株的矮小或高大，鸡的芦花和非芦花等等，都属于质量性状。质量性状在相对性状间表现出质的差别，界限分明，不易混淆，杂种后代易于根据表型特征进行分组归类，有时虽因不完全显性关系，出现中间类型（如紫茉莉的红花植株与白花植株杂交，后代出现中间型），但仍可将它们分别归类。

在生物界更广泛存在的是**数量性状**（quantitative character或quantitative trait，QT），数量性状是表现连续变异的性状。例如，植物果实的大小、种子的产量，猪的瘦肉率、生长速度、饲料转化率、膘厚，鸡的产蛋量，牛的泌乳量、乳脂率等，人类的许多性状如身高、体重、体形以及影响人类健康的疾病如高血压、糖尿病、冠心病、精神病等等都属于数量性状。在一个自然群体或杂种后代群体中，不同个体的性状都表现为连续性的变异，很难明确分组并求出不同组之间的比例，所以其研究方法也与质量性状不同。

数量性状的遗传，似乎不能直接用孟德尔定律来分析，但在1909年，瑞典学者H.Nilsson-Ehle在进行小麦和燕麦籽粒颜色的遗传研究时提出“多基因学说（polygenic theory)”，开创了数量性状遗传研究的新领域。

第一节　数量性状遗传分析

一、数量性状的特征

1910年，艾默生（R.A.Emerson）和伊斯特（E.M.East）利用短穗玉米和长穗玉米进行杂交，两亲本品系中各种长度的玉米穗分布情况，及子一代、子二代的各种长度的玉米穗分布情况见表7-1和图7-1，表中数字是玉米穗数目，如短穗亲本，共测量了60个玉米穗，其中4个是5cm，21个是6cm，24个是7cm，8个是8cm（其实5cm是指4.50～5.49cm，6cm是指5.50～6.49cm，其余类推）。

表7-1　玉米穗长度的遗传分布

世代	长度/cm																
	5	6	7	8	9	10	11	12	13	14	15	16	17	18	19	20	21
短穗亲本	4	21	24	8													
长穗亲本									3	11	12	15	26	15	10	7	2
F_1					1	12	12	14	17	9	4						
F_2			1	10	19	26	47	73	68	68	39	25	15	9	1		

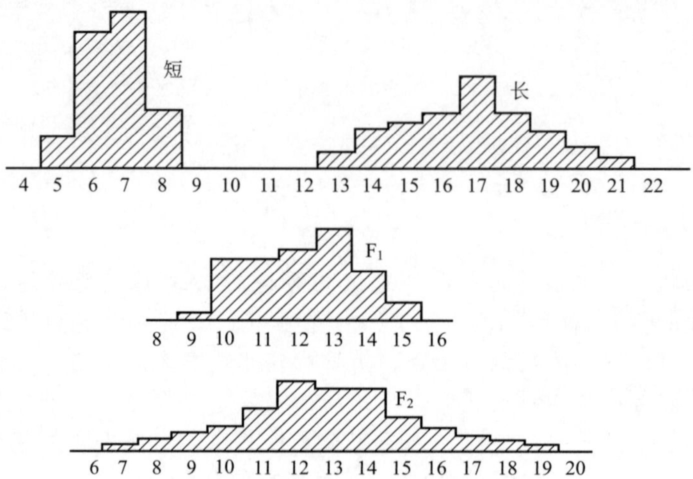

图7-1　玉米穗长度的遗传分布

根据上述玉米杂交实验结果得出数量性状的遗传特点如下。

① 数量性状的变异是连续的。

② 数量性状容易受环境的影响而发生表型改变。

③ 两个基因型**纯合的亲本**（homologous parents）杂交，F_1表现型一般呈现双亲的**中间类型**（intertype），但变异范围较小。

④ F_2表现型也介于双亲之间，平均值与F_1接近，但变异范围大于F_1。由于F_2分离群体内各种不同的表现型之间既有量的差别，也有质的差别，因而不能求出简单的分离比例。

⑤ 当双亲不是极端类型时，F_2能分离出高于双亲或低于双亲的类型，即表现为超亲遗传。这种现象的出现除了由于基因的分离和自由组合对性状的表现产生作用外，还受环境因素的影响。

例如：♂ $A_1A_1A_2A_2a_3a_3$ × $a_1a_1a_2a_2A_3A_3$ ♀

↓

F_1　　$A_1a_1A_2a_2A_3a_3$

↓

F_2　　$A_1A_1A_2A_2A_3A_3$　高于高值亲本类型

　　　　$a_1a_1a_2a_2a_3a_3$　低于低值亲本类型

数量性状的遗传试验结果大都如此。许多数量性状是由很多基因控制的，每个基因间的相互作用在数量方面的表现，可以是相加的，可以是相乘的，也可能有更复杂的相互作用形式。

二、数量性状遗传的多基因学说

控制数量性状的基因仍然表现颗粒性，以线性方式排列在染色体上。数量性状的遗传机制也符合孟德尔的遗传学定律，但是必须用以多基因学说为基础的基因理论来解释。

（一）多基因学说

1908年瑞典遗传学家H.Nilsson-Ehle对小麦和燕麦中籽粒颜色的遗传进行了研究，在研究红色籽粒小麦的遗传时，发现了不同于一般质量性状遗传的现象。当用红粒小麦同白粒小麦杂交时，F_1为淡红色。在有些杂交组合中F_2分离为3红∶1白、15红∶1白或63红∶1白，而且分离出来的红色在程度上有差别，进一步的研究表明决定籽粒颜色的是3对独立的基因。

下面用图来解释红白分离比的差异和红色籽粒程度上的差异。

第一个杂交组合(两个亲本间有一对等位基因的差别)

亲代　中红色 $(R_1R_1r_2r_2r_3r_3)$　×　白色 $(r_1r_1r_2r_2r_3r_3)$

↓

F_1　淡红色 $(R_1r_1r_2r_2r_3r_3)$

↓

F_2　1 中红色 $(R_1R_1r_2r_2r_3r_3)$ ∶ 2 淡红色 $(R_1r_1r_2r_2r_3r_3)$ ∶ 1 白色 $(r_1r_1r_2r_2r_3r_3)$ =3 红∶1白

第二个杂交组合(两个亲本间有两对等位基因的差别)

亲代　中深红色 $(R_1R_1R_2R_2r_3r_3)$　×　白色 $(r_1r_1r_2r_2r_3r_3)$

↓

F_1　中红色 $(R_1r_1R_2r_2r_3r_3)$

↓

F_2	深红色	中深红色	中红色	淡红色	白色
	1 $(R_1R_1R_2R_2r_3r_3)$	2 $(R_1R_1R_2r_2r_3r_3)$	1 $(R_1R_1r_2r_2r_3r_3)$	2 $(R_1r_1r_2r_2r_3r_3)$	1 $(r_1r_1r_2r_2r_3r_3)$
		2 $(R_1r_1R_2R_2r_3r_3)$	4 $(R_1r_1R_2r_2r_3r_3)$	2 $(r_1r_1R_2r_2r_3r_3)$	
			1 $(r_1r_1R_2R_2r_3r_3)$		
决定红色的有效基因数	4R	3R	2R	1R	0R
出现频率	$\frac{1}{16}$	$\frac{4}{16}$	$\frac{6}{16}$	$\frac{4}{16}$	$\frac{1}{16}$

15 红 ∶ 1 白

第三个杂交组合(两个亲本间有三对等位基因的差别)

亲代　最暗红色 $(R_1R_1R_2R_2R_3R_3)$　×　白色 $(r_1r_1r_2r_2r_3r_3)$

↓

F_1				深红色 $(R_1r_1R_2r_2R_3r_3)$ ↓			
F_2	最暗红色	暗红色	深红色	中深红色	中红色	淡红色	白色
决定红色的有效基因数	$6R$	$5R$	$4R$	$3R$	$2R$	$1R$	$0R$
出现频率	$\frac{1}{64}$	$\frac{6}{64}$	$\frac{15}{64}$	$\frac{20}{64}$	$\frac{15}{64}$	$\frac{6}{64}$	$\frac{1}{64}$

63 红 ： 1白

由此可以看出，小麦籽粒红色素合成的深浅是由R基因的剂量控制的，即由R基因的数目决定；F_2各种表型的频率确定小麦粒色的遗传完全符合二项式展开的数量关系。当F_1有1对等位基因杂合时，产生的雌雄配子频率都各为$\frac{1}{2}R+\frac{1}{2}r$；$F_1$自交时产生各种基因型的频率为$\left(\frac{1}{2}R+\frac{1}{2}r\right)^2$。$F_1$有2对杂合基因时，$F_2$各种基因型的频率为$\left(\frac{1}{2}R+\frac{1}{2}r\right)^2\times\left(\frac{1}{2}R+\frac{1}{2}r\right)^2=\left(\frac{1}{2}R+\frac{1}{2}r\right)^{2\times2}$。$F_1$有3对杂合基因时，$F_2$各种基因型的频率为$\left(\frac{1}{2}R+\frac{1}{2}r\right)^2\times\left(\frac{1}{2}R+\frac{1}{2}r\right)^2\times\left(\frac{1}{2}R+\frac{1}{2}r\right)^2=\left(\frac{1}{2}R+\frac{1}{2}r\right)^{2\times3}$。因此，当$F_1$有$n$对杂合等位基因时，$F_2$多基因型出现的频率应是$\left(\frac{1}{2}R+\frac{1}{2}r\right)^{2n}$展开后各项的系数。小麦籽粒颜色的多基因遗传见表7-2。

表7-2　多基因控制的数量遗传中杂合等位基因数、表型数、基因型数及分离比的关系

杂合等位基因数	分离的等位基因数	F_2中极端表型的比例	F_2中的基因型数	F_2中的表型数	F_2各表型比为二项式各项系数
1	2	$\left(\frac{1}{4}\right)^1=\frac{1}{4}$	$3^1=3$	3	$\left(\frac{1}{2}R+\frac{1}{2}r\right)^2$
2	4	$\left(\frac{1}{4}\right)^2=\frac{1}{16}$	$3^2=9$	5	$\left(\frac{1}{2}R+\frac{1}{2}r\right)^4$
3	6	$\left(\frac{1}{4}\right)^3=\frac{1}{64}$	$3^3=27$	7	$\left(\frac{1}{2}R+\frac{1}{2}r\right)^6$
4	8	$\left(\frac{1}{4}\right)^4=\frac{1}{256}$	$3^4=81$	9	$\left(\frac{1}{2}R+\frac{1}{2}r\right)^8$
n	$2n$	$\left(\frac{1}{4}\right)^n$	3^n	$2n+1$	$\left(\frac{1}{2}R+\frac{1}{2}r\right)^{2n}$

H.Nilsson-Ehle根据上述实验结果提出了数量性状的**多基因学说**（polygenic theory），其要点如下。

① 数量性状受到许多对独立遗传基因的共同作用，每对基因对表型的效应是微小的，称

为微效基因，其遗传方式仍然符合孟德尔遗传定律。

② 微效基因之间通常无显隐性关系，一般用大写字母表示增效，小写字母表示减效。

③ 微效基因的效应是相等的而且可以累加，呈现剂量效应。

④ 微效基因对外界环境敏感，因而数量性状的表现容易受环境因素的影响而发生变化。

⑤ 有些数量性状受少数几对主效基因的支配，还受到一些微效基因的修饰。

由于涉及基因数目多，每个基因作用小，且可以累加，加上修饰基因的修饰作用和环境的影响，数量性状常表现出连续变异。

多基因学说虽然阐明了数量性状遗传的某些现象，但因为无法区分基因和环境对表型的影响，所以还不能完全解释数量性状的复杂现象。例如，支配数量性状遗传的基因之间的效应并不是完全相等的；基因除了独立遗传以外，还有基因之间的连锁遗传，以及基因之间的相互作用等。对于多性状而言，每一性状究竟受多少对基因的支配也很难估计；因此，一般都是从基因的总效应去分析数量性状遗传的规律。

（二）多基因的数量效应

1. 基因数目的估计

（1）根据极端类型比例估算

由表7-1可知，当杂合基因对数为n时，F_2群体中极端表型的比例为$\left(\frac{1}{4}\right)^n$，反之由极端表型的比例可推知杂合基因的对数。例如，在某个小麦F_2群体中发现最早熟的类型占总数的$\frac{1}{256}$，可估算控制成熟期遗传的基因对数是4对。

（2）公式法估算

在实际运用中，由于影响数量性状的基因数目很多，不容易获得极端类型，加上环境因子的影响，所以上述方法有很大的局限性。

美国遗传学家W.E.Castle和S.Wright根据数量统计理论建立最低限度基因对数的计算公式为：

$$n=\frac{D^2}{8(\sigma_2^2-\sigma_1^2)} \tag{7-1}$$

式中，n为基因数目；D为亲本平均数之差；σ_1^2为F_1代的表型方差；σ_2^2为F_2代的表型方差。

例题：爆粒玉米穗长的平均数为6.6cm，甜玉米穗长的平均数为16.8cm，两者杂交，F_1穗长的方差为1.5，F_2穗长的方差为2.3，估算影响玉米穗长的基因数。

解：由式（7-1）得，$n=\frac{(16.8-6.6)^2}{8\times(2.3-1.5)}=16.3$

由估算结果可知，玉米果穗长度的遗传最低限度基因对数为16～17对。

这种估算方法虽然在一定程度上消除了环境因子造成的误差，但仍不能精确地估计支配数量性状遗传的基因数目。

2. 多基因效应的估计

微效基因的效应有累加作用，但不同生物的不同性状、同一生物的同一性状在不同发育阶段，基因效应的累加方式也有所不同。累加方式基本上分成两类，一类是算术级数累加，也叫累加作用；另一类是按几何平均数累加，也叫倍加作用。另外还有显性作用效应和上位效应存在。

（1）**累加作用**（cumulative effect）

在累加作用下，两亲本杂交，产生的杂种表现型值介于两个亲本中间，为双亲表现型值的算术平均数。

累加作用的效应模型：基因型中，纯合隐性基因型的效应值最小，称为基本值，用P_0表示，增效基因的效应值为X_R，F_2不同基因型的效应由基因的基本效应与增效基因效应的加减关系所决定。累加作用的效应模型用公式表示为：$P=P_0+kX_R$，其中k为增效基因的个数。

例题：高杆亲本*AABB*，株高为80cm，与矮秆亲本*aabb*，株高为20cm杂交。计算杂交后代F_1及自交后代F_2中株高的效应值（基因的作用为累加形式）。

解：隐性纯合体*aabb*个体中不含增效基因，因此其效应值20cm为个体表型值的基本值，即P_0=20cm，*AABB*在*aabb*基本值的基础之上增加的效应为80cm−20cm=60cm，每个增效基因的效应A=B=60cm÷4=15cm，即X_R=15cm。由公式可以计算F_2中不同基因型的表型效应（表7-3）。

P　*AABB*（80cm）　×　*aabb*（20cm）

↓

F_1　$AaBb\left(\dfrac{80+20}{2}\text{或}20+2\times15=50\text{cm}\right)$

↓

表7-3　F_2的基因型和表型（累加作用）

项目	1*aabb*	2*Aabb* 2*aaBb*	1*AAbb* 4*AaBb* 1*aaBB*	2*AaBB* 2*AABb*	1*AABB*
频数	1	4	6	4	1
F_2有效基因数	0	1	2	3	4
累加值	20+0	20+1×15	20+2×15	20+3×15	20+4×15
表型值/cm	20	35	50	65	80

（2）**倍加作用**（product effect）

在倍加效应作用下，两亲本杂交，产生的杂种表现双亲表型值的几何平均数。遗传组成中，每个增效基因按照其倍性效应值作用于基因型从而构成个体的具体表型值。

用公式表示为：$P=P_0\times X_R^k$

仍以上面的例子来说明几何平均数累加方式的计算方法。

F_1为双亲的几何平均数$=\sqrt{80\times20}=40$。F_1的效应值由基因的基本值与增效基因的倍加值共同决定的，因此基因的效应值$X_R=\sqrt[n]{\dfrac{F_1\text{的表型值}}{\text{基本值}}}$，其中$n$为$F_1$中增效基因的数量，$X_R=\sqrt{\dfrac{40}{20}}=1.414$。$F_2$代几种不同基因型的倍加值和表型值见表7-4。

（3）**显性作用效应**（dominant effect）

显性作用效应是指等位基因间相互作用的效应，当*A*对*a*有显性关系时，*Aa*表型值与*AA*

表型值相同。所以杂种表现高值亲本的表型。

表7-4 F_2代的基因型的倍加值和表型值（倍加作用）

项目	1*aabb*	2*Aabb* 2*aaBb*	1*AAbb* 4*AaBb* 1*aaBB*	2*AaBB* 2*AABb*	1*AABB*
倍加值	20×1.414^0	20×1.414^1	20×1.414^2	20×1.414^3	20×1.414^4
表型值/cm	20.0	28.3	40.0	56.6	80.0

（4）**上位性效应**（epistatic effect）

上位性效应指非等位基因间的相互作用效应，有的使基因型值增加，有的则减少。

数量性状的多基因效应是复杂的，有的是单一地表现为累加或倍加作用，有的则是几种作用混合在一起。利用多基因假说可以科学地度量生物数量性状传递的可能性大小，为确定遗传育种方案提供科学的论据。

三、数量性状和质量性状的关系

（一）数量性状与质量性状的联系

① 控制性状的基因都存在于染色体上，每个基因都遵循孟德尔遗传定律。

② 某些性状既有数量性状的特点，又有质量性状的特点，因区分着眼点不同而异。

例如：单胎动物的每胎仔数，可简单分为单胎和多胎，是不连续的，而其基本物质可能是引起超数排卵的激素水平，是连续分布的。当激素水平低于某一阈值时，每胎为一个胎儿，如激素水平超过某一阈值时，每胎仔数将会是两个或两个以上（图7-2）。

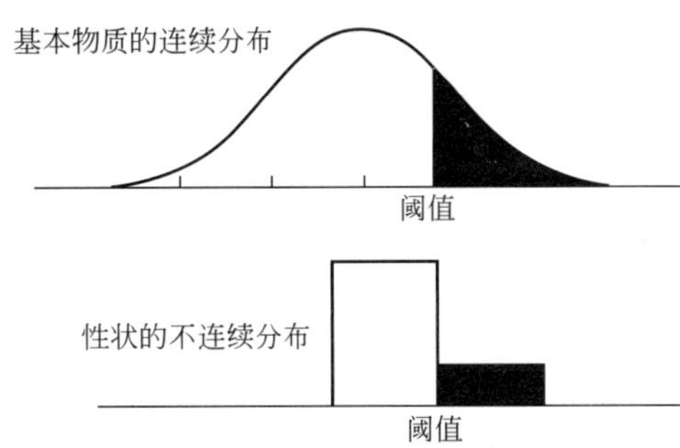

图7-2 多基因控制的阈性状

③ 同一性状因杂交亲本类型或有差异的基因数目不同，可能表现为数量性状或质量性状。

植株的高矮，一般多表现为数量性状；但是有些品种间杂交，可以明显地分为高矮两类，中间没有连续性变化，完全可以看作是质量性状。为简单起见，假定水稻植株的高矮由三对基因控制。当杂交的双亲相差3对基因时，F_2则表现为连续性的变异，即数量性状的特征。

$$
\begin{array}{lccccccc}
\text{P} & & \text{高秆} & \times & \text{矮秆} & & & \\
 & & T_1T_1T_2T_2T_3T_3 & & t_1t_1t_2t_2t_3t_3 & & & \\
 & & & \downarrow & & & & \\
\text{F}_1 & & & T_1t_1T_2t_2T_3t_3 & & & & \\
 & & & \downarrow & & & & \\
\text{F}_2 & 6T & 5T & 4T & 3T & 2T & 1T & 0T \\
\text{比例} & 1 & 6 & 15 & 20 & 15 & 6 & 1
\end{array}
$$

当杂交的双亲仅有1对等位基因差别时，F_2出现3∶1的分离比，表现为不连续性变异，这样就表现为质量性状了。

$$
\begin{array}{lccc}
\text{P} & \text{高秆} & \times & \text{矮秆} \\
 & T_1T_1T_2T_2T_3T_3 & & T_1T_1T_2T_2t_3t_3 \\
 & & \downarrow & \\
\text{F}_1 & & T_1T_1T_2T_2\ T_3t_3\quad \text{高秆} & \\
 & & \downarrow & \\
\text{F}_2 & 3\ T_1T_1T_2T_2T_3\_ & : & 1\ T_1T_1T_2T_2t_3t_3 \\
 & \text{高秆} & & \text{矮秆}
\end{array}
$$

由此可见，多基因控制的数量性状，F_2群体的变异与双亲基因相差数目的多少有关，相差数目越多，变异的连续性越明显；否则，趋于质量性状的表现。因此，数量性状和质量性状的划分是不明显的。

④ 某些基因可能同时影响数量性状与质量性状，或者对某一性状起主基因的作用而对另一性状起微效基因的作用。

（二）数量性状与质量性状的区别

① 性状特点：质量性状易度量，可以用语言文字描述；数量性状则不易度量，只能用数值来表示。

② 变异的表现：质量性状的差别非常明显，是“非此即彼”的关系，彼此之间的差异是质的差异。而数量性状的差别是连续的，这种差别只表现在量的多少或大小上，也就是说彼此之间的差异是量的差异。

③ 环境因素对性状表现的影响：一般而言，环境因素对质量性状的影响较小，甚至不起作用。但环境因素对数量性状的影响却很大。

④ 控制性状的基因数目：质量性状一般是由单个基因控制,而数量性状是由多基因控制，这些基因作用大小可能不同，作用大的基因称为主基因，但其作用是可以累加的。

⑤ 杂种后代的性状表现：质量性状的杂种一代表现亲本中的显性性状（完全显性）时，杂种二代的表现可直接用孟德尔定律来分析。数量性状的杂种一代往往表现出两个亲本的中间类型，杂种二代呈连续性的正态分布。

⑥ 研究对象：质量性状研究的是个体，而数量性状的研究必须以群体为单位。

四、数量性状和选择

19世纪初，约翰森（W.Johannsen）以自花授粉的菜豆（*Phaseolus vulgaris*）的天然混杂群体为试验材料，按豆粒的轻重分别播种，从中选出19个单株。这19个单株的后代，即19个株系，在平均粒重上彼此具有明显的差异，而且是能够稳定遗传的。他又在19个株系中分别选择最轻和最重的两类种子分别种植，如此连续进行6年。现摘录其中轻粒和重粒两个株系的试验结果列于表7-5。

在同一株系内轻粒和重粒的后代平均粒重彼此差异不大；而且在各年份里，轻粒和重粒的后代平均粒重也几乎没有差异。因此，约翰森把像菜豆这样严格自花授粉植物的一个植株的后代，称为一个纯系。所谓纯系，就是指从一个基因型纯合个体自交产生的后代，其后代群体的基因型也是纯合的。于是他提出纯系学说，认为在自花授粉植物的天然混杂群体中，可以分离出许多基因型纯合的纯系。因此，在一个混杂群体中进行选择是有效的。但是在纯系内个体所表现的差异，是环境的影响，是不能遗传的。所以，在纯系内继续选择是无效的。根据这一实验结果，他首次提出了基因型和表现型两个不同的概念。

表7-5 在菜豆的不同株系和一个株系内进行选择的结果

年 份	亲代种子平均质量/mg		子代种子平均质量/mg	
	轻粒种子	重粒种子	来自轻粒种子	来自重粒种子
1902	300	400	360	350
1903	250	420	400	410
1904	310	430	310	330
1905	270	390	380	390
1906	300	460	380	400
1907	240	470	370	370
平均	278	428	367	375

纯系学说是自花授粉作物单株选择育种的理论基础，影响是很大的。纯系学说的主要贡献是：区分了遗传的变异和不遗传的变异，指出了选择遗传的变异的重要性。并且，说明了在自花授粉作物的天然混杂群体中单株选择是有效的；但是在一个经过选择分离而基因型纯合的纯系里，继续选择是无效的。约翰森明确了基因型和表现型的概念，这对后来研究遗传基础、环境和个体发育的相互关系起了很大的推动作用。

第二节 数量性状遗传的基本统计方法

数量性状一般要用度量单位进行测量，个体间表现出连续变异，不能明确分组，通常用于质量性状的分析方法不适用于数量性状，而是要运用数理统计的方法对数量性状进行分析。常用的统计参数有：**平均数**（mean）、**方差**（variance）和**标准差**（standard deviation）。

一、平均数

平均数是某一性状全部观察数（表现型值）的平均，反映群体的平均表现程度。分为算术平均数和加权平均数。

算术平均数是将每一观察值相加后除以观察的总个数。公式如下：

$$\bar{x}=\frac{x_1+x_2+x_3+\cdots+x_n}{n}=\frac{\sum x}{n} \tag{7-2}$$

加权平均数是先将观察值归类，再以每类的观察次数同观察值相乘，各类乘积之和除以观察的总次数；或以每类观察值的频数与观察值相乘，再求各类乘积之和，可用下式表示：

$$\bar{x}=\sum f_{x_i} \tag{7-3}$$

式中，f为观察值的频数；x_i为观察值。

例题：测量57个玉米穗，观察总次数为57，其中5cm的有4个，6cm的有21个，7cm的有24个，8cm的有8个。计算平均数（$\bar{x}$）。

解：$\bar{x}=\frac{\sum x}{n}=(5+5+5+5+6+\cdots+8)/57=6.632\text{cm}$ 或 $\bar{x}=(4\times5+21\times6+24\times7+8\times8)/57=6.632\text{cm}$

或 $$\bar{x}=\sum f_{x_i}=\frac{4}{57}\times 5+\frac{21}{57}\times 6+\frac{24}{57}\times 7+\frac{8}{57}\times 8=6.632\text{cm}$$

二、方差与标准差

方差（variance）反映观察数同平均数之间的变异程度，观察数同平均数之间的偏差越大，方差就越大，也就是观察数的离散度越大，分布范围越广；方差小，则表示各个观察值之间比较接近。方差可用变数（x）同平均数（$\bar{x}$）之间偏差的平方和的平均数来表示，记作S^2，公式是：

$$S^2=\frac{\sum(x-\bar{x})^2}{n-1}$$

上式可以简化为：

$$S^2=\frac{\sum x^2-\frac{(\sum x)^2}{n}}{n-1} \tag{7-4}$$

当群体很大时，用n与n–1去平均的差别就不大了，公式可以变为：

$$S^2=\frac{\sum x^2-\frac{(\sum x)^2}{n}}{n} \tag{7-5}$$

当群体为1时，$S^2=\sum x^2-(\sum x)^2$；若用频数表示：$S^2=\sum fx^2-(\sum fx)^2$

再以上述玉米穗长的数据为例：

$$\sum x^2=4\times 5^2+21\times 6^2+24\times 7^2+8\times 8^2=2544$$

$$\sum x=4\times 5+21\times 6+24\times 7+8\times 8=378$$

$$S^2=\frac{\sum x^2-\frac{(\sum x)^2}{n}}{n-1}=\frac{2544-\frac{378^2}{57}}{57-1}=0.67$$

虽然方差在实际应用中用得最广泛，但因为它的单位是原始数据单位的平方，所以难以直接反应观测数与平均数之间的偏离究竟达到什么程度。为此，采用**标准差**（standard deviation，S）做标准，来衡量观测数与平均数的偏离程度。标准差有时也记为SD。

$$S=\sqrt{S^2} \tag{7-6}$$

上述玉米穗例子中的标准差：

$$S=\sqrt{0.67}=0.82\text{cm}$$

标准差表示平均数的可能变动范围，因此玉米穗长可写作：

$$x=\bar{x}\pm S=6.63\text{cm}\pm 0.82\text{cm}$$

第三节　遗传率的估算

一、遗传率的概念

在多基因控制的数量性状遗传中，遗传因素所起作用的程度为**遗传率**（heritability，以

h^2表示），或称遗传力，一般用百分率来表示，可以作为杂种后代进行选择的一个指标。数量性状的形成决定于两方面的因素，一是亲本的基因型（即遗传因素），二是环境条件的影响。所以数量性状的表现型（即表型phenotype，P）是基因型（genotype，G）和环境效应（enviroment，E）共同作用的结果。某性状的表型值、基因型值、环境效应值三者的关系可用下式表示：

$$P=G+E$$

因为方差可用来测量群体内变异的程度，所以各种变异可用方差来表示。表型变异用表型方差（V_P）来表示，遗传变异用遗传方差（V_G）表示，环境变异用环境方差（V_E）表示。那么表型方差、遗传方差、环境方差的关系用下式表示：

$$V_P=V_G+V_E$$

其中遗传方差占总的表型方差的比值，称为**广义遗传率**（heritability in the broad sense，h_B^2）；通常以百分数表示，即：

$$h_B^2=\frac{遗传方差}{表型方差}\times 100\%=\frac{V_G}{V_P}\times 100\% \tag{7-7}$$

在遗传因素中，又分为基因的加性效应、等位基因的显性效应、非等位基因的上位性效应，因此遗传方差$V_G=V_A$（加性方差）$+V_D$（显性方差）$+V_I$（上位性方差），其中只有加性方差是可以稳定遗传的；显性方差只有在杂合状态时表现，纯合状态即消失；上位性方差会随非等位基因互作的消失而消失。因此，在育种中，将基因的加性方差作为选择的主要目标，更精确地预测亲子代间的相似程度。遗传方差中加性方差（育种值）占总的表型方差的比值，称为**狭义遗传率**（heritability in the narrow sense，h_N^2）。用公式表示如下：

$$h_N^2=\frac{加性方差}{表型方差}\times 100\%=\frac{V_A}{V_P}\times 100\% \tag{7-8}$$

二、遗传率的估算及应用

（一）广义遗传率的估算

设一对等位基因A、a构成的三种基因型的平均效应是：AA，a；Aa，d；aa，$-a$。如图7-3。

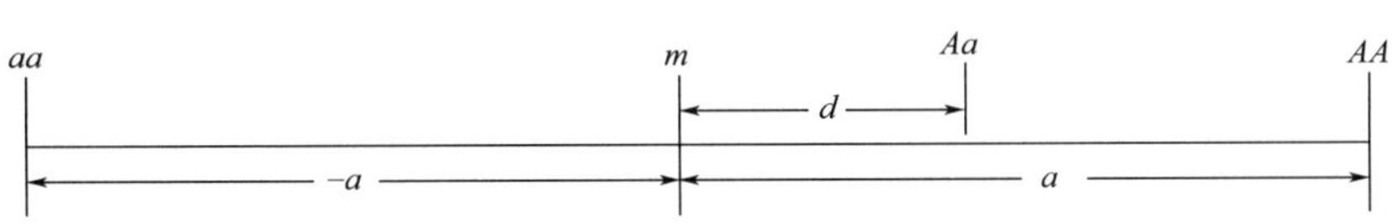

图7-3　*AA*、*Aa*、*aa*性状计量模式图

在图中，m为双亲的平均值$\frac{a+(-a)}{2}=0$；a表示基因的加性效应距离均值的偏差，称为加性偏差。aa在m的左边，偏差为$-a$；AA在m的右边，偏差为a；d表示基因的显性效应距离均值的偏差，称为显性偏差。杂合体Aa位于m的右方，距离为d，表示A对a为部分显性，显性程度为$\frac{d}{a}$；当d=0，显性程度为0，表明A对a无显性；当d=a，显性程度为1，表明A对

a为完全显性；$d<a$，显性程度<1，表明A对a为部分显性；当$d>a$，显性程度>1，表明A对a为超显性。

数量性状是以群体为单位的，遗传率则是描述数量性状遗传给子代的能力，因此遗传率反映群体遗传的能力。遗传率的计算也是以群体为单位的。先看一对等位基因的杂交：

$$
\begin{array}{c}
P_1 \quad AA \quad \times \quad aa \quad P_2 \\
\downarrow \\
F_1 \quad Aa \\
\downarrow \\
F_2 \quad AA \quad Aa \quad aa
\end{array}
$$

在上述杂交中，共涉及P_1、P_2、F_1和F_2四个群体，其中P_1、P_2和F_1三个群体中个体间基因型是相同的，表明个体间的遗传背景相同，这样遗传差异即遗传方差为0，个体间的表型差异是由环境因素引起的，可用下式表示：

$$V_P=V_G+V_E$$

其中$V_{GP_1}=V_{GP_2}=V_{GF_1}=0$，这样$V_{P_1}=V_E$；$V_{P_2}=V_E$；$V_{F_1}=V_E$。

V_{P_1}、V_{P_2}、V_{F_1}是表型方差，通过性状测量的数据可计算出群体的方差，是已知的；而V_E是未知的，但可用$V_E=\dfrac{V_{P_1}+V_{P_2}+V_{F_1}}{3}$估算，或用$V_E=\dfrac{V_{P_1}+V_{P_2}}{2}$估算，或$V_E=V_{P_1}=V_{P_2}=V_{F_1}$估算。

在F_2群体中，有三种基因型，表明个体间有遗传差异，即$V_G\neq 0$。$V_{F_2}=V_G+V_E$，同样V_{F_2}通过性状测量的数据可计算出，是已知的。且V_E可估算，这样只有V_G是未知的。

广义遗传率的计算公式为：

$$
\begin{aligned}
h_B^2 &= \frac{V_G}{V_P}\times 100\% \\
&= \frac{V_{F_2}-V_E}{V_{F_2}}\times 100\% \\
&= \frac{V_{F_2}-\dfrac{V_{P_1}+V_{P_2}+V_{F_1}}{3}}{V_{F_2}}\times 100\%
\end{aligned}
$$

或$h_B^2=\dfrac{V_{F_2}-\dfrac{V_{P_1}+V_{P_2}}{2}}{V_{F_2}}\times 100\%$；或$h_B^2=\dfrac{V_{F_2}-V_{F_1}}{V_{F_2}}\times 100\%$。

（二）狭义遗传率及平均显性度的计算

狭义遗传率的计算要从基因效应的分析着手。F_2的遗传方差可计算如下（表7-6）。

由方差公式$S^2=\sum x^2-\dfrac{(\sum x)^2}{n}$，可计算$F_2$的遗传方差：

$$V_G=\frac{1}{2}a^2+\frac{1}{2}d^2-\left(\frac{1}{2}d\right)^2=\frac{1}{2}a^2+\frac{1}{4}d^2$$

如果控制同一数量性状的基因有A，a；B，b；$\cdots N$，n等n对，这些基因相互独立遗传，而且基因间没有相互作用，则F_2的遗传方差为：

$$V_G = \frac{1}{2}a_1^2 + \frac{1}{4}d_1^2 + \frac{1}{2}a_2^2 + \frac{1}{4}d_2^2 + \cdots + \frac{1}{2}a_n^2 + \frac{1}{4}d_n^2$$

表7-6 F_2的基因型理论值及遗传方差的估算

基因型	f	x	fx	fx^2
AA	$\frac{1}{4}$	a	$\frac{1}{4}a$	$\frac{1}{4}a^2$
Aa	$\frac{1}{2}$	d	$\frac{1}{2}d$	$\frac{1}{2}d^2$
aa	$\frac{1}{4}$	$-a$	$-\frac{1}{4}a$	$\frac{1}{4}a^2$
合计	n=1		$\sum x = \frac{1}{2}d$	$\sum x^2 = \frac{1}{2}a^2 + \frac{1}{2}d^2$

设 $a_1^2 + a_2^2 + \cdots + a_n^2 = V_a$；$d_1^2 + d_2^2 + \cdots + \frac{1}{4}d_n^2 = V_d$

这里$\frac{1}{2}V_a$是由基因的加性效应所产生的加性方差（V_A），$\frac{1}{4}V_d$是由杂合基因的显性效应产生的显性方差（V_D）。如果同时考虑环境引起的方差V_E，则F_2的表型方差为：

$$V_{F_2} = \frac{1}{2}V_a + \frac{1}{4}V_d + V_E$$

狭义遗传率的计算，还要分别求出F_1个体同两个亲本回交后得到的子代群体的遗传方差。设F_1与AA回交群体为B_1，F_1与aa回交群体为B_2，B_1、B_2两群体的遗传方差计算如表7-7和表7-8。

表7-7 B_1的平均值和遗传方差的计算

基因型	f	x	fx	fx^2
AA	$\frac{1}{2}$	a	$\frac{1}{2}a$	$\frac{1}{2}a^2$
Aa	$\frac{1}{2}$	d	$\frac{1}{2}d$	$\frac{1}{2}d^2$
合计	n=1		$\sum x = \frac{1}{2}(a+d)$	$\sum x^2 = \frac{1}{2}(a^2+d^2)$

表7-8 B_2的平均值和遗传方差的计算

基因型	f	x	fx	fx^2
Aa	$\frac{1}{2}$	d	$\frac{1}{2}d$	$\frac{1}{2}d^2$
aa	$\frac{1}{2}$	$-a$	$-\frac{1}{2}a$	$\frac{1}{2}a^2$
合计	n=1		$\sum x = \frac{1}{2}(d-a)$	$\sum x^2 = \frac{1}{2}(a^2+d^2)$

B_1的遗传方差是：

$$V_{GB_1} = \frac{1}{2}(a^2+d^2) - \frac{1}{4}(a+d)^2 = \frac{1}{4}(a-d)^2$$

B_2的遗传方差是：

$$V_{GB_2}=\frac{1}{2}(a^2+d^2)-\frac{1}{4}(d-a)^2=\frac{1}{4}(a+d)^2$$

$$V_{GB_1}+V_{GB_2}=\frac{1}{4}(a-d)^2+\frac{1}{4}(a+d)^2=\frac{2}{4}(a^2+d^2)$$

假设控制同一数量性状的基因有A，a；B，b；…；N，n等n对，这些基因相互独立遗传，而且基因间没有相互作用，则上式的遗传方差为：

$$V_{GB_1}+V_{GB_2}=\frac{2}{4}(a_1^2+d_1^2+a_2^2+d_2^2+\cdots+a_n^2+d_n^2)=\frac{2}{4}V_a+\frac{2}{4}V_d$$

再将环境方差也考虑在内，在上式的两边同时加上$2V_E$，那么等式变为：

$$V_{B_1}+V_{B_2}=\frac{2}{4}V_a+\frac{2}{4}V_d+2V_E$$

两边同时除以2，整理为：

$$\frac{1}{2}(V_{B_1}+V_{B_2})=\frac{1}{4}V_a+\frac{1}{4}V_d+V_E$$

再结合F_2的表型方差公式$V_{F_2}=\frac{1}{2}V_a+\frac{1}{4}V_d+V_E$，即可求出$\frac{1}{2}V_a$：

$$\frac{1}{2}V_a=2\left[V_{F_2}-\frac{1}{2}(V_{B_1}+V_{B_2})\right]$$

那么

$$V_a=4\left[V_{F_2}-\frac{1}{2}(V_{B_1}+V_{B_2})\right]$$

$$V_d=4\left(V_{F_2}-V_E-\frac{1}{2}V_A\right)=4\left\{V_{F_2}-\frac{V_{P_1}+V_{P_2}+V_{F_1}}{3}-2\left[V_{F_2}-\frac{1}{2}(V_{B_1}+V_{B_2})\right]\right\}$$

$$=4\left(V_{B_1}+V_{B_2}-V_{F_2}-\frac{V_{P_1}+V_{P_2}+V_{F_1}}{3}\right)$$

狭义遗传率的计算公式为：

$$h_n^2=\frac{\frac{1}{2}V_{Aa}}{V_P}=\frac{2\left[V_{F_2}-\frac{1}{2}(V_{B_1}+V_{B_2})\right]}{V_{F_2}}=\frac{2V_{F_2}-(V_{B_1}+V_{B_2})}{V_{F_2}}$$

最后，计算平均显性程度。根据定义：

$$平均显性程度=\frac{d}{a}=\sqrt{\frac{V_d}{V_a}}$$

例题：

小麦抽穗期的遗传方差见表7-9，分别计算广义遗传率、狭义遗传率及平均显性度。

首先计算环境方差：

$$V_E=\frac{V_{P_1}+V_{P_2}+V_{F_1}}{3}=\frac{11.04+10.32+5.24}{3}=8.87$$

表 7-9 不同世代小麦抽穗期的遗传方差

世代	平均抽穗期	表型方差	世代	平均抽穗期	表型方差
P_1（早抽穗品种）	13.6	11.04	$F_2(F_1\times F_1)$	21.2	40.35
P_2（晚抽穗品种）	27.6	10.32	$B_1(F_1\times P_1)$	15.6	17.35
F_1（$P_1\times P_2$）	18.5	5.24	$B_2(F_1\times P_2)$	23.4	34.29

然后计算广义遗传率：

$$h_B^2=\frac{V_{F_2}-V_E}{V_{F_2}}\times100\%=\frac{40.35-8.87}{40.35}\times100\%=78\%$$

狭义遗传率的计算，需要求出基因的加性方差（V_A）。将数据进行整理见表 7-10。

表 7-10 加性遗传方差的求法

项目	方差成分	实 验 值
① V_{F_2}	$\frac{1}{2}V_a+\frac{1}{4}V_d+V_E$	40.35
② $\frac{1}{2}(V_{B_1}+V_{B_2})$	$\frac{1}{4}V_a+\frac{1}{4}V_d+V_E$	$\frac{1}{2}(17.35+34.29)=25.82$
①-②	$\frac{1}{4}V_a$	14.53

平均显性程度的计算，还需要求出基因的显性方差（V_D）。计算方式见表 7-11。

表 7-11 显性遗传方差的求法

项目	方差成分	实验值
① V_{F_2}	$\frac{1}{2}V_a+\frac{1}{4}V_d+V_E$	40.35
② $\frac{V_{P_1}+V_{P_2}+V_{F_1}}{3}$	V_E	8.87
③	$\frac{1}{2}V_a$	14.53×2=29.06
①-②-③	$\frac{1}{4}V_d$	2.42

$$平均显性程度=\sqrt{\frac{V_d}{V_a}}=\sqrt{\frac{4\times2.42}{2\times29.06}}=0.41$$

由于F_1的平均值18.5低于两亲的均值$\frac{13.0+27.6}{2}=20.3$，靠近P_1（早抽穗品种）亲本一方，表明早抽穗对晚抽穗具有部分显性，显性度为0.41。

（三）对遗传率的几点说明

① 遗传率的数值，一般认为高遗传率>50%，中遗传率=20% ～ 50%，低遗传率<20%。

② 随着性状的不同，遗传率的差别较大。

③ 遗传率高的性状，选择较易，遗传率低的性状，选择难些。对于狭义遗传率较高的性状，在杂交的早期世代进行选择，收效比较显著。对狭义遗传率较低的性状，在育种中要如

何处理呢？主要包括两种情况：一是广义遗传率大，对选育遗传稳定的品种来说，可在杂交的较晚世代进行个体选择；二是环境方差大，即表型方差主要由环境变异决定，这类性状可通过营造适当的环境或引入适当的基因加以改良。总之，根据各性状的遗传率进行选择，可提高选择效果，预期选择响应，缩短育种年限。

④ 遗传率的大小是对群体而言的，而不适用于个体。如人类身高的遗传率为0.5，并不意味着某人的身高一半由遗传控制，一半由环境控制，而是人类身高的变异一半来自遗传，一半来自环境。

⑤ 遗传率是针对特定群体在特定环境下而言，如发生遗传变异或环境改变，其遗传率也将发生改变。

（四）遗传率的应用

遗传率能反映群体内数量性状遗传变异的情况，根据遗传率可判断某性状受环境影响的大小和选择效果，弄清性状的遗传率，对杂交育种有重要作用。

① 确定繁育方法。对遗传率高的性状宜采用本品种选育，对遗传率低的性状则宜采用杂交育种。

② 确定选择方法。遗传率高者，采用个体表型选择；遗传率低者采用家系选择（植物中称为群内选择）。

③ 影响杂种优势。遗传率低的性状，其杂种优势低；相反，遗传率高的性状，其杂种优势高。

遗传率在育种上的应用具有以下规律。

① 不易受环境影响的性状其遗传率较高，易受环境影响的性状则较低。

② 质量性状一般比数量性状有较高的遗传率。

③ 性状差距大的两个亲本的杂种后代有较高的遗传率。

④ 变异系数［C=标准差(S)÷平均数($\bar{x}$)×100%］小的性状遗传率高，变异系数大的性状则较低。

⑤ 自花授粉植物，遗传率随杂种世代推移而逐渐增高。

第四节　数量性状基因定位

前面介绍的多基因假说以每个基因效应是微效的并且相等为基础，数量性状的表现则是众多基因遗传效应的总和。事实上，控制数量性状的基因不都是均等的，有些对性状贡献较大，这些基因称为主基因。因此，鉴别数量性状的基因数目，分析主基因甚至每个基因在基因组的位置和遗传效应，是数量遗传学研究的主要内容。

一、数量性状基因概念

随着现代分子生物技术的发展，一些高效的DNA分子遗传标记将许多动植物的遗传图谱研究推向实用化，从而提供了将复杂的数量性状分解为多个数量性状主基因位点进行定位分析，并进行单个基因特性研究的可能，为动植物育种从数量性状的表型深入到基因型操作奠定了基础。通常将这些对数量性状有较大影响的基因位点称为**数量性状基因位点**（quantitative trait loci，QTL），它是影响数量性状的一个染色体片段，而不一定是一个单基因位点。一个数量性状基因位点称为一个QTL。

二、数量性状基因定位方法

随着数量遗传学的发展，采用一定的试验设计和统计分析，可对数量性状的主基因进行鉴别；利用特定的遗传标记可以确定影响某一数量性状的QTL在基因组上的数目、位置及遗传效应，这就是QTL**作图**（QTL mapping），也称为QTL定位。一个数量性状往往受多个QTL影响，这些QTL分布于整个基因组的不同位置，数量遗传所分析的某个QTL只是一个统计的参数，它代表染色体（或连锁群）上影响数量性状表现的某个区段，它的范围可以超过10cM，在这个区段内可能会有一个甚至多个基因。

分子标记连锁图谱是QTL定位的基础，具有多态性的分子标记并不是基因，对所分析的数量性状不存在遗传效应。如果分子标记覆盖整个基因组，控制数量性状的基因（Q_i）两侧会有相连锁的分子标记（M_i−和M_i+）。这些与数量性状基因紧密连锁的分子标记将表现不同程度的遗传效应。分析这些表现遗传效应的分子标记，就可以推断与分子标记相连锁的数量性状基因位置和效应。因此QTL作图时需要构建作图群体，常见的作图群体有F_2群体、回交群体、双单倍体群体（double haploid，DH群体）和RIL群体即重组近交系（recombinant inbred lines）群体。按分子标记的不同方法，可将QTL定位分析方法划分为单标记法、区间作图法和多重区间作图法3大类。

（一）单标记法

单标记法就是检测一个标记与QTL是否连锁，并估计二者的重组率，分析其遗传效应。若某标记附近存在QTL，或标记本身就是QTL，则意味着标记与QTL部分连锁或完全连锁。此时，在分离群体中，不同标记基因型的个体携有某种QTL基因型的概率就不相等，因此不同标记基因型个体的性状均值会有所差异。按标记基因型分组，通过方差分析、回归分析或似然比检验，比较组间性状值差异是否显著，即可判断连锁是否存在，若差异显著，则说明控制该数量性状的QTL与标记有连锁。

某标记（其等位基因为M_1和M_2）与某QTL（等位基因为Q_1和Q_2）连锁时，$M_1M_1Q_1Q_1 \times M_2M_2Q_2Q_2$的$F_2$群体中各种标记基因型的理论值及概率见表7-12。

表7-12　F_2群体中各种标记基因型的理论值及概率

标记基因型	概率	QTL基因型	基因型值	概率	均值
M_1M_1	$\frac{1}{4}$	Q_1Q_1	a	$(1-r)^2/4$	$a(1-2r)/4+dr(1-r)/2$
		Q_1Q_2	d	$r(1-r)/2$	
		Q_2Q_2	$-a$	$r^2/4$	
M_1M_2	$\frac{1}{2}$	Q_1Q_1	a	$r(1-r)/2$	$d[(1/2)-r+r^2]$
		Q_1Q_2	d	$(1/2)-r+r^2$	
		Q_2Q_2	$-a$	$r(1-r)/2$	
M_2M_2	$\frac{1}{4}$	Q_1Q_1	a	$r^2/4$	$rd(1-r)/2+a(2r-1)/4$
		Q_1Q_2	d	$r(1-r)/2$	
		Q_2Q_2	$-a$	$(1-r)^2/4$	

注：r为标记与QTL的重组率，a、d分别为QTL加、显性效应。

容易计算出，当r=0.5时，即标记与QTL间无连锁时，各种基因型值相等，为$\frac{1}{2}d$。

根据以上原理检测单标记与QTL连锁的常见统计方法有以下几种。

① t检验：理论上r=0.5时，每种标记基因性状值相等，故可对不同标记基因型性状平均值之差等于0作t检验，若差异显著，说明该标记与QTL连锁。

② 方差分析：按标记基因型将个体分组，进行单向分组的方差分析，若F检验表明组间差异显著，说明该标记与QTL连锁。

③ 回归或相关分析：对个体的性状值和标记基因型进行回归或相关分析，若性状值对标记基因型值回归（相关）显著，说明标记与QTL连锁。

单标记一次只能分析一个标记，若标记与QTL连锁，还可采用矩估计和极大似然估计等方法来计算重组率和QTL效应。但单标记分析不能确定QTL的位置，还得结合其他标记的分析结果，才能确定QTL的具体位置。单标记分析也不能判断与标记连锁的QTL数目。此外，单标记分析需要较大的样本容量。

（二）区间作图法

区间作图法，一次分析两个相邻的标记，可以判断两个标记之间是否存在QTL及其位置和效应的方法。如果一条染色体上只有一个QTL，利用该方法可以无偏估算QTL的位置和效应；若有多个QTL，与检验区间连锁的QTL则会影响检验结果，导致QTL的位置和效应出现偏差；而且每次检验只用两个标记，未充分利用其他标记信息。

复合区间作图法，Z.B.Zeng（1994年）和J.Jacob（1993年）证明了多元回归分析中偏回归系数的性质，并提出多元回归分析与极大似然法相结合，在一个区间内进行QTL估计的同时，也将其他适当选取的标记考虑到模型中以控制遗传背景效应。Zeng将这种方法命名为复合区间作图法（composite interval mapping），简称CIM法。在做双标记的区间分析时，利用多元回归控制其他区间内可能存在的QTL的影响，从而提高QTL位置和效应估计的精度。复合区间作图不能分析上位性及QTL与环境互作等复杂的遗传效应。

（三）多重区间作图法

C.H.Kao和Z.B.Zeng利用Cockerham模型将QTL作图模型扩展到多个QTL模型，一次可检测多个QTL，并可有效分析上位性。这种新的作图法被命名为**多重区间作图法**（multiple interval mapping，MIM）。朱军（1998年，1999年）提出来可以分析包括上位性的各项遗传主效应及其与环境互作效应的QTL作图方法，该方法是基于混合线性模型的复合区间作图（mixed-model-based composite interval mapping，MCIM）方法。Wang等（1999年）开发了可以分析包括加性效应和加性×加性上位性效应的各项遗传主效应及其与环境互作效应的计算机软件（QTL Mapper 1.0），适于分析DH群体和RI群体。

第五节　近亲繁殖

一、近亲繁殖的概念及类型

近亲繁殖（inbreeding），也称近亲交配，或简称近交，是指血统或亲缘关系较近的个体间的交配；也就是指基因型相同或相近的个体间的交配。根据亲缘关系的远近程度，近交常见的类型如下。

① 自交：指的是同一个体产生的雌雄配子彼此结合的交配方式。

② 回交：子代和任一亲本的杂交。包括**亲子交配**（parent-offspring mating）。

③ 同胞交配：包括**全同胞**（full sib）交配和**半同胞**（half sib）交配两种。

④ **表（堂）亲结婚**（cousin marriage）：又分表兄妹（first cousins）结婚和堂兄妹结婚两种。

近交的一个最重要的遗传效应就是近交衰退，表现为近交后代的生活力下降，甚至出现畸形性状，因为近亲来自共同的祖先，所以许多基因是相同的，这样就必然导致等位基因的纯合而增加隐性有害性状表现的机会。几个世纪以前，人类就意识到近亲婚配的严重后果，事实上，许多国家的法律已明文规定禁止近亲结婚。

二、近交系数和亲缘系数

为了度量群体或个体间亲缘关系的远近和近交的遗传效应，在动物育种中一般采用**近交系数**（coefficient of inbreeding，F）和**亲缘系数**（coefficient of relationship，R_{xy}）来表示。

（一）近交系数

指一个个体在某基因座上从它的某一祖先那里得到一对纯合的、等同的，即在遗传上完全相同的基因的概率。同一基因座上的两个等位基因，如果分别来自无亲缘关系的两个祖先，尽管这两个等位基因在结构和功能上是相同的，仍不能视作遗传上是等同的，只有同一祖先的基因座上的某一等位基因的两份拷贝，才算是遗传上等同的。两个有亲缘关系的个体交配，这两个个体有可能从共同祖先那里得到同一基因，这两个近亲交配的个体，就有可能把同一基因遗传给下代，此时，下代个体得到的一对等位基因不仅是纯合的，而且在遗传上是等同的。得到这样一对遗传上等同基因的概率就是近交系数。

例如，一个杂合体*Aa*自交得到的下代中，有一半是杂合子，一半是纯合子。纯合子*AA*或*aa*，不仅是纯合的，而且是遗传上等同的，因为纯合子的一对*AA*（或*aa*），就是其杂种亲本仅有的两个等位基因中的一个*A*或*a*的两份拷贝。自交第一代个体中，纯合子占一半，也就是近交系数为$\frac{1}{2}$；自交第二代近交系数为$\frac{3}{4}$；以此类推，随着近交代数的增加，纯合体的频率越来越大，即近交系数越来越大（表7-13），当自交r代时，近交系数$F=1-(1/2)^r$。

表7-13 杂合体*Aa*连续自交的后代基因型比例的变化

世代	自交代数	基因型频率			杂合体频率	纯合体频率
		AA	*Aa*	*aa*	*Aa*	*AA*+*aa*
F_1	0	0	1	0	1	0
F_2	1	1/4	1/2	1/4	1/2	1/2
F_3	2	3/8	1/4	3/8	1/4	3/4
F_4	3	7/16	1/8	7/16	1/8	7/8
F_5	4	15/32	1/16	15/32	1/16	15/16
…	…	…	…	…	…	…
F_{r+1}	r	$(2^r-1)/2^{r+1}$	$1/2^r$	$(2^r-1)/2^{r+1}$	$1/2^r$	$1-(1/2)^r$

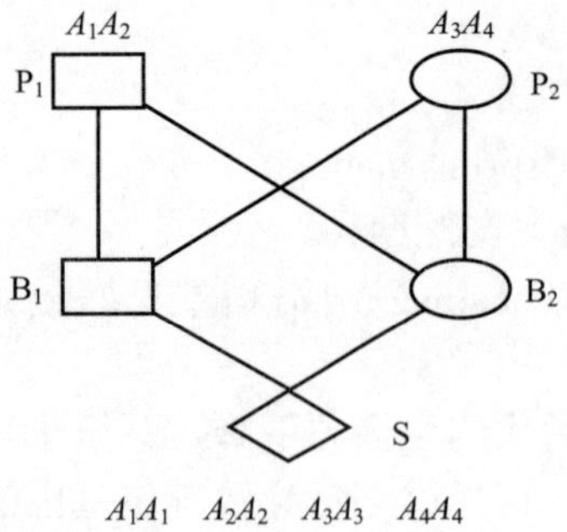

图7-4 兄妹交配近交后代的系谱

下面以动物育种中常用的兄妹交配（图7-4）为例，来说明近交系数的计算方法。

在图7-4中，P_1和P_2是两个无血缘关系的亲本，它们各供应一个配子给同胞兄妹B_1和B_2，而仔畜S从B_1和B_2各得一个配子。因为P_1和P_2无血缘关系，所以假定它们在某一座位上的一对等位基因不是遗传上等同的，即A_1和A_2、A_3和A_4均不是遗传上等同的。B_1、B_2的基因型为$\frac{1}{4}A_1A_3$、$\frac{1}{4}A_1A_4$、$\frac{1}{4}A_2A_3$、$\frac{1}{4}A_2A_4$，子代S可获得A_1A_1、A_2A_2、A_3A_3、A_4A_4四对遗传上等同的纯合子，其概率的计算见表7-14。

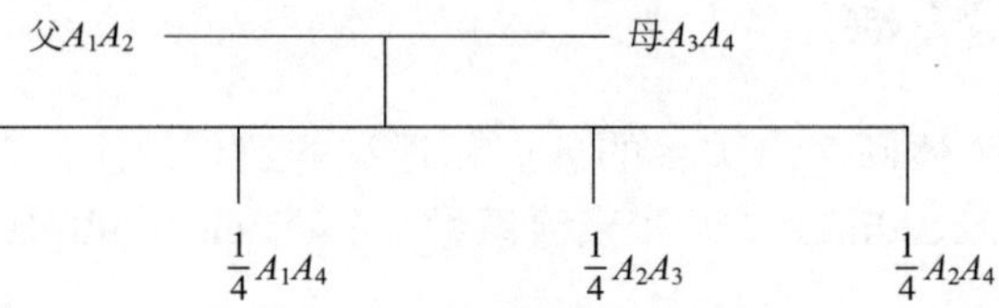

表7-14 兄妹交配所生仔畜的近交系数（*F*）

♀配子	♂配子			
	$\frac{1}{4}A_1$	$\frac{1}{4}A_2$	$\frac{1}{4}A_3$	$\frac{1}{4}A_4$
$\frac{1}{4}A_1$	$\frac{1}{4}\times\frac{1}{4}A_1A_1$			
$\frac{1}{4}A_2$		$\frac{1}{4}\times\frac{1}{4}A_2A_2$		
$\frac{1}{4}A_3$			$\frac{1}{4}\times\frac{1}{4}A_3A_3$	
$\frac{1}{4}A_4$				$\frac{1}{4}\times\frac{1}{4}A_4A_4$

仔畜S从一个共同祖先P_1可以获得A_1A_1、A_2A_2两对基因型纯合且遗传上等同的基因，概率均为$\frac{1}{16}$；同样S从另一个共同祖先P_2也可以获得A_3A_3、A_4A_4两对基因型纯合而且遗传上等同的基因，概率均为$\frac{1}{16}$。因此仔畜S的近交系数$F=4\times\frac{1}{16}=\frac{1}{4}$。

也可以用通径来计算近交系数，仍以图7-4为例，A_1A_1基因型的传递路径是$S\leftarrow B_1\leftarrow P_1\rightarrow B_2\rightarrow S$，即$P_1$把基因$A_1$传给$B_1$，$B_1$又把基因$A_1$传给S；同时$P_1$也可把基因$A_1$传给$B_2$，$B_2$再把$A_1$基因传给S，在这个路径中共传递4步，并且每传一步的概率均为$\frac{1}{2}$，这样A_1A_1基因型的概率为$\left(\frac{1}{2}\right)^4$，同样$A_2A_2$、$A_3A_3$、$A_4A_4$基因型的传递路径与$A_1A_1$相同，概率均为$\left(\frac{1}{2}\right)^4$。因此仔畜S的近交系数$F=\left(\frac{1}{2}\right)^4+\left(\frac{1}{2}\right)^4+\left(\frac{1}{2}\right)^4+\left(\frac{1}{2}\right)^4=\frac{1}{4}$。

如果是表兄妹结婚（图7-5），由图可知，S为近交后代，P_1、P_2为共同祖先，路径有两条分别是：$S \leftarrow B_1 \leftarrow C_1 \leftarrow P_1 \rightarrow C_2 \rightarrow B_2 \rightarrow S$；$S \leftarrow B_1 \leftarrow C_1 \leftarrow P_2 \rightarrow C_2 \rightarrow B_2 \rightarrow S$。而且每一个共同祖先都产生两种基因型纯合且遗传上等同的基因。

$$\text{近交系数} F = 2 \times \left(\frac{1}{2}\right)^6 + 2 \times \left(\frac{1}{2}\right)^6 = \frac{1}{16}$$

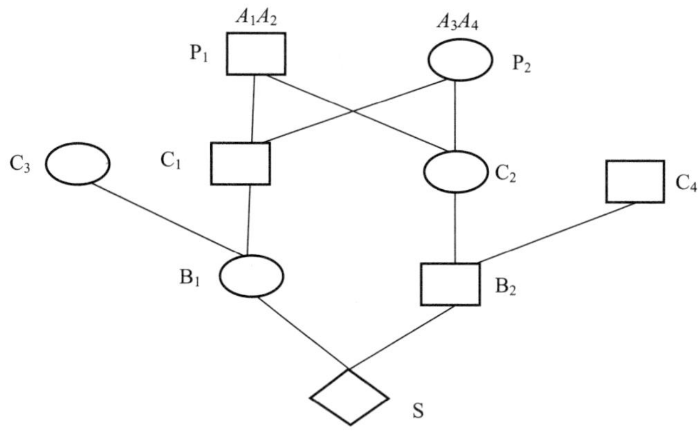

图7-5　表兄妹近交后代系谱

对于较复杂的系谱图可由下面的公式来计算近交系数：

$$F_X = \sum \left(\frac{1}{2}\right)^{n_1 + n_2 + 1} (1 + F_A)$$

式中，F_X为个体X的近交系数；n_1为由该个体的父亲到共同祖先A的世代数；n_2为由其母亲到A的世代数；F_A为共同祖先A的近交系数；$\sum$为当个体的父亲和母亲有多个途径造成亲缘相关时，则要对由所有途径所造成的近交系数求和。

当路径图中不出现近交后代，而是由近交后代的父本到母本时，如图7-5的路径图可以换成：$B_1 \leftarrow C_1 \leftarrow P_1 \rightarrow C_2 \rightarrow B_2$；$B_1 \leftarrow C_1 \leftarrow P_2 \rightarrow C_2 \rightarrow B_2$。这时近交系数公式可以简化为：

$$F_X = \sum \left(\frac{1}{2}\right)^{n} (1 + F_A)$$

式中，n为路径图中亲本的个体数量，即由近交后代的母本至父本的路径中个体的数量。如上面两个路径图中个体数量均为5个，当路径图中的个体没有近交后代时，$F_A=0$，近交系数公式简化为：$F_X = \sum \left(\frac{1}{2}\right)^{n}$。

例题：计算下图中近交后代X的近交系数。

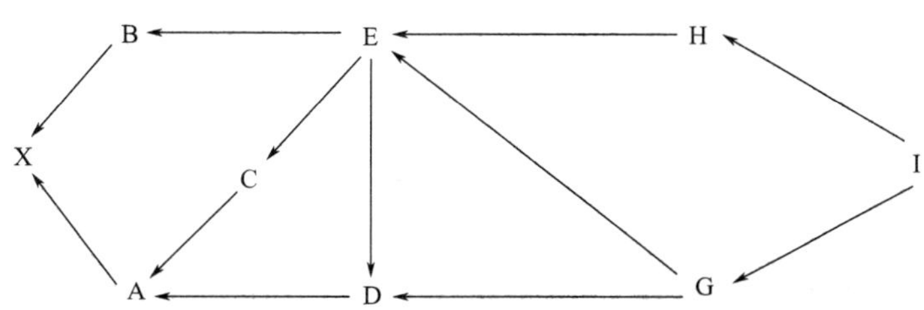

首先，需要知道X的父母A和B的共同祖先及其近交系数。A和B共有I、G、E三个共

同祖先。

当一个个体的双亲或一个亲本未知时，我们假设其近交系数为0，显然I、G的近交系数为0，而E是近交个体，路径图为H←I→G，其近交系数为$F_E=\left(\frac{1}{2}\right)^{1+1+1}=0.125$。

其次，再来确定连接A和B的通径链。

在此共有四条：

B←E→C→A $F=\left(\frac{1}{2}\right)^4\times(1+0.125)=\frac{9}{128}$

B←E→D→A $F=\left(\frac{1}{2}\right)^4\times(1+0.125)=\frac{9}{128}$

B←E←G→D→A $F=\left(\frac{1}{2}\right)^5\times(1+0)=\frac{1}{32}$

B←E←H←I→G→D→A $F=\left(\frac{1}{2}\right)^7\times(1+0)=\frac{1}{128}$

再次，计算各通径链的系数。

最后，将各通径链的系数累加即得X的近交系数。

$$F_X=\frac{9}{128}+\frac{9}{128}+\frac{1}{32}+\frac{1}{128}=\frac{23}{128}$$

综上可以看出：近交系数可以反映亲缘关系的远近，亲缘关系越近，则近交系数越大；反之，亲缘关系越远，则近交系数越小。

（二）亲缘系数

亲缘系数是个体间亲缘程度的度量。具有一个或一个以上共同祖先的个体称为亲属，亲缘程度最近的是亲子关系，即亲代（父、母）与子女的关系。亲缘关系愈近，亲缘系数越大；亲缘关系愈远，亲缘系数越小。亲缘系数为0，则可认为个体（X、Y）间在近期世代内没有共同祖先。

通径分析的理论证明，在随机交配群体中个体世代的每一条通径的通径系数=1/2。而各类亲属关系的特定个体X、Y间的亲缘系数的计算公式由通径系数的理论推导证明：

$$R_{XY}=\sum\left(\frac{1}{2}\right)^L$$

式中，L为路径图中箭头的数量。

如图7-5中B_1、B_2两个体的亲缘系数计算，由路径图可知：$B_1\leftarrow C_1\leftarrow P_1\rightarrow C_2\rightarrow B_2$；$B_1\leftarrow C_1\leftarrow P_2\rightarrow C_2\rightarrow B_2$，箭头数量均为4，即$L$=4。

$$R_{B_1B_2}=\left(\frac{1}{2}\right)^4+\left(\frac{1}{2}\right)^4=\frac{1}{8}$$

三、近交或自交的遗传学效应

① 杂合体通过自交可以导致后代基因的分离，并使后代群体的遗传组成迅速趋于纯合

化。从表7-13可以看出，Aa杂合体自交后，后代中一半是纯合体，一半是杂合体；如果继续自交，纯合体只能产生纯合体后代，而杂合体又会产生$\frac{1}{2}$纯合体，$\frac{1}{2}$杂合体。这样连续自交，其后代群体中杂合子将逐代减少为$\left(\frac{1}{2}\right)^r$，纯合体将相应地逐代增加为$1-\left(\frac{1}{2}\right)^r$。通过连续自交使群体的遗传组成趋于纯合化。从理论上讲，每自交一代，杂合体所占比例即减少一半，逐渐接近于零，但总是存在，而不会完全消失。也就是说，一个由杂合子Aa产生的群体，如果不经选择，即使自交很多世代，也不可能变成绝对纯的AA或aa纯合子群体。

自交后代纯合体增加的速度决定于杂合等位基因的对数和自交的代数，设有n对杂合等位基因且为独立遗传的，自交r代时，其后代群体中各种纯合成对基因的个数可用公式$[1+(2^r-1)]^n$表示。例如，设有3对杂合等位基因，自交5代，即$n=3$，$r=5$，则代入公式展开为：

$$[1+(2^r-1)]^n=[1+(2^5-1)]^3=1^3+3\times1^2\times31+3\times1\times31^2+31^3=1+93+2883+29791$$

上列数字说明在F_6群体中有：

1个个体的三对基因均为杂合；

93个个体的两对基因杂合和一对基因纯合；

2883个个体的一对基因杂合和两对基因纯合；

29791个个体三对基因均为纯合。

则，该群体的纯合率为29791/32768，即为90.91%；杂合率为9.09%。为了计算简便，自交后代群体中纯合率（即纯合子在群体中所占的百分比）$x\%$可用下式计算：

$$x\%=\left(1-\frac{1}{2^r}\right)^n\times100\%=\left(\frac{2^r-1}{2^r}\right)^n\times100\%$$

式中，r是自交代数（群体是F_2，这时$r=1$）；n是杂合等位基因的对数。

上述群体的纯合率可直接由公式计算为：

$$x\%=\left(\frac{2^r-1}{2^r}\right)^n\times100\%=\left(\frac{2^5-1}{2^5}\right)^3\times100\%=90.91\%$$

在同一自交世代中，杂合等位基因对数越少，纯合子的比例越大；等位基因对数越多，纯合子的比例则越小。这有有害性和有利性两方面的意义。

② 杂合体通过自交，导致等位基因的纯合而使隐性性状表现出来。如前所述，这既有弊端，也有裨益。例如，玉米自交后代常出现白苗、黄苗、花苗、矮生等畸形性状，但通过自交使隐性基因暴露的玉米，若加以人工选择，可培育出优良的自交系。

③ 杂合体通过自交可使遗传性状重组和稳定，使同一群体内出现多个不同组合的纯合基因型。例如，$AaBb$通过长期自交，就会出现$AABB$、$AAbb$、$aaBB$和$aabb$四种纯合基因型，表现四种不同的性状，而且逐代趋于稳定，这对于品种的保纯和物种的相对稳定具有重要意义。

像水稻和小麦等大田作物，虽然说是自交植物，但是也有一定比例的异花授粉，偶尔也会产生自发的遗传变异，因而即使是自交植物，在基因型上完全一致的情况也是很少的。

四、回交的遗传效应

回交是杂交后代与两个亲本之一再次交配，是近亲繁殖的方式之一。例如，X×Y⟶F_1，

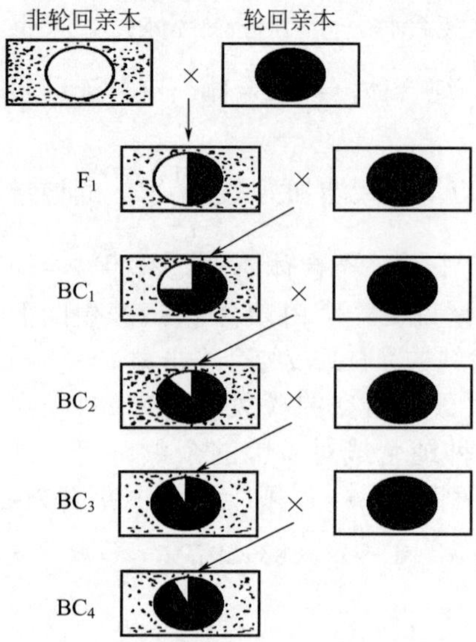

图7-6　回交的遗传学效应示意图

$F_1 \times Y \longrightarrow BC_1$，$BC_1 \times Y \longrightarrow BC_2$，……；或$F_1 \times X \longrightarrow BC_1$，$BC_1 \times X \longrightarrow BC_2$，……。$BC_1$表示回交第一代，$BC_2$表示回交第二代，依此类推。回交所用的亲本称为**轮回亲本**（recurrent parent），未被用来回交的亲本称为**非轮回亲本**（non-recurrent parent）。

回交与自交相类似，如连续多代回交，其后代群体的基因型将逐代趋于纯合化。连续回交可使后代的基因型逐代增加轮回亲本的基因成分，逐代减少非轮回亲本的基因成分，从而使轮回亲本的遗传组成替换非轮回亲本的遗传组成。导致后代群体的性状逐渐趋于轮回亲本（图7-6）。

从图中可以看到，在轮回的情况下，子代基因型的纯合是定向的，它将逐渐趋近于轮回亲本的基因型；但是在自交的情况下，子代基因型的纯合是不定向的，将出现多种多样的组合方式。因此，自交子代基因型的纯合方向是无法控制的，只能等到纯合之后才能加以选择，而回交子代的基因型，在选定轮回亲本的同时，就已经确定了。

回交在育种工作中具有重要意义。要想改良某一优良品种的一个或两个缺点，或把野生植物的抗病性、抗逆性、多粒等性状转移给栽培品种或转育雄性不育系时，回交就成为不可缺少的育种措施。

第六节　杂种优势

一、杂种优势的概念和特点

杂种优势（heterosis，hybrid vigor）是生物界的普遍现象，是由C.H.Shall于1911年首先提出的。它是指基因型不同的亲本杂交产生的杂种一代（F_1），在生长势、生活力、繁殖力、抗逆性、产量和品质上比其双亲优越的现象。杂种优势所涉及的性状大都为数量性状，故必须以具体的数值来衡量和表明其优势的表现程度。通常有两种表示方法，一种用F_1的性状表现超过双亲的均值来表示，这种优势称为**平均优势**（heterosis over mean of parents）；另一种用F_1的性状表现超过最优亲本的值来表示，称为**超亲优势**（heterosis over better of parents）。在极少数生物中还可能遇到杂种的生存能力反而比亲本减退的现象，这种现象称为杂种劣势。

杂种优势的表现是多方面的，而且是很复杂的。总的来说F_1的优势表现都具有以下几个基本特点。

第一，杂种优势不是某一两个性状单独地表现突出，而是许多性状综合的突出表现。许多禾谷类作物的杂种第一代，在产量和品质上表现为穗多、穗大、粒多、粒大、千粒重大、蛋白质含量高等；生长势上表现为株高、茎粗、节间长、节数多、叶大、叶厚、干物质积累快等；在抗逆性上表现为抗病、抗虫、抗旱、抗寒、抗倒伏等。F_1具有多方面的优势表现，表明杂种优势是由双亲基因型的杂合及综合作用的结果。

第二，杂种优势的大小，大多数取决于双亲性状间的相对差异和相互补充。实践证明，在一定范围内，双亲间的亲缘关系、生态类型和生理特性上差异越大的，双亲间的相对性状的优缺点越能彼此互补，其杂种优势越强；反之，就越弱。例如，玉米马齿型与硬粒型间的自交系杂交比同类型的自交系杂交，表现较强的杂种优势。由此可见，杂种基因型的高度杂合性是形成杂种优势的重要根源。

第三，杂种优势的大小与双亲基因型的高度纯合具有密切的关系。杂种优势一般是指杂种群体的优势表现。只有在双亲基因型的纯合程度都很高时，F_1群体的基因型才能具有整齐一致的异质性，不会出现分离混杂，这样才能表现明显的优势。玉米自交系间杂种优势比品种间杂种优势要高，就是因为自交系是经过连续多代自交和选择具有纯合的基因型，说明杂种优势不仅取决于双亲遗传背景的差异，还需要双亲的基因型具有高度纯合性。

第四，杂种优势的大小与环境条件的作用也有密切的关系。性状的表现是基因型与环境综合作用的结果。不同的环境条件对于杂种优势表现的强度有很大的影响。

二、杂种优势的遗传学理论

早在2000多年前我国就用母马和公驴交配而获得体力强大的杂种——骡，为人类历史开创了观察和利用杂种优势的先例。对于杂种优势产生的机理曾有不同的假说，归纳起来，基本上可分为显性假说和超显性假说两种。

（一）显性假说（dominance hypothesis）

1910年布鲁斯（A.B.Bruce）首先提出显性基因互补假说，认为多数显性基因有利于生长和发育，相对的隐性基因不利于生长和发育。杂交能够把双亲的显性基因集合于一个个体，增加杂种个体含显性基因的座位数，出现杂种优势，如：$AAbbCCdd \times aaBBccDD \longrightarrow AaBbCcDd$。

1917年琼斯（D.F.Jonse）提出了连锁假设：认为有害的隐性基因和有利的显性基因难免相连锁，将显性基因互补假说进一步补充为显性连锁假说，简称显性假说（dominance hypothesis）。主要内容是在长期的自然选择过程中，对生物体有利的基因大多是显性基因，而一些不利基因由于与重要的有利基因有着紧密的连锁关系，所以在自然选择和人工选择压力下未遭到淘汰。不同来源的品系或自交系中有着不同的不利基因，这些品系间进行杂交而产生的杂种，由于一个亲本的显性有利基因有可能掩盖住来自另一亲本的不利基因，这样一种互补效应消除了不利基因的作用，使杂种的表现优于任何一个亲本，出现了杂种优势。

显性假说得到许多试验结果的验证。但是，这一假说也存在着缺点，它只是考虑到等位基因之间的显性作用，但是并没有指出非等位基因之间的相互作用，即上位性效应。

（二）超显性假说（overdominance hypothesis）

超显性假说也称“等位基因异质结合假说”，由伊斯特（E.M.East）和肖尔（G.H.Shull）于1908年分别提出，他们一致认为杂合性可引起某些生理刺激，因而产生杂种优势。伊斯特于1936年对超显性假说作了进一步说明，指出杂种优势来源于双亲基因型的异质结合所引起的基因间的互作。根据这一假说，等位基因之间无显隐性关系，等位基因的杂合状态优于任何一种纯合状态。这是因为异质的等位基因之间存在有利的互作，即：$A_1A_1<A_1A_2>A_2A_2$。这种异质等位基因座位越多，杂种优势越大，如$a_1a_1b_1b_1c_1c_1 \times a_2a_2b_2b_2c_2c_2 \longrightarrow a_1a_2b_1b_2c_1c_2$。杂种优势还取决于每对等位基因作用的差异程度，差异越大，子一代的优势越明显。例如，某些植物中杂合体a_1a_2能抵抗两个锈病的生理小种，而纯合体a_1a_1或a_2a_2只能抵抗一个生理小种。

（三）上位互作（效应）假说（epistasis hypothesis）

不同座位的非等位基因之间的互作也可能导致杂种优势。如番茄杂交的结果：P_1果实大但果数少，P_2果数多但果实小，F_1介于两者之间，但产量则明显超出两个亲本。

上述提到的各种假说都有各自的事实依据，都可以解释一些观察到的现象。其中显性假说把杂种优势归为显性基因位点的增加，超显性假说强调等位基因间的互作，而上位互作（效应）假说强调了非等位基因间的互作，它们既非相互排斥，又不能概括一切。实际上，杂种优势的遗传原因表现为：异质基因对某些生理过程的刺激和加强；有利基因的积累作用和饰变作用；显性基因对某些隐性基因负作用的抑制；有益显性基因的联合作用；一个亲本的正常基因对另一亲本的有缺陷的基因（如突变基因）的补偿；以互补基因的加入而创造更为完备的遗传综合体，并以结构基因的复制而产生丰富的遗传信息；以及出于彼此不同的基因型互作时改变了基因组整体的遗传平衡等。杂种优势与结构基因和调节基因都可能有关，并与细胞核-细胞质互作有关，而且，也受整个遗传系统（基因背景）的影响，情况极为复杂。因此，关于杂种优势的现象，还没有一个完善的普遍适用的理论解释，许多问题尚待进一步深入研究。

三、杂种优势的利用

由于杂种优势可带来高而稳定的产量及其他优越性，它的利用范围迅速扩大，目前不仅在粮食作物、蔬菜作物及其他经济作物上应用，而且在家畜、家禽（猪、羊、牛、马、鸡等）育种上也广泛应用。现在推广的杂种玉米和杂种高粱普遍以单交种为主；国外蔬菜生产上也广泛应用杂种优势，如美国的黄瓜、胡萝卜新品种中，一代杂种占85.7%，洋葱占87.5%，菠菜则全为一代杂种。

生物的繁殖方式不同，杂种优势的利用方法也不同。无性繁殖作物，如甘薯、马铃薯、甘蔗等，只要通过品种间杂交产生杂种第一代，然后选择杂种优势高的单株进行无性繁殖，即可育成一个新的优良品种。有性繁殖作物的杂种优势利用必须具备两个重要的条件：①杂种优势要明显，如产量、品质或抗逆性等性状优势要远远高于双亲；②制种的成本要低，用种量要小。杂种优势利用的都是F_1，需要每年配制杂交种，因此要尽量减少人力、物力的投入。

在杂种优势利用时必须注意三个问题。

① 杂交亲本的纯合度和典型性。用作杂交的亲本基因型越纯合，F_1群体中个体间基因型的一致性越好，这样群体的差异性小，整体优势就越强。

② 选配强优势组合。杂交双亲的性状间的差异越大，性状的优缺点越互补，产生的杂种优势就越大。

③ 杂交制种技术（去雄和授粉）需要简便易行，同时种子成本要低且繁殖系数要高。这样才能迅速而经济地为生产提供大量的杂交种，便于大面积推广和应用。

本章小结

遗传性状可以区分为质量性状和数量性状。数量性状的遗传是由微效多基因控制的，既受遗传因素的影响，又受环境因素的作用。与质量性状的研究方法不同，数量性状必须以多基因假说估计基因的效应及基因的数目，用遗传率分析性状的传递能力大小，并依据狭义遗传率来确定选择的方法，进而指导育种的进程。因此，本章的重点是多基因假说的内容及广义和狭义遗传率的计算，并熟悉数量性状基因定位的方法。同时需要了解近亲繁殖与杂种优势的概念在育种中的意义。

思考拓展

1. 数量性状在遗传上有哪些特点？数量性状遗传与质量性状遗传有什么主要区别？

2. 分别简述遗传率、广义遗传率、狭义遗传率、平均显性程度的概念。

3. 简述自交繁殖的遗传学效应及其在育种上的意义。

4. 如果给有下标0的基因以5个单位，给有下标1的基因以10个单位，计算$A_0A_0B_1B_1C_0C_0$和$A_1A_1B_0B_0C_0C_0$两个亲本和它们F_1杂种的计量数值。

设（1）没有显性；

（2）A_1对A_0是显性；

（3）A_1对A_0是显性，B_1对B_0是显性。

5. 上海奶牛的泌乳量比更赛牛（Guernsey cattle）高12%，而更赛牛的奶油含量比上海奶牛高30%。泌乳量和奶油含量的差异大约各包括10个基因位点，没有显隐性关系。在上海奶牛和更赛牛的杂交中，F_2中有多少比例的个体的泌乳量跟上海奶牛一样高，而奶油含量与更赛牛一样高？

6. 在一大群牛中间，对3个连续分布的性状加以测量，计算方差如下表所示。

方差类型	性　状		
	胫长	脖长	脂肪含量
表型方差	310.2	730.4	106.0
环境方差	248.1	292.2	53.0
加性方差	46.5	73.0	42.4
显性方差	15.6	365.2	10.6

（1）对每个性状，计算广义遗传率和狭义遗传率。

（2）在所研究的动物群体中，哪个性状受选择的影响最大？为什么？

7. 测量矮脚鸡和芦花鸡的成熟公鸡和它们的杂种的体重，得到下列平均体重和表型方差。

品名	平均/斤（500g）	方差	品名	平均/斤（500g）	方差
矮脚鸡	1.4	0.1	F_2	3.6	1.2
芦花鸡	6.6	0.5	B_1	2.5	0.8
F_1	3.4	0.3	B_2	4.8	1.0

计算显性程度以及广义遗传率和狭义遗传率。

8. 假定有两对基因，每对各有两个等位基因（Aa和Bb），以相加效应的方式决定植株的高度。纯合子$AABB$高50cm，纯合子$aabb$高30cm，问：

（1）这两个纯合子之间杂交，F_1的高度是多少？

（2）在$F_1 \times F_1$杂交后，F_2中什么样的基因型表现40cm的高度？

（3）这些40cm高的植株在F_2中占多少比例？

9. 一个连续自交的群体，由一个杂合子开始，需要经多少代才能得到大约97%的纯合子？

10. 下面是一个箭头式的家系。家系中S是D和P的子裔，D是C和B的子裔等。问：

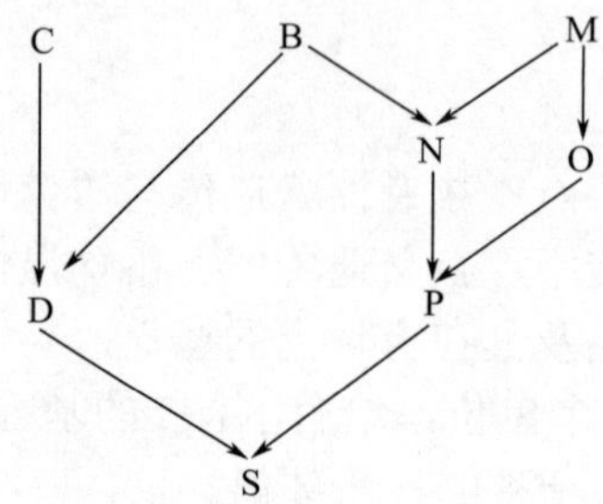

（1）谁是共同祖先？

（2）谁是近交子裔？计算这个子裔的F值。

第八章

微生物遗传

【本章导言】

微生物种类繁多，包括细菌、放线菌、蓝细菌、真菌、病毒、单细胞藻类、原生动物等，因其结构简单、易于培养等特点，比较容易用试验方法研究遗传学本质。20世纪40年代研究者以微生物为实验材料确定了DNA是遗传的物质基础之后，尤其是大肠杆菌、酵母菌等基因组测序的完成，对微生物遗传规律的研究进入了更加深入的阶段，与高等动植物相比，微生物的遗传虽有其特殊性，但也有其共同性，所以微生物遗传的研究结果，可作为高等动植物遗传研究的借鉴。对微生物遗传规律的深入研究，不仅促进了现代分子生物学和生物工程学的发展，而且还为育种工作提供了丰富的理论基础，促使育种工作向着从不自觉到自觉，从低效到高效，从随机到定向，从近缘杂交到远缘杂交等方向发展。

第一节　微生物遗传的特点

摩尔根（T.H.Morgan）等主要以果蝇为材料，将遗传学发展到细胞学水平。而进入遗传物质本质研究之后，微生物的优越性逐渐被发现。开始认识和利用微生物的优越性，并进行遗传学研究的是美国遗传学家比德尔（G.W.Beadle）和生物化学家塔特姆（E.L.Tatum）。他们最初通过果蝇复眼色素遗传的研究来阐明基因的功能，虽然取得了一些进展，但并不理想，于是便改用粗糙脉孢菌（*Neurospora crassa*）作为研究材料，研究基因在氨基酸等的生物合成中所起的作用。由此采用微生物作为实验材料将遗传学推入分子水平的研究。

微生物不同于高等动物和植物的特点主要有以下几点。

① 细胞结构简单，多为单倍体，基因可直接表达，因而便于建立纯系，利于观察基因分离。微生物由于多为单细胞的，而且绝大多数是单倍体，一般不存在显隐性关系，所有的结构基因都可依据它们的基因产物直接鉴定出来。若某种野生型基因发生突变，那么合成这一物质的能力随之丧失，只有在含有此种营养成分的培养基中才能生存。

② 很多微生物易于人工培养，繁殖快速，代谢旺盛，可研究基因的精细结构。微生物繁殖速度快，让科学家们可在有限的时间内研究大量的子代个体。高等生物的生命周期一般需几日、几周、几月，甚至几十年，而且每世代的个体数较少。果蝇虽然繁殖快，每世代也需一周，繁殖系数一般为100，这就限制了对基因的精细结构和功能的进一步研究。但微生物的生长繁殖速度远远快于高等生物，大肠杆菌在适宜的条件下约20min繁殖一代。按此速度计算，它在24h内可繁殖72代，生成4.722×10^{21}个子代大肠杆菌。

③ 由于微生物个体小且结构简单，环境条件对个体能起均匀而直接的作用，这就有利于探讨基因与环境的关系。如细菌的影印实验令人信服地证实了基因突变是自发产生的，与所存在的环境因素毫不相干，环境只对基因突变起选择作用（图8-1）。

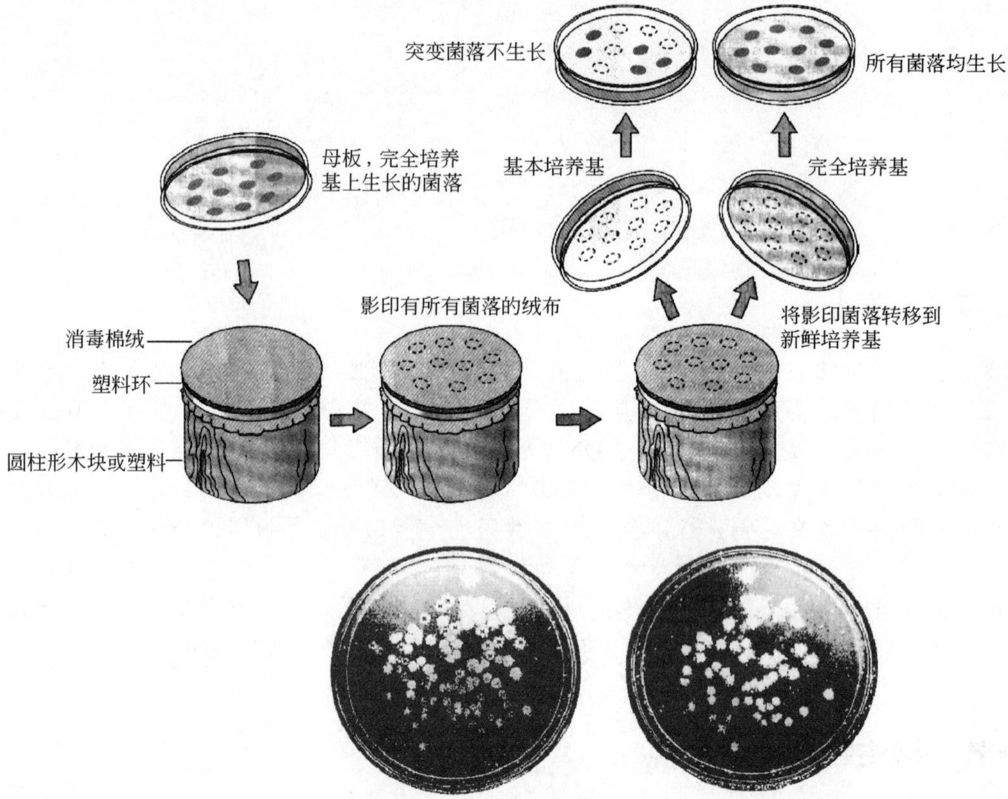

图8-1　细菌的影印实验

④ 存在多种突变类型，有利于杂交分析。不论是真菌、细菌还是病毒，都有各种突变型，这就为它们彼此之间进行杂交获得重组类型奠定了物质基础。尤其是营养缺陷型在基因重组、发育、分化、形态建成等方面均得到了广泛的应用，是进行遗传学研究的良好材料。

⑤ 基因重组方式多种多样，便于作为研究基因精细结构的研究材料，可以不必借助化学分析而对基因进行精细结构分析。现已知真菌中的粗糙脉孢菌存在有性生殖过程，减数分裂的产物呈顺序四分子排列，可直接观察它们的基因重组、**基因转换**（gene conversion）等；细菌可借助性毛，由更小的遗传物质——质粒进行传递，这就是接合生殖，使遗传物质单方向转移；噬菌体可混合感染细菌，DNA在宿主内能进行重组；以噬菌体为媒介，将供体基因传递给受体的过程，称为**转导**（transduction）。

⑥ 能被用作复杂体制生物的简单模型。高等动物和植物具有复杂的体制，在遗传学问题

研究上着手较难，而微生物结构体制简单，便于着手。不过，在微生物中所得到的结论不一定能完全应用于高等生物中，但是可以从中得到启发，从而推动高等生物遗传学的研究。

除了以上特点以外，微生物还有作为遗传学研究材料的许多优点，例如微生物菌落形态特征的可见性和多样性，存在多种处于进化过程中的原始有性生殖方式，容易长久保藏以及保藏方法的多样性等。总之，在遗传学领域中应用了微生物作为研究对象以后，在较短的时间内就积累了在高等动物和植物的遗传学研究中难以积累的资料，从而极大地推进了遗传学基础理论研究工作。

第二节 真菌的遗传

真菌是一群分布广阔、类群庞大的生物，约有十几万种，在土壤、空气、水中都可以找到它们的“足迹”。常见的有粗糙脉孢菌、根霉、曲霉等。有些与人类关系极为密切，如链霉菌、青霉菌、酵母菌等，有的则对人类危害非常大，如黄曲霉等。大多数真菌具有发达的菌丝体，且菌丝体多是单倍体，既可进行有性繁殖，又可进行无性繁殖。在有性繁殖时，可形成二倍体的**接合子**（conjugon），随即又发生减数分裂恢复单倍体状态，即在一个共有的子囊中产生4个核（又称**四分子**）或再经一次有丝分裂产生8个子囊孢子。粗糙脉孢菌的四分子按照减数分裂的结果，依次排列在一个子囊内，称**顺序四分子**（ordered tetrad）（图8-2）；衣藻和酵母菌的减数分裂的结果却是四分子散乱排列在子囊内，称为**非顺序四分子**（unordered tetrad）。对四分子进行的遗传学分析，称为**四分子分析**（tetrad analysis）。

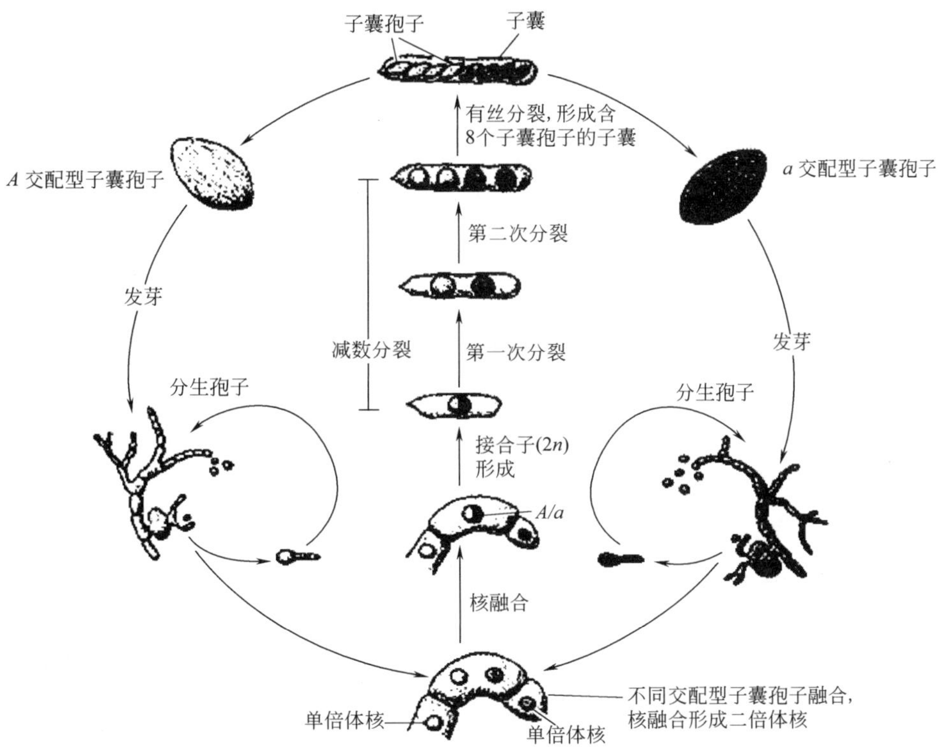

图8-2 粗糙脉孢菌生活史

一、顺序四分子的遗传分析

顺序四分子在遗传分析上有很多优越性：①可以把着丝粒作为一个**座位**（locus），计算某一基因与着丝粒的重组率，从而确定基因与着丝粒之间的距离，即着丝粒作图。②子囊中子囊孢子的对称性，证明减数分裂是一个交互过程。③一次减数分裂产物包含在一个子囊中，所以从一个子囊中的子囊孢子的性状特征就很容易直观地看到一次减数分裂所产生的四分体中一对等位基因的分离。而且8个子囊孢子是顺序地排列在狭长形的子囊中，根据这一特征可以进行着丝粒作图，并发现基因转换。④证明双交换不仅可以包括4线中的两线，而且可以包括3线或4线。

（一）着丝粒作图

粗糙脉孢菌的野生型又称为**原养型**（prototroph），在基本培养基上就能生长，子囊孢子按时成熟呈黑色。其**营养缺陷型**（auxotroph）在基本培养基上不能生长。如赖氨酸缺陷型是自己不能合成赖氨酸，因此培养时必须在基本培养基中加入适量的赖氨酸，此种缺陷型才能生长。缺陷型比野生型的子囊孢子成熟得慢，所以镜检时突变型的子囊孢子呈灰白色，与黑色的野生型子囊孢子区别明显，很容易进行分辨。

粗糙脉孢菌通过减数分裂产生四分子过程中，在一对非姐妹染色单体间没有发生着丝粒和某杂合基因座间交换的减数分裂以及发生了交换的减数分裂，其产物四分子中的等位基因在排列方式上是不同的，这可以直接通过四分子的排列顺序来反映。前者称为**第一次分裂分离**（first-division segregation）或叫MⅠ模式，孢子呈4黑4白有序排列；后者称为**第二次分裂分离**（second-division segregation）或称为MⅡ模式，孢子4黑4白不是有序排列，而总是两两相间（图8-3）。

着丝粒作图就是利用分裂分离来确定是否重组，再来计算标记基因到着丝点之间的图距。计算公式为：

$$\text{重组率}=(\text{交换型子囊数}/\text{总子囊数})\times 1/2\times 100\% \qquad (8\text{-}1)$$

现在用实验说明着丝粒作图。有两种不同接合型的粗糙脉孢菌菌株，一种是能合成赖氨酸的野生型菌株（记作lys^{+}或+），该菌株成熟的子囊孢子呈黑色。另一种是赖氨酸缺陷型

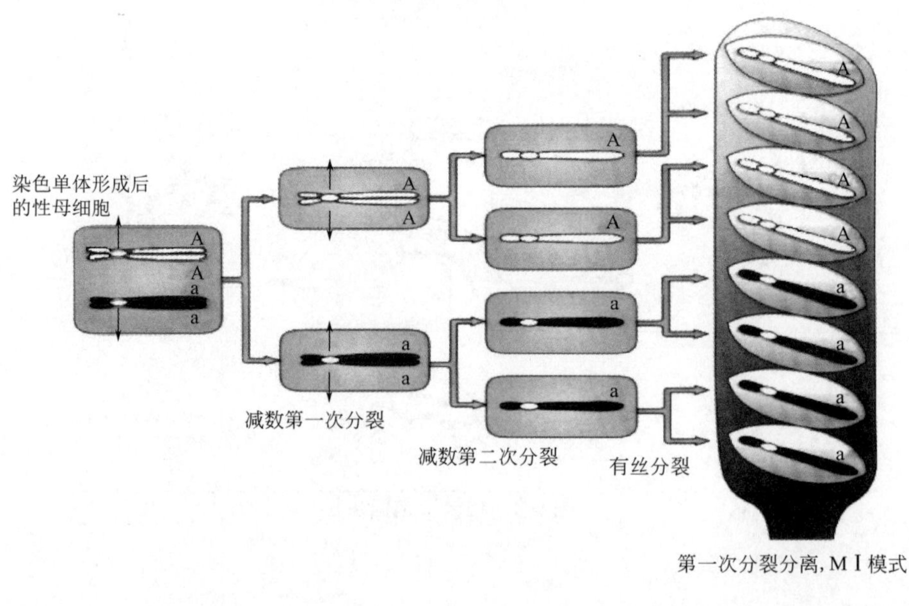

第一次分裂分离，MⅠ模式

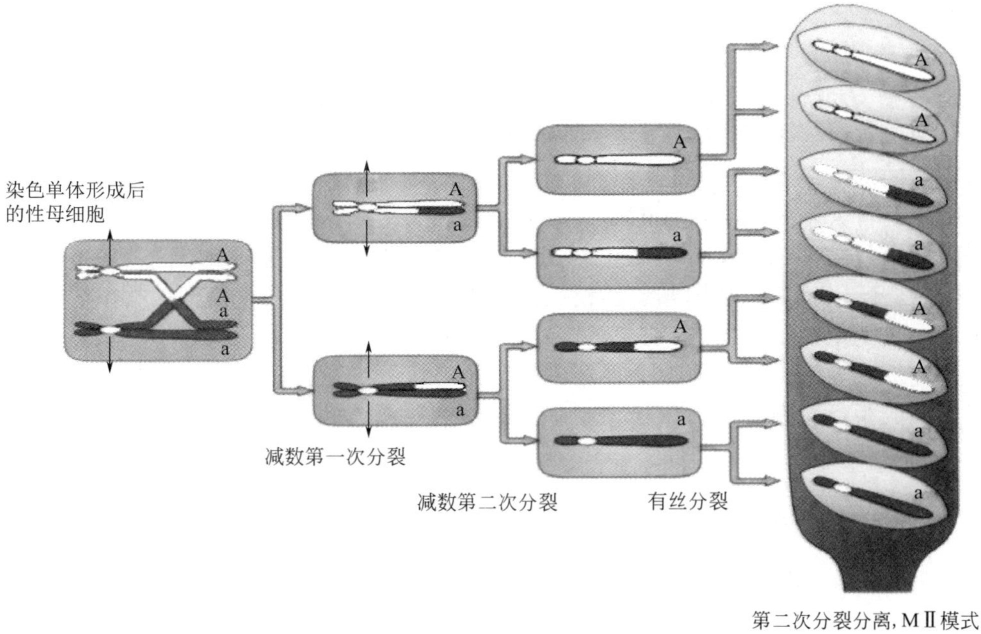

图8-3　粗糙脉孢菌的第一次分裂分离和第二次分裂分离

菌株（记作lys^-或−），这种菌株的子囊孢子成熟较迟，呈灰白色。将这两种菌株进行杂交$lys^+ \times lys^-$。在杂种子囊中减数分裂的产物，根据黑色孢子和灰白色孢子的排列次序可有6种子囊型，为方便起见只写出其中的4个**孢子对**（spore pairs），其计数的结果见表8-1。

表8-1　粗糙脉孢菌$lys^+ \times lys^-$杂交子代子囊类型

项目	（1）	（2）	（3）	（4）	（5）	（6）
子囊类型	+	−	+	−	+	−
	+	−	−	+	−	+
	−	+	+	−	−	+
	−	+	−	+	+	−
子囊数	105	129	9	5	10	16
分裂类型	MⅠ	MⅠ	MⅡ	MⅡ	MⅡ	MⅡ
	非交换型		交换型			

表8-1中的（1）和（2）两种类型的子囊中其子囊孢子的排列方式互为镜影，同样（3）和（4）、（5）和（6）也互为镜影，说明减数分裂是一个交互过程。从图可以推知，第一次减数分裂（MⅠ）时，带有lys^+的两条染色单体移向一极，而带有lys^-的两条染色单体移向另一极。这样，就lys^+/lys^-这一对基因而言，在第一次减数分裂时就发生了分离，所以子囊型（1）和（2）属于第一次分裂分离类型。进入第二次减数分裂时，每一染色单体相互分开，所以在每一子囊中两个lys^+的孢子排列在一起，两个lys^-的孢子排列在一起，再经过一次有丝分裂，最后形成4个孢子对，排列顺序自然是++−−或−−++，因为凡属第一次分裂分离的子囊，均是着丝粒和所研究的基因间未发生过交换，所以称为非交换型。毫无疑问，在此，lys^+/lys^-基因与着丝粒间没有发生过交换。子囊型（3）（4）（5）和（6）均属于第二次分裂分离的子囊。由于lys^+/lys^-基因与着丝粒之间发生了一次单交换，带有lys^+的染色单体和带有交

换而来的lys^-的染色单体相互分开，必然发生在第二次减数分裂时（MⅡ）。就lys^+/lys^-这一对基因对而言，分离发生在第二次减数分裂。所以它们在有丝分裂后最终形成的子囊孢子的排列顺序是+−+−（或−+−+）以及+−−+（或−++−）。由此可见，凡属第二次分裂分离型的子囊，一定是在着丝粒与所研究的基因之间发生过交换。所以MⅡ型也称作交换型。染色体上两个基因座之间的距离越远，则它们之间发生交换的频率愈高。因此，第二次分裂分离的子囊越多，则说明有关基因和着丝粒的距离越远。所以由第二次分裂分离子囊的频数，可以计算某一基因和着丝粒间的距离，该距离称为着丝粒距离。由于交换发生在4个染色单体的两个染色单体中，所以有关的基因和着丝粒之间的每一次交换产生两个交换型和两个非交换型的染色单体，也就是说，每发生一次交换，一个子囊中只有半数孢子发生重组。从子囊中子囊孢子排列的形式来讲，则每一次交换产生一个第二次分裂分离的子囊。因此为了使着丝粒与有关基因间的距离和杂交子代中按重组率所表示的距离一致，着丝粒与有关基因间的重组率为：

$$\text{重组率（有关基因−着丝粒）} = \frac{\text{MⅡ} \times 1/2}{\text{MⅠ} + \text{MⅡ}} \times 100\% \tag{8-2}$$

将表8-1中各类子囊数代入公式即得：

$$\text{着丝粒与}lys^+\text{基因间的重组率} = \frac{(9+5+10+16)\times 1/2}{105+129+9+5+10+16} \times 100\% = 7.3\%$$

这表明lys^+基因与着丝粒间的相对距离为7.3cM。

（二）两个连锁基因的作图

以上涉及的是只有一对基因的着丝粒作图，利用顺序四分子分析也可以对两个基因进行连锁分析和作图。粗糙脉孢菌的烟酸缺陷型*nic*（简化代号为*n*），需要在培养基中添加烟酸才能生长，腺嘌呤缺陷型*ade*（简化代号为*a*），需要在培养基中添加腺嘌呤才能生长。将*n*+×+*a*两个菌株杂交。由前可知，一对基因杂交，有6种不同的子囊型，两对基因杂交必有6×6=36种不同的子囊类型；但是因为半个子囊内的基因型次序可以忽视，不论是“*n*+”孢子对在上面，“+*a*”孢子对在下面，还是“+*a*”孢子对在上面，“*n*+”孢子对在下面，都不过是反映着丝粒在减数分裂过程中的随机趋向而已，所以可以把36种不同的子囊型归纳为7种基本子囊型（表8-2）。

表8-2　粗糙脉孢菌*n*+×+*a*杂交子代子囊类型

项目	（1）	（2）	（3）	（4）	（5）	（6）	（7）
四分子基因型	+*a*	++	++	+*a*	+*a*	++	++
	+*a*	++	+*a*	*na*	*n*+	*na*	*na*
	n+	*na*	*n*+	++	+*a*	++	+*a*
	n+	*na*	*na*	*n*+	*n*+	*na*	*n*+
分裂分离时期	MⅠMⅠ	MⅠMⅠ	MⅠMⅡ	MⅡMⅠ	MⅡMⅡ	MⅡMⅡ	MⅡMⅡ
四分子类型	PD	NPD	T	T	PD	NPD	T
子囊数	808	1	90	5	90	1	5
染色体交换	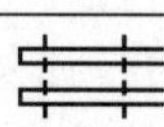	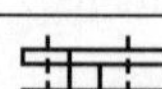	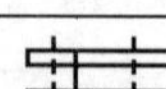	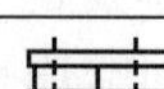	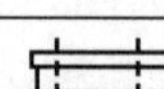	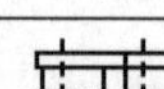	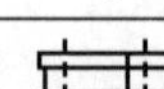
交换类型	无交换	四线双交换	单交换	二线双交换	单交换	四线多交换	三线双交换
重组	0	100%	50%	50%	0%	100%	50%

两对基因杂交时，如不考虑孢子排列，只考虑性状组合时，子囊可以分作3种四分子类型。

1. 亲二型（parental ditype，PD）

2种基因型，而且跟亲本一样。包括子囊型（1）和（5）。

2. 非亲二型（non-parental ditype，NPD）

有2种基因型，都跟亲本不同，是重组型。包括子囊型（2）和（6）。

3. 四型（tetratype，T）

有4种基因型，其中2种与亲本相同，2种重组型，包括子囊型（3）（4）和（7）。

两对基因杂交时，事先我们并不知道*n*和*a*基因是否连锁，通过四分体分析我们不仅能确定这两个基因是否连锁，而且如果连锁的话我们还能确定它们在染色体上的排列顺序，计算出*n*和*a*基因与着丝点之间的图距以及*n*和*a*间的距离。

（1）首先判断*n*、*a*基因是独立分配还是连锁

根据表8-2中的数据，PD=808+90=898，NPD=1+1=2。如果这两个基因是自由组合的话，可以预期PD/NPD=或≈1：1，而实验结果PD>>NPD。说明这两个基因不是自由组合，而是相互连锁的。在判断这两个基因是否连锁时，四分子类型中的T型（四型）数据不能带来有价值的信息，因为T型四分子中有4种基因型，其中50%为重组型，50%为亲本型，不能与独立分配的遗传规律相区别，因此T型四分子说明不了问题，故只需比较PD/NPD=1或≈1，则非连锁，PD/NPD>1，则连锁。如果NPD的子囊数极少，则连锁很紧密。

（2）计算着丝粒与*n*、*a*基因间的重组率（RF）

$$\text{着丝粒与}n\text{基因间的重组率}=\frac{\text{M II}\times 1/2}{\text{M I}+\text{M II}}\times 100\%$$

$$=\frac{(5+90+1+5)\times 1/2}{808+1+90+5+90+1+5}\times 100\%=5.05\%$$

$$\text{着丝粒与}a\text{基因间的重组率}=\frac{(90+90+1+5)\times 1/2}{808+1+90+5+90+1+5}\times 100\%=9.3\%$$

计算的结果告诉我们*nic*和着丝粒之间的距离为5.05cM。*ade*和着丝粒之间的距离为9.03cM。目前知道了*nic*和*ade*是在同一条染色体上以及它们和着丝粒的距离，但还不知道它们具体的排列顺序。根据目前的信息有两种可能（图8-4）：①*nic*和*ade*分别位于着丝粒的两侧；②*nic*和*ade*位于着丝粒的同侧。究竟属于哪一种情况呢？假设两个基因位点在着丝粒的两侧，那么*nic*和着丝粒之间的重组与*ade*和着丝粒之间的重组是各自独立的，也就是说*nic*和着丝粒之间发生一次重组不会影响到*ade*和着丝粒之间的关系；相反，若两个座位都在着丝粒的同侧，一旦*nic*和着丝粒之间发生了一次交换，若不存在双交换的话，势必使*ade*和着丝粒也产生重组。从前面的资料来看，*nic*和着丝粒之间产生的子囊为（4）（5）（6）（7），共101个子囊，其中（5）（6）（7）型子囊共96个，同时也发生了*ade*和着丝粒之间的重组，表明基本符合第二种情况，那么为什么有5次不同步发生重组呢？从表8-2中不难看出，不同步的仅为第四种子囊型，共5个子囊，从重组的图中很清楚地看到是由于在*nic*和*ade*之间发生了一次双交换，结果使*ade*和着丝粒之间未能重组。因此，*nic*和*ade*基因应位于着丝粒的同侧。

下面我们再来计算*nic*和*ade*之间的遗传距离。根据计算重组率的原则：重组率=重组合/（亲组合+重组合）×100%，NPD的子囊（2型和6型）4条染色单体都是重组型的，即整个子囊都是重组型，故无需再乘以0.5，而T子囊中只有一半的染色单体为重组型，故需乘以0.5。

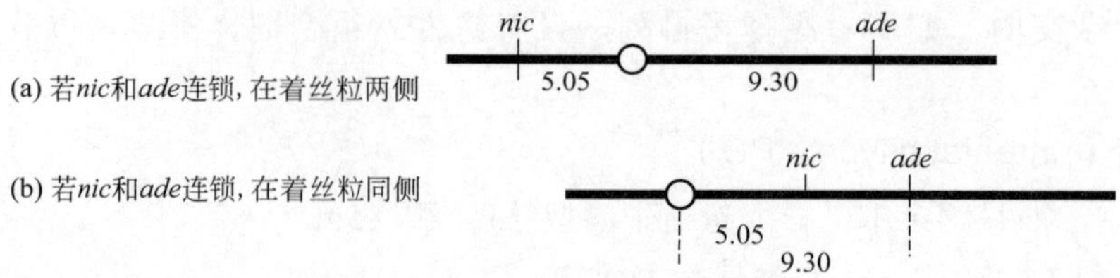

图8-4　*nic*和*ade*可能的排列顺序

nic–*ade*的重组率=(1/2T+NPD)/(T+NPD+PD)×100%

=[1/2×(90+5+5)+1+1]/(808+1+90+5+90+1+5)

=5.2%

从公式计算出*nic*和*ade*之间的图距为5.2cM，而从图8-4中，我们用*ade*–着丝粒之间的图距减去*nic*–着丝粒之间的图距也应等于*nic*–*ade*的图距，即为9.3cM−5.05cM=4.25cM，比用公式计算出的图距要小，或者说着丝粒–*ade*的图距应为5.05cM+5.20cM=10.25cM，这样就大于前面计算的结果（9.3cM）。这是为什么呢？这是由于双交换的存在使着丝粒–*ade*之间的重组率低估了，从表8-3中可以看出低估的原因。

表8-3　着丝粒–*ade*之间重组率的计算与低估

子囊型	重组的染色单体数/子囊			遗漏数	子囊型	总的重组型染色单体数			总遗漏数
	·–*nic*	*nic*–*ade*	·–*ade*			·–*nic*	*nic*–*ade*	·–*ade*	
2	0	4	0	4	1	0	4	0	4
3	0	2	2	0	90	0	180	180	0
4	2	2	0	4	5	10	10	0	20
5	2	0	2	0	90	180	0	180	0
6	2	4	2	4	1	2	4	2	4
7	2	2	2	2	5	10	10	10	10
总计	8	14	8	14	192	202	208	372	38

从表8-3中可以看出着丝粒–*nic*+*nic*–*ade*=202+208=410≠着丝粒–*ade*（372），这是因为遗漏了38条重组型单体。现在的计算方法不是以子囊而是以染色单体数来计算的，所以分母应用子囊数乘4，即低估的重组率为38/(4×1000)=0.95%，9.30cM+0.95cM=10.25cM，正好符合了直线排列原理。

二、非顺序四分子的遗传分析

酿酒酵母、构巢曲霉和单细胞藻类中的衣藻的每一个子囊中的8个子囊孢子的排列是杂乱无序的，不能用着丝粒作图分析。这类真菌的遗传分析可采用非顺序四分子分析（unordered tetrad analysis）方法。以酿酒酵母为例，其生活史如图8-5所示，图8-6为酵母菌减数分裂产物。如果要研究*A*、*B*基因是否连锁，并计算图距。首先要明确当*AB*×*ab*杂交时，无论有无连锁，只产生如图8-7所示的3种可能的无序四分子。

如果两个基因连锁，各种四分体的类型如图8-7所示，若未发生交换，产生亲二型（PD），如在两个基因间发生一次交换，结果产生两个亲组合和两个重组合的染色体称为四型（T型）。若发生双交换的话，仍是亲二型（PD）。若发生三线交换的话，则涉及四条染色体中的三条，有两种形式：1-3三线双交换和2-4三线双交换，其结果是产生四型的子囊，即两条染色体是重组的，两条染色体是亲组合的。最后一种是四线双交换，产生的子囊是NPD。NPD是4种双交换中的一种，比较少。如果PD的频率远远大于NPD子囊的频率，即PD ≫ NPD，我们就可以推断这两个基因是连锁的。

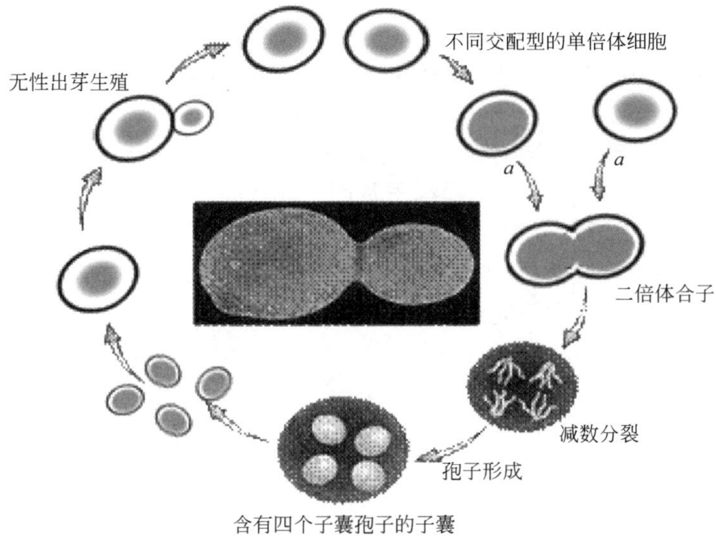

图8-5　酵母菌生活史

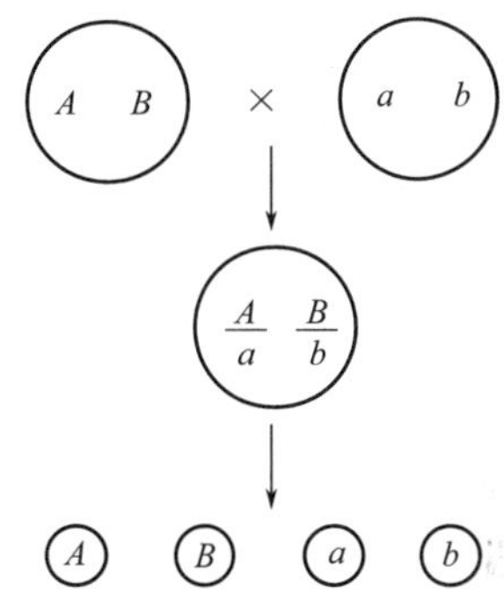

图8-6　酵母菌减数分裂产物

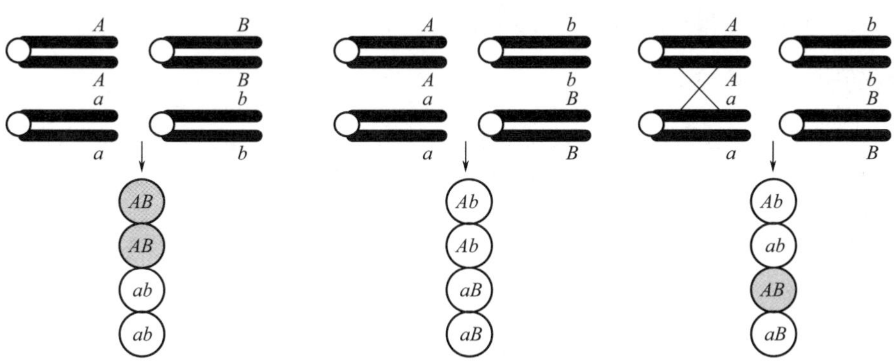

图8-7　酵母菌无序四分子可能的三种类型

一旦已确定两个基因是连锁的，只要具有各种类型子囊数据的资料，就可以根据作图公式来计算两个基因之间的距离：（重组体的数目/后代的总数）×100%。

现在来看，PD型子囊四条染色单体都是亲组合，而T型子囊有两条染色单体是亲组合，另两条染色单体是重组合；NPD型子囊四条染色单体都是重组合的，那么两个基因之间的重组频率是：(1/2T+NPD)/总子囊数×100%。

第三节　细菌的遗传分析

一、细菌的遗传物质

细菌的遗传物质是DNA，DNA靠其构成的特定基因来传递遗传信息。细菌最大的细胞学特点就是无核膜与核仁的分化，只有一个核区称拟核。细菌的基因组是指细菌核基因组和核以外遗传物质所携带基因的总和。核外的遗传物质是指质粒DNA和转位因子等。其核基因组处于拟核区，无组蛋白，与类似组蛋白的碱性蛋白质结合。结构上除疏螺旋体属（*Borrelia*）的细菌为线形DNA外，几乎所有原核生物均为闭合双链环状DNA。以大肠杆菌K12为例，染色体长1300～2000μm，约为菌体细胞长的1000倍，在菌体内高度盘旋缠绕成丝团状。染色体DNA的分子量为3×10^9左右，约4700000bp，若以600bp构成一个基因，整个染色体含4000～5000个基因，现已知编码了2000多种酶类及其他结构蛋白。基因是具有一定生物学功能的核苷酸序列，如编码蛋白质结构基因的**顺反子**（cistron）、编码核糖体RNA（rRNA）的基因以及**启动子基因**（promoter gene）和**操纵子基因**（operator gene）等。细菌核DNA的复制，在大肠杆菌中已被证明是双向复制。即双链DNA解链后从复制起点开始，在一条模板上按顺时针方向复制连续的大片段，另一条模板上按逆时针方向复制若干断续的小片段，然后再连接成长链。复制到180°时汇合，完成复制全过程约需20min。

二、质粒

质粒（plasmid）一词是在1952年提出来的，指的是一种独立于染色体以外的，能进行自主复制的细胞质遗传因子，质粒所含的基因对宿主细胞一般是非必需的；在某些特殊条件下，质粒有时能赋予宿主细胞以特殊的机能，从而使宿主得到生长优势。它广泛分布于原核和真核细胞中，目前在除细菌以外的蓝藻、酵母、丝状真菌、植物、动物和人类中均有发现。但以细菌中质粒研究得最为详细、透彻。

（一）质粒的分子结构及其鉴定

质粒通常以**共价闭合环状**（covalently closed circle，CCC）的超螺旋双链DNA分子形式存在于细胞中，但通过细胞裂解、蛋白质和RNA去除以及质粒DNA与染色体DNA分离等步骤后分离得到的质粒通常有三种构型，即CCC型、**开环型**（open circular form，OC）和**线型**（linear form，L）（图8-8）。由于不同构型的DNA插入**溴化乙锭**（ethidium bromide，简写为EB，可与DNA和RNA分子结合，使其在紫外线照射下显现荧光，便于观察）等核酸染料的量不同，它们在琼脂糖凝胶电泳中的迁移率也不同，CCC型质粒DNA泳动速度最快，OC型质粒DNA泳动速度最慢，L型质粒DNA泳动速度居中，因此进行质粒检测时，通常有三条带显现，我们也可以通过单酶切方式，使所有质粒均成线型构象，在电泳时呈单一条带（图8-9）。

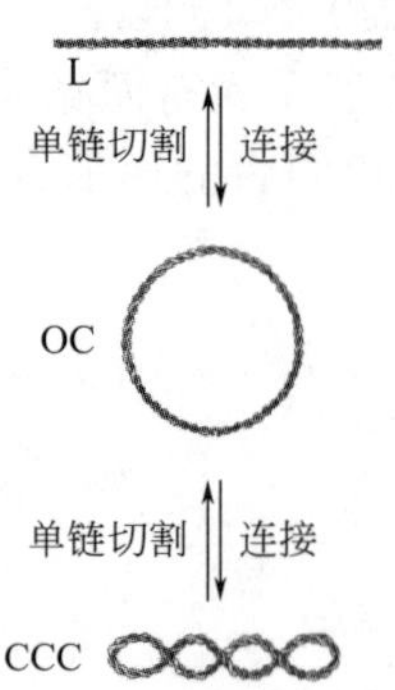

图8-8　质粒的三种构型

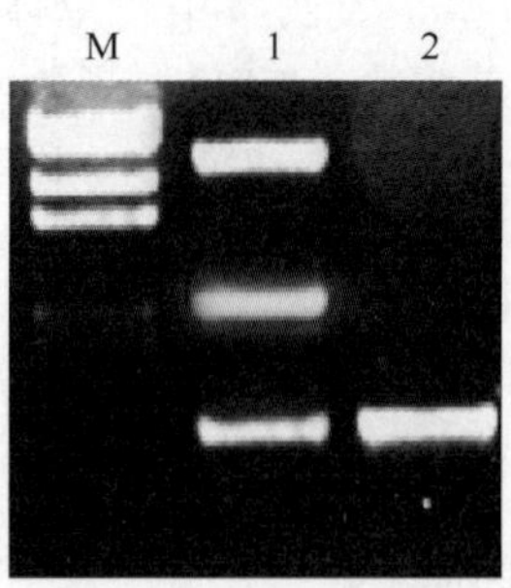

图8-9　质粒电泳图

（二）质粒的类型

当谈到质粒的类型时，可以从质粒编码特性及其赋予宿主的表型效应、宿主范围以及质粒DNA复制方式等方面分析。

1. 根据质粒的拷贝数

分为**高拷贝数**（high copy number）质粒也称**松弛型质粒**（relaxed plasmid）（每个宿主细胞中可以有10～100个拷贝）和**低拷贝数**（low copy number）质粒也称**严紧型质粒**（stringent plasmid）（每个宿主细胞中可以有1～4个拷贝）。

2. 根据宿主范围

若质粒复制起始点特异，只能在一种特定的宿主细胞中复制，称为窄宿主范围质粒；若质粒复制起始点不太特异，可以在许多种细菌中复制，则为广宿主范围质粒。

3. 根据质粒的编码特性和赋予宿主的表型效应

（1）**致育因子**（fertility factor）

又称**F因子**，大小约100kb，这是最早发现的一种与大肠杆菌接合生殖有关的质粒（图8-10）。F因子编码在细菌表面的性菌毛，F因子编码的性菌毛可在供体与受体菌间形成交通连接结构，从而可使两个杂交细菌间形成胞质内连接桥，从而达到基因重组的目的。携带F因子的菌株称为F^+菌株，不携带F因子的菌株称为F^-菌株，F因子整合到宿主染色体上的菌株为**高频重组菌株**（high frequence recombination，Hfr），Hfr菌株上的F因子通过重组回复成自主状态时，若产生错误切割，使得F因子携带部分染色体基因片段时，则称为F′菌株（图8-11）。

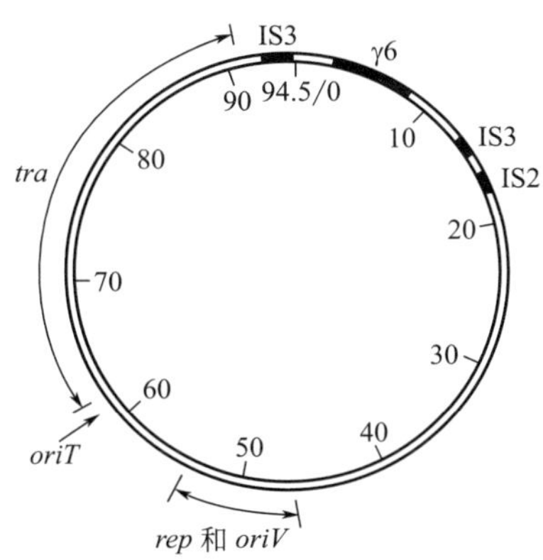

图8-10 F因子图谱

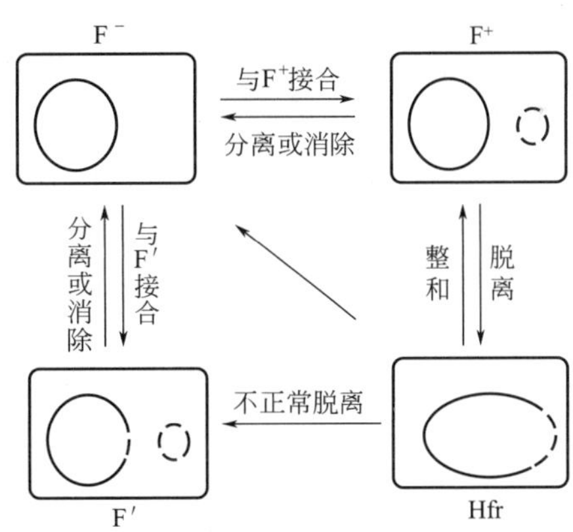

图8-11 F因子及其在细胞中的存在方式以及与大肠杆菌四种菌株的关系

（2）**抗性因子**（resistance plasmid）

又称**R因子**，主要包括抗药性和抗金属两大类，抗性质粒在细菌间的传递是细菌产生抗药性的重要原因之一，带有抗药性因子的细菌有时可对几种抗生素和药物呈现抗性。例如R100质粒（89kb）对5种药物、1种重金属具有抗性，它们分别是四环素（tetracycline，tet）、链霉素（streptomycin，str）、磺胺（sulfonamide，sul）、氯霉素（chloramphenicol，cml）、夫西地酸（fusidic acid，fus）和汞（mercuric ion，mer），并且负责这些抗性的基因成簇地存在于抗性质粒上（图8-12）。

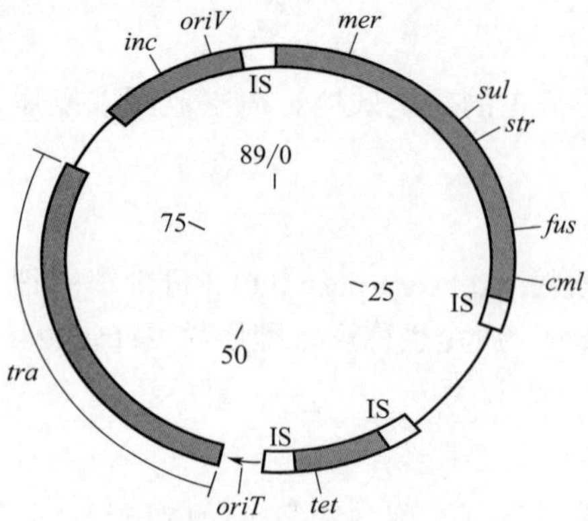

图8-12　抗性质粒R100图谱

（3）**产细菌素质粒**（bacteriocin production plasmid）

许多细菌都能产生抑制或杀死其他近缘细菌或同种不同菌株而自身不受影响的代谢产物，因为它是由质粒编码的蛋白质，且不像抗生素那样具有很广的杀菌谱，故称为细菌素。细菌素种类很多，一般根据其产生菌来命名，如**大肠杆菌素**（colicins），即是大肠杆菌产生的细菌素，而编码大肠杆菌素的质粒即Col质粒。凡携带Col质粒的菌株，因质粒本身可编码一种免疫蛋白，故对大肠杆菌素有免疫作用，不受其伤害。

（4）**毒性质粒**（virulence plasmid）

许多致病菌的致病性是由其所携带的质粒引起的，这些质粒具有编码毒素的基因，其产物对宿主（动物、植物）造成伤害。例如产毒素大肠杆菌是引起人类和动物腹泻的主要病原菌之一，其中许多菌株含有编码一种或多种肠毒素的质粒。苏云金杆菌含有编码δ内毒素（伴孢晶体中）的质粒，是其杀灭鳞翅目昆虫的主要原因。此外，根癌土壤杆菌所含的Ti质粒是引起双子叶植物冠瘿瘤的致病因子，其机制是Ti质粒上的一段特殊DNA片段转移至植物细胞并整合到其染色体上，导致细胞无控制地瘤状增生，该DNA片段称为T-DNA，T-DNA可携带任何外源基因整合到植物基因组中，是目前植物基因工程中有效的克隆载体。

（5）**代谢质粒**（metabolic plasmid）

该类质粒上携带有利于微生物生存的基因，如编码降解某些基质的酶、介导共生固氮，或产生抗生素（某些放线菌）等。如降解质粒，可将复杂的有机化合物降解成能被微生物作为碳源和能源利用的简单形式，主要是假单胞菌类，在环境保护方面具有积极的意义。

（6）**隐秘质粒**（cryptic plasmid）

隐秘质粒不显示任何表型效应，它们只有通过物理的方法，例如用凝胶电泳检测细胞抽提液等方法才能发现。它们存在的生物学意义，目前几乎不了解。在应用上，很多隐秘质粒被加以改造（一般加上抗性基因）作为基因工程的载体。

三、转化

（一）转化现象

细菌通过细胞膜摄取周围环境中DNA片段，并通过重组将其整合到自身染色体中的过程，称为转化。在细菌中转化很可能是十分普遍的现象。前人的研究发现链球菌属、嗜血杆菌属、芽孢杆菌属、奈瑟氏球菌属、假单胞菌属和大肠杆菌属的细菌都可以转化。

当外源DNA进入宿主后，使宿主产生新的表现型时就能测知转化的发生。1928年F.Griffith用肺炎链球菌S型和R型作实验材料发现了转化现象。S型，有毒，菌落光滑；R型，无毒，菌落粗糙。R型与加热杀死后的S型混合后，可导致小白鼠死亡。当时无法解释这一结果，但可以肯定，加热杀死后的S型含有某种促成R型转变为有毒型的物质。1944年，O.T.Avery不仅重复了上述试验，而且从S型中提取DNA与R型菌混合在一起，在离体的情况下，也成功地使少数R型细菌转变为S型。经多种试验证明，导致这一转变的物质是DNA，这是细菌遗传性状定向转化的第一个实例，也是DNA作为遗传物质的最直接的证据。但是，并非所有的细菌都能够发生转化，转化是有条件的，包括受体菌与外源DNA两个方面。

① 从受体菌方面来讲，只有处于感受态的细菌才能吸收外源DNA实现转化。

② 外源DNA方面，必须具备两个基本条件，即具有高分子量和同源性：转化DNA的分子量通常在1×10^7以下，约占细菌染色体组的0.3%，否则活性丧失；多数研究中，基因转移使用的是双链线性DNA，某些单链、共价闭合环状DNA也可用于转化；亲缘关系越近，DNA的纯度越高，则转化率越高。

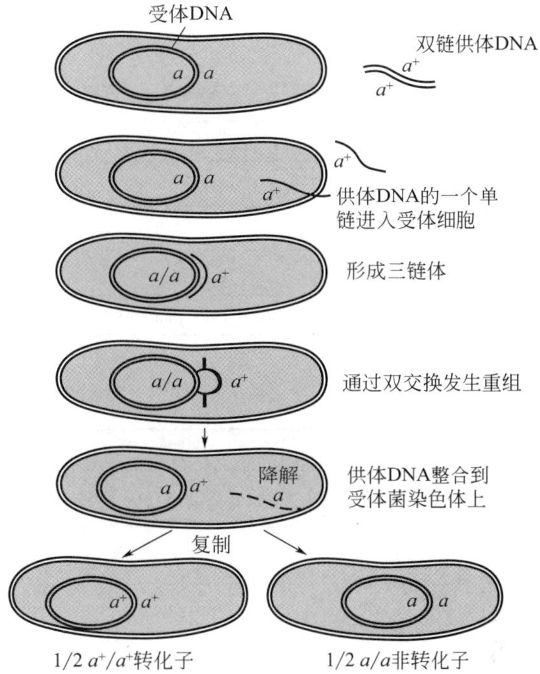

图8-13 转化过程

（二）转化过程

当受体细胞处于感受态时，符合要求的外源DNA分子可结合在受体细胞表面的几个接受座位上。最初的结合是可逆的。稳定结合在这些座位上的DNA分子随后被细菌所吸收，这是不可逆的过程。

在外源DNA进入细胞的过程中，由核酸外切酶降解其中的一条链，并利用降解过程中产生的能量，将另一条单链拉进细胞中。

细菌转化过程中的重组（图8-13）：①供体片段与受体DNA联会；②单链的供体片段与受体DNA变性部位的一个单链形成双链，置换出受体的一条单链；③完全形成新的双链，但尚有缺口或切刻；④被置换的受体单链被降解；⑤杂合双链的形成（通过DNA聚合酶和连接酶）；⑥通过DNA复制产生稳定的转化子。

供体的单链片段进入细胞后与相应的受体DNA片段联会，二者之间同源性越大，越容易形成杂交双链。外源的单链DNA在对应位点置换受体DNA的一条链从而完成转化的全过程。在相应位置上受体的一条单链片段被置换下来，最终被降解。整合对同源DNA具有特异性，根据亲缘关系的远近，整合的频率不同。转化以后，只有出现了遗传性状的变异，才能确定转化的发生。由于DNA是以小片段的形式进入的，所以距离很远的两个基因很难同时存在于一个片段中，除非分别包括这两个基因的两个片段同时进入受体，它们一般是不能同时对受体进行转化的。按照概率原理，两个片段同时转化的概率应该是它们单独转化的概率的乘积，所以这种概率是很低的。但是，当两个基因密切连锁时，它们就有较多的机会包括在同一个DNA片段中同时被整合到受体染色体中。因此，密切连锁的基因可以通过转化进行作图。

（三）转化作图

E.W.Nestar等用枯草芽孢杆菌（*Bacillus subtilis*）的一个菌株$trp_2^+his_2^+tyr_1^+$作供体，提取DNA向受体$trp_2^-his_2^-tyr_1^-$菌进行转化，结果见表8-4。

从表中可以看出，经过转化的个体，即**转化体**（transformant）中，数目最多的是三个座位同时被转化的类别，这意味着所研究的三个座位在染色体上是靠得很近的。

计算trp_2和his_2之间的重组率时（表8-5），685个$trp_2^-his_2^-$应当看成是没有机会和带有这两个基因的供体DNA片段相遇的细胞，计算时不能考虑。同理，计算trp_2和tyr_1的重组率时不能考虑418个 $trp_2^- tyr_1^-$，计算 his_2 和 tyr_1 的重组率时则不考虑2600个 $his_2^- tyr_1^-$。

表8-4　$trp_2^+ his_2^+ tyr_1^+ \times trp_2^- his_2^- tyr_1^-$ 及其结果

基因	转化子类别						
trp_2	+	−	−	−	+	+	+
his_2	+	+	−	+	−	−	+
tyr_1	+	+	+	−	−	+	−
	11940	3660	685	418	2600	107	1180

表8-5　重组率的计算

基因间重组	亲本型（++）	重组型（+−）（−+）	重组率
$trp_2^- - his_2^-$	11940+1180=13120	3660+418+2600+107=6785	6785/19905=0.34
$trp_2^- - tyr_1^-$	11940+107=12047	3660+685+2600+1180=8125	8125/20172=0.40
$his_2^- - tyr_2^-$	11940+3660=15600	685+418+107+1180=2390	2390/17990=0.13

由表8-5中的计算可知，三个基因的顺序是 $trp_2 his_2 tyr_1$。

转化时细菌染色体的重组和接合一样，只有一种重组体，相反的重组体是不存在的，只有双交换和偶数次的多次交换才是有效的。

四、细菌接合

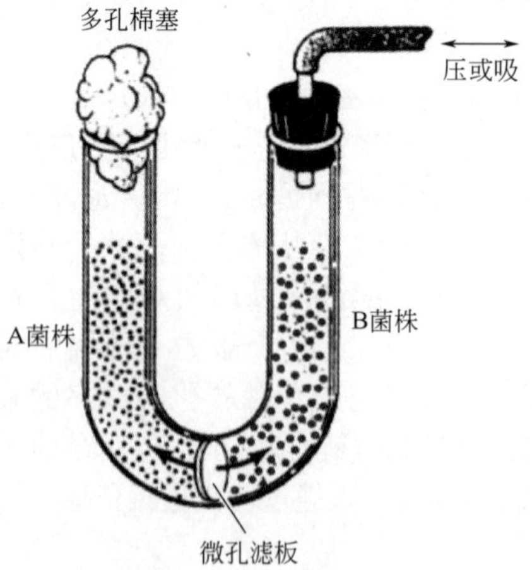

图8-14　U形管实验

U形管中间隔有滤板，只允许培养介质通过而细菌不能通过。其臂盛有完全培养基，当将两株不同的营养缺陷型分别接种到U形管两臂进行“混合”培养后，没有发现基因交换和重组（基本培养基上无原养型菌落生长），证明Lederberg等观察到的重组现象需要细胞的直接接触

细菌接合是指供体菌和受体菌完整的细胞间的直接接触，从而实现大段DNA传递的现象。

J.Lederberg和E.Tatum于1946年设计了一个有名的实验，才证明了原核生物的接合现象。

他们筛选出了两种不同营养缺陷型的大肠杆菌K12突变株，其中A菌株是 met^-、bio^-，B菌株是 thr^-、leu^-，将它们在完全培养基上混合培养后，再涂布于基本培养基上。结果发现，在基本培养基上出现了 met^+、bio^+、thr^+、leu^+ 的原养型菌落（约为 10^{-7}），而分别涂布的两种亲本菌株对照组都不出现任何菌落。Davis的U形管实验（图8-14）进一步证实，上述遗传重组的形成，是两个亲本细胞接合以后发生基因重组的结果。在细菌中，接合现象研究最清楚的是大肠杆菌，研究发现大肠杆菌是有性别分化的，决定性别的是一种质粒，即F因子。现在根据大肠杆菌细胞中是否存在F因子以及其在细胞中的存在方式不同，可把大肠杆菌分成以下四种类型。

① F^+ 菌株：F因子以游离状态存在，可独立于染色体进行自主复制。一般有1～4个，且细胞表面有

相当数量的性菌毛。

② F^-菌株：不含F因子，无相当数量的性菌毛。

③ Hfr菌株：F因子整合在宿主染色体的一定部位，并与宿主染色体同步复制。研究发现Hfr与F^-菌重组的频率要比F^+菌与F^-菌重组的频率高得多。

④ F′菌株：因为F因子整合到染色体上是一种可逆过程，当F因子从Hfr菌染色体上脱落时，会出现一定概率的错误基因交换，从而使F因子带上宿主染色体的遗传因子，这时的F因子称为F′因子。

几种接合的结果表述如下：

（1）$F^+ \times F^-$

通过F^+菌产生的性菌毛把两者连接在一起，并在细胞间形成胞质桥（或称接管），F因子通过胞质桥进入受体细胞，使重组体从F^-菌变成了F^+菌。其主要过程是，F因子的一条DNA单链断裂（在特定位点上）、解链，并单向转移进入受体细胞，在此作为模板而形成新的F因子；另一条在供体细胞内的DNA链也成为模板并以滚环模型形式复制；最终供体菌及受体菌均成为F^+菌。

（2）$Hfr \times F^-$

当Hfr菌与F^-菌株发生接合时，Hfr的染色体双链中的一条单链在F因子处发生断裂，由环状变为线状，F因子则位于线状单链DNA末端。整段线状染色体也在5′末端的引导下，等速转移至F^-菌。在没有外界因素干扰的情况下，这一转移过程全部完成约需100min。实际上在转移过程中，使接合中断的因子很多，因此这么长的线状单链DNA常常在转移过程中发生断裂。所以越是处在Hfr染色体前端的基因，进入F^-的概率就越高，这类性状出现在接合子中就越早。由于F因子位于线状DNA的末端，进入F^-菌的机会最少，故引起F^-菌变成F^+菌的可能性也最小。因此Hfr菌与F^-菌接合的结果其重组频率虽最高，但转性频率却最低。

（3）$F' \times F^-$

通过F′与F^-的接合就可以使后者变成F′。它既可使F^-菌获得F′菌的F′因子，又可获得F′的部分遗传性状。

五、中断杂交作图

（一）中断杂交试验

此方法是雅各布（F.Jacob）和沃尔曼（E.Wollman）（1956年）首创的。所谓**中断杂交作图**（interrupted mating mapping）是让带有多种野生型基因并含有str^s的Hfr菌株与带有缺陷型基因并含有str^r的F^-菌株杂交，间隔一定时间取少量样品，通过剧烈搅拌或振荡使结合中的细菌细胞相互脱离，然后再在排除亲本Hfr菌株（含有链霉素）的培养基上继续培养，分析培养基上出现的菌落，确定供体基因传递的时间和顺序，从而将细菌的基因在一条直线上绘制成连锁图（图8-15）。

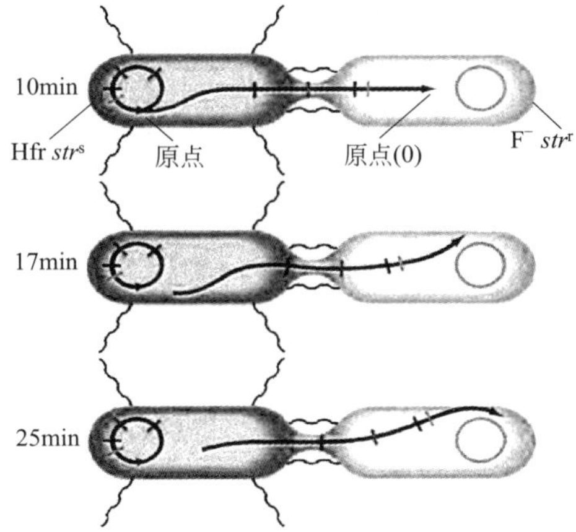

图8-15 中断杂交试验

具体试验如下：Hfr　　$thr^+\ leu^+\ azi^r\ ton^r\ lac^+\ gal^+\ str^s$

F^-　　$thr^-\ leu^-\ azi^s\ ton^s\ lac^-\ gal^-\ str^r$

将处于对数生长期的F^-（4×10^8个/mL）和Hfr（2×10^7个/mL）混合，在肉汤培养基中进

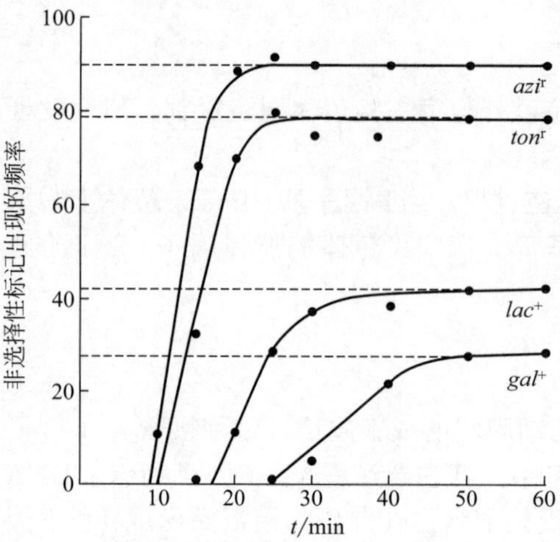

图8-16 中断杂交试验数据

行通气培养，每隔一定时间取样，把样品放入组织搅拌器中猛烈搅拌，使细菌接合中断。经稀释后涂布到含链霉素且不含苏氨酸和亮氨酸的选择培养基的固体平板上，使$thr^+leu^+str^r$重组体形成菌落，然后测定每一菌落的非选择性标记基因。结果，混合8min取样时，所得到的菌落的非选择性标记基因全部和F^-菌株相同。混合9min取样时，开始出现具有少数叠氮化钠抗性（azi^r）菌落，说明azi^r基因已进入少数F^-菌株中。混合培养11min取样时，开始出现具有T1噬菌体（*ton*）抗性的细菌；混合18min和24min，又陆续出现了乳糖发酵和半乳糖发酵型菌落，说明这4个基因（azi^r、ton^r、lac^+、gal^+）是在9min、11min、18min、24min时先后从Hfr菌株中转入F^-菌株体内的（图8-16）。

（二）中断杂交作图

从上述结果看，两个菌株混合培养的时间越长，在F^-菌株中出现的Hfr菌株的性状越多。一个特定的Hfr菌株和一个F^-菌株细胞接合时，首先在F^-菌株中出现的供体性状是固定不变的，而且各种性状的出现有一定的先后次序。这表明供体染色体是从某一特定位置开始逐渐转移的，这一特定位置就叫转移原点。现以上述杂交时各基因出现的先后次序和时间为依据，画出大肠杆菌的几个基因的连锁图［图8-17（a）］。如果让Hfr×F^-杂交继续进行，长达2h，然后使之中断，这样发现某些F^-受体菌可转变为Hfr菌株。换句话说，致育因子最后转移到受体，并使它们成为供体，但频率非常低，因此，F因子是线性染色体转移的最后一个单位［图8-17（b）］。

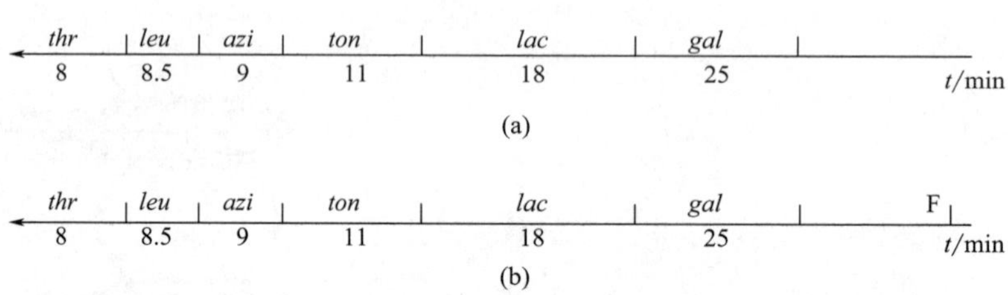

图8-17 中断杂交作图

（三）环状染色体的发现

利用上述原理和实验方法，把多个Hfr菌株分别与F^-菌株杂交，得到各自的基因转移顺序（图8-18）。

从表8-6中可看出：①不同的Hfr品系转移的起始基因是不同的，说明F因子可以在不同的位点插入细菌染色体；②与同一基因相邻的基因是相同的，说明不同品系细菌的基因顺序是相同的；③Hfr基因可以两个不同方向转移基因进入F^-；④一个Hfr转移的起始基因是另一个Hfr最后转移的基因，说明细菌的染色体是环状的。

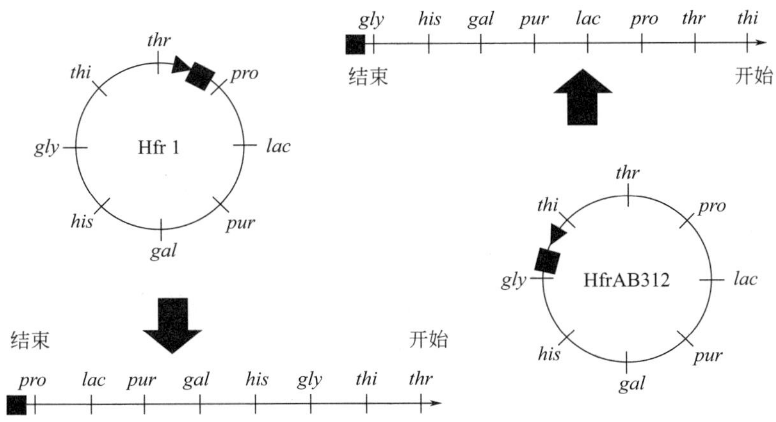

图8-18 不同Hfr菌株的基因转移顺序图

表8-6 不同Hfr菌株的基因转移顺序表

菌株	转 移 顺 序	菌株	转 移 顺 序
HfrH	*O thr pro lac pur gal his gly thi*	Hfr3	*O pur lac pro thr thi gly his gal*
Hfr1	*O thr thi gly his gal pur lac pro*	Hfr AB312	*O thi thr pro lac pur gal his gly*
Hfr2	*O pro thr thi gly his gal pur lac*		

六、基因重组作图

（一）细菌交换的过程

细菌接合后可形成部分二倍体，遗传物质的交换或重组就是在部分二倍体中进行的。对于这样的个体，若发生单交换或奇数次交换，只能产生无活性的部分二倍体线性染色体，这样的DNA分子不能复制，细胞往往死亡。若发生双交换或其他偶数次交换，就能产生有活性的**重组子**（recombinant），除伴随一个稳定遗传的重组子外，还产生一个线性的染色体片段，该片段随后丢失。

所以细菌的交换与典型的减数分裂不同，不出现相反的重组子（图8-19）。在真核生物中，杂合体*AB*/*ab*交换的结果会出现*AB*、*ab*、*Ab*、*aB* 4种配子或染色单体。但在细菌中，若Hfr菌株带有*A*和*B*基因，F菌株带有*a*和*b*基因，二者接合后，由于双隐性基因型在双交换时置换到线状片段中，随后丢失，所以只能出现*AB*、*Ab*和*aB*三种基因型的后代，不可能出现*ab*基因型的菌株。若涉及的基因很多，也必须是有偶数次的交换才能保留下基因型；否则，片段都被丢掉。因而，在细菌中就可能会出现四交换、六交换、八交换等等。

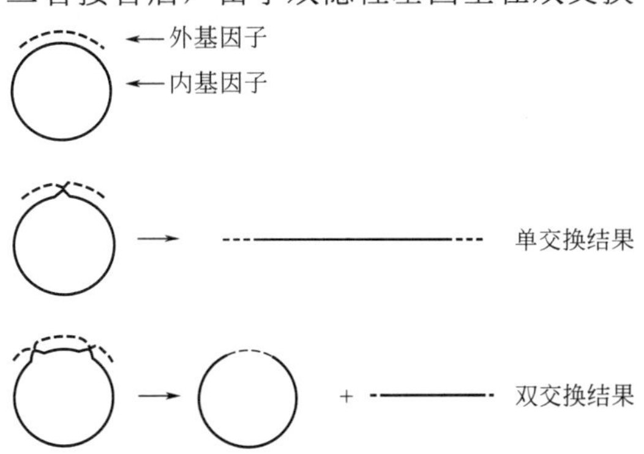

图8-19 基因重组结果

（二）重组作图

中断杂交作图是根据基因转移的先后次序，以时间（常以分钟计）为图距单位来测定基因的连锁关系。可是如果两基因紧密连锁，在中断杂交中转移的时间接近2min时，用这种方法测得的图距就不十分可靠，在此情况下，就要采用重组作图法。所谓**基因重组作图**（mapping of gene recombination）是利用Hfr菌与F^-菌株杂交后，在部分二倍体中，若两个基因相距越近，在重组体中同时出现的机会就越多，两基因相距越远，在重组体中同时出现的机会就越少的原理，根据重组体中某一性状单独出现的频率作为两基因间的交换率或图距，进行基因定位，绘制连锁图。

重组率计算公式为：

$$\text{某一性状单独出现的菌落数/重组体总数（菌落数）} \times 100\% \tag{8-3}$$

$$\text{细菌中两基因间的交换率} = \text{交换型重组体数/（交换型重组体数+未交换型重组体数）} \times 100\% \tag{8-4}$$

例题：根据中断杂交实验已知*lac*、*ade*这两个基因紧密连锁。Hfr $lac^+ade^+ \times F^-\ lac^-ade^-$的杂交组合中，如果重组体是$F^-lac^+ade^+$，这显然是在两基因之外发生双交换的产物，两基因之间未发生过交换，属于未交换型；如果重组体是$F^-lac^+ade^-$或$F^-lac^-ade^+$，则说明在*lac*、*ade*之间发生了交换，属交换型。统计各种后代的菌落数分别是：lac^+ade^+35个，lac^+ade^-10个，lac^-ade^+5个，总计50个菌落。求：这两个基因间的交换率是多少？图距是多少？

解：依据式（8-3）得：基因*lac-ade*间的交换率=(10+5)/50×100%=30%

*lac-ade*间相距30cM。

如果参与杂交的基因有3个或3个以上，仍能计算出它们的重组率或交换率，计算时仍要利用上述公式。当然在计算任意两个基因时，其他基因暂不考虑。

例题：假设有一组杂交Hfr *ABC*×F^- *abc*⟶经检测后代的基因型和菌落数分别是*ABC* 800个、*ABc* 30个、*AbC* 80个、*Abc* 40个、*aBC* 10个、*aBc* 40个、*abC* 40个，总计1040个。求：①这3个基因间的重组率各为多少？②绘出3个基因的连锁图。

解：（1）依式（8-4）得

$$R_{(a-b)}=(Ab+aB)/(AB+Ab+aB)\times100\%=(80+40+10+40)/1000\times100\%=17\%$$

$$R_{(b-c)}=(Bc+bC)/(BC+Bc+bC)\times100\%=(30+80+40+40)/1000\times100\%=19\%$$

$$R_{(a-c)}=(Ac+aC)/(AC+Ac+aC)\times100\%=(30+40+10+40)/1000\times100\%=12\%$$

（2）这3个基因间的连锁图为

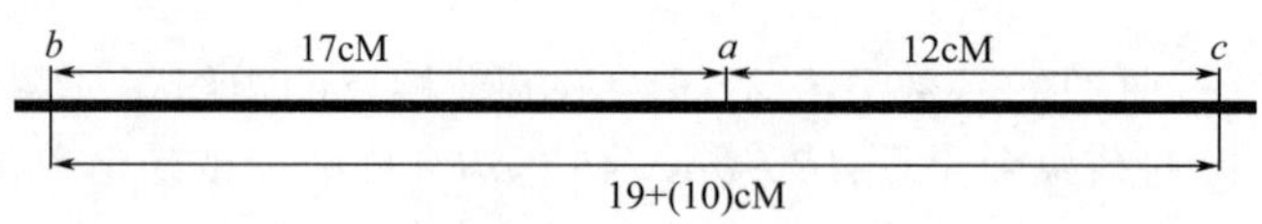

经过这样连续多次计算绘图，可将细菌的环状连锁图全部绘制出来，图8-20是大肠杆菌的环状遗传学图。

七、转导作图

1952年N.D.Zinder和J.Lederberg在验证鼠伤寒沙门氏菌是否也存在接合现象时发现了转导现象。

以完全缺陷或部分缺陷噬菌体为媒介，把供体细胞的DNA片段携带到受体细胞中，通过交换与整合，从而使后者获得前者部分遗传性状的现象，称为转导。获得新性状的受体细胞，称为**转导子**（transductant）。携带供体部分遗传物质（DNA片段）的噬菌体称为转导噬菌体。在噬菌体内仅含有供体菌DNA的称为完全缺陷噬菌体；在噬菌体内同时含有供体DNA

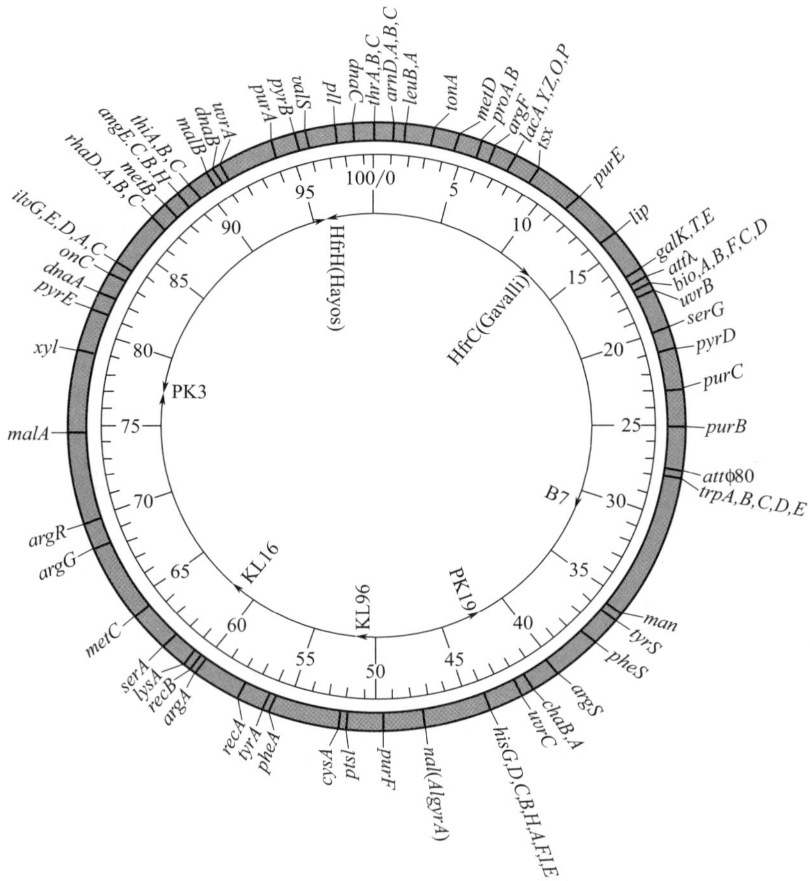

图8-20　大肠杆菌的环状遗传学图

和噬菌体DNA的称为部分缺陷噬菌体（部分噬菌体DNA被供体DNA所替换）。根据噬菌体和转导DNA产生途径的不同，可将转导分为普遍性转导和局限性转导。

（一）普遍性转导（generalized transduction）与作图

通过完全缺陷噬菌体对供体菌任何DNA小片段的“误包”，而实现其遗传性状传递至受体菌的转导现象，称为普遍性转导。

1. 普遍性转导的机制

即“包裹选择模型”，当噬菌体侵染敏感细菌并在细菌内大量复制增殖时，亦把寄主DNA降解为许多小的片段，在装配时，少数噬菌体（$10^{-8}\sim10^{-6}$）错误地包装了宿主的DNA片段并能形成“噬菌体”，这种噬菌体称普遍性转导噬菌体（为完全缺陷噬菌体）。随着细菌的裂解，转导噬菌体也被大量释放。当这些转导噬菌体再次侵染受体菌时，其中的供体DNA片段被注入受体菌（图8-21）。

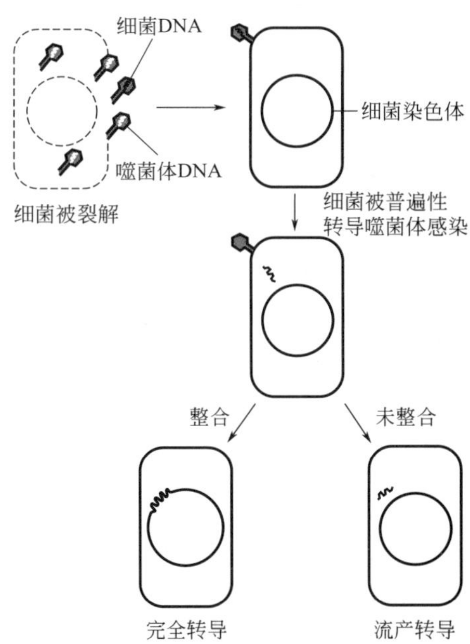

图8-21　普遍性转导示意图

2. 普遍性转导作图

由于普遍性转导频率很低，而且噬菌体头部非常小，能装入头部的DNA区段很短，所以两个基因同时转导的现象称为**共转导**或**并发转导**（cotransduction）。两个基因共转导的频率越高，表明两个基因连锁越紧密；共转导频率越低，表明这两个基因距离越远。可利用这一原理，进行细菌的基因作图。如分析3个基因则需做3次两因子转导试验，才能确定这3个基因的次序。假定这3次试验结果为：①*a*基因和*b*基因共转导频率高；②*a*基因和*c*基因的共转导频率也高；③*b*基因和*c*基因的共转导频率很低，那么这3个基因的次序就一定是*bac*。

3. 流产转导

在基本培养基上，普遍性转导除了出现正常菌落（转导基因形成的菌落）外，还有大量小菌落，这两者之比大约为1∶10，这一现象是因为转导噬菌体虽然将供体野生型基因导入受体，但是只有10%可组入受体染色体中形成**完全转导**（complete transduction）型，即在基本培养基上形成正常的菌落，而90%的供体野生型基因并未组入受体染色体内，不能复制，当这些细胞分裂时，只有一个细胞得到该基因。这种过程一经发生后，供体的该野生型基因便一直沿着单个细胞传递下去，这称为单线遗传。凡是经转导产生的部分二倍体内的供体基因，若不组装入受体细胞染色体内，只能以外源DNA片段形式残留在受体细胞内，随着细胞的分裂逐渐减少，这种转导方式称为**流产转导**（abortive transduction）（图8-22）。

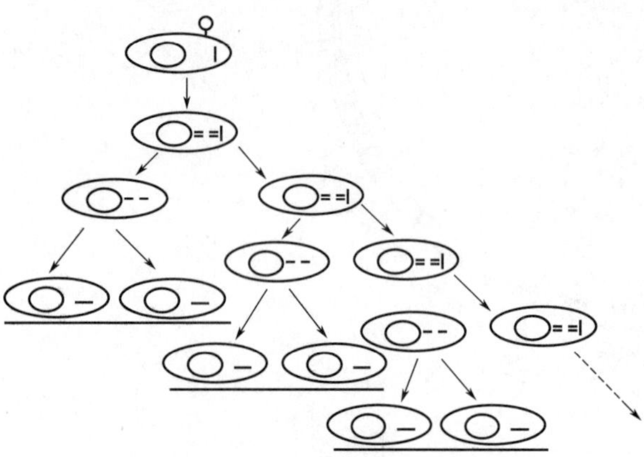

图8-22　流产转导示意图

（二）局限性转导（specialized transduction）与作图

通过部分缺陷的温和噬菌体把供体菌的少数特定基因携带到受体菌中，并获得表达的转导现象称为局限性转导。转导后获得了供体部分遗传特性的重组受体细胞称为局限转导子。

1. 局限性转导的机制——“杂种形成模型”

λ噬菌体的线状双链DNA分子的两端为12个核苷酸单链（黏性末端cos位点），在溶原状态下，以前噬菌体状态存在于细胞染色体上。被诱导后，在裂解细菌时，其以黏性末端形成的环状分子通过滚环复制形成一个含多个基因组的DNA多联体，以2个cos位点之间的距离决定其包装片段的大小而进行切割、包装，最终形成转导噬菌体。在极少数情况下（约10^{-5}），在前噬菌体两端邻近位点上与细菌染色体发生错误的切割，使其在重新形成的环状DNA中，同时失去前噬菌体的一部分DNA和增加了一段相应长度的细菌宿主染色体DNA，这样形成的杂合DNA可正常被包装、复制。形成的新转导噬菌体称为部分缺陷噬菌体。因为λ前噬菌体位点两端是细菌染色体的gal^+（发酵半乳糖基因）和bio^+（利用生物素基因），故形成的转导噬菌体通常带有gal^+或bio^+基因，故这些部分缺陷噬菌体表示为λd *gal*（缺陷型半乳糖转导噬菌体）或λd *bio*（缺陷型生物素转导噬菌体）。这些转导噬菌体可重新侵入受体菌，侵入后，噬菌体DNA与受体菌的DNA同源区段配对，通过双交换而整合到受体菌的染色体组上，使受体菌获得了供体的这部分遗传特性。

2. 局限性转导作图

在局限性转导颗粒中被包装的DNA总长度同样也与噬菌体基因组长度相当，否则就难以包进噬菌体的头部外壳中，那么在局限性转导颗粒中既然加进一段细菌的DNA，必然要减少相应长度的一段噬菌体自身的DNA，所以这种转导噬菌体是有**缺失**（deletion）的，因此用λd *gal*$^+$或λd *bio*$^+$表示。这种有缺失的λ转导发生后，*gal*$^+$菌株在裂解时也不产生成熟的λ颗粒，而且局限性转导噬菌体发生概率很低，故用这种噬菌体群体感染非溶原性的*gal*$^-$的受体细胞后，转导子出现频率只有10^{-6}，所以称**低频转导**（low frequency transduction，LFT），当在杂合体*gal*$^+$/*gal*$^-$中，由于该杂合体不稳定，如用紫外线诱导*gal*$^+$/*gal*$^-$细胞裂解，所产生的溶菌产物将包含约一半正常的噬菌体和一半λd *gal*$^+$转导噬菌体，这样的溶菌产物进行转导时频率较高，故称**高频转导**（high frequency transduction，HFT），因为这种溶菌产物中既有大量的细菌*gal*$^+$基因，又包含正常的λ噬菌体，正常的λ起了辅助缺陷型噬菌体成熟的作用，所以称为**辅助噬菌体**（complementary phage），从而提高了转导频率。若发生了两个基因的共转导，则可依据任意两个基因的相对距离，进行基因定位，其原理同普遍性转导。

八、F′因子和性导作图

（一）F′因子的转导——性导

1959年在*E.coli*中发现一种新的F因子。正常的Hfr菌株杂交时，大约在接合2h以后，才能把F因子转移到受体细胞中去，使F$^-$转成F$^+$。但是有一个Hfr菌株的致育基因转移频率几乎跟F$^+$一样高，而且又能转移细菌的部分基因。由此看来这种新的F因子已从稳定的Hfr状态转变为细胞质中的F$^+$状态。可是它仍能在同一位点再整合到细菌染色体上去，恢复到Hfr状态。这种带有部分细菌染色体片段的F因子为F′（F-prime）因子。那么借助于F′因子将供体基因传递受体的过程称为**性导**（sex-duction）。

（二）F′因子的形成过程

当F因子从细菌染色体上脱离时，交换不是按原嵌入位置进行，而是发生在非正常配对区内，致使脱离的F因子丢失掉自己的某一区段，而在其环状DNA结构内带有细菌的染色体片段。如在表8-6中Hfr2菌株内，乳糖发酵基因*lac*$^+$位于染色体末端，紧靠F因子上的致育基因，理论上，基因*lac*$^+$应该最后转移。在Hfr *lac*$^+$*str*^{s}×F$^-$ *lac*$^-$*str*^{r}杂交时，正常情况下，在含有链霉素和乳糖的伊红美蓝培养基上，2h不会出现能发酵乳糖的紫红色菌落，但在有F′因子存在时，仅在接合30min时就出现了紫红色菌落。这说明这些细菌不但带有*lac*$^+$基因，而且还含有F因子。当含有F′因子的细胞（F′细胞）与F$^-$杂交时，F′因子就可能转移到F$^-$细菌中去，由于F′因子携带受体细菌染色体上的片段，故受体菌就是部分二倍体，它的基因型可写成：F$^-$*lac*$^-$/F′*lac*$^+$。因这种细胞的表型是*lac*$^+$，所以基因*lac*$^+$对*lac*$^-$是显性。

（三）F′因子的用途

① F′因子能自主复制，可在细菌细胞中延续下去，从而可保留F′因子。

② 可进行不同突变型之间互补测验，以确定这两个突变型是属于同一个基因或是两个基因。

③ 观察由性导形成杂合二倍体中等位基因之间显隐性关系。

④ 利用不同的F′因子的性导可以测定不同基因在一起性导的频率来进行基因作图。

⑤ F′因子所带的供体细菌染色体同受体细菌染色体之间的同源重组，如果发生了单交换，就导致F′因子整合形成Hfr品系，同时F′因子上所携带的基因发生重组；如果发生双交换，则形成F′品系，只是F′因子的细菌基因和受体染色体上的等位基因之间发生交换。

第四节　病毒或噬菌体的遗传分析

病毒是现今所知最小的，也是化学成分最简单的生物。噬菌体属于细菌病毒。它没有一般的细胞结构，只由蛋白质外壳与DNA核心组成，里边的DNA不与蛋白质结合，呈裸露状态。利用噬菌体可以研究基因的转导、转化、重组DNA技术及基因的精细结构等。

一、病毒或噬菌体基因组的特点

（一）遗传物质的种类复杂

病毒的遗传物质就其化学本质讲，有RNA、DNA，单链、双链，正链、负链，线状、环状等不同的结构。但以双链环状正链DNA居多。其蛋白质外壳也多种多样，侵染途径各异。

（二）基因组绝大多数属于能编码的结构

病毒基因组很少含有重复序列和充填区域，绝大部分DNA序列都编码蛋白质，也就是说，大都是结构基因。

（三）存在着重叠基因

有多种重叠方式，如大基因套小基因，前后基因共用一段DNA序列，双链均可作为模板编码蛋白质，这样可提高基因的重复利用能力。

（四）基因调控方式多种多样

主要以自我调控方式为主，也受宿主调节基因的制约。每个操纵子常受多个调节基因的制约。若从噬菌体与寄主的关系来讲，可分为烈性噬菌体和温和噬菌体。

二、烈性噬菌体和温和噬菌体

（一）烈性噬菌体

噬菌体感染细胞后很快在细菌细胞内进行DNA复制、蛋白质合成和组装，并最后导致细菌细胞裂解，这类噬菌体称为**烈性噬菌体**（virulent phage）。如T系列噬菌体，由于这类噬菌体繁殖迅速，世代周期短，子代数量大，常用于噬菌体的基因定位和基因精细结构分析等。

当烈性噬菌体的尾丝接触细菌的细胞壁后，把它的DNA注入宿主细胞质中，它的蛋白质外壳却留在宿主细胞外面。这时在噬菌体释放的酶的作用下，宿主细胞的DNA停止活动，由噬菌体的DNA指导合成作用，进行DNA复制和蛋白质合成，最终组装成新噬菌体。这一周期在37℃下大概只要20～40min，就可产生100多个子代噬菌体（快速裂解类型比此时间更短）。之后，宿主细胞裂解，释放出的新噬菌体又去侵染邻近的细菌。

（二）温和噬菌体

所谓**温和噬菌体**（temperate phage）是指当噬菌体侵入细菌后，并不很快使细菌裂解，而是噬菌体的DNA只整合在宿主的核染色体组上，并可长期随宿主DNA的复制而进行同步复制，因而在一般情况下不进行增殖和引起宿主细胞裂解，可以存活或潜伏很长时期的噬菌体类型。

1. 溶原性细菌和原噬菌体

温和噬菌体侵入细菌后通过配对、交换、嵌入到细菌染色体上，随染色体一起复制和遗传的噬菌体的核酸被称为**原噬菌体**（prophage）；原噬菌体虽然没有感染能力，但溶原性却像细菌的其他遗传性状一样，可以稳定地遗传下去。而含有原噬菌体的细菌细胞则被称为**溶原性细菌**（lysogenic bacteria）。实际上，在其他生物中也广泛存在着大量的**原病毒**（provirus），在人类中，不少人体内的染色体中也或多或少地嵌着**原癌基因**（proto-oncogene），它们的结构、繁殖方式、嵌入过程等都类似于原噬菌体。

2. 溶原性周期

原噬菌体和溶原性细菌并不永恒存在，它有各种反应，呈现溶原性周期（图8-23）。

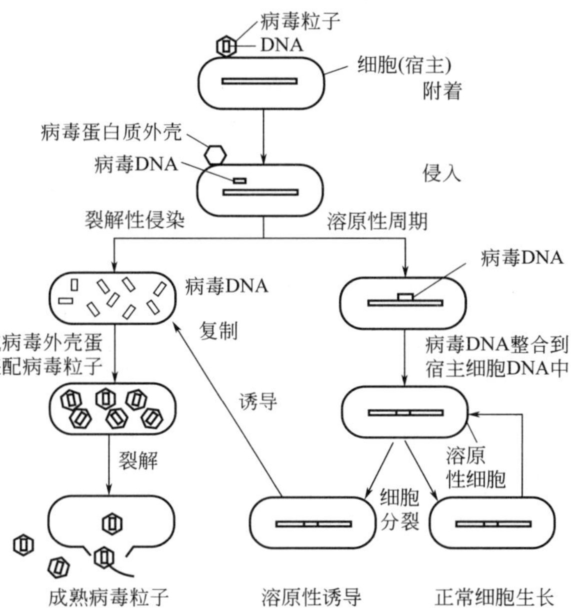

图8-23 温和噬菌体裂解性周期与溶原性周期

① 溶原化反应：一些**非溶原性细菌**（non-lysogenic bacteria，指那些不含原噬菌体的细菌）被温和性噬菌体所侵染，其DNA进入细菌细胞后嵌入细菌染色体中，成为隐藏着的原噬菌体状态，而此细菌则成为溶原性细菌。温和噬菌体DNA嵌入细菌染色体的过程同F因子形成Hfr菌株的方式一样。

② 失溶原性反应：与溶原性反应正好相反，在自然状态下，溶原性细菌内的原噬菌体通过原位交换，又返回到独立遗传的状态，可能单独生活一段时间，也可能丢失，使溶原性细菌又变为非溶原性细菌。溶原性细菌也会自发地释放噬菌体，但频率很低（10^{-5}～10^{-2}）。若在此过程中发生非原位交换，噬菌体可能带上细菌染色体片段，而把自身的某些片段丢失掉，形成缺陷噬菌体，如λd gal^{+}，这就产生了局限性转导。

③ 裂解反应：与烈性噬菌体感染细菌细胞后的反应相同，噬菌体DNA进入细胞后，随即进行复制，并在短时间内成熟并裂解细菌，释放出大量的子代。

④ 诱导释放：溶原性细菌遭受紫外线、丝裂霉素C等处理后，会大量地释放子代噬菌体。这样释放的噬菌体频率高达90%。不过，并不是所有的溶原性细菌都能被诱导释放，这与温和性噬菌体所具有的特性有关。

3. 合子诱导

对溶原性细菌进一步的研究发现，若溶原性细菌与敏感型的非溶原性细菌杂交，在不同杂交组合中，所得的结果不同。前面已知，λ噬菌体是*E.coli* K12中的一种温和噬菌体，在带有λ噬菌体的溶原性细菌与敏感性细菌的正反交实验中，其杂交结果与所用的亲本菌株有关。正交：Hfr×F^-(λ)，即F^-菌株带有λ噬菌体时，可偶尔产生溶原性重组子。反交：Hfr(λ)×F^-，即Hfr菌株带有λ噬菌体时，几乎不产生溶原性重组子。产生的原因：当Hfr×F^-(λ)时，Hfr基因转移到F^-菌株中，而F^-菌株中虽有原噬菌体，但对外源基因的进入没有什么反应，故有Hfr基因在F^-溶原性细菌中出现重组子的现象。在反交Hfr(λ)×F^-中，由于λ噬菌体嵌入部位就在F因子的转移起点之后，当Hfr前端基因在F受体中出现后，紧随其后的λ噬菌体也进入F受体中，而F受体细胞是无免疫能力的细胞，当λ噬菌体进入细胞后，噬菌体马上进行复制，组装自己，使细菌细胞裂解，所以不会得到重组子。在这种杂交中，含有λ噬菌体的Hfr菌与敏感性F^-细菌接合，由于λ噬菌体跟着F因子进入受体菌，虽形成了部分二倍体或部分合子，但随即噬菌体开始复制和组装自身，诱导细菌裂解，不能获得重组子，这种现象称为**合子诱导**（zygotic induction）。

三、噬菌体的基因重组作图

噬菌体的基因重组是20世纪40年代首先在*E.coli* T2噬菌体中发现的。烈性噬菌体有两种基因突变型，即快速溶菌突变型和寄主范围突变型。

① 快速溶菌突变型：少量T系列噬菌体（如T2）和大量大肠杆菌混合，涂于固体平板，噬菌体裂解速度越快，出现的噬菌斑越大，与野生型比较，野生型r^+噬菌斑小，快速溶菌突变型r^-噬菌斑大。

② 寄主范围突变型：野生型T2只能侵染B菌株，不能感染B2菌株（用h^+表示）；T2突变为$T2^-$，既能侵染B菌株，也能侵染B2菌株（用h^-表示）。当在含有B/B2的固体培养基上接种h^+后，出现半透明的噬菌斑；而接种h^-后，出现透明的噬菌斑。

用基因型为r^+h^-和r^-h^+的两种T2噬菌体同时感染*E.coli* B菌株，这种现象称为**双重感染**（double infection）。将双重感染后释放出来的子代噬菌体接种在同时长有B菌株和B2菌株的培养皿内，结果有4种噬菌斑，记录噬菌斑的数目和形态。

h^+r^-	半透明，大	h^-r^+	透明，小	亲本型
h^-r^-	透明，大	h^+r^+	半透明，小	重组型

根据子代中出现的各种噬菌斑数就可计算两基因间的交换率。

$$\begin{aligned}\text{重组率} &= (\text{重组型噬菌斑数}/\text{总噬菌斑数})\times 100\% \\ &= (h^+r^+ + h^-r^-)/(h^+r^+ + h^-r^- + h^+r^- + h^-r^+)\times 100\%\end{aligned} \tag{8-5}$$

不同速溶菌突变型的表现型不完全相同，分别记为r_a、r_b、r_c。用h^+r^-×h^-r^+获得的试验结果见表8-7。

表8-7　$h^+r^- \times h^-r^+$ 结果

杂交组合	每种基因型的比例/%				重组率
	h^+r^-	h^-r^+	h^+r^+	h^-r^-	
$h^+r_a^- \times h^-r^+$	34.0	42.0	12.0	12.0	24/100=24%
$h^+r_b^- \times h^-r^+$	32.0	56.0	5.9	6.4	12.3/100=12.3%
$h^+r_c^- \times h^-r^+$	39.0	59.0	0.7	0.9	1.6/99.6=1.6%

根据3个r基因与h的重组率可以分别作出3个连锁图。

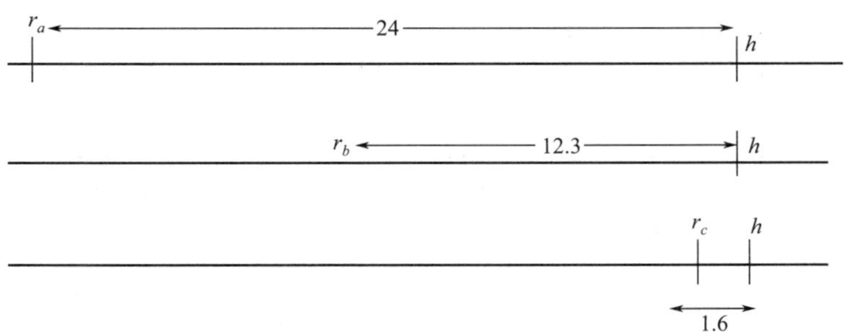

有四种可能的排列顺序。

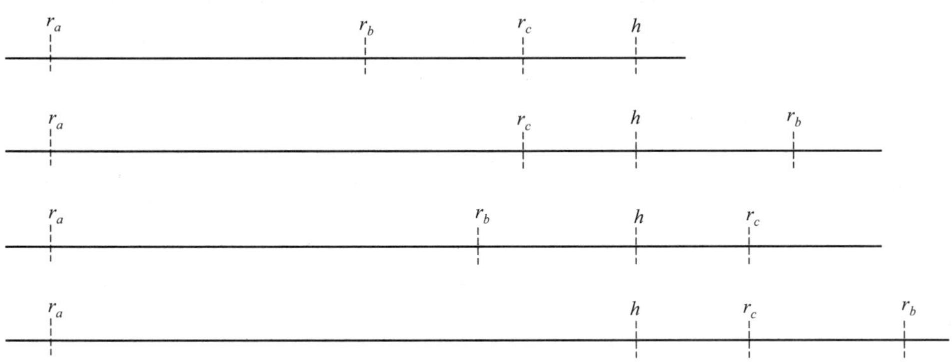

四种顺序都是可能的，要确定到底是哪一种，还缺条件。若知道r_b和r_c之间的距离，就可以推知r_b、r_c和h的排列顺序。

为此，需作$r_b^+r_c \times r_br_c^+$。结果r_b与r_c之间的距离大于r_b与h之间的距离，可知h应位于r_b与r_c之间，即r_b–h–r_c。

至于r_a位于h的哪一边，是靠近r_c还是靠近r_b，因为T2噬菌体DNA是环状的，所以两种答案都是正确的。

本章小结

微生物因结构简单、繁殖快速、易变异等诸多特点成为遗传学研究中的明星。本章主要介绍了微生物在遗传学研究中的地位，真菌、细菌和病毒的遗传学分析等内容。包括粗糙脉孢菌的四分子分析和着丝粒作图；细菌的F因子、转化及作图、大肠杆菌F因子整合到细菌染色体的过程、四类不同类型大肠杆菌的关系；细菌的基因定位作图主要涉及高频重组及中断杂交作图和重组作图；最后介绍了病毒为媒介的普遍性转导和局限性转导、性导及性导作图，以及噬菌体的分类及基因重组作图等。

思考拓展

1. 为什么说细菌和病毒是遗传学研究的好材料？

2. 试比较转化、接合、转导、性导在细菌遗传物质传递上的异同。

3. 名词解释

四分子　F^-菌株　F^+菌株　Hfr菌株　F因子　F′因子　溶原性细菌　烈性噬菌体　温和噬菌体　原噬菌体　转导　普遍性转导　局限性转导　性导

4. 一个需要腺嘌呤（ad）和色氨酸（trp）才能生长的粗糙脉孢霉品系与一个野生型品系杂交，产生下列四分子：

类型	（1）	（2）	（3）	（4）	（5）	（6）	（7）
四分子基因型	*+ad*	++	++	*+ad*	*+ad*	++	++
	+ad	++	*+ad*	*trp ad*	*trp+*	*trp ad*	*trp ad*
	trp+	*trp ad*	*trp +*	++	*+ad*	++	*+ad*
	trp+	*trp ad*	*trp ad*	*trp+*	*trp+*	*trp ad*	*trp+*
子囊数	7	49	2	31	1	8	2

问：这两个基因是否连锁？如果有连锁，画出包括着丝粒的连锁图。

5. 根据下列共转导资料确定*cheA*、*cheB*、*eda*和*supD*的顺序。

标记	共转导频率/%	标记	共转导频率/%
cheA-eda	15	*cheB-supD*	2.7
cheA-supD	5	*eda-supD*	0
cheB-eda	28		

6. 某菌株的基因型为*ACNRX*，但基因的顺序不知道。用其DNA去转化基因型为*acnrx*的菌株，产生下列基因型的菌株：*AcnRx*、*acNrX*、*aCnRx*、*AcnrX*和*aCnrx*等，问ACNRX的顺序如何？

7. 解释为什么不同的Hfr菌株具有不同的转移起点和方向？

第九章

染色体的变异

【本章导言】

染色体是基因的载体。在正常情况下，一个二倍体的生物，其染色体的形态、结构和数目是恒定的，从而保证了性状在传递过程中的稳定性。但染色体有时会发生结构与数目的变异，称为**染色体畸变**（chromosomal aberration）。染色体结构变异包括**缺失**（deletion）、**重复**（duplication）、**倒位**（inversion）和**易位**（translocation），均由染色体断裂引起；数目变异包括整倍体变异和非整倍体变异，常见的整倍体变异有单倍体、同源多倍体和异源多倍体，非整倍体变异有单体和三体等。本章将讨论染色体变异的类型、机制和遗传学效应及其应用。

第一节　染色体结构变异

染色体结构变异包括缺失、重复、倒位和易位四种类型，导致染色体结构变异的机制在染色体水平上是断裂后的异常重接。

一、缺失

（一）缺失的类型

缺失（deletion）是指染色体丢失了一个片段，使位于这个片段上的基因也随之丢失的现象。如果缺失发生在染色体某一端，则称为**末端缺失**（terminal deletion）；如果缺失发生在染色体两臂的内部，则称为**中间缺失**（interstitial deletion）（图9-1）。一对同源染色体中两条染色体在相同的区段同时缺失的个体称为**缺失纯合体**（deletion homozygote），仅一条染色体发生缺失的个体称为**缺失杂合体**（deletion heterozygote）。末端缺失染色体很难判断，因而较少见。其断头很难愈合，断头可能同另一有着丝粒的染色体的断头重接，成为双着丝粒染色体；同时末端缺失染色体的两个姐妹染色单体可能在断头上彼此接合，形成双着丝粒染色体（图9-2）。中间缺失染色体没有断头外露，比较稳定，因而常见的染色体缺失多是中间缺失。

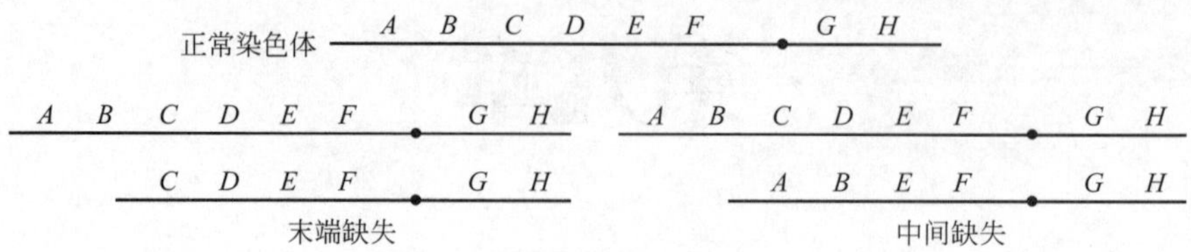

图9-1　末端缺失和中间缺失

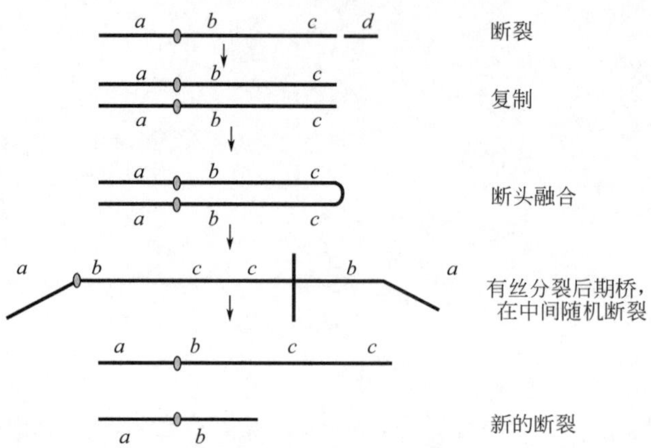

图9-2　断裂-融合桥循环

（二）缺失的细胞学效应

对于发生缺失的染色体而言，不管是末端缺失还是中间缺失，都丢失了一个无着丝粒的片段，因为纺锤丝不能附着在无着丝粒的片段上，所以它们在细胞分裂过程中都要丢失。最初发生缺失的细胞在分裂时可见无着丝粒片段。中间缺失杂合体偶线期和粗线期出现**缺失环**（deletion loop），它是正常的同源染色体不曾缺失的片段，因无相应区段与之联会而被排挤出来所形成的，例如果蝇唾腺染色体的缺失（图9-3）。末端缺失杂合体粗线期和双线期，交叉未完全端化的二价体末端长短不齐，可形成末端二价体突出。

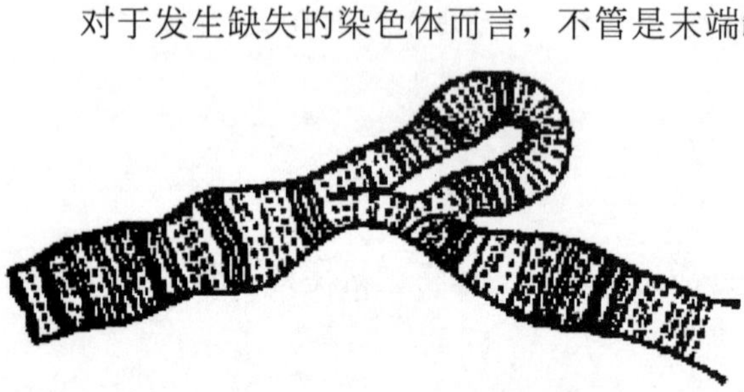

图9-3　果蝇唾腺染色体的缺失

（三）缺失的遗传学效应

由于两种类型缺失的结果都要丢失一个无着丝粒的片段，因而不利于生物体的生长和发育，其有害程度取决于丢失遗传物质的多少和性质。如果缺失区段太大，或缺失了很重要的基因，那么这样的缺失纯合体往往不能成活；缺失杂合体有时能成活，但在遗传上会有一些反常的表现。

1. 不利于个体的生长和发育

如果发生大片段的缺失，缺失纯合体很难存活，缺失杂合体的生活力降低，甚至在杂合状态下也是致死的。缺失杂合体产生两种配子，一种是带有正常染色单体的配子，是正常可育的；另一种是带有缺失染色单体的配子，往往是败育的。雌配子对缺失的耐受力比雄配子强，所以缺失染色体通常通过雌配子——卵遗传给后代。

2. 假显性

假显性（pseudodominance）也称拟显性，即由于显性基因的缺失，同源染色体上与这一缺失相应的位置上的隐性等位基因得以表现的现象。例如，有人曾经将紫株玉米（*PLPL*）用X射线照射后，给绿株玉米（*plpl*）授粉，结果在734株F_1代个体中发现了2株绿苗。对绿株个体进行细胞学检查，发现其6号染色体长臂外端带有*PL*基因的部分缺失，表现为绿株是由于同源染色体对应缺失位点上的*pl*基因得以表现的结果（图9-4）。

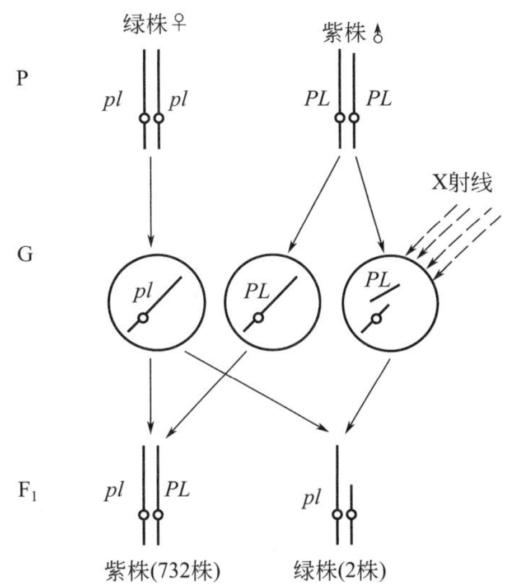

图9-4　玉米株色遗传的假显性现象

（引自浙江农业大学，遗传学，1998）

3. 引起某些人类疾病

缺失给人类带来染色体畸变综合征，其中**猫叫综合征**（cat cry syndrome）是最常见的一种。由于患儿喉部发育不良，哭声似猫叫而得名。患者的身体与智力发育不全，小头畸形，满月形脸，眼距宽，耳位低，通常在婴儿期或幼儿期夭折。研究患者染色体核型，发现其第5号染色体短臂缺失，故又称$5p^-$综合征。

二、重复

（一）重复的类型

重复（duplication）指染色体上某一片段出现两份或两份以上的现象。重复可以分为：**串联重复**（tandem duplication）和**反向重复**（reverse duplication）（图9-5）。串联重复是指某区段按照自己在染色体上的正常直线顺序重复，其重复区段基因排列顺序与原顺序相同；而反向重复是指某区段在重复时颠倒了自己在染色体上的正常直线顺序，其重复区段基因排列顺序与原顺序相反。由于重复发生在同源染色体之间，因此可能在一个染色体发生重复的同时，在另一个染色体上发生缺失。

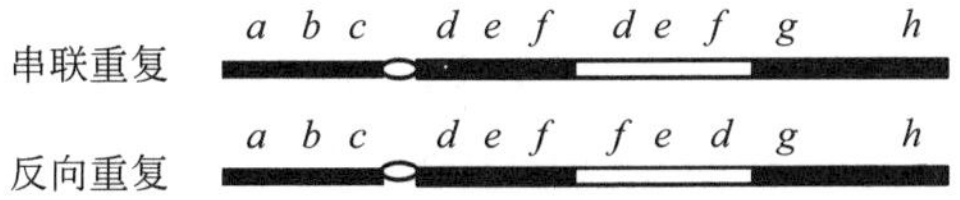

图9-5　重复的类型

（二）重复的细胞学效应

如果重复区段较长，重复杂合体在减数分裂期进行染色体联会时，可以见到重复染色体的重复区段形成一个拱形结构，形成**重复环**（duplication loop）（图9-6）。如果重复区段很短，联会时重复染色体的重复区段可能收缩一点，正常染色体在相对的区段可能伸长一点，于是二价体就不会出现拱形结构，镜检时就很难察觉是否发生了重复。

（三）重复的遗传学效应

一般情况下，重复对生物体的影响比缺失要缓和一些，但因它扰乱了基因固有的平衡体系，严重的也会影响个体的生活力，甚至导致个体死亡。

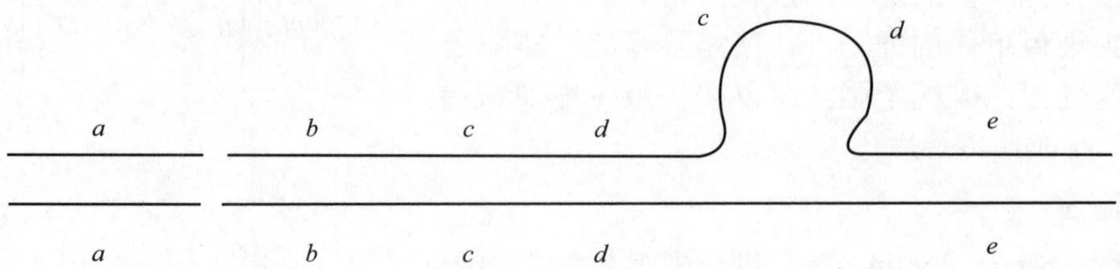

图9-6　减数分裂染色体联会重复杂合体的重复环

重复可以产生特定的表型效应，例如黑腹果蝇X染色体上的棒眼基因（*Bar*，*B*）。棒眼对野生型的复眼呈不完全显性，其主要的表现效应是引起复眼中的小眼数量减少，使圆而大的复眼呈棒状。研究发现，棒眼是由X染色体上16A区段的重复造成的。正常复眼是由约790个小眼组成，棒眼（*B*）约有68个小眼，而超棒眼（*BB*）只有45个小眼（图9-7）。由此可见，重复区段数目的增加和排列方式的不同都会产生遗传差异，从而引起小眼数目的变化，前者称为剂量效应，后者称为位置效应。

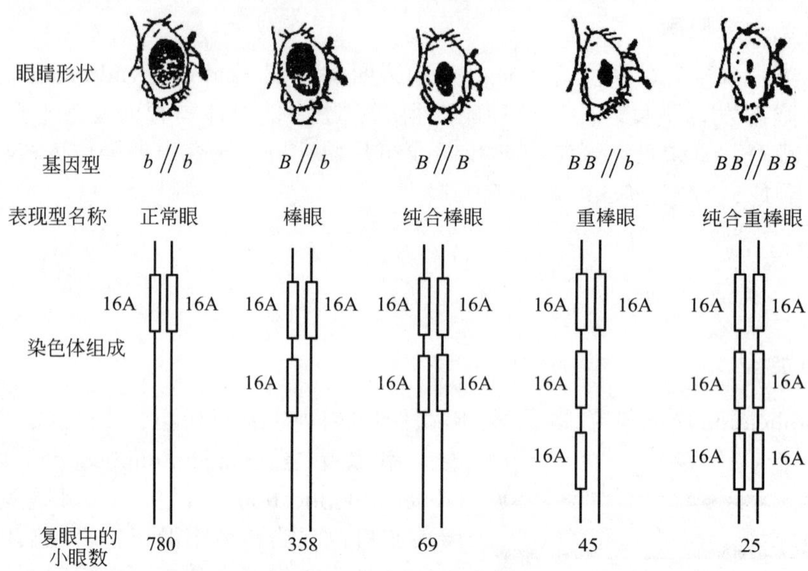

图9-7　果蝇X染色体的16A重复造成棒眼

研究表明，重复产生于**不等交换**（unequal crossover），即同源染色体联会时配对不准确，使交换发生在不对应的位置上，结果使两条染色体中一条少了一部分，而另一条多了一部分。并且，棒眼有时也会发生回复突变，造成果蝇棒眼突变的可能机制如图9-8所示。

三、倒位

（一）倒位的类型

倒位（inversion）是指一条染色体上同时出现两处断裂，中间的片段扭转180°重新连接起来而使这一片段上基因的排列顺序颠倒的现象。倒位是自然界常见的一种染色体结构变异，它不改变染色体上基因的数量，只造成基因的重排。如果倒位区段发生在着丝粒一侧的臂上，称为**臂内倒位**（paracentric inversion）；如果倒位区段包括着丝粒在内，涉及染色体的两个臂，称为**臂间倒位**（pericentric inversion）（图9-9）。

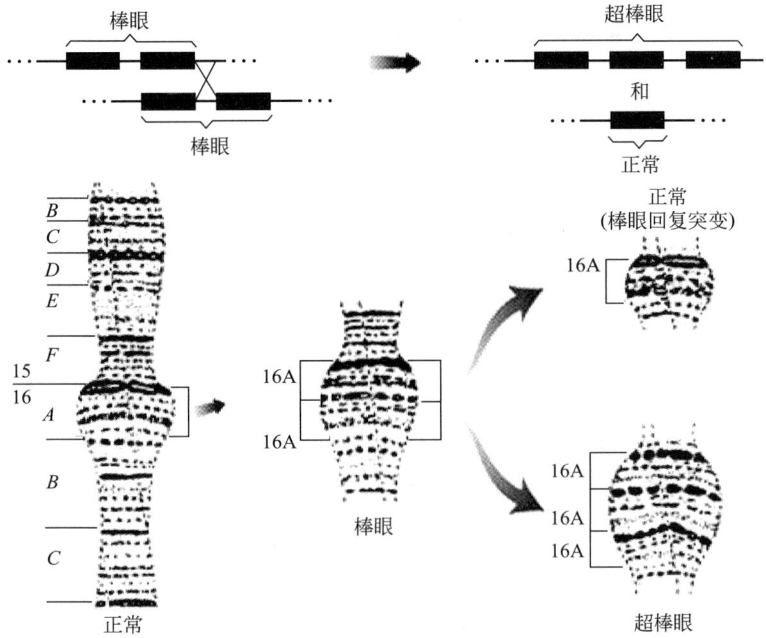

图9-8　果蝇棒眼不等交换

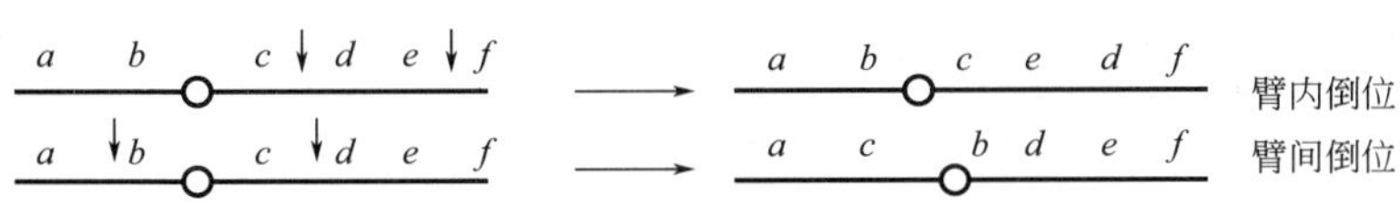

图9-9　倒位的类型

（二）倒位的细胞学效应

无论臂内倒位还是臂间倒位均有纯合体和杂合体之分。倒位纯合体的减数分裂完全正常，只是原来连锁群的基因顺序发生了改变，重组率也相应发生改变。倒位杂合体在减数分裂同源染色体联会时，因倒位片段的大小不同而形成不同的配对图像，如果倒位片段很小，则倒位部分可能不配对，其余区段配对正常；如果倒位片段很长（包括染色体的大部分），倒位的染色体可能倒过来和正常的染色体配对，而未倒位的末端部分不配对；如果倒位的片段是适当大小，联会时就可能形成含倒位片段的一个环，称为**倒位环**（inversion loop）（图9-10）。

（三）倒位的遗传学效应

1. 倒位杂合体产生部分败育的配子

在倒位环内，非姐妹染色单体之间可能发生片段交换，其结果不仅能引起臂内和臂间杂合体产生缺失或重复染色单体，而且能引起臂内杂合体产生双着丝粒染色单体，其两个着丝粒受纺锤丝的牵引，在后期向两极移动时，两个着丝粒之间的区段跨越两极，出现“后期桥”现象（图9-11）。倒位杂合体能产生大量缺失或重复的染色单体，分配到配子中，将导致后代败育。

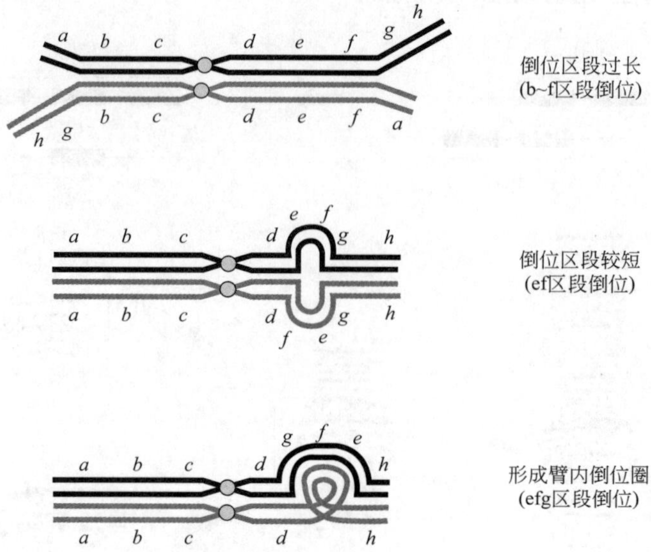

图9-10　倒位杂合体的联会

2. 降低倒位杂合体上连锁基因的重组率

因为缺失或重复的配子败育，而可育的配子都是带有未发生交换的染色单体，所以就产生了重组率大大降低的遗传效应。

3. 可以形成新物种、促进生物进化

倒位杂合体自交会形成倒位纯合体，倒位纯合体一般生活力正常，但由于基因的位置效应会造成遗传性状与原始类型的差异，也会导致与原始物种形成生殖隔离，进而形成一个新的物种。例如，百合科的两个种——头巾百合（*Lilium martagon*）和竹叶百合（*L.hansonii*）的分化，就是染色体发生臂内倒位形成的。再如普通果蝇（*Drosophila melanogaster*）和其近缘种（*D. simulans*）的差异就是由第3染色体上的三个基因猩红眼（*St*）、桃色眼（*P*）、三角翅脉（*Dl*）的排列顺序不同造成的，前者的排列顺序为*St-P-Dl*，后者为*St-Dl-P*。

（四）倒位在遗传学研究中的应用

利用倒位的交换抑制效应，可以同时保存连锁的两个致死基因。一般的品系都是能够真实遗传的纯合品系，例如果蝇的白眼品系和残翅品系等；但致死基因在纯合状态下对个体有致死效应，所以只能以杂合状态保存。例如果蝇第3染色体上的显性展翅基因*D*（dichaete），在纯合时具有致死效应；而杂合体不能稳定遗传，在*D*/+×*D*/+的后代中，除了*D*/+杂合体外，还有+/+野生型个体，要保存*D*/+品系，必须对每代个体逐个进行观察，淘汰+/+个体，否则*D*/+个体所占的比例将逐代减少，直至“丢失”。显然，用这种方法来保存*D*基因是极费人力和时间的。为解决这一问题，T.H.Morgan的学生H.J.Muller设计出一个巧妙的方法，就是用另一个致死基因来平衡，其条件是这两个致死基因必须紧密连锁，不易发生交换；或是培育出一个倒位区段包括这两个座位的倒位杂合体品系，抑制交换的发生。

例如，果蝇的显性翘翅基因*Cy*（curly wings）同时具有隐性致死效应，显性星状眼基因

S（star like eye）也具有隐性致死效应，二者以相斥的形式存在于第2染色体上，即 *Cy*+/+*S*，其中一条染色体上具有包括这两个座位的倒位，可以抑制它们之间发生交换，这样的个体之间杂交，就会得到如下结果。

$$Cy+/+S \times Cy+/+S$$
$$\downarrow$$
$$Cy+/\ Cy+ \text{死亡} \quad Cy+/+S \text{永久杂种} \quad +S/+S \text{死亡}$$

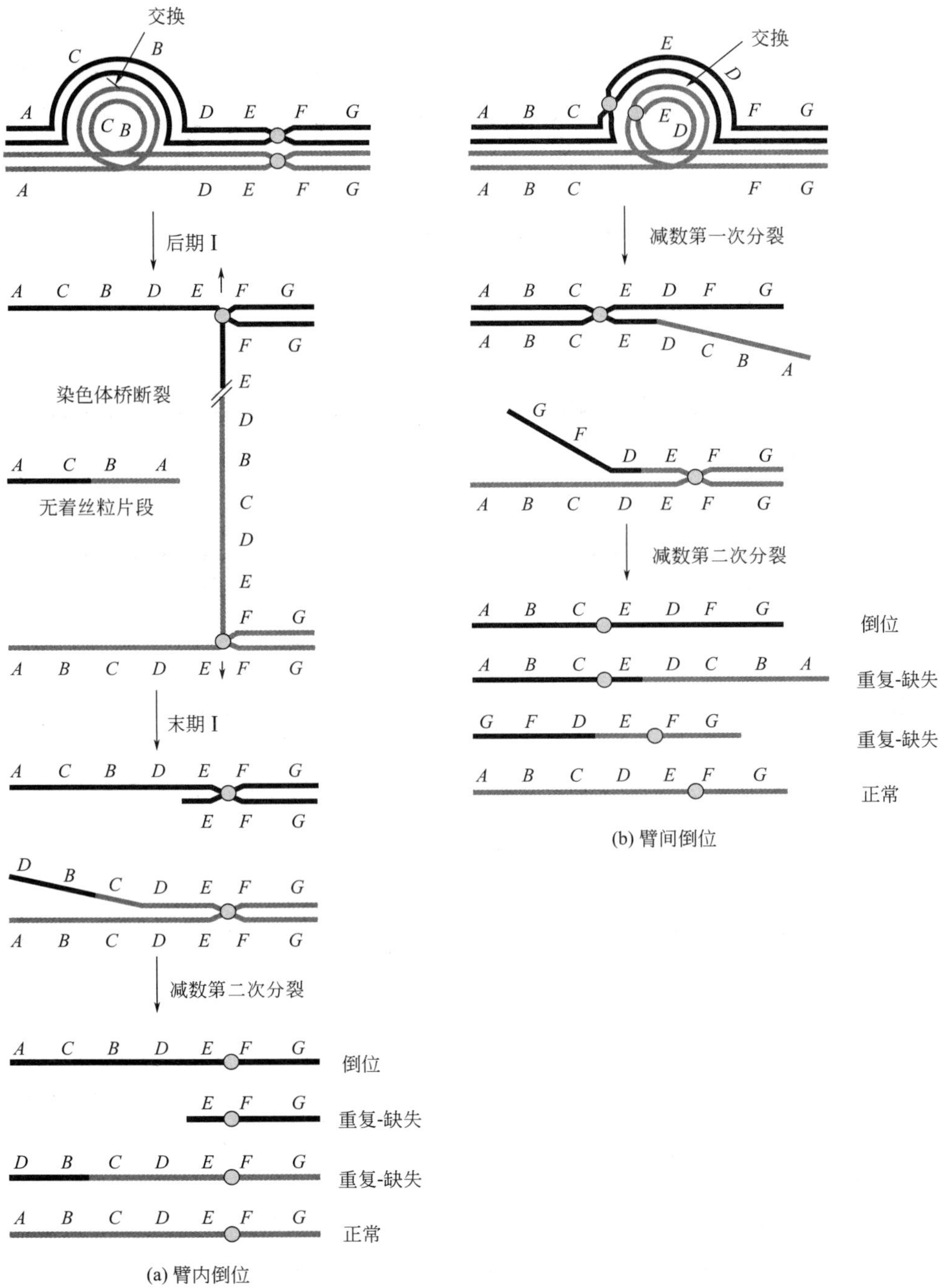

图9-11　倒位杂合体倒位环内发生单交换的结果

其实这并不是真正不分离，只不过分离出来的纯合个体全部死亡而已。这种永远以杂合状态保存下来，不发生分离的品系，叫作**永久杂种**（permanent hybrid）或**平衡致死品系**（balanced lethal system）。

四、易位

（一）易位的类型

易位（translocation）是指非同源染色体之间发生某个区段的转移。这是一种较为复杂的染色体结构变异，在动植物中都有所发现，并在它们的自然演化上起着重要的作用。依据染色体区段转移的特点不同可分为三种类型（图9-12）。

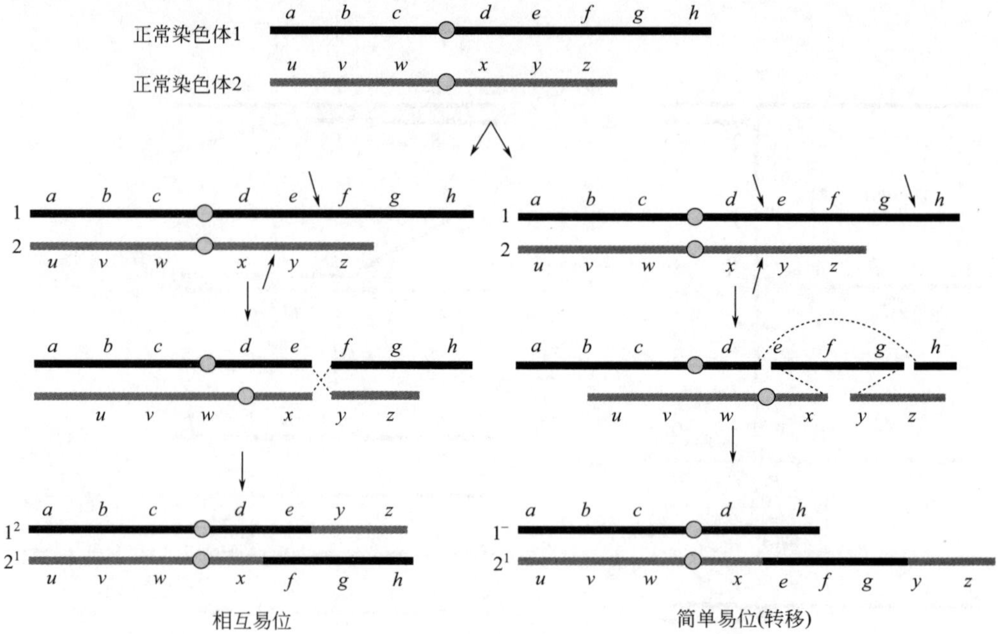

图9-12　易位的类型及形成

1. 简单易位（simple translocation）

涉及三次断裂，一个染色体具有两个断裂，由此形成的一个染色体片段插入另一非同源染色体的断裂中。

2. 相互易位（reciprocal translocation）

涉及两次断裂，即两条非同源染色体上各产生一次断裂，并相互交换由断裂形成的片段。相互易位的染色体片段，可以是等长的，也可以是不等长的，是易位的最常见的形式。

3. 整臂易位（whole-arm translocation）

指两条非同源染色体之间整个臂或几乎是整个臂之间的易位，其结果是产生两个不同的新的染色体。其中的一种特殊形式是**罗伯逊易位**（Robertsonian translocation），又称**着丝粒融合**（centric fusion），只发生在两条近端着丝粒的非同源染色体之间，各自在着丝粒区发生断裂，两者的长臂进行着丝粒融合形成一条大的亚中着丝粒的新的染色体，两者的短臂很小，一般在细胞分裂的过程中消失。

（二）易位的细胞学效应

常见的相互易位的纯合体没有明显的细胞学特征，它们在减数分裂时配对正常，可以从一个细胞世代传到另一个细胞世代。而易位杂合体，在减数分裂的粗线期由于同源部分的紧密配对而出现了富有特征性的“十”字形图像。随着分裂的进行，“十”字形图像逐渐开放形成一个环形或双环状的“8”字形。减数分裂后期，染色体走向两极时表现不同的分离方式。**邻近分离**（adjacent segregation），一条正常染色体和一条易位染色体分到一极；另一条正常染色体和另一条易位染色体分到另一极，由此产生的4种配子在染色体组成上既有缺失，又有重复，所以是不育的。**交互分离**（alternate segregation），正常的两条非同源染色体分到一极，相互易位的两条染色体分到另一极，由此产生的4种配子在染色体组成上有正常染色体和易位染色体，但没有缺失和重复，配子生活力正常（图9-13）。

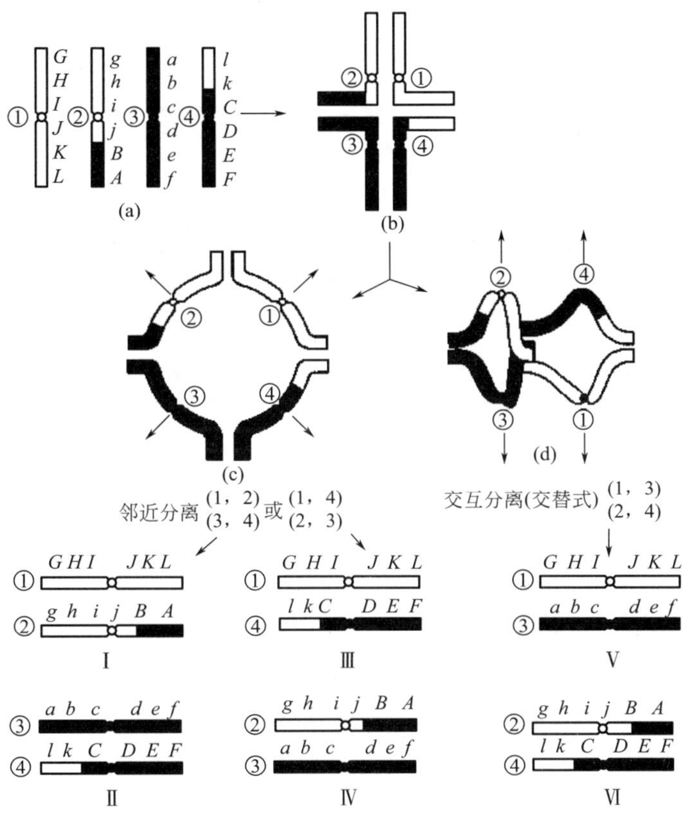

图9-13 相互易位杂合体的联会和分离

（三）易位的遗传学效应

1. 半不育性（semisterility）

易位杂合体由于邻近分离的配子败育，交互分离的配子可育，而发生这两种分离的概率大致相等，所以相互易位杂合体有一半配子败育，一半配子可育，表现出半不育的特征。

2. 假连锁（pseudolinkage）

相互易位的杂合体只有发生交互分离才能产生可育配子，从而使非同源染色体上的基因的自由组合受到严重限制，这种现象称为**假连锁**。例如果蝇的第2染色体上有褐眼基因*bw*（brown eye），第3染色体上有黑檀体基因*e*（ebony body），利用雄蝇的第2与第3染色体的易位杂合体与这两个基因的隐性纯合雌蝇回交，由于雄蝇没有交换发生，所有易位杂合体只有4种亲本类型的配子。4种配子与隐性纯合的雌蝇所产生的一种类型的卵细胞结合时，得到4种表型，且比例应为1∶1∶1∶1。但是，交互分离产生的可育配子中有1/2的配子同时具有两条易位的染色体，它们同处一体时，可以相互补充，保证了染色体组的完整性。如果这两条染色体一旦分离，就会出现细胞中染色体组的缺陷，造成死亡。因此上述回交后代中实际上只有两种表型存在，另两种表型的果蝇是致死的（图9-14）。

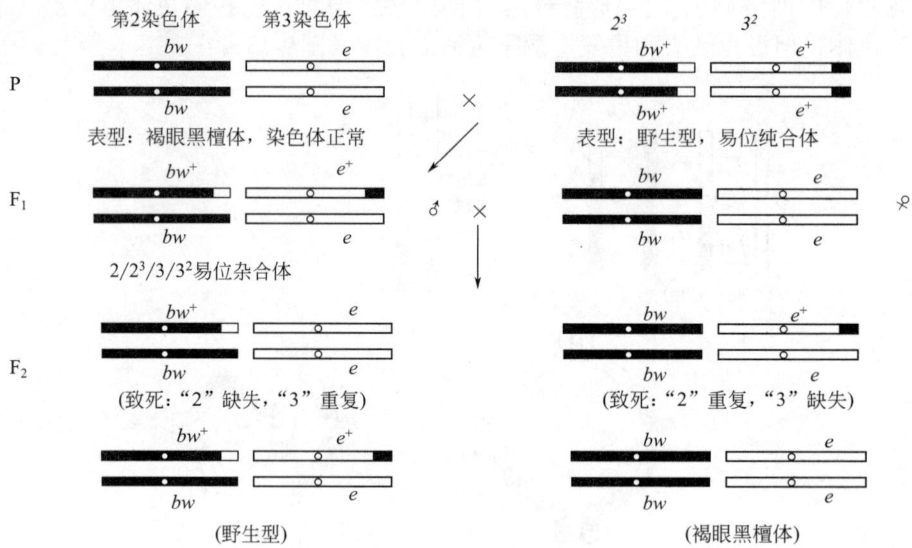

图9-14　果蝇第2和第3染色体的假连锁现象

3. 位置效应（position effect）

由基因在染色体上的位置改变而带来表型改变的现象称为位置效应，可分为两种类型：一种为**稳定型位置效应**（stable type position effect），即S型位置效应；另一种为**花斑型位置效应**（variegated type position effect），即V型位置效应。

V型位置效应的表型改变是不稳定的，因而导致显性性状和隐性性状嵌合的花斑现象。这种位置效应与异染色质的影响有关。原来处于常染色质区的基因，经过易位转移到染色体的异染色质区域附近，引起这一基因的异染色质化，使它的作用受到抑制。例如果蝇X染色体上的白眼基因，当它处于杂合状态（w^+/w）应表现为红眼。但是，如果在某些细胞中处在常染色质区的w^+（红眼基因座）的一段染色体易位到第4染色体的异染色质区，而第4染色体的一段异染色质易位到X染色体的常染色质区，该杂合体的复眼表现为红、白两种颜色的体细胞镶嵌的斑驳色眼，故又名为**花斑型位置效应**。若红眼基因w^+离异染色质较远，则在所有细胞中都得到表达，表现为野生型表型（图9-15）。

4. 活化致癌基因

染色体易位是活化白血病和淋巴瘤基因的主要机制。例如**慢性髓细胞性白血病**（chronic

myelogenous leukemia，CML），其患者血液中的粒细胞大量增加，红细胞减少。经细胞学检查，发现90%患者骨髓细胞的第22号染色体长臂缺失近一半（$22q^-$），这种染色体首先在美国的费城发现，故称之为费城染色体或Ph染色体。Ph染色体被公认为CML的特异性遗传标记。1973年J.D.Rowley发现Ph染色体并非简单缺失，而是22号染色体丢失的片段易位到第9号染色体上，形成了t（9；22）（q34；q11）相互易位。

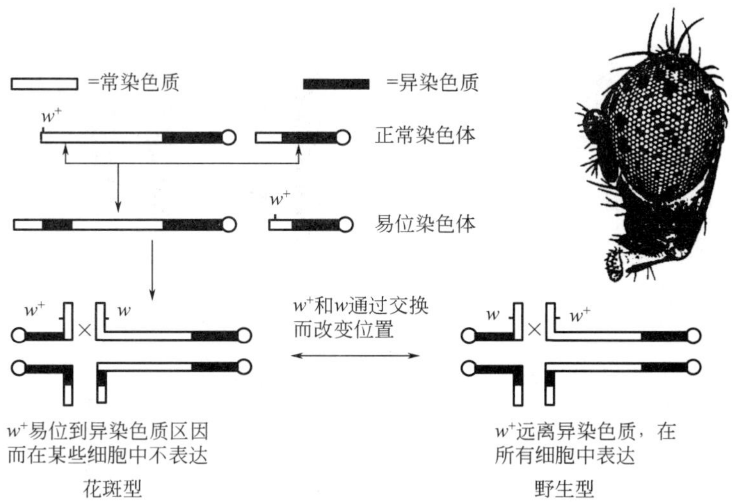

图9-15　果蝇的花斑型位置效应

（四）易位在农业生产中的应用

已知在养蚕业中，雄蚕有食桑量少、出丝率高且质量好的明显优势，因而蚕农希望专养雄蚕。家蚕的性别遗传机制是ZW型，ZZ为雄蚕，ZW为雌蚕。利用染色体结构变异（缺失或易位）可培育出性别的**自动鉴别品系**（autosexing strain），根据可识别的性状准确鉴别雄蚕。

在家蚕中，控制卵色的两个基因w_2和w_3都位于第10染色体上，位置分别是3.5cM和6.9cM。w_2w_2纯合体的卵在越冬时呈杏黄色，蚕蛾为纯白色眼；w_3w_3纯合体的卵在越冬时呈淡黄褐色，蚕蛾为黑色眼；各种类型的杂合体$w_2+_3/+_2w_3$、$+_2w_3/+_2+_3$、$w_2+_3/+_2+_3$的卵都呈紫黑色，蚕蛾全为黑色眼。

家蚕育种工作者用辐射诱变的方法反复处理基因型$w_2+_3/+_2w_3$杂合体，通过严格选择，得到w_2或w_3缺失的第10染色体，然后再使带有缺失的第10染色体易位到W染色体上，再经过系统选育，使生活力逐渐提高，以适应饲养的要求，最终育成A、B两个品系。

A品系：雌 ZW $+_2/w_2+_3$　　　雄 ZZ w_2+_3/w_2+_3

　　　　　黑色卵　　　　　　　　　杏黄色卵

B品系：雌 ZW $+_3/+_2w_3$　　　雄 ZZ $+_2w_3/+_2w_3$

　　　　　黑色卵　　　　　　　　　淡黄褐色卵

将A品系雌蛾与B品系雄蛾杂交，所产的卵中，黑色的全是雄蚕，淡黄褐色的全是雌蚕（图9-16）。通过电子光学自动选别机选出黑色卵，进行孵育，100%为雄蚕。

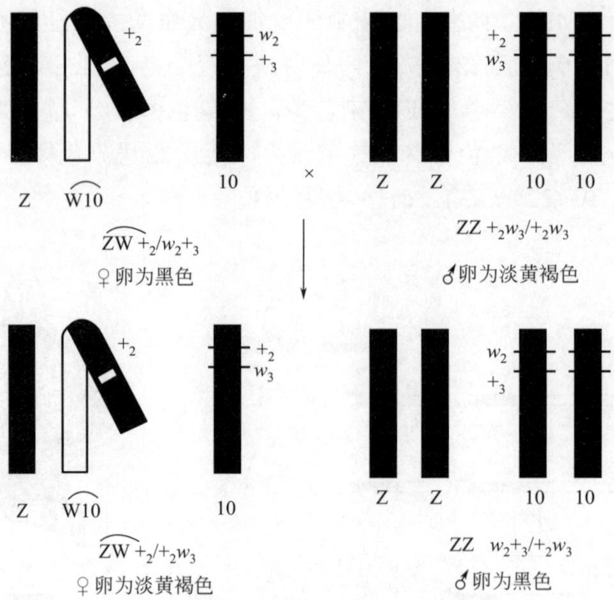

图9-16　家蚕性别自动鉴别品系

第二节　染色体数目变异

一、染色体组和染色体数目变异的类型

自然界中，多数物种的体细胞内含有2个完整的染色体组。各种生物的染色体数目是恒定的，如洋葱有16条染色体，配成8对，形成的正常配子中都含有8条染色体；黑腹果蝇体细胞含有8条染色体，配成4对，当它形成正常配子时，都有4条染色体。

遗传学上把一个二倍体生物的正常配子中所包含的整套染色体称为**染色体组**（genome），这个术语也指一个配子带有的全部基因，所以在不同场合也称为**基因组**。一个染色体组以n表示由若干条染色体组成，它们的形态、结构和功能各异，但又相互协调，共同控制生物体的生长、发育、遗传和变异。

染色体数目变异分为两大类，一类是以染色体组为单位增减染色体数目的变异，称为整倍性变异，产生的变异细胞或个体称为**整倍体**（euploid）；另一类是染色体组内的个别染色体数目有所增减，使细胞内的染色体数目不成染色体组基数的完整倍数，称为非整倍性变异，产生的变异细胞或个体为**非整倍体**（aneuploid）。

二、整倍体的类别、遗传表现及其应用

（一）单倍体

单倍体（haploid）是指细胞内具有物种配子染色体数（n）的个体。一般情况下，动物和植物多数是二倍体（$2n$），而配子细胞则是单倍体（n），也是一倍体，即细胞中含有一个完整染色体组。但自然界中也有一些生物体细胞中的染色体数是单倍的。例如，菌类的菌丝

体时期、苔藓植物的配子体、雄蜂、雄蚁、夏季孤雌生殖的蚜虫等，它们都是由未受精的卵发育而成的个体，都属于单倍体（表9-1）。

表9-1　染色体数目变异的一些基本类型

项目	类型	表示方法	染色体组
整倍体	一倍体	$1n$	abcd
	二倍体	$2n$	（abcd）（abcd）
	三倍体	$3n$	（abcd）（abcd）（abcd）
	同源四倍体	$4n$	（abcd）（abcd）（abcd）（abcd）
	异源四倍体	$4n$	（abcd）（abcd）（efgh）（efgh）
非整倍体	单体	$2n-1$	（abcd）（abc）
	缺体	$2n-2$	（abc）（abc）
	双单体	$2n-1-1$	（abc）（abd）
	三体	$2n+1$	（abcd）（abcd）（a）
	四体	$2n+2$	（abcd）（abcd）（aa）
	双三体	$2n+1+1$	（abcd）（abcd）（ab）

在高等植物中，所有单倍体几乎都是由于生殖过程不正常产生的，如**孤雌生殖**（parthenogenesis）和**孤雄生殖**（androgenesis）等。在自然界，大部分单倍体是孤雌生殖形成的，人工单倍体多数是通过花药的离体培养而得到的。

高等植物的单倍体和二倍体相比较，一般体形较小，全株包括根、茎、叶、花等器官都成比例缩小。当减数分裂时，染色体成单价体存在，没有相互联会的同源染色体，所以最后将无规律地分离到配子中去，结果绝大多数不能发育成有效配子，因而表现高度不育。例如玉米的单倍体有10条染色体，减数分裂时理论上10条染色体都分向一极的概率只有$(1/2)^{10}=1/1024$，而且单价体在减数分裂过程中存在落后现象，常常不能进入子细胞的新核中，所以实际上获得可孕配子的概率比理论值更低。只有雌雄配子都是可育的，才能得到具有10对染色体的正常植株，这便是单倍体表现高度不育的原因。

在动物中，果蝇、蝾螈、蛙、小鼠和鸡的单倍体曾有过报道，但它们都不能正常发育，在胚胎时期即死去。但也有例外，某些昆虫既有单倍体也有二倍体，如蜜蜂中的雄蜂是由未受精的卵发育来的单倍体；雌蜂是从受精卵发育来的二倍体。雄蜂减数分裂在进行第一次分裂时，只形成单极纺锤体，染色体不分裂，数目不减半，第二次分裂是一次正常的有丝分裂，假性减数分裂产生2个精子，故雄蜂可育。

单倍体在遗传研究和育种实践上具有重要价值。

① 由于单倍体中每个基因都是成单的，显性和隐性都可以表达，因此是研究基因及其作用的良好材料。

② 用于研究单倍体母细胞减数分裂时的异源联会，可以分析各个染色体组之间的同源和部分同源关系。

③ 利用F_1花粉培育成单倍体植株，可以获得广泛变异的个体，特别是隐性突变可以得到表现。

④ 单倍体植株染色体加倍可以得到育性正常的纯合个体，从而缩短育种年限。

⑤ 人工诱变单倍体植株，在当代就能发现变异类型，从而提高诱变效率。

（二）多倍体

1. 同源多倍体（autopolyploid）

由同一物种的染色体组加倍所形成的个体或细胞，称为同源多倍体。在自然界，同源多倍体多数为二倍性或四倍性水平的个体。如马铃薯是同源四倍体，甘蔗是同源六倍体等。

在自然条件下，由体细胞染色体加倍产生多倍体的情形很少见，而由未减数配子受精形成的可能性较大。人工诱发多倍体则主要是通过体细胞的染色体加倍实现，人们曾经采用过多种方法来诱发多倍体的产生，例如，从有机汞农药中筛选出“富民农”，用以加倍水稻、黑麦、小麦等植物的染色体数获得成功。目前仍在广泛应用的是秋水仙碱人工诱发多倍体方法。秋水仙碱诱发多倍体的特殊效果是A. F. Blackslee在曼陀罗染色体加倍的研究中首先发现的。它的作用主要是抑制细胞分裂时纺锤体的形成，使已经复制并分开了的子染色体不能分向两极，而仍留在一个细胞内，染色体由此加倍。当染色体已经加倍了的细胞不再接受秋水仙碱处理时，它就又恢复正常的有丝分裂，结果形成多倍体组织。

在动物中，自然发生的同源多倍体是罕见的，其主要原因是动物的性别是由性染色体决定的。大多数动物是雌雄异体的，X染色体和常染色体的数目如发生不平衡的情况会引起不育，所以，如果产生多倍体，通常只能依靠孤雌生殖或无性生殖来维持其种群数量。任何多于$2n$的染色体数都可造成动物高度不育。例如XY性别决定的类型，当染色体加倍后，一个雄性四倍体为XXYY，可产生XY配子，一个雌性四倍体为XXXX，可产生XX配子，这些配子受精产生XXXY合子，这在许多动物里都是不能正常发育的。两个雌、雄性动物同时变成同源多倍体或同时产生未减数配子的可能性很小，而它们相遇到一起进行交配受精的可能性则更小。在甲壳动物中，有一种丰年虫（*Artemia*），其二倍体（$2n$ =42）能正常进行有性生殖，而四倍体（$4n$ =84）却由单性生殖来维持。在黑腹果蝇中曾发现过三倍体，并对它做了许多工作，特别是C.B. Bridges在果蝇性别决定方面的研究，三倍体是靠选择和适当交配组合来维持的。此外鱼类、两栖类以及家蚕等都曾出现过三倍体和四倍体，但由于对这些动物缺乏遗传学方面的研究，很难说它们是自然存在，还是靠人工维持下来的。

（1）同源多倍体的表型特征

同源四倍体与其原来的二倍体相比，细胞核和细胞的体积相应地增大，其结果是茎粗、叶大，花器、种子和果实的体积也增大，叶色也较深。但不是所有的多倍体植物都有这样的效应，有些细胞的体积并不增大，或即使体积增大，但细胞数目减少，所以个体或器官的大小没有明显变化，有的反而比原来的二倍体小。此外，染色体加倍后可能出现一些不良反应，如叶子皱缩、分蘖减少、生长缓慢、成熟期延迟及育性降低等。在有些植物中，研究发现由于染色体的加倍，基因的产物也随之增加。如大麦四倍体籽粒的蛋白质含量比二倍体原种增加10% ～ 12%，四倍体玉米籽粒中的类胡萝卜素增加40%多；四倍体番茄的维生素C比其二倍体提高一倍等。

同源三倍体的主要特点是高度不育，基本上不结种子，因为倍性为奇数者都将因减数分裂受到干扰而不育。这是由于单价体分布的随机性产生非整倍的、没有生活力的大小孢子。但许多三倍体植物都具有很强的生活力，营养器官十分发达。

（2）同源多倍体的联会和分离

① 同源三倍体的联会和分离。在减数分裂前期或形成一个三价体，或形成一个二价体（双价体）和一个单价体（图9-17）。无论何种配对方式，假如单价体不丢失，最后都是一条染色体走向一极，另两条走向另一极。可以预计，具有两条染色体的配子（$2n$）的概率是$(1/2)^n$，具有一条染色体的配子（n）的概率也是$(1/2)^n$。这些极少数可育的配子相互受精

的机会更少，这便是三倍体不结种子的原因。但三倍体所产生的绝大多数配子的染色体数目是在n和$2n$之间，这些配子的染色体都是不平衡的。

② 同源四倍体的联会和分离。同源四倍体在减数分裂时联会可形成一个四价体（Ⅳ），也可能是一个三价体和一个单价体（Ⅲ+Ⅰ）或两个二价体（Ⅱ+Ⅱ）等。在同一四倍体细胞中可以看到不同的染色体构型（图9-18）。

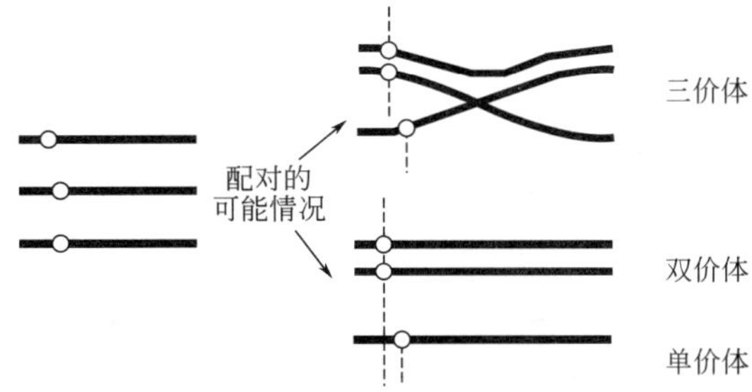

图9-17　同源三倍体联会的形式

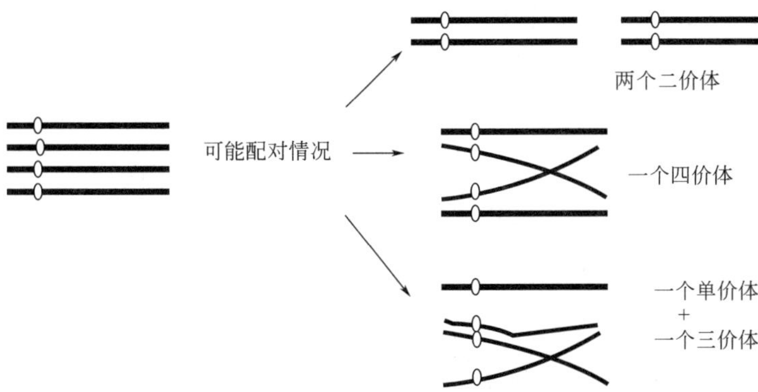

图9-18　同源四倍体联会的形式

同源四倍体的基因分离比较复杂。就一对基因（A，a）来讲，二倍体只有三种基因型：AA、Aa和aa，四倍体则有五种基因型：$AAAA$（**四显体**，quadruplex）、$AAAa$（**三显体**，triplex）、$AAaa$（**二显体**，duplex）、$Aaaa$（**单显体**，simplex）及$aaaa$（**无显体**，nulliplex），其中，三种杂合体分离形成的配子种类和比例各不相同。假定对于二显体$AAaa$来讲，若4条染色体按二价体配对，就有3种可能的配对方式，由于纺锤丝随机附着，每种配对方式所产生的配子类型是不同的（图9-19）。

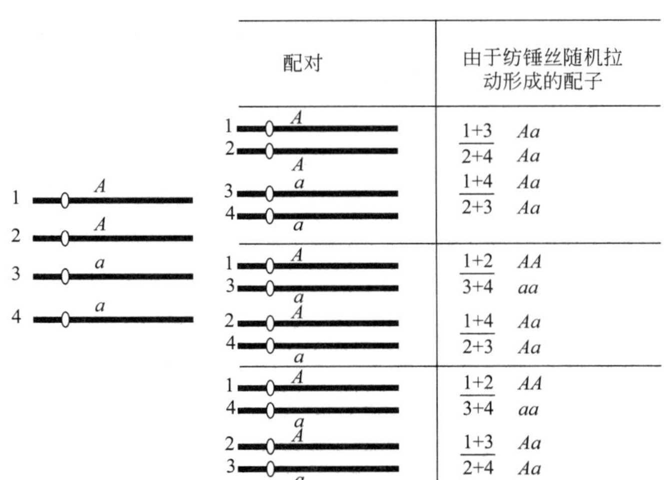

图9-19　同源四倍体二显体*AAaa*基因的分离

因为配对和纺锤体附着着丝粒向两极移动的发生都是随机的，所以发生各种情况的概率都相等。假定基因座距着丝粒很近，且没有交换，于是配子*Aa*：*AA*：*aa*的比例就是8：2：2（或4：1：1）。如果具有基因型*AAaa*的植株自交，自交子代中具有*aaaa*基因型的个体的发生概率就是1/6×1/6=1/36，其余个体则至少具有1个*A*。四倍体的1对等位基因（*Aa*）遗传时，各种杂合体的分离结果见表9-2。

表9-2　同源四倍体各种杂合体的分离结果

同源四倍体杂合基因型	配子				自交子代基因型和比例					自交子代表型		
	种类和比例			纯合隐性配子/%						种类和比例		*a*/%
	AA	*Aa*	*aa*		A^4	A^3a	A^2a^2	Aa^3	a^4	*A*	*a*	
AAAa	1	1		0	1	2	1			全部		0
AAaa	1	4	1	16.7	1	8	18	8	1	35	1	2.8
Aaaa		1	1	50.0			1	2	1	3	1	25.0

2. 异源多倍体

异源多倍体（allopolyploid）是指加倍的染色体组来源于不同物种，包括偶倍数的异源多倍体和奇倍数的异源多倍体。它可由不同物种的个体之间杂交得到的F_1经染色体加倍形成；也可由F_1未减数的配子结合形成；或由染色体已经加倍的两个不同物种杂交形成。构成异源多倍体的祖先二倍体种，称为**基本种**（basic species）。自然界中能够自繁的异源多倍体种都是偶倍数的。这种偶倍数的异源多倍体在被子植物中占30%～50%，禾本科植物中约占70%，如小麦、燕麦、棉花、烟草、苹果、梨、樱桃、水仙和郁金香等都属于这种类型。

在偶倍数的异源多倍体细胞内，由于每种染色体都有两条，同源染色体是成对的，所以减数分裂正常，表现与二倍体相同的性状遗传规律。对异源多倍体的研究，一方面是分析植物进化的一个重要途径，同时也为人工合成新物种提供了理论基础。通过人工诱导多倍体的试验表明，使种间杂交然后染色体加倍是异源多倍体形成的主要途径。

通过**染色体组型分析**（genome analysis）的方法，可确定异源多倍体中各染色体组的来源，研究其起源过程。染色体组型分析的主要方法是用待分析的多倍体与假定的基本种杂交，根据F_1减数分裂过程中染色体配对行为来鉴别分析染色体组的来源及异同。在减数分裂过程中同源染色体相互配对形成二价体（Ⅱ），非同源染色体彼此不能配对，常以单价体（Ⅰ）的形式存在。如果待分析的多倍体和基本种的杂交后代F_1在减数分裂过程中出现相当于基本种染色体基数的二价体，便说明多倍体的一个染色体组来源于这一基本种。

如普通小麦为异源六倍体，染色体组成为AABBDD（2*n* =42），组成它的基本种可能为一粒小麦（*Triticum monococum*）、拟斯卑尔脱山羊草（*Aegilops spetoides*）或斯氏麦草（*T.searsii*）及节节麦（*A.squarrosa*），它们都是二倍体，2*n* =14；拟二粒小麦（*T. dicoccoides*）为异源四倍体2*n* =28。它们之间相互杂交及普通小麦的杂交结果见表9-3。

表9-3　普通小麦几个近缘种的杂交后代减数分裂时染色体的配对情况

杂交组合	杂种染色体数	配对情况	推断的染色体组
拟二粒小麦×一粒小麦	21	7Ⅱ+7Ⅰ	AAB
拟二粒小麦×拟斯卑尔脱山羊草	21	7Ⅱ+7Ⅰ	ABB
一粒小麦×拟斯卑尔脱山羊草	14	14Ⅰ	AB
普通小麦×拟二粒小麦	35	14Ⅱ+7Ⅰ	AABBD
拟二粒小麦×节节麦	21	21Ⅰ	ABD
普通小麦×节节麦	28	7Ⅱ+14Ⅰ	ABDD

从以上杂交结果可以看出拟二粒小麦与一粒小麦及拟斯卑尔脱山羊草的杂交后代，在减数分裂中都出现7个二价体，说明拟二粒小麦与这两个二倍体物种都有一个染色体组相同；而一粒小麦与拟斯卑尔脱山羊草的杂交后代在减数分裂中出现了14个单价体，说明二者的染色体组是完全不同的，一粒小麦的染色体组以AA表示，拟斯卑尔脱山羊草的染色体组以BB表示，则拟二粒小麦的染色体组成为AABB。拟二粒小麦与普通小麦的杂交后代在减数分裂中形成14个二价体和7个单价体，说明普通小麦中有两个染色体组与拟二粒小麦相同，即普通小麦的A、B染色体组与拟二粒小麦一样分别来自一粒小麦和拟斯卑尔脱山羊草。拟二粒小麦与节节麦的杂交后代在减数分裂中形成了21个单价体，说明节节麦的染色体组成与拟二粒小麦完全不同，定为D染色体组，而节节麦与普通小麦杂交，后代有7个二价体，说明普通小麦的D染色体组来自节节麦，由此推断普通小麦的演化过程可能如图9-20所示。

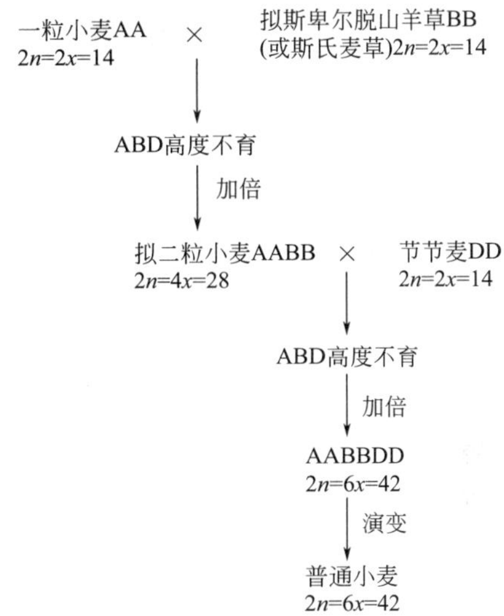

图9-20　普通小麦可能的起源途径

当异源六倍体小麦（$6x$=AABBDD=42=21 Ⅱ）减数分裂时，正常情况下是1A与1A，1B与1 B，1D与1D进行**同源联会**（autosynapsis），但有时1A与1B或1D也可能发生联会，即**异源联会**（allosynapsis），这是它们之间有部分同源关系的表现。当某异源多倍体的不同染色体组之间部分同源的程度很高时，这种多倍体就被称为**节段异源多倍体**（segmental allopolyploid）。节段异源多倍体在减数分裂时，染色体除了像异源多倍体一样形成二价体外，还会出现或多或少的多价体，从而导致某种程度的不育。因此，原始亲本之间不同的性状在节段异源多倍体的后代中会发生分离。在异源多倍体中则不然，这是二者之间表现的重要区别。形成的异源五倍体也称倍半二倍体，在育种工作中，可以作为染色体替换的工具材料。在自然界，奇倍数的异源多倍体难以存在，只能依靠无性繁殖的方法加以保存。

（三）多倍体的应用

在现代育种实践中，人工诱发多倍体主要用于培育新的作物类型或品种以及解决远缘杂交的困难。

1. 培育新的作物类型或品种

育种实践中利用奇倍数的多倍体减数分裂过程中同源染色体不能正常联会，配子形成不正常，因而表现高度不育的特点，巧妙地培育出一些无籽果实。三倍体无籽西瓜便是一个成功的例证。其培育过程为：首先选用二倍体西瓜（$2n=2x=22=11$ Ⅱ），子叶期以0.2%的秋水仙碱水溶液点滴处理其生长点，诱变出四倍体植株。将四倍体与二倍体间行种植，调节好花期，以四倍体为母本，二倍体为父本进行杂交，从四倍体植株上收获三倍体种子。第一年将三倍体种子与二倍体种子按（3 ～ 4）: 1的行比播种，用二倍体作为授粉株给三倍体授粉，便能诱发其果实发育产生三倍体无籽西瓜（图9-21）。

除无籽西瓜外，目前已培育出很多同源多倍体类型在生产上利用。如多年生植物中的同源三倍体苹果（$2n=3x=51=17$ Ⅲ）。一年生植物中，以下几种同源多倍体已有较大种植面积：三倍体甜菜（$2n=3x=27=9$ Ⅲ），含糖量高于二倍体和四倍体；四倍体荞麦（$2n=4x=32=8$ Ⅳ），产量高，抗寒性强；四倍体黑麦（$2n=4x=28=7$ Ⅳ），在高寒地区比一倍体产量高。

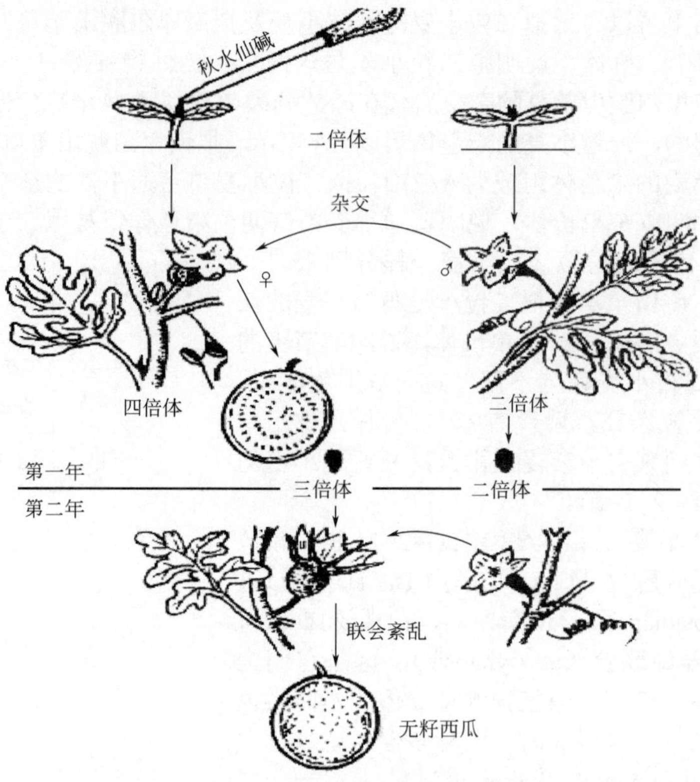

图9-21　三倍体无籽西瓜的选育过程

2. 克服远缘杂种的不育性

在我国以鲍文奎为首的遗传育种学家经过不断试验和选择，已培育出一些优良的小黑麦品种，具有抗逆能力强、穗大、籽粒的蛋白质含量高、生长优势强等优良特性，在高寒山区种植其产量明显高于小麦和黑麦。以八倍体小黑麦的选育为例，说明多倍体在解决远缘杂种不育中所起的作用。异源八倍体的小黑麦（*Triticale*）是用普通小麦和黑麦（*Secale cereale*）杂交并经染色体加倍而后培育成的。由前已知普通小麦有21对染色体，为异源六倍体，染色体组起源于3个种，为AABBDD。黑麦有7对染色体，染色体组为RR。AABBDD与RR杂交，F_1为ABDR，染色体数目为28，高度不育。经过染色体加倍，即形成具有AABBDDRR染色体组的异源八倍体的小黑麦（$2n=8x=56$）。

三、非整倍体的类别及其遗传表现

非整倍体（aneuploid）是二倍体中缺少或额外增加一条或几条染色体的变异类型。一般是由于减数分裂时一对同源染色体不分离或提前分离而形成$n-1$或$n+1$的配子，由这些配子和正常配子（n）结合，或由它们相互结合便产生各种非整倍体，例如单体、双单体、缺体、三体及四体等。

（一）单体

单体（monosomic）指正常的$2n$个体缺失一条染色体，使某对同源染色体缺少一条，常用$2n-1$来表示。在自然界，有些动物是以单体的形式存在的。如蝗虫、蟋蟀、某些甲虫的雄性，以及鸟类、家禽类和许多鳞翅目昆虫的雌性个体只有一条性染色体，它们都是$2n-1$单体，能产生n和$n-1$两种配子，是正常可育的，这是长期进化的结果。

在植物界，对二倍体物种而言，单体在自然界很难生存，因为二倍体的配子中本来只有一套染色体组，如果缺少其中一条，其染色体组的完整性就会遭到破坏，一般不能正常发育。异源多倍体配子中含有两个或两个以上不同染色体组，所以$n-1$配子中虽然缺少一条染色体，但该染色体的功能可以由另一染色体组的某一染色体所代替，使$n-1$配子能够正常发育并参加受精，因此异源多倍体的单体具有一定的活力和育性。如普通小麦（$2n=6x$=AABBDD=42=21Ⅱ）中已分离出21个单体，普通烟草（$2n=4x$=SSTT=48=24Ⅱ）中已分离出24个单体。

从理论上讲，单体自交会产生双体、单体和缺体，比例为1∶2∶1（表9-4）。实际上，单体在减数分裂时，形成的n和$n-1$配子不是1∶1的比例，$n-1$不正常配子的形成是大量的。这是因为成对染色体缺少一条后剩下的一条是个单价体，它常常被遗弃而丢失，故使$n-1$配子增加。$n-1$配子对外界环境敏感，尤其是雄配子常常不育，所以$n-1$配子多通过卵细胞遗传。因此选择的杂交亲本不同，后代中单体、双体及缺体的比例也会不同。

表9-4　单体自交产生的配子

雄配子♂	雌配子♀	
	n（50%）	$n-1$（50%）
n（50%）	$2n$	$2n-1$
$n-1$（50%）	$2n-1$	$2n-2$

（二）缺体

缺体（nullisomic）是异源多倍体所特有的类型，一般来自单体的自交。有的物种如普通烟草的单体后代分离不出缺体，原因是缺体在幼胚阶段就会死亡。缺体只能产生一种$n-1$配子，所以育性更低。可育的缺体一般都各具特征，如普通小麦的3D缺体（$2n-$Ⅱ$_{3D}$）籽粒为白色，5A缺体（$2n-$Ⅱ$_{5A}$）发育成斯卑尔脱小麦的穗型等。

（三）三体

三体（trisomic）的来源和单体一样，主要是减数分裂异常造成的，所不同的是三体在植物中经常出现。人为产生三体植物可以先用同源四倍体与二倍体杂交，得到三倍体再与二倍体回交，三倍体产生的$n+1$配子与二倍体的正常n配子结合，便生成三体（$2n+1$）类型。

三体类型减数分裂时，理论上应该产生n和$n+1$两种数量相等的配子，事实上因为多出来的一条染色体在后期Ⅰ常有落后现象，致使$n+1$配子通常少于50%。一般情况下，$n+1$型的雄配子不易成活，所以$n+1$型配子大多也是通过卵细胞遗传的。

三体在人类中也有出现，如21三体综合征（trisomy 21 syndrome），又称Down综合征（Down syndrome），该病患者具有特殊的颅面部畸形，头颅小而圆，眼小而眼距过宽，发育迟缓，智力低下，平均寿命短。典型的21三体综合征患者的核型为47，+21（占患者的95%）。

（四）四体

绝大多数**四体**（tetrasomic）来源于三体子代群体。因为三体可产生$n+1$的雌雄配子，二者受精后即可形成四体（$2n+2$）。四体在偶线期因一个同源组有4条同源染色体，可以联会成

$(n-1)$ Ⅱ +1 Ⅳ，还可以联会成$(n+1)$ Ⅱ。

四体在减数分裂时，四条染色体首先联会，但联会的同源区段很短，交叉数较少，容易发生不联会和提早解离。因为同源染色体属于偶数的，所以后期Ⅰ多数为Ⅱ+Ⅱ均衡分离，产生$n+1$型配子。四体的自交后代会分离出四体，少数四体可以形成100%的四体子代。可见四体的稳定性远大于三体。四体染色体上的基因分离与同源四倍体同源组的染色体分离相同。

本章小结

染色体的变异主要分为染色体结构变异和染色体数目变异两类。染色体的结构变异有缺失、重复、倒位和易位四种类型，染色体的数目变异可分为整倍体变异和非整倍体变异。本章分别对染色体结构变异的四种类型的概念、细胞学效应、遗传学效应及应用作了详细的讲述，并且对染色体数目变异的几种重要类型，如整倍体变异中的同源、异源多倍体，和非整倍体变异中的单体、缺体、三体和四体的基本概念和遗传特征进行了讨论。染色体变异的研究不仅揭示了新物种的形成和生物进化的遗传机制，而且可以作为人类染色体疾病诊断和预防的理论依据。

思考拓展

1. 名词解释

缺失　末端缺失　中间缺失　缺失杂合体　缺失纯合体　缺失环　假显性

剂量效应　位置效应　一倍体　二倍体　多倍体　单倍体

同源多倍体　异源多倍体　异源联会　整倍体　非整倍体　三体

四体　单体　双单体　缺体

2. 某玉米植株是第9染色体缺失杂合体，也是糊粉层基因*Cc*杂合体。*C*在缺失染色体上，*c*在正常染色体上。已知缺失染色体不能通过花粉传递。在一次以该缺失杂合体植株为父本与正常*cc*植株为母本的杂交中，后代出现5%的有色籽粒。请解释这种现象发生的原因。

3. 根据相互易位杂合体染色体的联会和分离特点，说明半不育的产生过程。

4. 试述同源三倍体高度不育的遗传原因。

5. 某植株是显性*AA*纯合体，如果用隐性*aa*纯合体的花粉给它授粉杂交，在500株F_1中，有两株表现型为*aa*。如何证明和解释这个杂交结果？

6. 请尝试分析染色体四种结构变异类型在细胞学鉴定和遗传效应上的区别，请以列表或者思维导图的形式呈现。

第十章

基因突变

【本章导言】

基因突变是发生在基因水平上的可以遗传的遗传物质结构的改变，它可以自发产生，也可以诱发产生，但其发生的分子基础是一致的。DNA的复制错误以及辐射、化学诱变剂等都可能引发基因突变。针对各种因素造成的DNA损伤，细胞具有多种相应的修复系统，有的直接校正DNA损伤，有的是通过切除或重组来进行修复，以保证遗传信息传递的稳定性和精确性。

第一节　基因突变概述

一、基因突变的概念

突变（mutation）是一种遗传状态，一切能够通过复制而遗传的DNA结构的永久性改变都叫突变。生物体从一种遗传状态改变为另一种遗传状态可以发生在两个水平上，一种是染色体水平上的染色体畸变，是一种可在光学显微镜的分辨范围内观察到的染色体结构的改变；另一种是基因水平上的基因突变，这是发生在基因结构中的变化，通常无法用显微镜直接观察到，而只能通过DNA测序或遗传学实验测得。所谓**基因突变**（gene mutation）是指发生在单个基因结构内部、从一种等位形式改变为另一种等位形式的变化，从而导致生物体或细胞的基因型发生稳定的、可遗传的变化的过程。由于基因突变是基因内部DNA分子上微小的改变，在染色体结构上看不出变化，因此又被称为点突变。

突变可以引起生物体表型的异常乃至人类的缺陷和疾病，但同时，突变又是产生遗传变异的重要因素，是进化的内在基础。突变是基因的三大功能之一，突变的结果就是从一个基因变成它的等位基因，继而产生新的基因型。对可遗传的变异进行遗传分析时，通常将自然界大量存在的或是实验室中某一标准品系的性状作为“野生型”或“正常”的性状，与之相关的等位基因称为野生型等位基因。一般记为“+”或“A^+”“B^+”等。任何一种不同于野生型等位基因的基因则称为突变等位基因。可记作“-”或“*a*”“*b*”等。“-”或“*a*”“*b*”基因的出现，被称为发生了一个**突变事件**（mutation event），即表示在某一时间或空间内实际发生的突变。具有某种新的基因型的细胞或个体常具有某种突变表型，这种携带突变基因的细胞或个体就被称为**突变体**（mutant）。

二、基因突变的表现类型

突变发生后出现的表型改变是多种多样的，有的突变的表型效应可能是很大的，以致产生形态上的严重缺陷甚至死亡。在不同层次上能直接检测到的表型特征可粗略地分为以下几类。

（1）**形态突变**（morphological mutations）

指突变体在形态结构、大小、颜色等可直接观察到的性状上发生了明显有差别的改变，又称**可见突变**（visible mutations）。

（2）**生化突变**（biochemical mutations）

指引起突变体生化代谢途径中某一特定生化功能改变或丧失的突变。例如某野生型细菌可以在基本培养基上生长，但在突变后只有在基本培养基中添加某种氨基酸才能生长，这一现象被认为是发生了生化突变。在人类群体中，苯丙酮尿症和半乳糖症就是由于生化突变产生的代谢缺陷。

（3）**失去功能的突变**（loss-of-function mutations）

指发生的突变会造成基因完全地失去活性，突变事件通常是破坏性的，删除或改变了基因的关键性的功能区，这种变化干扰了野生型对某种表型的活性功能，从而产生了丧失功能的突变，有完全丧失基因功能的突变和不完全丧失基因功能的突变两种情况。

（4）**获得功能的突变**（gain-of-function mutations）

多数情况下，突变事件导致基因功能的丧失，但有时候，突变事件引起的遗传随机变化可能使之获得某种新的功能。

（5）**致死突变**（lethal mutations）

致死突变是影响生物体的生活力，导致个体死亡的一类突变。致死突变可分为显性致死和隐性致死两类，显性致死在杂合状态时就有致死作用，而隐性致死则在纯合状态下方有致死作用。不同突变基因在生物世代中表达的时间各不相同，因此致死作用既可以发生在配子期，也可以发生在合子期的胚胎期、幼龄期和成年期。

（6）**条件致死突变**（conditional lethal mutations）

指在某些条件下突变体可以存活，在另外的条件下突变体死亡的突变。最常见的条件致死突变是温度敏感突变型。例如T4噬菌体温度敏感突变型，在25℃时能在大肠杆菌宿主体内正常生长繁殖，形成噬菌斑，在42℃时则不能生长繁殖，因此看不到噬菌斑。从基因作用的角度来说，几乎所有基因的突变都是生化突变，而任何基因的表达都依赖于体内或体外各种条件，因此，从广义来说，所有的突变又都可以看作是条件致死突变。

三、基因突变的特性

突变总是在不断地发生，突变体的表型多种多样，难以预料，但基因突变都具有随机性、稀有性、可逆性和重演性等共同的特性。

（一）突变的随机性

指突变可发生在个体发育的任何一个时期，既可以在配子期发生，也可以在合子期的体细胞中发生。配子期发生的突变称为**生殖细胞突变**（germline mutation），如果突变细胞参与受精，突变基因就可以传递给子代。合子期以后发生的突变称为**体细胞突变**（somatic mutation），突变的结果是使该个体成为**嵌合体**（mosaic）。合子期早期突变所形成的嵌合体，如果突变的部分包括了生殖系统，突变基因可以通过有性生殖传递给子代。成熟个体的体细胞突变，则不能通过有性生殖传递突变基因。植物体细胞突变则有另外一种情形，产生芽变的枝条开花授粉后，可以将突变基因传递给子代。

突变的随机性的第二个内涵是突变的无目的性和不确定性。我们可以通过筛选来得到所需要的突变体，但不能确定该突变是否一定发生。细菌对抗生素的耐药性突变并不是在使用抗生素后才发生，只不过是在使用抗生素之后，发生耐药性的突变体能够存活下来，并且在药物的选择压力下，从少数逐渐成为优势菌系。

（二）突变的稀有性

指在自然条件下基因突变的突变率都很低。所谓**突变率**（mutation rate）是指在一个世代中或其他规定的时间中，在特定的条件下，一个细胞发生某一突变事件的概率。例如：每代每个基因的突变率，果蝇大约为$10^{-5}\sim10^{-4}$，人类为$10^{-5}\sim10^{-4}$，细菌是$10^{-7}\sim10^{-5}$。每一特定的基因突变率如此之低，要想筛选到某种特定的突变体，需要提高突变率，采用人工诱变就是提高突变率的有效手段。

（三）突变的可逆性

基因突变是可逆的。根据基因突变的效应，可以将突变分为正向突变、回复突变和抑制突变三种类型。**正向突变**（forward mutation）是指个体由正常表型（或野生型）经基因突变改变为突变型的突变。**回复突变**（back mutation）是指具有突变型表型的个体经过再一次突变表型恢复为野生型的突变。正向突变的频率总是远大于回复突变频率。例如在*E.coli*中野生型（his^+）突变为组氨酸缺陷型（his^-）的正向突变率为2×10^{-6}左右，而回复突变的频率为4×10^{-8}。两者间的巨大差异可以从顺反子水平和密码子水平去理解，如果每个顺反子平均大小为1000bp，那么它编码的肽链至少有100氨基酸残基数目，其中许多氨基酸被改变后都可能导致该蛋白功能受损或失活，要发生回复突变只有使被改变的碱基回复到最初的状态。因为每次突变都是随机发生的，所以回复突变率总是比正向突变率低约1～2个数量级。如果以密码子为单位，不难得出两者间至少要差一个数量级。**抑制突变**（suppressive mutation）是指某一座位上突变产生的表型效应被另一座位上的突变所抑制，使突变体又恢复成正常表型的现象。第二个位点的突变如果是发生在同一基因座位内就称为**基因内抑制**，如果发生在另一基因座位上则称为**基因间抑制**。

区别回复突变和抑制突变，可以将回复突变体和正常个体杂交，观察杂交后代是否分离出突变型。如果是抑制突变，两个突变位点经过重组被分离，杂交后代会出现突变型个体；如果是回复突变，杂交后代全部表现为正常个体，不会出现突变型个体。

利用突变具有的可逆性特点，可以将点突变和染色体畸变或缺失突变区分开来。只有点突变可以产生回复突变，染色体畸变或缺失突变是不能产生回复突变的。

（四）突变的重演性

所谓突变的**重演性**是指同种生物中相同基因突变可以在不同的个体、不同的世代重复出现。实验室里饲养的果蝇中，白眼突变体多次出现；人类视网膜母细胞瘤（retinoblastoma，Rb）基因在人群中时有出现，患者都是由Rb基因突变所致。

（五）突变的多方向性

一个基因突变后变成了它的等位基因，但突变并非只重复一种方式，突变可以向多个方向进行。即它可以突变为一个以上的等位基因。人类的ABO血型，就是受同一基因座位上的三个复等位基因控制的。虽然我们不能确定I^A、I^B、i这三个复等位基因中，哪一个是野生型基因，但是存在这三个复等位基因的现象一定是基因向多方向进行突变的结果。

（六）突变的有害性和有利性

对一个物种而言，任何一种能增强环境适应能力、提高生存竞争能力和繁殖后代能力的突变都是有利的，反之则是有害的。大多数基因突变对生物的生长发育是有害的，因为现存的生物机体的形态结构、生理代谢的机能都是经过长期自然选择进化而来的，因此处于一种相对平衡、协调的状态。决定物种生物性状的遗传体系，也处于一种平衡协调状态。如果遗传物质发生改变，原有的协调关系不可避免地要遭到破坏或削弱，机体的平衡状态也就会被打破，个体正常生理代谢受到影响，势必会影响其生活力或生殖能力，从而引起不同程度的有害后果。突变造成的有害程度可能不同，一般表现为某种性状的缺陷或生活力和育性的降低，例如人的镰刀形红细胞贫血病、色盲，植物的雄性不育等。基因突变危害程度最严重的可导致突变细胞或个体的死亡，即致死突变。在植物中最常见的致死突变是隐性的白化苗突变，在动物中致死突变也常有发生，如软骨发育不全症。作为基因的一个重要功能，突变当然并不都是有害的，有的基因突变对生物的生存和生长发育是有利的，例如作物的抗病性突变、早熟性突变以及牛的高泌乳量突变等。

但是基因突变的有害性和有利性都是相对的，在一定条件下基因突变的效应可以转化。例如在高秆作物的群体中出现的矮秆突变体，刚出现时，在群体中占劣势，受光不足，发育不良，但经过选育后，因其具有较强的抗倒伏能力，在多风条件下往往更为茁壮。对人类而言，生物基因突变的有利性和有害性取决于该突变在人类经济活动中和科学研究中的应用价值。植物的雄性不育突变对于种系来说不利，但是对于遗传育种学家来说恰恰可以利用这种突变，无需去雄，用另一正常品系的花粉为雄性不育株授粉就可得到杂种一代，生产上利用其杂种优势，可以提高农作物的产量或改进品质。我国杂交水稻制种中的应用就是一个成功的范例。

还有一些基因突变会造成生物体的这种或那种性状的改变，但这些突变并不影响个体的生活力或生殖力，例如小麦粒色的改变。这种突变称为中性突变，中性突变为提高物种在进化过程中对环境的适应能力提供了潜在的可能性。

第二节　基因突变的检出

一、细菌和真菌基因突变的检出

（一）细菌基因突变的检出

在细菌的突变研究中，应用较多的是大肠杆菌。大肠杆菌野生型的有机物质合成能力很强，它能够在含有最低营养需要的基本培养基上生长繁殖，利用无机氮、葡萄糖和一些必需的无机盐类合成大量的有机物，例如氨基酸、酶的辅助因子、嘌呤、嘧啶和维生素等。这说明在大肠杆菌中存在着指导这些有机物质合成的基因，如果其中的某个基因发生了突变，其对应的有机物就不能合成，从而产生大肠杆菌的营养缺陷型。营养缺陷型不能在基本培养基上生长，因此突变就很容易被发现，并且大肠杆菌是单倍体，一旦发生任何突变都可以得到表现。因此只要通过简单的筛选检测技术就可以把突变体分离鉴定出来。

从大量诱变的细菌后代中分离出突变体的方法难易度差异很大。对于细菌的抗噬菌体、抗抗生素突变相对容易筛选，只要对诱变群体添加抗生素或喷洒噬菌体就可筛选出突变体。但对于细菌的营养缺陷型突变则主要采取负选择法进行。该方法是利用营养缺陷型突变体可在完全培养基上正常生长，在基本培养基上不能生长的影印实验而选出突变体（图10-1）。但是突变率一般较低，直接采用负选择法工作量太大，效率较低，因此通常先采用青霉素富集法浓缩大量突变体，然后再进行负选择。青霉素富集法的原理如下：青霉素主要作用是抑制细菌细胞壁的合成，使新分裂的细菌细胞不能合成新的细胞壁，这样新分裂的细菌细胞就处于部分原生质体状态，在培养基的低渗条件下就可能破裂死亡。经诱变处理的细菌在添加青霉素的基本培养基上培养几个周期，其大量的野生型细菌会因细胞分裂，新细胞壁的合成被青霉素抑制而处于原生质体状态，低渗破裂而死亡。而营养缺陷型突变体因其生长所需要的营养物质自身不能合成，又不能在基本培养基中获得，细胞不能进行分裂，因而不受青霉素的影响。如果这一细胞群体经稀释并涂布在包含补充营养物质的基本培养基上，那么一部分尚未杀死的野生型细胞和营养缺陷型细胞都会长成菌落。当把这些菌落影印接种到基本培养基上时，不能生长的菌落就是营养缺陷型突变体。最后，将这种突变体分别接种到补加某一营养物质的基本培养基上，就可选出对应的营养缺陷型突变体。

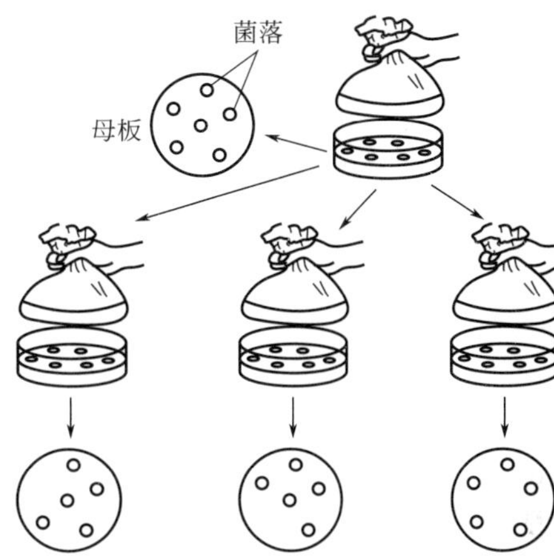

图10-1　影印培养法

（二）真菌营养缺陷型的检出

许多真菌与细菌一样，也能发生各种营养缺陷突变，并且许多真菌生活史中有一个丝状体阶段，利用这一特性可获得大量营养缺陷型突变，其方法是：经诱变处理的真菌孢子，在基本培养基上让其萌发，形成丝状体，过滤可去除大量由野生型孢子萌发而成的丝状体，滤液中的孢子多为营养缺陷型孢子，由于基因突变，这些孢子在基本培养基上由于营养物不能自身合成，又从基本培养基中无法获得，所以不能萌发。当然滤液中还包含一些生长缓慢的野生型孢子和死亡孢子等。因为营养缺陷型在基本培养基中不能生长，以后需每隔一定时间进行过滤，连续若干次后，所剩下来的都是缺陷型或死亡的分生孢子。对缺陷型分生孢子再通过各种补充培养基的培养来进一步鉴定其属于何种类型的营养缺陷突变型。

真菌细胞壁的主要成分为几丁质，与细菌明显不同，因此青霉素富集法不能应用于真菌的诱变选择过程。但制霉菌素与几丁质的合成有关，在真菌的基本培养基中加入一定量的制霉菌素，也可采用与细菌营养缺陷型筛选类似的办法进行。

粗糙脉孢菌的分生孢子经X射线或UV处理后，与另一交配型的子囊果杂交获得子囊，分离各子囊孢子，进行筛选鉴定也可获得大量的突变型，然后通过生长谱的鉴定和遗传杂交实验，可以证实其突变的性质（图10-2）。

二、植物基因突变的检出

植物突变体的检出方法因植物和突变性状的种类有所不同，在被子植物中，最直接的方法是利用直观现象检测种子性状的变异。最早建立玉米突变检测体系的是L.Stadler，他研究了玉米的胚乳颜色从*C*（有色）到*c*（无色）的突变。影响玉米胚乳颜色和性质的某些突变容易在玉米粒中看到，因为玉米的胚乳是三倍体，一个显性基因*C*（有色）同*cc*或*CC*的组合产生有色种子。Stadler用基因型分别为*cc*的雌株与*CC*的雄株杂交，检查了数以千计的种子，每一粒种子代表一个后代个体。在没有发生突变的情况下，每粒种子的基因型为“*Ccc*”，表型为有色。因此，如果出现一个白色籽粒就表明*CC*亲本的一个雄性生殖细胞中的*C*基因突变为*c*基因，这个白色籽粒的基因型定为“*ccc*”。利用这个系统可以检出生殖细胞突变，尽管比较繁琐，却是一种直接可靠的突变检测方法。

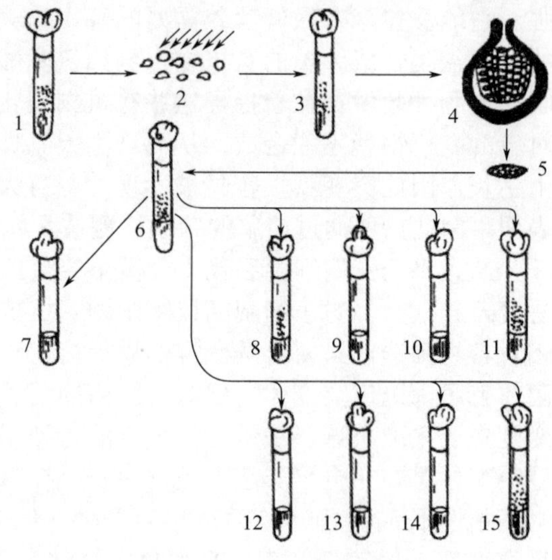

图10-2　粗糙脉孢菌的诱变和鉴定

1.纯合野生型；2.X射线或紫外线照射分生孢子；3.照射过的分生孢子与野生型交配；4.含有成熟子囊的子囊壳；5.子囊孢子；6.子囊孢子生活在完全培养基里；7.基本培养基；8.基本培养基另加维生素；9.基本培养基另加氨基酸；10.基本培养基；11.完全培养基；12.基本培养基另加硫胺素；13.基本培养基另加维生素B_6；14.基本培养基另加泛酸；15.基本培养基另加肌醇

在禾谷类作物中，体细胞突变往往只发生在一个幼芽或幼穗原基内，因此影响到一个穗子或其中的部分籽粒。如果发生了隐性突变，还必须分穗、分株收获，再种植若干代后才能检出隐性的突变类型。

对于高等植物的营养缺陷型的检出，拟南芥是一种理想材料。这种植物成年植株很微小，以致可以在试管中培养。而且它们的种皮是半透明的，利用这些特性可以在实验室获得足够数量的植株，十分有利于突变分析。目前已经分离了拟南芥的依赖硫胺素的突变型。利用其种皮的半透明特性可以鉴别出白化以及在不同发育阶段引起胚胎停育的致死突变。

三、动物基因突变的检出

（一）伴X染色体隐性致死或非致死突变的检出

① 果蝇的ClB（crossover suppressor-lethal-bar technique）测定法。果蝇ClB系是一种倒位杂合体的雌蝇，其中一个X染色体正常，另一个X染色体是倒位染色体。是H. J. Muller从黑腹果蝇（*D.melanogaster*）的自发突变中为检测果蝇X染色体上的隐性致死突变而精心构建的品系。这个特殊的ClB系统可以检测到X染色体上的任何致死突变或其他非致死突变。其中C是代表抑制交换的倒位区段（crossover suppressor）；l是代表该倒位区段内的一个隐性致死基因（lethal，*l*），可使胚胎在最初发育阶段死亡；B为棒眼基因（bar eye，*B*），代表该倒位区段范围之外有一个16区A段的重复，其表现型为显性的棒眼性状。*l*基因与*B*基因之间有一段很长的倒位，它有效地抑制了*l*基因与*B*基因的交换，使*l*和*B*永远保持在一条染色体上。棒眼的存在，标志着*l*基因的存在。

ClB测定就是利用ClB||X⁺雌蝇，测定X染色体上基因的隐性突变频率。先用不同剂量的X射线处理野生型雄蝇，因为精子只带有一条X染色体，如果这条X染色体受到辐射影响，整个配子就受到影响。然后和ClB||X⁺雌蝇交配，在其F_1中会产生2雌：1雄，其中1/3的雄蝇只能是野生型，而在雌蝇中，却有两种，一种带有ClB，另一种是野生型。此后，将带有ClB的F_1雌蝇挑选出来以备测交。因为这样的雌蝇中的一条X染色体是来自未被照射的母本的ClB，另一条必来自照射过的父本。如果这条X染色体产生了一个新的致死突变基因*l'*，而这个*l'*基因一般不可能正好与ClB的致死基因*l*具有等位性，何况它们如果是等位基因的话，卵子受精后就成为纯合体而死亡。将这些准备杂交的雌蝇一对一地与F_1正常的雄蝇交配。在下一代中，如果没有雄蝇出现，则表明发生了新的隐性致死突变，否则后代的性别比例应为2（雌）：1（雄）。

检查每一个单对杂交的结果，一方面可以得到隐性突变，特别是致死突变是否发生的信息；另一方面可以计算某一剂量的X射线在X染色体上造成致死突变的概率。显然，这种检测方法最为简明而有效（图10-3）。

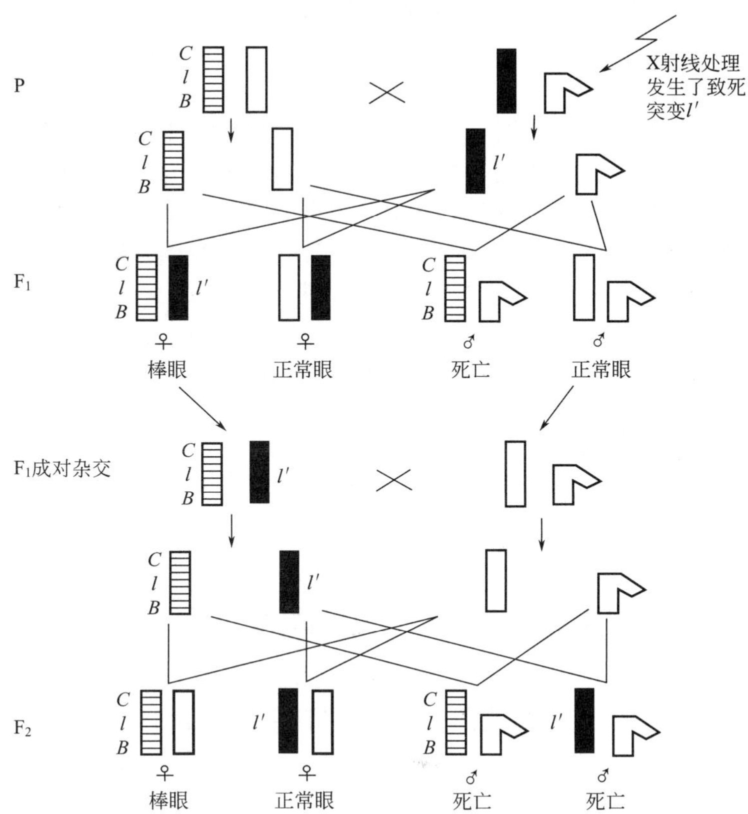

图10-3 ClB法检查果蝇X染色体上致死突变频率

② Muller改进了上述ClB方法，又独创另一品系：Muller-5（“Basc”），或简称为μ5。Muller-5品系的X染色体带有*B*（bar eye，棒眼）、w^a（apricot，杏色眼）和*sc*（scute，小盾片少刚毛）基因，三个基因组合的名称为“Basc”。此外，X染色体上具有一个重叠倒位，可以有效地抑制Muller-5的X染色体与野生型X染色体的重组。其基本原理与ClB方法相同（图10-4）。

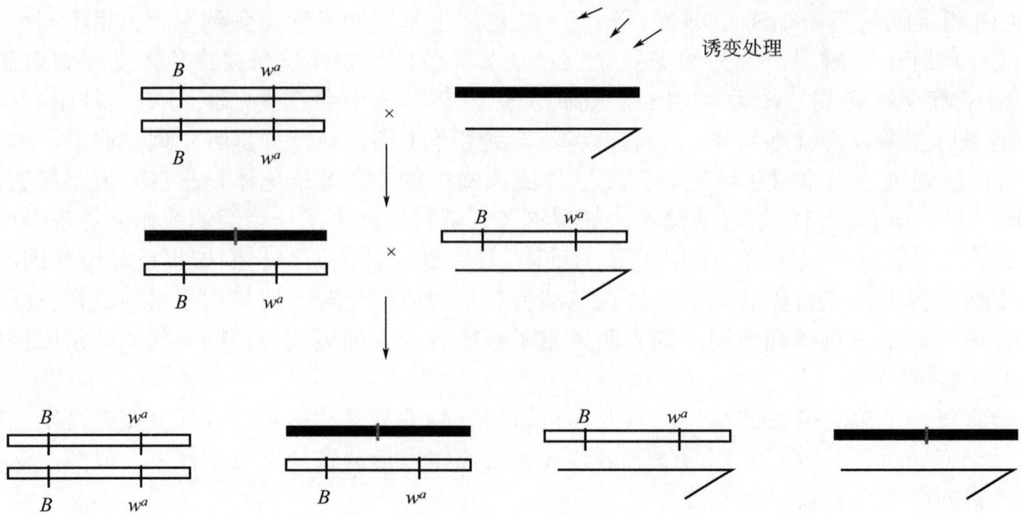

图 10-4　Muller-5 系检测 X 染色体隐性（或致死）突变

（二）常染色体突变的检出

平衡致死法可检测出常染色体上的突变基因。例如果蝇在第2染色体上有*Cy*基因（curly，卷翅），这个基因对正常翅是显性的，但在致死作用上却是隐性的。同时在这条染色体上有一个大片段的倒位，*Cy*在倒位区段内，可以抑制重组的发生。在其同源染色体的另一成员上有一个显性突变基因*S*（star，星状眼），也是纯合致死的。所以这个品系是一个平衡致死品系。品系内个体间相互交配之后，只出现一种与亲代完全一样的后代*Cy*+/+*S*，其表型是卷翅、星状眼。

利用这样的永久杂种检测第2染色体上的突变基因时，先将该品系的雌蝇和待测的雄蝇杂交，在F_1中挑选卷翅雄体再与该品系的雌体做单对交配，分别饲养。在F_2中选取卷翅的雌雄个体相互交配，到F_3可出现以下情况：①如被检测的第2染色体不带有致死突变，则有1/3左右的野生型出现；②如被检测的第2染色体带有致死突变，则F_3全部是卷翅果蝇；③如果发生可见的隐性突变，还有1/3左右的突变型（图10-5）。

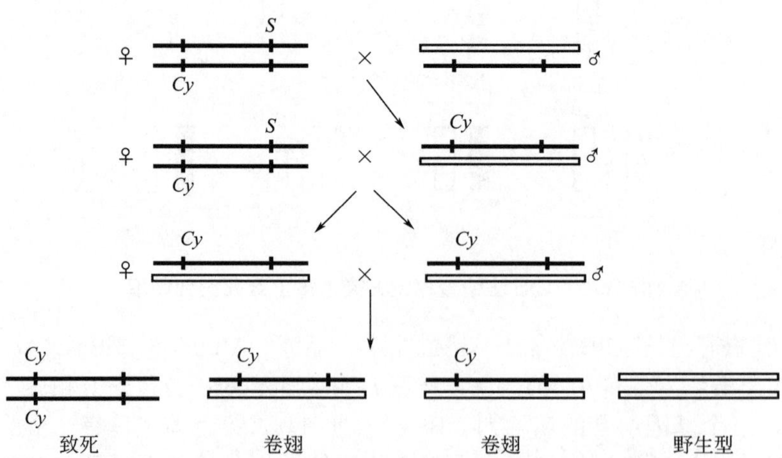

图 10-5　常染色体突变的检出——平衡致死品系的应用

由于绝大多数高等动物基因组庞大，虽然我们可以得到基因组中特定基因的突变，但是要获得控制某种特定表型的基因突变仍需要有效的选择方法，另外由于许多性状是由多基因控制，甚至普遍存在的数量性状基因座（QTL）性状，还受环境的影响，这就需要大量精确的遗传学分析，确证其是否为单基因控制的质量性状。然后对突变体进行准确的基因定位、图位克隆和功能分析。

四、人类基因突变的检出

人的基因突变检测比较常用的方法是系谱分析和出生调查。对于常染色体显性遗传，特别是显性完全时，其突变比较容易检测；而对常染色体隐性遗传的基因突变，由于不能判断隐性性状是由于两个杂合体进行婚配，还是隐性突变的结果，因而难以检出。如果某一显性突变先证者，其父母均为正常，而其显性性状可规则地遗传给后代，则可推断该先证者的父母一方在形成配子时可能发生了显性突变。如果遗传不规则，其双亲有一方可能是该基因的携带者但不表现，因而并不一定是基因突变的结果。

由于人的性别决定为XY型，X染色体上的许多基因在Y染色体上并无等位的基因，因而在男性中X染色体上的基因不论是显性还是隐性大多数均可表达。如果有一男性先证者，表现某X连锁隐性突变性状，则其母亲提供的X染色体一定有突变基因。如果母亲表型正常则可能是杂合体或是产生的卵子发生了突变，如果该母亲所生其他子女中均无该突变性状，则可以肯定先证者所接受的其母亲的X染色体是X连锁隐性突变的结果，如果该母亲所生子女有一半具有该突变性状，则母亲肯定是隐性突变基因携带者，该性状并非基因突变之故。由于一个家庭人数较少，这种分析仍有很大的局限性和误差。

除了系谱分析外，还可以采用同工酶、蛋白质电泳及其肽谱分析，以及基因组的多种分子特征、DNA指纹图谱等方法检测人类的基因突变。这些生理、生化及分子生物学性状虽然通常不具有显隐性，也可能不表现明显的突变性状，但是却具有多态性，可以稳定遗传，同样可以检出突变体。

第三节　诱发突变

突变可以在自然条件下，在生物体内外环境条件的自然作用下而发生，称为自发突变；也可以人工运用物理方法或使用化学诱变剂诱发产生，称为**诱发突变**（induced mutation）。这两类突变的表现形式没有差别，一般来说，在正常条件下突变是极为稀有的。但一些物理因素或化学试剂都能增加这种自发突变的频率，并不改变突变的方向。常用的两类诱变剂是放射线和化学物质，两者涉及特殊的作用机制。

- 诱发突变
  - 辐射诱变
    - 非电离射线：紫外线
    - 电离射线：X射线、α射线、β射线、γ射线
  - 化学诱变
    - 碱基修饰物：NA、HA、烷化剂
    - DNA插入剂：吖啶类
    - 碱基类似物：5-BU、2-AP

一、物理诱变因素及其作用机理

由于自发突变的频率是很低的，这对于保持物种的遗传稳定性是非常重要的，但是对于

动植物品种的遗传改良来说却是获得大量变异类型的障碍。物理诱变通常是指用能产生电离作用的高能量射线（X射线、α射线、β射线、γ射线等）和不产生电离作用的紫外线照射细胞，细胞被这些射线照射后产生突变。

（一）紫外线的诱变作用

紫外线（ultraviolet rays，UV）由于其能量较低不能引起被照射物质的电离，是非电离化诱变因素，是常用的诱变剂，高能UV可杀死细胞。UV还能引起突变，这是因为DNA中的嘌呤和嘧啶对特定波段紫外线的强烈吸收作用，特别是对波长为254～260nm的紫外线。UV对DNA的作用之一是使同一条链中两个相邻的嘧啶分子之间，或双螺旋的两条链的嘌呤之间形成异常的化学键。大部分是在DNA相邻的两个T之间诱导形成共价键，产生嘧啶二聚体（图10-6），由于嘧啶二聚体的存在，破坏了DNA的模板功能，当DNA复制到嘧啶二聚体的位置时，二聚体不能作为模板指导互补链的合成，复制在此停止；DNA聚合酶随后在二聚体后面继续合成互补链，留下的缺口将随机掺入一个碱基填补空隙，结果使新合成互补链的碱基序列发生了改变，从而引起突变。另外，嘧啶二聚体如果出现在基因内部，会影响DNA的转录，不能转录出完整的mRNA，得不到完整的基因产物，使基因的功能丧失。

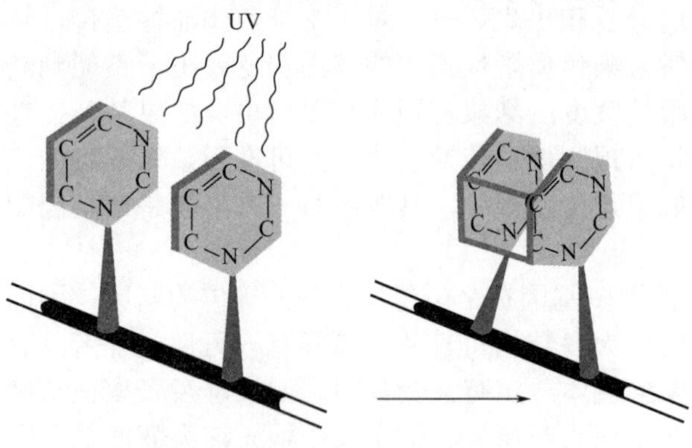

图10-6　胸腺嘧啶二聚体的形成

（二）电离辐射的诱变作用

在电离诱变因素中，根据射线的性质又可分为电磁波射线和粒子射线。X射线和γ射线是高能电磁波，而α射线、β射线和质子是带电的粒子射线，但穿透力较弱，一般是将其引入生物体内诱变。最早应用于诱变研究的是X射线，但它引起的电离效应较小。目前应用较多的是γ射线，它穿透力强、射程远、速度快、效果好。中子的诱变力强、效果好，在诱变中的应用日益增多，但存在成本较高、剂量不容易测定、重演性不强等问题。由于电离辐射带有较高的能量，能引起被照射物质中的原子释放电子，产生离子，当电离辐射的射线碰撞基因任何分子时，射线的能量使基因任何分子的某些原子外围的电子脱离轨道，于是这些原子就从中性变为带正电荷的离子，叫“原发电离”。在射线经过的通路上，在形成大量离子对的过程中所产生的电子，多数尚有较大的能量，能引起第二次电离，叫“次级电离”。由于从一个原子外层脱离轨道的电子必然被另一个原子所捕获，所以离子是成对出现的，称为离子对。次级电离的结果，轻则造成基因分子结构的改组，产生突变了的新基因，重则造成染色体的断裂，引起染色体结构的畸变。

二、化学诱变因素及其作用机理

1942年C.Auerbach等开始利用化学诱变剂诱发突变，随后对一系列化学试剂进行了实验，并发现了许多化学诱变剂，开拓了化学诱变研究的新领域。化学诱变的特点是损伤小、诱变率较低，但有利突变较多，还具有一定的特异性，即一定性质的诱变剂可能诱发一定类型的变异，从而为在遗传研究和品种遗传改良中进行定向诱变提供了可能。化学诱变剂多种多样，从简单的无机物到复杂的有机物中都可以找到具有诱变作用的物质。依据诱导产生突变的机制，通常将化学诱变剂分为碱基类似物、碱基修饰剂和DNA插入剂三大类。

（一）碱基类似物

碱基类似物是指与核酸中四种碱基的化学结构相似的一些物质。这些物质能在不影响DNA复制的情况下，掺入DNA分子中，引起碱基配对错误，从而造成碱基对的替换。较常用的碱基类似物是5-溴尿嘧啶（5-bromouracil，5-BU）和2-氨基嘌呤（2-aminopurine，2-AP）。例如5-溴尿嘧啶，它和T很相似，仅在第5个碳原子上由溴（Br）取代了T的甲基，5-BU有两种异构体，一种是酮式，另一种是烯醇式，这样在DNA复制中一旦掺入5-BU就会引起碱基的转换而产生突变（图10-7）。5-BU的酮式是其主要构型，是胸腺嘧啶的类似物，它可与腺嘌呤配对，而其烯醇式与鸟嘌呤配对，这样在DNA复制过程中酮式的5-BU与A配对，当其互变异构体变成烯醇式在第二轮DNA复制时又与G配对，G在第三轮复制时又与C配对，从而导致A-T→G-C的转换（图10-8）。如果5-BU以烯醇式参与DNA复制，在第二次复制时又变为酮式，这样就会导致G-C→A-T的转换（图10-8），由此可见5-BU既可诱发A-T→G-C，又可诱发G-C→A-T。

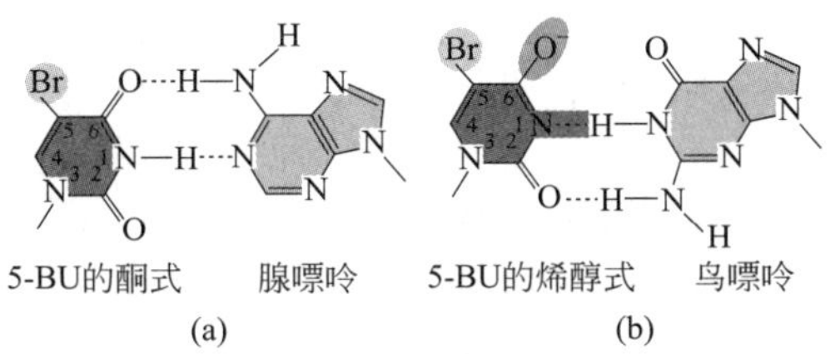

图10-7 5-BU的酮式和烯醇式及与（a）A和（b）G配对

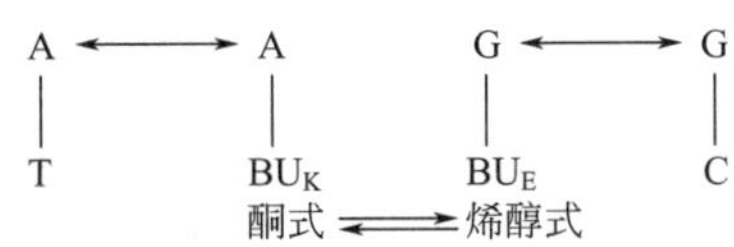

图10-8 5-BU的酮式和烯醇式分别与A、G配对

2-氨基嘌呤也是一种广泛应用的碱基类似物，它也有两种异构体，一种是正常状态，另一种是稀有的状态，以亚胺的形式存在，它既可以作为腺嘌呤的类似物与胸腺嘧啶配对，当发生**质子化**（protonation）后它又可以与胞嘧啶发生错配。当2-AP掺入DNA后与胸腺嘧啶配对，发生与胞嘧啶错配后，引起A-T→G-C转换，或者2-AP在掺入DNA时发生与胞嘧啶错配，当2-AP在其后的复制中又与胸腺嘧啶配对时就会引起G-C→A-T的转换（图10-9）。遗传分析表明，2-AP与5-BU同样可以高效诱发特异性的转换。

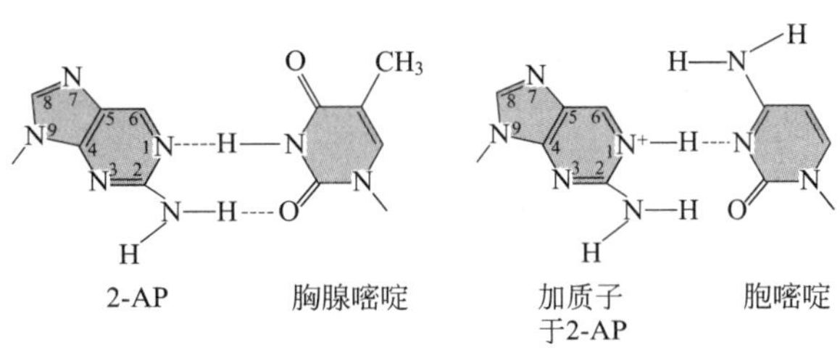

图10-9 2-AP的两种异构体的形式及和T、C的结合

（二）碱基修饰剂

有的诱变剂并不是掺入DNA中，而是通过直接修饰碱基的化学结构，改变其性质而导致突变，如亚硝酸、羟胺、烷化剂等。

亚硝酸（nitrous acid，NA）是一种有效的诱变剂，具有氧化脱氨的作用，能作用于腺嘌呤（A）使其脱去分子中的氨基而转化为次黄嘌呤（H）。由于次黄嘌呤的分子结构特点，它能暂时与胞嘧啶（C）配对。在以后的复制过程中，次黄嘌呤又被鸟嘌呤（G）所代替，从而形成C-G碱基对，结果使A-T改变为C-G［图10-10（a）］。亚硝酸还能使胞嘧啶脱去氨基转化成尿嘧啶，从而把C-G碱基对转化为A-T碱基对。因此利用亚硝酸诱发的突变还可以诱发回复突变。

另一种碱基修饰剂是羟胺（HA），它只特异地和胞嘧啶起反应，在第4个C原子上加上—OH，产生4-OH-C，此产物可以和A配对，使C-G转换成A-T［图10-10（b）］。

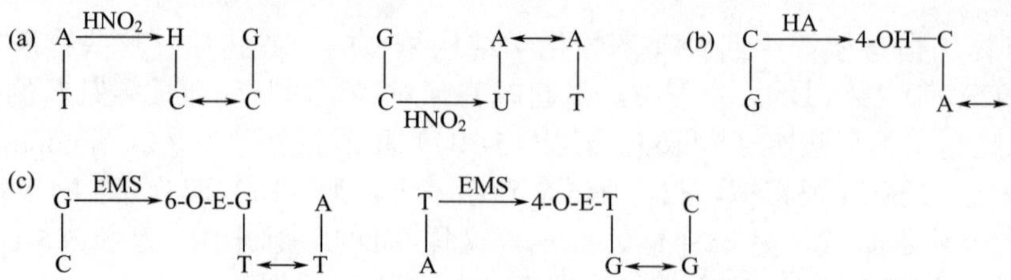

图10-10　三种碱基修饰剂导致碱基的转换

（a）HNO_2；（b）HA；（c）EMS

烷化剂是一类具有一个或多个活性烷基的化合物，是极强的化学诱变剂，它们中的烷基很不稳定，能转移到其他分子的电子密度较高的位置上，并置换其中的氢原子，从而使其成为高度不稳定的物质。常见的烷化剂有甲基磺酸乙酯（EMS）、氮芥（NM）、甲基磺酸甲酯（MMS）、亚硝基胍（NG）等。烷化剂使DNA碱基上的氮原子烷基化（EMS的乙基、NG的甲基），然后将这些烷基加到A、T、G、C碱基的不同位置上。通常，在EMS作用下这些烷基是加到鸟嘌呤第6位的氧原子上，产生*O*-6-烷基鸟嘌呤从而直接导致与胸腺嘧啶错配，在下一轮DNA复制时，可产生G-C→A-T突变。而EMS使胸腺嘧啶烷基化产生*O*-4-烷基胸腺嘧啶直接与鸟嘌呤错配可导致T-A→C-G突变［图10-10（c）］。

烷化剂使鸟嘌呤碱基烷化后，亦可导致脱嘌呤作用，使DNA分子的该位点上无碱基。该位点化学性质不太稳定，可能发生断裂，或由AP内切酶修复系统修复，也可能在复制时，由于无碱基与之精确配对，碱基替换或缺失，从而产生错义突变或移码突变。此外烷化剂是一种双功能分子，它往往可使DNA链内或链间不同碱基之间发生交联，因而影响DNA的复制和转录。在切除修复中有可能导致几个或一段核苷酸的丢失。

（三）DNA插入剂

吖啶类染料是另一类重要的诱变剂，即**插入突变剂**（intercalating mutagens），包括**原黄素**（proflavin）、**吖啶橙**（acridine orange）及ICR的复合物等［图10-11（a）］，它们可以专

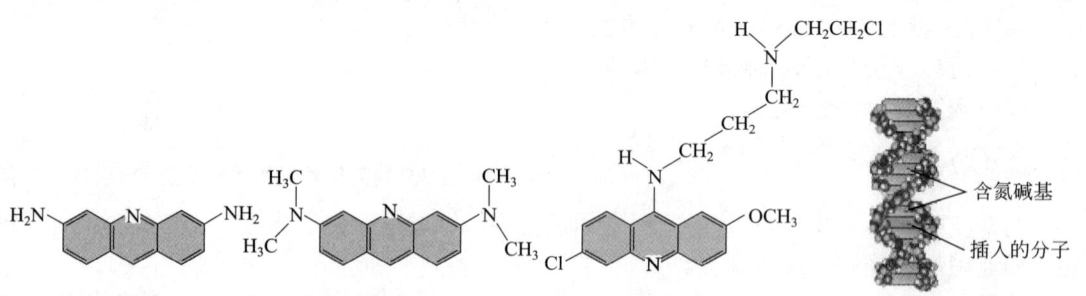

原黄素　　吖啶橙　　ICR191

(a) 原黄素、吖啶橙和ICR-191

(b) 一个插入剂分子滑入堆积在DNA分子中间的两个含氮碱基之间，可能导致单个碱基对的插入或缺失

图10-11　插入突变剂及作用机理

一性地诱发移码突变，这类化合物为一种平面分子，含有吖啶环，可以在DNA复制时插入DNA双螺旋双链或单链的两个相邻的碱基之间，在DNA复制时引起移码突变［图10-11（b）］。若插入剂插在DNA模板链两个相邻碱基中，合成时新合成链必须要有一个碱基插在插入剂相应的位置上，以填补空缺，这个碱基不存在配对的问题，所以是随机选择的。新合成链上一旦插入了一个碱基，那么下一轮复制必然会增加一个碱基［图10-12（a）（b）（c）］。如果在合成新链时插入了一个分子的插入剂取代了相应的碱基，而在下一轮合成前此插入剂又丢失的话，那么下一轮复制将减少一个碱基［图10-12（d）（e）（f）］，这样使新合成链增加或减少了一个碱基，引起了移码突变。

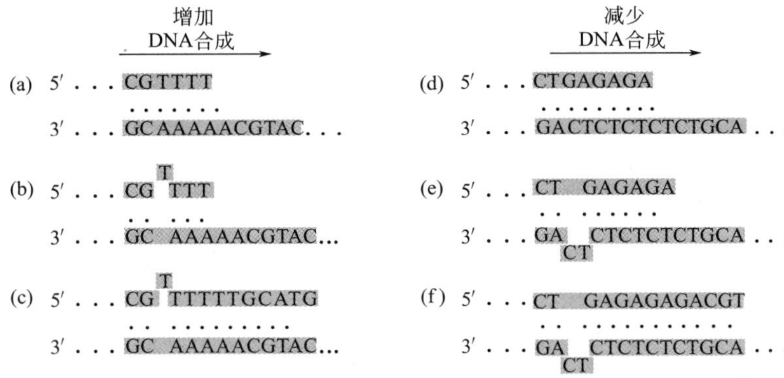

图10-12　插入突变导致碱基的增加［(a)(b)(c)］和减少［(d)(e)(f)］

第四节　DNA损伤和修复

一、DNA损伤的类型

（一）自发性损伤

自发性损伤即自然产生的对DNA的损伤。

1. DNA复制中的错误

在DNA合成过程中，如果形成了一个不配对的碱基对则引起碱基替换，从而引起DNA复制中的错误。DNA中的每种碱基有几种异构体，这些异构体中原子的位置及之间的键有所不同，异构体间可以自发地相互变化，形成导致下一世代中G-C配对取代A-T配对。在复制中碱基有10^{-3}的概率可能发生错配，经DNA聚合酶的校正作用实际的错配率为$10^{-10}\sim10^{-8}$，但毕竟仍有错配的存在从而造成遗传信息的改变（图10-13）。

2. 自发的化学损伤

除DNA复制错误外，在细胞正常的生理活动过程中，有可能发生了DNA自发性损伤，引起自发突变，脱氨基和脱嘌呤是两种最为常见的引起DNA自发损伤的变化。

① 碱基的**脱氨基**（deamination）作用：碱基的环外氨基有时会自发脱落，胞嘧啶脱氨基后会变成尿嘧啶、腺嘌呤脱氨基后会变成次黄嘌呤（H）等。结果由A-T配对取代G-C配对，或G-C配对取代A-T配对。研究发现，胞嘧啶自发脱氨基的频率约为每个细胞每天190次。

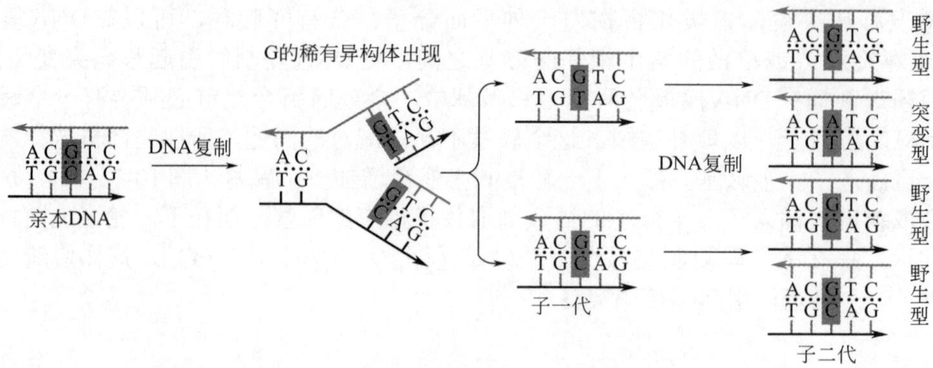

图10-13　复制错误导入错配碱基

② 碱基的**脱嘌呤**（depurination）与**脱嘧啶**（depyrimidination）：由于碱基和脱氧核糖间的糖苷键受到破坏，从而引起一个鸟嘌呤或腺嘌呤从DNA分子上脱落下来。一个哺乳类动物细胞37℃、20h内DNA链自发脱落的嘌呤约1000个、嘧啶约500个，寿命较长不繁殖的哺乳动物细胞（如神经细胞）在整个生活期间自发脱嘌呤数约为10^8次，约占细胞DNA中总嘌呤数的3%。

③ 碱基修饰与链断裂：细胞呼吸的副产物O_2、H_2O_2等会造成DNA损伤，能产生胸腺嘧啶乙二醇、羟甲基尿嘧啶等碱基修饰物，引起DNA单链断裂等损伤，每个哺乳动物细胞每天DNA单链断裂发生的频率约为5万次。DNA的甲基化、结构的其他变化等，这些损伤的积累可能导致细胞老化。

（二）物理因素引起的DNA损伤

1. 紫外线引起的DNA损伤

紫外线照射能使物质的分子因激发而变成活化分子。被照射物质分子的电子吸收了紫外线的能量后从低能轨道跃迁到高能轨道，处于一种活化状态。这种活化分子很容易发生化学变化和分子重排。DNA能强烈地吸收紫外线，尤其是DNA分子链中的碱基对，它们对紫外线具有特殊的吸收能力，紫外线引起DNA多种形式的结构改变，如DNA链的断裂、DNA分子内和分子间的交联和二聚体的形成等。人皮肤因受紫外线照射而形成二聚体的数量可达每个细胞每小时10^4个，只局限在皮肤中。微生物受紫外线照射后，会影响其生存。

2. 电离辐射引起的DNA损伤

电离辐射对DNA的损伤一般认为有直接效应和间接效应，直接效应是DNA直接吸收射线能量而遭损伤，间接效应是指DNA周围其他分子（主要是水分子）吸收射线能量产生具有很高反应活性的自由基进而损伤DNA。即在辐射处理时，射线除直接作用于遗传物质外，更多的可能作用在介质上。活的生物组织中含有大约75%的水，因此水就成为电离辐射最丰富的靶分子。当射线穿入细胞时，首先由水吸收，产生不稳定的H^+、OH^-以及自由基，并可进一步产生过氧化氢和过氧化基等。这些过氧化氢、过氧化基和自由基团都是活跃的氧化剂，当它们与细胞内核酸等大分子发生化学反应时，就可能改变DNA的分子结构，从而导致基因突变。电离辐射可导致DNA分子的多种变化，如碱基变化、脱氧核糖变化、DNA链断裂等。碱基变化主要是由羟自由基引起，包括DNA链上的碱基氧化修饰、过氧化物的形成、碱基环的破坏和脱落等。一般嘧啶比嘌呤更敏感。脱氧核糖变化是脱氧核糖上的每个碳原子和羟基上的氢都能与OH^-反应，导致脱氧核糖分解，引起DNA链断裂。DNA链断裂包括单链断裂、双链断裂，单链断裂发生频率为双链断裂的10～20倍，但比较容易修复；对单倍体细胞来说（如细菌），一次双链断裂就是致死事件。

（三）化学因素引起的DNA损伤——突变剂或致癌剂对DNA的作用

1. 烷化剂对DNA的损伤

烷化剂是一类亲电子的化合物，很容易与生物体中大分子的亲核位点起反应。烷化剂的作用可使DNA发生各种类型的损伤，如碱基烷基化、碱基脱落、链断裂等。

2. 碱基类似物对DNA的损伤

人工合成的一些碱基类似物，可作为促突变剂或抗癌药物，如5-溴尿嘧啶（5-BU）、5-氟尿嘧啶（5-FU）、2-氨基嘌呤（2-AP）等。其结构与正常的碱基相似，进入细胞能替代正常的碱基掺入DNA链中而干扰DNA复制合成。其他诱发突变的化学物质或致癌剂，例如亚硝酸盐能使C脱氨变成U，经过复制就可使DNA上的G-C变成A-T；羟胺能使T变成C，结果是A-T变成C-G；黄曲霉素B也能专一攻击DNA上的碱基导致序列的变化。

二、DNA损伤的修复机制

DNA**修复**（DNA repairing）是细胞对DNA受损伤后的一种反应，这种反应可能使DNA结构恢复原样，重新执行它原来的功能；有时并非能完全消除DNA的损伤，只是使细胞能够耐受这种DNA的损伤而能继续生存。原核和真核生物对于DNA的损伤都有很多的修复系统。所有这些系统都是用酶来进行修复。其中有的系统是直接改变突变损伤，而另一些则是先切除损伤，产生单链的裂口，然后再合成新的DNA，将裂口修补好。不同的修复系统可分为以下几类。

（一）直接修复系统（direct repair system）

直接修复系统指无需去除碱基或核苷酸，只需要一种酶经过一步反应就可修复DNA损伤的修复机制，是一种较简单的修复方式，一般都能将DNA修复到原样。

1. 烷基的转移

6-甲基鸟嘌呤甲基转移酶（MGMT）能直接将DNA链鸟嘌呤O6位上的甲基转移到该酶的半胱氨酸残基上而修复损伤的DNA。这个酶的修复能力并不是很强，但在低剂量烷化剂作用下此酶有修复活性。

2. 光修复

直接修复损伤的另一个例子是对由UV诱发的胸苷二聚体的修复，这个系统叫**光复活**（photoreactivation）或**光修复**（light repair）。由细菌中的DNA**光修复酶**（photolyase）完成：此酶能特异性识别紫外线造成的核酸链上相邻嘧啶共价结合的二聚体，并与其结合，这步反应不需要光；结合后如受300～600nm波长的光照射，则此酶就被激活，将二聚体分解为两个正常的嘧啶单体，然后DNA光修复酶从DNA链上释放，DNA恢复正常结构（图10-14）。

3. 单链断裂的重接

DNA单链断裂，其中一部分可仅由DNA**连接酶**（DNA ligase）参与而完全修复。双链断裂几乎不能修复。

4. 碱基的直接插入

DNA链上嘌呤的脱落造成无嘌呤位点，能被DNA嘌呤**插入酶**（insertase）识别结合，在

K^+存在的条件下，催化游离嘌呤或脱氧嘌呤核苷插入，生成糖苷键；所催化插入的碱基有高度专一性，与另一条链上的碱基严格配对，使DNA完全恢复。

（二）切除修复系统

这种修复方式普遍存在于各种生物细胞中，是在DNA内切酶、DNA聚合酶、DNA外切酶和DNA连接酶等共同作用下，将DNA分子受损伤的部分切除，并以完整的一条链为模板，合成切除的部分使DNA恢复正常结构的过程。

1. 一般切除修复

切除修复（excision-repair）可以修复由UV诱发形成的嘧啶二聚体等DNA损伤。*E.coli*中的切除修复系统不仅修复嘧啶二聚体，也能修复DNA双螺旋的其他损伤。切除修复的过程一般分为四个步骤：第一步由一种DNA内切酶识别DNA的损伤部位，并在损伤碱基两侧切开；第二步由DNA聚合酶聚合一条新的DNA链，来替代原来含有损伤部分的DNA片段；第三步由外切酶切除被置换出来的原有片段的损伤部分；第四步由连接酶连接缺口，从而完成修复过程（图10-15）。

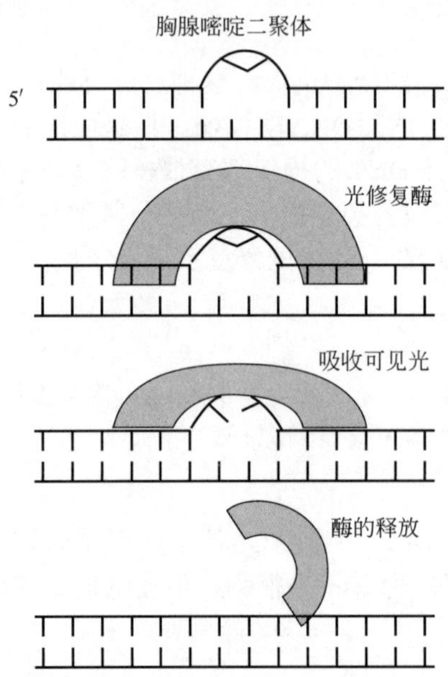

图10-14 光修复的过程

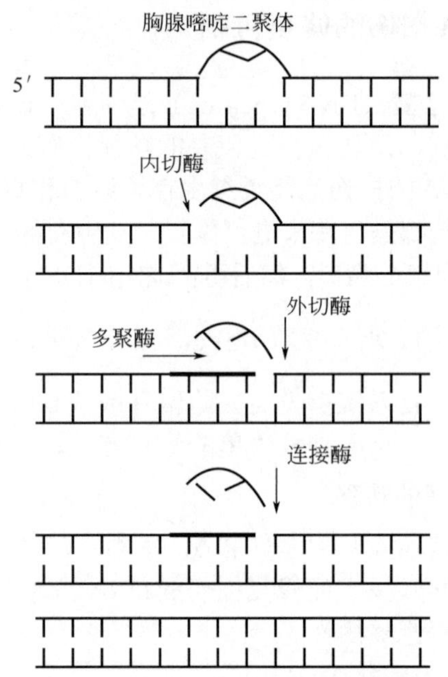

图10-15 一般切除修复的过程

2. 特殊切除修复

有些损伤太细微以致产生的变化小到不能被UvrA、UvrB、UvrC系统所识别，因此还需要其他的切除修复途径。

（1）AP核酸内切酶修复途径

DNA分子脱嘌呤、脱嘧啶的位点称为AP位点，AP内切酶是细胞所必需的，因为自发的脱嘌呤作用经常发生，这种酶可以通过剪切AP位点上的磷酸二酯键使链断裂。AP内切酶修复途径的功效，使它可能作为其他修复途径最后的一步。因此如果损伤的碱基对能被切除的话，那么就留下一个AP位点，AP内切酶就能使野生型完全得到恢复。

（2）糖基化酶修复途径

DNA糖基化酶（glycosylase）可以剪切*N*-糖苷键，释放出损伤的碱基，产生一个AP位点。DNA糖基化酶有很多种，尿嘧啶DNA糖基化酶可将尿嘧啶从DNA中切除。同样也发现能识别腺嘌呤脱氨基产物——次黄嘌呤的糖基化酶。

（三）错配修复系统

错配修复（mismatch repair）是一种纠正DNA复制后子链中错配碱基的修复方式。这个系统的一些酶具有以下功能：①识别错配的碱基对；②对错配的碱基对能准确区别哪一个是错的，哪一个是对的；③切除错误的碱基，并进行修复合成。该修复系统主要是对在修复DNA复制过程中逃避了DNA聚合酶校正作用的子链上的错配碱基起作用。

（四）重组修复系统

重组修复（recombination-repair）系统指由基因的同源重组介导的修复过程。在某些情况下没有互补链可以直接利用，例如在DNA复制时两条链已经分开后发生DNA损伤，可采用重组修复。重组修复可以修复DNA复制时子链的缺口，修复双链断裂、单链缺口和双链交联。当受损伤的DNA链复制时，产生的子代DNA在损伤的对应部位出现缺口。另一条母链DNA与有缺口的子链DNA进行重组交换，将母链DNA上相应的片段填补到子链缺口处，而母链DNA出现缺口。以另一条子链DNA为模板，经DNA聚合酶催化合成一段新DNA片段来填补，最后由DNA连接酶连接，完成修复。重组修复不能完全去除损伤，损伤的DNA片段仍然保留在亲代DNA链上；只是重组修复后合成的DNA分子是不带有损伤的，经多次复制后，损伤就被“冲淡”了，在子代细胞中只有一个细胞是带有损伤DNA的。

（五）SOS修复系统

SOS修复（SOS repair）是指DNA受到严重损伤、细胞处于危急状态时所诱导的一种DNA修复方式，修复结果只是能维持基因组的完整性，提高细胞的生存率，但留下的错误较多，故又称为**错误倾向修复**（error prone repair），细胞有较高的突变率。SOS反应能诱导多种蛋白质的合成，如：RecA蛋白、LexA阻遏蛋白、DNA聚合酶Ⅱ等。

J. Weigle等曾用紫外线照射λ噬菌体后再去感染细菌，而细菌又分为两组，一组是事先用UV照射过，另一组是没有照射过，结果前一组中λ噬菌体的存活率反而高于后一组。这个现象称为**UV-复活**（UV-reactivation），也叫**W-复活**（Weigle-reactivation），现在称为**SOS反应**（SOS response）。这是一系列相关蛋白与RecA蛋白及LexA阻遏物相互作用的结果。

（六）限制-修饰系统

20世纪50年代初，Arber等以λ噬菌体在大肠杆菌不同菌株上的平板培养效应的研究为基础，发现了原核生物体内存在着寄生控制的**限制**（restriction）和**修饰**（modification）系统。菌体限制修饰系统中的限制性内切酶能将外来DNA切断，菌体本身的DNA可受甲基化酶的保护。

三、DNA损伤修复的生物学意义

大量的研究已经证明，在无修复系统存在的条件下检测DNA复制过程，发现其碱基的错配发生率高达1/200～1/100，有完好修复系统的生物细胞，其DNA碱基的错配发生率为

$10^{-11}\sim10^{-10}$，这两组数值相差极大。因此，如果生物体没有修复DNA损伤的能力，那么我们所看到的生物界将会与现在的情景完全不同；如果任何DNA分子的微小变化都会引起生物体性状的变异或死亡，物种的遗传稳定性就将不能得到保证，其演变将会变得十分频繁，物种的数目也将会比现在多得多，另一方面，与DNA损伤修复缺陷有关的人类疾病（尤其是癌症）的发病率也将会比现在不知要高出多少倍。因此，修复系统的存在保证了物种遗传的稳定性，对降低与修复缺陷有关疾病的发病率具有十分重要的意义。

第五节　表观遗传变异

表观遗传是指可遗传的由非DNA序列改变引起的基因表达的变化。引起表观遗传变异的主要机制有DNA甲基化、组蛋白修饰、非编码RNA等。这几个方面就是表观遗传学研究的主要内容，也是目前的研究热点。它是在分子遗传学的基础上发展起来的，是分子遗传学发展的必然产物。

一、表观遗传学的概念

表观遗传学（epigenetics）是指在基因组DNA序列不发生变化的条件下，基因表达发生的改变也是可以遗传的，导致可遗传的表现型变化。epigenetics这一名词的中文译法有多种，常见的有“表观遗传学”“表现遗传学”“后生遗传学”“外因遗传学”“表遗传学”“外区遗传学”等。1939年，生物学家C. H. Waddington首先在《现代遗传学导论》中提出了epigenetics这一术语，是根据个体发育的后成说（epigenesis）和遗传学（genetics）两个专业术语缩合而成。1987年，R.Holliday指出，可在两个层面上研究高等生物的基因属性：第一个层面是基因的世代间传递的规律，这是遗传学；第二个层面是生物从受精卵到成体的发育过程中基因活性变化的模式，这是表观遗传学。1994年，R.Holliday又指出，基因表达活性的变化不仅发生在发育过程中，而且也发生在生物体已分化的细胞中；基因表达的某种变化可通过有丝分裂的细胞遗传下去。他进一步指出表观遗传学研究的是“上代向下代传递的信息，而不是DNA序列本身”，是一种“不以DNA序列的改变为基础的细胞核遗传”。1999年，A.P.Wollfe把表观遗传学定义为研究没有DNA序列变化的、可遗传的基因表达的改变。在由C.D.Allis等主编出版的首部表观遗传学经典教科书***Epigenetics***中可以找到两种定义，一种定义是表观遗传是与DNA突变无关的可遗传的表型变化；另一种定义是染色质调节的基因转录水平的变化，这种变化不涉及DNA序列的改变。吴乃虎、黄美娟认为生命有机体遗传信息由以下3个不同层次组成：第一层次由编码蛋白质的基因组成，以人为例，此类DNA总量不到细胞全部DNA的2%；第二层次由仅编码RNA的基因组成，这类基因隐藏在巨大的非编码的染色体DNA序列中；第三层次为表观遗传信息层，它贮藏于围绕在DNA分子周围并与DNA分子结合的蛋白质及化学物质中。

二、表观遗传学的主要内容

1. DNA甲基化

广义上的**DNA甲基化**（DNA methylation）是指DNA序列上特定的碱基在DNA甲基转移酶的催化作用下，以*S*-腺苷甲硫氨酸作为甲基供体，通过共价键结合的方式获得一个甲基基团的化学修饰过程。这种DNA甲基化修饰可以发生在胞嘧啶的C-5位、腺嘌呤的N-6位及鸟嘌呤的G-7位等位点。细菌中的甲基化常发生在腺嘌呤的第6位氨基与胞嘧啶的第5位碳原子上。哺乳动物中的甲基化主要是二核苷酸CpG上胞嘧啶的第5位碳原子，生成m^5CpG。DNA的不同甲基化状态（过甲基化与去甲基化）与基因的活性和功能有关。

个体具有的染色质构型的各种变化或修饰（包括DNA甲基化）而影响碱基序列表达的总模式称为**表观基因组**（epigenome），并且在个体发育中，表现出多样性。能分化出多少种类型的细胞就有多少种类型的表观基因组。而目前研究得最为清楚的表观遗传机制就是DNA的甲基化。可以通过**亚硫酸氢盐测序法**（bisulfite sequencing），对不同组织细胞DNA的甲基化程度进行检测，进而探讨不同组织具有不同功能的原因。

研究表明，基因的启动子区DNA高甲基化会抑制基因转录，特别是胞嘧啶甲基化在多细胞生物的表观遗传方面发挥重要作用，包括X染色体灭活、基因印记、基因长效沉默、细胞分化、外源基因防御等。随着研究的不断深入，人们发现DNA甲基化也可以发生在基因本体、增强子、沉默子、转座子等不同区域。DNA甲基化水平由甲基化和去甲基化两个过程协同调控。在DNA甲基化的发生机制被逐渐阐明后，人们将目光投向了DNA去甲基化领域。近年来，国内外学者在DNA主动去甲基化领域取得了一系列突破性进展，多种植物、动物中的去甲基化酶被分离鉴定。

2. 组蛋白修饰

核小体是染色体的基本结构单位，由DNA和**组蛋白**（histone）构成，组蛋白H_2A、H_2B、H_3、H_4通常以八聚体的形式存在，146bp DNA包裹在组蛋白八聚体外形成核小体。组蛋白修饰（histone modification）是指构成染色质组蛋白的有关氨基酸，在相关酶的作用下发生不同类型修饰的过程，具体包括组蛋白的乙酰化、甲基化、磷酸化、ADP-糖基化、泛素化和SUMO化等。因为DNA与组蛋白紧密结合，所以组蛋白的修饰可以引起染色质结构的改变，从而影响基因的转录水平，进而调控多种生命过程。类似于核基因组的碱基序列可以储存影响性状表现的遗传密码——碱基密码，组蛋白“氨基酸末端尾”的不同氨基酸序列修饰组合，也可储存影响性状表现水平的遗传密码——**组蛋白密码**（histone code）。

3. 非编码RNA

基因组研究发现，在构成人类基因组的碱基对中，只有约2%的序列用于编码蛋白质，除去约7%的非转录区，其余91%的基因组序列转录产生**非编码**RNA（non-coding RNA，ncRNA）。近年来，人们对ncRNA的研究主要集中在小分子ncRNA，例如，在核内剪接体上剪除前体-mRNA中内含子和依次连接外显子的**小核RNA**（snRNA）；稳定染色体结构的**端粒酶RNA**（telomerase RNA，trRNA）；分别干扰转录和非转录基因mRNA沉默的**小干扰RNA**（siRNA）**和微RNA**（miRNA）；进行RNA编辑的**指导**RNA（gRNA），等等，基本明确了其合成、加工及功能效应过程的分子机制。目前，人们逐渐把目光投向了长链ncRNA（long non-coding RNA，lncRNA）。李灵、宋旭等提出lncRNA可能主要通过与蛋白质相互作用从而发挥生物学功能。

DNA甲基化、组蛋白修饰和非编码RNA三者是相对独立的调控系统，但是在某些生理情况下也会产生相互作用，形成调节网络。

三、表观遗传学的发展及意义

“表观遗传学”的概念被首次提出后，大量的表观遗传学标记、催化酶及其功能被鉴定出来。人们要更加深入地了解表观遗传在生命中的作用，就必须全面地掌握表观遗传标记在整个基因组中的分布。但是，表观遗传学修饰不仅具有组织和细胞特异性，而且随着生存环境的变化，表观遗传学修饰也会发生改变，这为获得表观基因组信息带来了很大的困难。随着测序技术的不断发展，下一代测序技术应运而生。全基因组亚硫酸氢盐测序法、简化代表性亚硫酸氢盐测序法、甲基化DNA免疫共沉淀测序、染色质免疫共沉淀测序、Tet辅助重亚硫酸盐测序法、各种染色体构象捕获测序技术、DNase Ⅰ -seq/MNase-seq/FAIRE-seq 以及RNA测序在表观遗传学研究中得以应用，通过此类技术，人们可以快速全面地取得表观遗传组信息，也将推动表观遗传学在医学健康领域的广泛应用，对表观遗传学研究产生深远影响。下一代测序技术在DNA元件百科全书（Encyclopedia of DNA Elements，ENCODE）计划中也得到了广泛应用。自2003年启动以来，ENCODE 计划已取得了阶段性成果。该计划主要目的是通过下一代测序技术，研究占据人类基因组98%以上的非编码区DNA调控元件，以编写人类DNA的百科全书。

表观遗传调节参与多种生命活动，如配子形成、胚胎发育、能量代谢、基因表达调控、DNA损伤修复等。在基因转录翻译过程中，pre-mRNA的选择性剪切是蛋白质多样性的来源，近期的研究发现表观遗传学因素可以调控选择性剪切。赵金璇、范怡梅等总结了DNA 甲基化、染色质结构、组蛋白修饰可以影响选择性剪切。此外，选择性剪切又可以通过影响组蛋白修饰酶的活性从而影响组蛋白修饰。这说明DNA甲基化、染色质结构、组蛋白修饰等因素并不是孤立存在，而是相互影响，共同作用，从而形成一个调控网络。

表观基因组在配子发生和早期胚胎发育中经历一个重编程过程，由于表观遗传修饰具有可逆性，表观基因组易受各种环境因子（如化学物质、营养和行为等）的影响而改变。因此，表观基因组研究将存在跨代传递环境影响的可能机制。表观遗传修饰可以调控细胞自噬的发生，并在细胞自噬的生物学功能调节过程中发挥重要作用。例如，组蛋白乙酰化对细胞自噬激活或抑制的负反馈调控；通过 DNA 甲基化调节自噬相关基因活性来影响细胞自噬的发生；miRNA通过靶向调节自噬相关基因表达来影响组蛋白修饰，从而调控细胞自噬的发生及作用过程等。

总之，个体的表现型变异是核酸序列变异和非序列变异相互作用的结果。

本章小结

本章主要介绍了基因突变的概念、表现类型及其特点，植物、动物、细菌和真菌基因突变的检出策略和方法。还介绍了诱发基因突变的因素，即物理因素及化学因素及其发生作用的机理，以及DNA损伤的类型和针对不同类型DNA损伤的多种修复系统，如直接修复系统、切除修复系统、错配修复系统、重组修复系统及SOS修复系统等。最后介绍了表观遗传现象和表观遗传学的基本概念，并对其主要内容，包括DNA甲基化、组蛋白修饰和非编码RNA进行了阐述。

思考拓展

1. 简述基因突变的特性。
2. 为什么多数基因突变是有害的？
3. 简述物理诱变、化学诱变的因素及其作用机理。
4. 简述DNA损伤的类型和DNA损伤修复的生物学意义。
5. 什么是表观遗传学，其主要的研究内容包括哪些？

第十一章

细胞质遗传

【本章导言】

遗传学是在孟德尔原理基础上发展起来的一门学科。摩尔根的基因论说明了基因在染色体上呈线性排列。之前所学习的生物性状的遗传都是由细胞核内染色体上的基因控制的，属于细胞核遗传或简称**核遗传**（nuclear inheritance）。由于核基因的遗传遵循孟德尔定律，又被称为**孟德尔遗传**（Mendelian inheritance）。然而，并非所有生物性状的遗传都由细胞核基因决定，早在1909年，德国植物学家柯伦斯（C. Correns）就报道了不符合孟德尔定律的现象，但直到1944年核酸被证明是遗传物质之后，随着分子生物学研究手段和技术水平的提高，才于1963—1964年获得了线粒体和叶绿体中存在DNA的直接证据，从此核外遗传的本质及其特点开始被逐步了解。

第一节　细胞质遗传的概念和特点

一、细胞质遗传的概念

1909年，柯伦斯（C. Correns）报道了不符合孟德尔定律的现象，他以紫茉莉（*Mirabilis jalapa*）的一些品系为材料进行了一系列的杂交试验，发现紫茉莉质体的遗传方式与细胞核遗传方式完全不同，认为这种现象可能是细胞质遗传引起的。同年，E. Baur报道了天竺葵（*Pelargonium zonale*）中的类似现象，并认为这是叶绿体的相对自主性造成的。1927年，美国学者把这种遗传现象正式命名为细胞质遗传。

现在一般认为，从整个生物界来讲，位于核或拟核以外的遗传物质所控制的遗传现象叫**细胞质遗传**（cytoplasmic inheritance），又称核外遗传、非染色体遗传、非孟德尔遗传、染色体外遗传或母体遗传等。

还可以给真核生物和原核生物中的细胞质遗传分别下定义。真核生物的细胞质中的遗传物质所控制的遗传现象叫细胞质遗传。原核生物拟核以外的遗传物质所控制的遗传现象称非染色体遗传、染色体外遗传、核外遗传。

真核生物的细胞质中的遗传物质主要存在于线粒体、质体、中心体等细胞器中。细胞的一些共生结构，如草履虫的卡巴粒、使果蝇对CO_2敏感的σ因子等也有遗传物质分布。通常把上述所有细胞器和细胞质颗粒中的遗传物质，统称为细胞质基因组。

二、细胞质遗传的特点

细胞学的研究表明，在真核生物的有性繁殖过程中，卵细胞内除细胞核外，还有大量的细胞质及其所含的各种细胞器；精子内除细胞核外，没有或极少有细胞质，因而也就没有或极少有各种细胞器。

细胞质遗传的特点表现在以下几个方面。

① 遗传方式是非孟德尔式的；杂交后代一般不表现一定比例的分离。

② 正交和反交的遗传表现不同；F_1通常只表现母本的性状，故细胞质遗传又称为母性遗传。

③ 通过与父本的连续回交能将母本的核基因几乎全部置换掉，但母本的细胞质基因及其所控制的性状仍不消失。

④ 由附加体或共生体决定的性状，其表现往往类似病毒的转导或感染。

三、细胞质遗传的实例

（一）线粒体遗传的现象

1. 粗糙脉孢菌缓慢生长突变型的遗传

在粗糙脉孢菌的生活史中，两种接合型都可以产生原子囊果和分生孢子。原子囊果相当于一个卵细胞，它包括细胞核和细胞质两部分。原子囊果可以接受相对接合型的分生孢子受精，分生孢子在受精中只提供一个单倍体的细胞核，一般不包含细胞质，因此分生孢子就相当于精子。1952年M. Mitchell分离到了一种粗糙脉孢菌中的缓慢生长突变型，她将其称为生长缓慢突变poky。这种poky突变体与野生型的正反交后代在表型上有明显的差异。

正交：poky♀ × 野生型♂ ⟶ poky突变型

反交：野生型♀ × poky♂ ⟶ 野生型

杂交中如果用poky突变体为母本，缓慢生长特性可以一直传递下去。上述正反交中，所有核基因均表现出1∶1的分离，表明poky突变属细胞质遗传。深入研究发现，在poky突变体中，没有细胞色素a和细胞色素b，但细胞色素c的含量超过正常值。细胞色素c是线粒体上的电子传递蛋白，与能量转换有密切联系。后来又发现，这种突变型的线粒体与正常个体线粒体相比，其结构和功能均表现不正常。

2. 酵母小菌落的遗传

酿酒酵母（*Saccharomyces cerevisiae*）与粗糙脉孢菌一样，同属于子囊菌。它无论是单倍体还是二倍体都能进行出芽生殖。只是它在有性生殖时，不同交配型相互结合形成的二倍体合子经减数分裂形成四个单倍体的子囊孢子。

1949年，法国学者B. Ephrussi等发现，在正常通气情况下，每个酿酒酵母细胞在固体培养基上都能产生一个圆形菌落，大部分菌落的大小相近。但有大约1% ~ 2%的菌落很小，其直径大约是正常菌落的1/3 ~ 1/2，通称为**小菌落**（petite）。多次实验表明，小菌落很稳定。当用大菌落进行培养，经常产生少数小菌落，而用小菌落进行培养，则只能产生小菌落，并不再回复到正常的大菌落。如果把小菌落酵母同正常个体杂交，则只产生正常的二倍体合子，它们的单倍体后代也表现正常，不分离出小菌落（图11-1）。

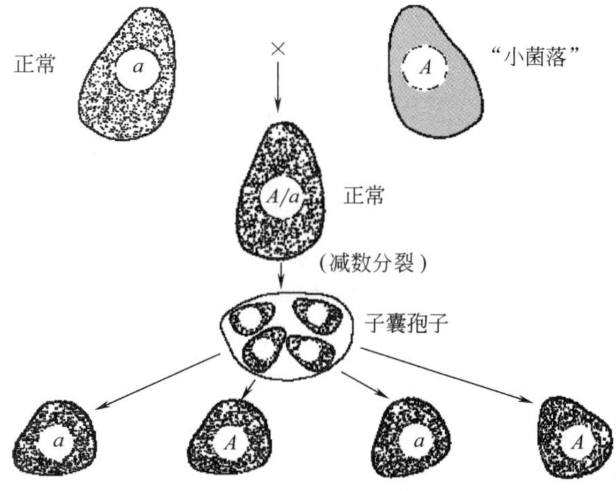

图11-1　酿酒酵母小菌落的细胞质遗传

这说明小菌落性状的遗传与细胞质有关。仔细分析这种杂交的后代，发现这四个子囊孢子有两个是*A*，另两个是*a*，基因*A*和基因*a*仍然按照孟德尔比例进行分离。这是因为小菌落酵母菌与正常酵母菌接合时，细胞质也都共同融合到二倍体合子中，细胞质中的线粒体自身能够复制，但不像核基因那样在减数分裂时有规律地分离，而是在细胞分裂时随机分配到子细胞。这样，每个子囊孢子都能获得正常线粒体，而由它们长成的菌落都是正常的。可见酵母菌的小菌落特性的遗传因子是存在于细胞质中进行核外遗传的。后来，根据氯化铯密度梯度离心，测出小菌落细胞中线粒体DNA与大菌落的线粒体DNA明显不同，有时小菌落中还测不出线粒体DNA的存在。这说明，小菌落突变使线粒体DNA严重缺陷或大部分丢失。用分子杂交和限制酶分析法对小菌落线粒体DNA全部缺失或严重变异的类型与野生型大菌落的线粒体DNA进行了比较，发现小菌落线粒体DNA除有一些片段多次重复外，线粒体基因组中还有大片段缺失。可见酵母小菌落突变是由于线粒体DNA的遗传变异，致使线粒体不能正常执行其功能，线粒体中蛋白质合成受阻，造成了呼吸代谢的缺陷。

（二）叶绿体遗传的现象

1. 衣藻的叶绿体遗传

在**叶绿体**（chloroplast）的遗传研究方面，莱茵衣藻（*chlamydomonas reinhardi*）是研究最为详尽的材料之一。它是单细胞藻类，其营养细胞通常含有1个单倍体核、1个叶绿体和约20个线粒体。衣藻通常进行无性生殖，有时通过两种形态学上相同但交配型不同的配子进行融合，进行有性生殖。衣藻的交配型是由细胞核内一对等位基因mt^+和mt^-所决定的，配子融合给合子提供了相等的细胞内含物，合子萌发时，通常立即发生减数分裂，其4个单倍体产物，核基因是按2∶2分离。但是，有些基因，如影响光合作用能力的基因和某些抗性基因都表现为母性遗传。这种现象最早发现于衣藻中分离得到的突变体*sm−r*，这是一种对链霉素具有高度抗性的突变体。当交配型$mt^+ sm-r$与$mt^- sm-s$杂交时，则几乎所有的子代（通常>99%）是链霉素抗性型；反交时（$mt^+ sm-s$与$mt^- sm-r$）则几乎所有子代都是链霉素敏感型，显示其子代的链霉素抗性依其亲本交配型不同而不同，为非孟德尔式遗传。

这样一种特殊的母性遗传现象并不只限于链霉素抗性，其他一些性状的遗传也符合这一规律。

2. 紫茉莉的花斑性状遗传

1909年，C.Correns发现紫茉莉中有一种花斑植株，着生纯绿色、白色和花斑三种枝条。在他做的杂交试验（表11-1）中，杂种植株的表型完全取决于母本枝条的表型，与提供花粉的枝条无关。母本枝条为绿色，后代植株就为绿色，母本枝条为白色，后代植株就为白色，可见花斑是一种细胞质遗传的性状。

表11-1 紫茉莉花斑性状的遗传

母本枝条类型	父本枝条类型	杂交后代的表型
绿色	绿色 白色 花斑	绿色
白色	绿色 白色 花斑	白色
花斑	绿色 白色 花斑	花斑

绿色是细胞质中的绿色质体——叶绿体决定的，叶绿素与叶绿体所携带的基因有关。如果绿色取决于叶绿体的存在与否及花粉不含叶绿体；细胞质分裂是叶绿体向子细胞传递的唯一机制；在白色细胞中因质体发生了变异而不含叶绿素，那么，紫茉莉的花斑叶色遗传就很好解释。绿色枝条植株产生含全套叶绿体的卵细胞，受精形成的合子拥有足够的叶绿体，所有后代细胞都为绿色。白色枝条植株产生的卵细胞只有白色质体。花斑枝条产生的卵细胞有三种类型：含叶绿体；只含有白色质体；既有叶绿体又有白色质体。后面一种类型产生花斑植株，因为在配子形成或植株发育过程中，一些类型的细胞质分裂使叶绿体和白色质体分别进入不同的子细胞中。但是，细胞质中含有大量的叶绿体，这使它们几乎不可能准确地平均分配到子细胞中。不同基因型细胞器的分配过程被称为**细胞质分离和重组**（cytoplasmic segregation and recombination，CSAR）。CSAR现象相当常见，可能是核外基因组的一个普遍行为。

3. 天竺葵的花斑叶遗传

天竺葵的花斑叶是一种嵌合体。叶的表皮和皮层中有含白色质体的细胞群。在中心层细胞中有正常的叶绿体。用绿叶枝条作母本、花斑叶枝条做父本的大部分杂种为绿叶植株。反交时，F_1大部分杂种植株是花斑叶型，但也有少数植株具绿色叶。上述结果的解释是，花斑叶性状主要通过细胞质遗传，但精子中带有少量的细胞质，少数叶绿体可以通过精子向后代传递。由此可见，天竺葵花斑叶的遗传与紫茉莉花斑性状的遗传有区别。紫茉莉花斑性状完全通过母本遗传而天竺葵是由双亲遗传。但是后者的母本是叶绿体的主要供体（表11-2）。

表11-2 紫茉莉、天竺葵花斑性状遗传的比较

	紫茉莉		天竺葵	
亲代	♀绿色×♂花斑	♀花斑×♂绿色	♀绿色×♂花斑	♀花斑×♂绿色
子一代	绿色	绿色、花斑、白色	大部分绿色 少部分花斑	大部分花斑 少部分绿色

进一步的研究发现，天竺葵花斑叶植株中含有绿色和白色两类质体，叶片中绿色和白色部

分的形成与两类质体的繁殖速度、方式和在细胞分裂时的分配情况有关。在细胞分裂时，只得到绿色叶绿体的子细胞，继续分裂形成绿色部分；只得到白色质体的子细胞，继续分裂形成白色部分。天竺葵花斑叶的绿色与白色区域间的界限不明显，这是因为边界上的细胞多含有两种质体。

4. 玉米埃型条纹叶的遗传

玉米叶片的埃型条纹是叶绿体遗传的另一例子，但它与紫茉莉、天竺葵花斑性状的遗传模式又有所不同。1943年，罗德斯（M. M. Rhoades）发现一个控制玉米条纹叶的基因*iojap*（*ij*），位于玉米的第7染色体上。在隐性纯合（*ijij*）的植株中，表现为白绿相间的条纹甚至有些在幼苗期还会变成不能成活的白色植株。将这种条纹叶植株（*ijij*）与正常绿色植株（*IjIj*）正反杂交，并将F_1自交，其结果不一样（图11-2）。如果将条纹叶植株作为父本，则条纹叶按孟德尔方式遗传，F_1为绿色植株，F_2代绿色植株和条纹植株按照3∶1的比例分离。但在以条纹叶植株作为母本，正常绿色植株为父本时，F_1出现3种表型：正常绿色、条纹和白色，且不呈一定比例。如果将F_1的条纹植株用作母本和正常绿色植株回交，仍然出现比例不定的三种植株。继续用正常绿色植株做父本与条纹植株回交，直到*ij*基因被全部取代，仍然没有发现父本对这个性状的影响。因此认为隐性核基因*ij*引起了叶绿体的变异，便呈现条纹和白色性状。变异一经发生，便能以细胞质遗传的方式稳定遗传。

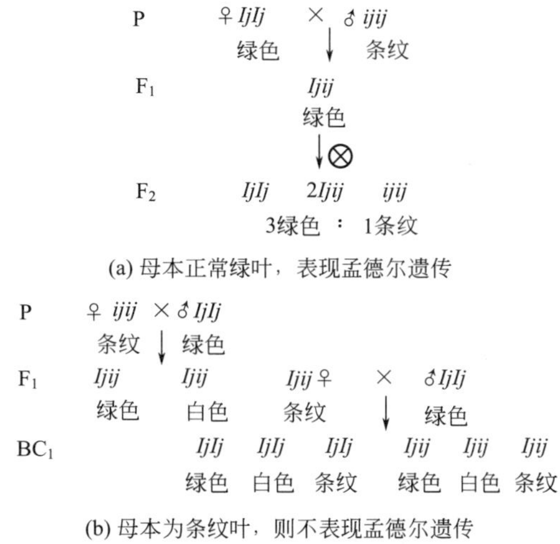

图11-2　玉米的条纹叶遗传

第二节　细胞质遗传的物质基础

一、线粒体遗传的分子基础

（一）线粒体基因组的一般性质

线粒体中有称为**拟核**（nucleoid）的高度浓缩结构，其中常含有几个拷贝的线粒体DNA分子，例如酵母每个线粒体含有10～30个拟核，每个拟核又含有4～5个线粒体DNA（mtDNA）分子。每个酵母细胞中有1～45个线粒体，因此每个细胞就有很多mtDNA分子。线粒体基因组是裸露的DNA双链分子，主要呈环状，但也有线性的分子。各个物种的线粒体基因组大小不一，动物细胞中线粒体基因组较小，为10～39kb；酵母为8～80kb，都是环状；四膜虫属（*Tetrahymena*）和草履虫等原生动物为50kb，是线性分子。植物的线粒体基因组比动物的大很多，也复杂得多，大小可以从200～2500kb，如在葫芦科中，西瓜是330kb，香瓜是2500kb，相差7倍。

线粒体DNA也能进行半保留复制。通常，核DNA的复制与细胞分裂是同步进行的，但mtDNA却有迥然不同的规律；多细胞生物中，不论是分裂着还是静止的体细胞中，mtDNA的合成都是活跃进行着的。只是这种复制活动并不均一，有些mtDNA分子在细胞周期中复制几次，而另一些可能一次也不复制。对细胞周期mtDNA合成的动力学研究显示，细胞内

mtDNA合成的调节与核DNA合成的调节是彼此独立的。然而mtDNA的复制仍受核基因的控制，其复制所需的聚合酶是由DNA编码，在细胞质中合成的。

线粒体是半自主性的，其含有的DNA不仅能复制后传递给后代，而且还能转录所编码的遗传信息，合成线粒体某些自身所特有的多肽。对一些真核生物线粒体基因组的序列分析表明，它们可为线粒体成分的rRNA、tRNA和蛋白质编码（表11-3）。线粒体基因组编码的蛋白质总数相当少，与其基因组大小无关，如哺乳动物线粒体基因组虽仅约16kb，可为13种蛋白质编码；而酵母线粒体基因组60～80kb，却只编码几种蛋白质。植物具有大得多的线粒体基因组，能为较多的蛋白质编码。线粒体基因组编码的蛋白质主要是氧化呼吸所需要的酶复合物中的少部分亚基，如细胞色素氧化酶的3个大亚基，ATP酶的几个亚基等。原生生物和植物mtDNA还编码它自身所需要的一些核糖体蛋白。除哺乳动物极小的线粒体基因组外，在大多数的线粒体基因组某些基因中已发现有内含子。线粒体基因组还为其自身的核糖体编码两个主要的rRNA。线粒体基因翻译系统中的tRNA也是由其自身的基因组编码，不同生物线粒体tRNA的数量不一。

表11-3　线粒体基因组编码的蛋白质和RNA的数量

物种	大小/kb	编码蛋白质的数量	编码RNA的数量
真菌	19～100	8～14	10～28
原生生物	6～100	3～62	2～29
植物	200～2500	27～34	27～34
哺乳动物	16～17	13	13

（二）线粒体DNA的组成

不同生物细胞中线粒体的组成不尽相同，各具其特点。虽然不同动物门类的线粒体基因组的构成在细节上有差异，但基本局限于小型基因组，为少数基因编码。哺乳动物中线粒体基因组最为致密，没有内含子，有些编码基因实际上是重叠的，如人类线粒体基因组的16659bp中，除与DNA复制起始有关的D环外，几乎每个碱基对都为编码序列。其中已确定13个为蛋白质编码的区域，它们是细胞色素b、细胞色素氧化酶的3个亚基、ATP酶的2个亚基以及NADH脱氢酶的7个亚基的编码序列。另外还有2个编码rRNA（16S和12S）和22个编码tRNA的基因。这些基因排列紧凑，且其中多数的tRNA基因位于rRNA和mRNA基因之间。对人类线粒体DNA转录后加工的研究发现，原始转录产物的断裂正好发生在mt-tRNA前后。因此mt-tRNA序列的二级结构可能作为加工酶的识别信号，在原始转录产物加工过程中起着“标点符号”的作用。

至于植物线粒体DNA，不仅特别大，还表现出诸多复杂性。据目前所知，植物线粒体基因组中编码蛋白质的基因有编码3个细胞色素氧化酶复合物的大亚基单位CoxⅠ、CoxⅡ和CoxⅢ的基因，编码植物的F_0-F_1ATPase复合物的4个亚基单位的基因，编码核糖体蛋白小亚基单位rps4、rpsl3、rpsl4以及NADH-辅酶Q氧化还原酶复合物的几个亚基单位的基因；另外，还有线粒体自身蛋白质合成系统中的3个rRNA 5S、18S和26S基因和一些tRNA基因。除上述编码基因外，线粒体基因组中还含有一些可读框和尚未确定的读框（URF），并存在大量的非编码序列。

（三）线粒体蛋白质的合成

线粒体是半自主性的。它们所含有的DNA不仅能复制并传递给后代，而且能转录和翻译其自身编码的遗传信息，合成线粒体所特有的多肽。

在线粒体基因组中，mRNA没有5′-端的帽子结构，起始密码常直接位于mRNA的5′-端。线粒体mRNA的这一结构特点，表明线粒体蛋白质的合成装置与细胞质中核糖体有所不同。不同真核生物线粒体的核糖体是一些55～80S大小不等的颗粒，由两个大小不等的亚基组成，每个亚基只有一条由线粒体DNA转录而来的rRNA分子。线粒体核糖体蛋白则是由核基因编码，在细胞质核糖体上合成，然后转运到线粒体中的。

常见的密码子——反密码子配对规则在线粒体中显得比较宽松，线粒体基因组的tRNA可以识别反密码子的第三位置上4个核苷酸（A、U、G、C）中的任何一个，这样就大大扩大了tRNA对密码子的识别范围，因而线粒体基因组中的tRNA就足以用于蛋白质的合成。

20世纪70～80年代在线粒体遗传研究中，发现线粒体遗传密码与核基因使用的遗传密码有某些差异。对酵母、果蝇和人类线粒体中全部三联体密码的分析发现，AUA为甲硫氨酸的密码子，而不是通用的异亮氨酸密码子，在人类线粒体中，此密码子还兼有起始作用；UGA代表色氨酸而不是终止信号；AGA和AGG不是通用的精氨酸密码子，而是哺乳动物的终止密码子。在酵母的线粒体中有些密码子的编码还有所不同，如以CU开头的全部4个密码子均编码苏氨酸（表11-4）。

表11-4 线粒体与细胞质翻译系统中密码子使用情况比较

mRNA密码子	编码的氨基酸			
	细胞质	线粒体		
		人类	酵母	果蝇
CUU CUC CUA CUG	亮氨酸	亮氨酸	苏氨酸	亮氨酸
AUA UGA	异亮氨酸 终止	甲硫氨酸 色氨酸	甲硫氨酸 色氨酸	甲硫氨酸 色氨酸
AGA AGG	精氨酸	终止	精氨酸	丝氨酸

（四）人类的线粒体基因病

近年来已发现人类有些疾病是由线粒体DNA突变所致，这些突变一般多是发生在为线粒体电子传递链的蛋白质亚基编码的线粒体基因中，因而导致线粒体ATP产物的缺失。携带这种线粒体基因突变的人具有线粒体细胞病变，患有各种与脑、心、肌肉、肾和肝缺陷相关的疾患。如**莱伯遗传性视神经病变**（Leber hereditary optic neuropathy，LHON），是由线粒体呼吸链复合物异常所致；起病时为急性或亚急性眼球后神经炎，导致严重双侧视神经萎缩和大面积中心暗点而突然丧失视力，伴有色觉障碍等。又如**肌阵挛性癫痫伴破碎红纤维综合征**（myoclonus epilepsy with ragged-red fibers，MERRF）是由线粒体tRNA基因突变所引起，其最独特的症状是肌阵挛。帕金森病是由于患者脑组织中mtDNA缺失复合物Ⅰ、复合物Ⅲ或复合物Ⅳ，可检测到mtDNA 4977bp的缺失，主要累及*ND3*、*ND4*和*ND5*等基因。

关于线粒体基因病的遗传特点，首先，就是突变mtDNA通过母亲的卵子传递给子女，父源性mtDNA传递给子女则只是散发的偶然事件。其次，由于细胞质内包含多个mtDNA分子，当某个特定位置上的突变同时发生在这些mtDNA的同一基因时，称为**纯质性**或**同序性**（homoplasmy）；若一个细胞内多个mtDNA在此特定位置上既有突变基因又有正常基因，则称为**异质性**（heteroplasmy）。因此，线粒体基因病的症状决定于突变mtDNA异质性个体是否受累，即由突变mtDNA所占的比例而定。第三，传递突变mtDNA的母亲既可以是纯质或异质的患者，也可以是表型正常异质性的携带者。

二、叶绿体遗传的分子基础

（一）叶绿体基因组

叶绿体基因组有很多方面与线粒体基因组相似，也是一个裸露的环状双螺旋分子，其大小一般在120～190kb之间。通常一个叶绿体中可含有一个至几十个这样的DNA分子。叶绿体基因组的碱基序列中不含有5′-甲基胞嘧啶，这一特点可作为鉴定**叶绿体**DNA（chloroplast DNA，ctDNA）提纯程度的指标。

大多数植物的叶绿体基因组有一个共同的特征，即含有两个反向重复序列。它们之间由两段大小不等的非重复序列所隔开。由于重复序列方向相反，在复性过程中每条单链上的两个重复序列恰好可以互补形成双链结构，而它们间的两个非重复区则形成两个大小不等的单链DNA环，分别称为大、小**单拷贝序列**（single copy sequence）。不同植物中大、小单拷贝区的长度不一。但是，在蚕豆、豌豆等一些豆科植物叶绿体DNA中至今未检测出重复序列，而眼虫的Z-Ha品系中却有3个紧密排列的重复序列。

叶绿体DNA能够自我复制，但是和线粒体DNA一样，叶绿体DNA的复制酶及许多参与蛋白质合成的组分都是核基因编码，在细胞质中合成后转运入叶绿体。

叶绿体基因组有自己的转录翻译系统。它的核糖体属于70S型，组成50S rRNA和30S rRNA小亚基的23S rRNA、4.5S rRNA、5S rRNA和16S rRNA都是由叶绿体DNA编码。叶绿体核糖体蛋白质基因中约有1/3也是叶绿体DNA编码，另外，叶绿体基因组还含有30多个tRNA基因的编码序列。

（二）叶绿体DNA的基因组成

通过对许多植物叶绿体DNA的限制性内切酶识别位点作图和整个核苷酸序列分析，表明它们含有几乎完全相同的叶绿体基因。

陆生植物叶绿体基因组有105～113个基因，其中4种核糖体rRNA基因以16S、23S、4.5S和5S的次序反向排列在两个重复区中。此外，叶绿体基因组还编码一些蛋白质，如约20个叶绿体核糖体蛋白质、叶绿体RNA聚合酶的几个亚基、光系统Ⅰ和光系统Ⅱ部分中的几个蛋白质、ATP酶的亚基、电子传递链中酶复合物的部分成分、核酮糖-1,5-二磷酸羧化酶（RuBP羧化酶）的大亚基。在叶绿体DNA分子上约有30个tRNA基因，其中4个在反向重复区段，有两个插在16S rRNA和23S rRNA之间，其他则分散在整个基因组中。

叶绿体基因组中的内含子可分为两类：tRNA基因中的内含子通常是位于反密码子环上，如酵母核tRNA中的情况，且有些内含子非常长，有的tRNA编码序列不过70～80bp，其内含子却可长达100～200bp。蛋白质编码基因中内含子则与线粒体基因中的内含子类似，如眼虫叶绿体DNA中为RuBP羧化酶大亚基编码的基因就含有9个插入系列。

（三）叶绿体遗传系统与核遗传系统的关系

作为细胞内一个相对独立的遗传系统，在整个细胞生命活动中，叶绿体基因组有其自主复制的遗传特征，但同时还需要核遗传系统提供的编码信息。就叶绿体蛋白质的合成来看，根据它们的来源可以分为3类。第一类是由叶绿体DNA编码，在其70S核糖体上合成，如光系统Ⅰ P700 Chla蛋白质和分子量为3.2×10^4的膜蛋白pbA。第二类是由核DNA编码，在细胞质80S核糖体上合成，然后转运到叶绿体中成为类囊体膜成分，如光系统Ⅱ Chla/b蛋白质。第三类则是由核DNA与叶绿体DNA共同控制的，如RuBP羧化酶，其大亚基由叶绿体基因组编码，在70S核糖体上合成，而其小亚基却是由核DNA编码，在细胞质中80S核糖体上合成之后，穿过叶绿体膜进入叶绿体中与大亚基一起整合为全酶。同样，ATP合酶的CF_1中的α、β和ε三个亚基，CF_0中亚基Ⅰ和亚基Ⅲ的基因都在叶绿体DNA上编码；而CF_1中的γ、δ亚基和CF_0中的亚基Ⅱ则由核DNA编码。

由此可知，叶绿体基因只对组成叶绿体的部分多肽具有控制作用，而整个叶绿体发育、增殖以及其机能的正常发挥是由核DNA和叶绿体DNA共同控制。所以，和线粒体一样，叶绿体也是半自主性细胞器。

第三节　细胞质基因和细胞核基因之间的关系

一、共生体和质粒决定的染色体外遗传

（一）共生体的遗传：草履虫的放毒型遗传

在某些生物的细胞质中存在着一种细胞质颗粒，它们并不是细胞生存的必需组成部分，而是以某种共生的形式存在于细胞中，因而被称为**共生体**（symbiont）。这种共生体颗粒能够自我复制，或在寄主细胞核基因组的作用下进行复制，持续地存在于寄主细胞中，并对寄主的表型产生一定的影响，类似细胞质遗传的效果。因此，共生体颗粒也是细胞质遗传研究的对象。

最常见的共生体颗粒遗传的实例是草履虫（*Paramecium aurelia*）的放毒型遗传。某些草履虫能释放出一种叫**草履虫素**（paramecin）的物质，这种物质对敏感型草履虫有毒甚至是致死的。产生草履虫素的细胞质因子叫**卡巴粒**（kappa）。具有卡巴粒的草履虫为放毒型，缺乏的为敏感型。卡巴粒在放毒型草履虫细胞质中复制，其稳定性取决于一个显性核基因*K*，两者必须同时存在，才能保证放毒型的稳定。若*K*被隐性基因*k*代替，便导致不可逆地失去卡巴粒；而且即使再引入*K*基因，也不可能再生出新的卡巴粒，而只能由外界引入。因此，*K*基因的存在对卡巴粒是必需的，而且只有*KK*或*Kk*和卡巴粒同时存在时草履虫才是放毒型（图11-3）。但是，*K*基因本身不编码合成草履虫素的遗传信息。放毒型草履虫体内有200～1600个卡巴粒。卡巴粒对放毒型草履虫本身无不利效应，且对体外卡巴粒的毒害有免疫作用。尽管放毒型能杀死敏感型，但它们之间的接合仍能正常完成，因为在接合过程中，敏感型草履

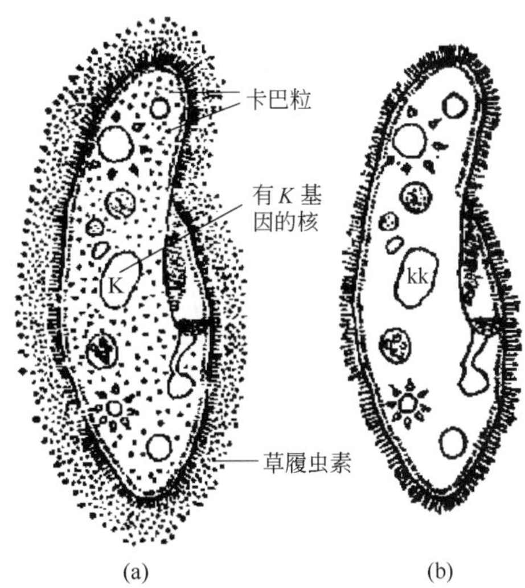

图11-3　草履虫模式图

（a）放毒型：个体内含有卡巴粒，在体外的液体培养基中，有草履虫素，核内含*K*基因；（b）敏感型：个体内没有卡巴粒，也不能释放草履虫素，核内含有*k*基因

虫对毒素也有抵抗作用。

草履虫是一种二倍体原生动物。它有两种基本的生殖方式：一是无性生殖，即通过细胞分裂形成两个个体，基因型不变；二是通过接合进行有性生殖，即**接合生殖**（conjugation reproduction）（图11-4）。每一个细胞有一个大核，两个小核，有的只有一个。大核是多倍体营养核；小核是二倍体，与遗传有关。两个细胞相互接触，在接合前每个细胞的两个小核进行减数分裂，形成八个小核。其中七个小核和大核解体。然后剩下的一个小核进行一次有丝分裂。两个细胞的细胞膜稍微破裂，彼此交换一个小核，并与未交换的小核融合成一个二倍体核。这时的两个细胞完全相同，但在遗传上是杂合的，且细胞质未混合。

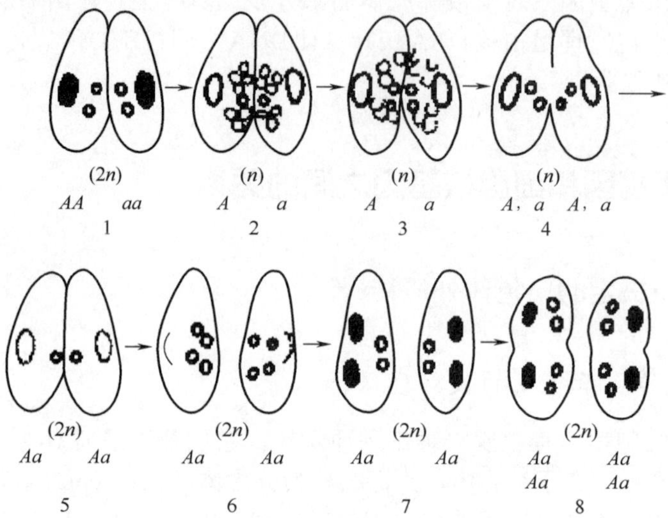

图11-4　草履虫的接合生殖过程

草履虫的单细胞偶尔也进行**自体受精**（autogamy）（图11-5）。细胞在减数分裂后只留下一个小核，这个小核经有丝分裂和核合并，回复到二倍体状态。当自体受精的细胞是杂合体时，新形成的二倍体细胞是纯合的，因为它来自一次减数分裂形成的单倍体产物。基因型杂合的细胞群体在自体受精后形成的二倍体细胞的基因型有两种，按1∶1比例分离。

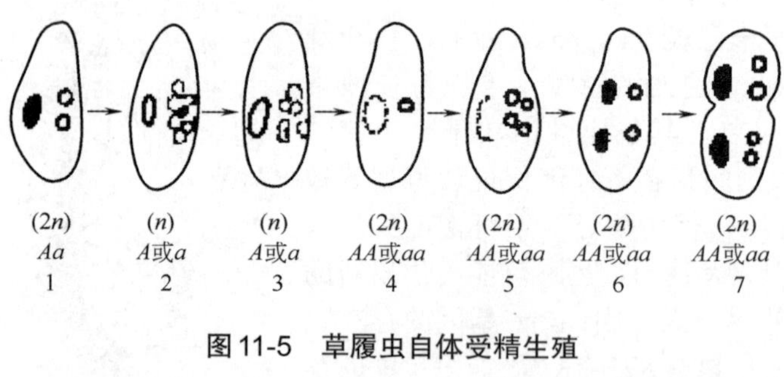

图11-5　草履虫自体受精生殖

如果放毒型与敏感型接合时间短，两个接合后二倍体的基因型均为*Kk*。由于只交换了小核，一个细胞有卡巴粒，能产生草履虫素，是放毒型；另一个细胞没有卡巴粒，不能产生草履虫素，是敏感型。在自体受精后，敏感型后代仍是敏感型；放毒型则分离出放毒型（*KK*）和敏感型（*kk*），且敏感型在开始几代仍保持放毒特性，随着细胞的不断分裂，由于没有*K*基因，卡巴粒逐渐减少，放毒特性最终丧失［图11-6（a）］。如果接合时间长，除了核相互交换外，细胞质也发生交流，使得接合后两个二倍体个体都有*K*基因和卡巴粒，所以都是放毒型，但是，这样的放毒型个体其自体受精后代中一半基因型是*KK*，为放毒型；另一半基因型是*kk*，由于细胞质中有卡巴粒，开始时是放毒型，后随着卡巴粒消失而变成敏感型［图11-6（b）］。

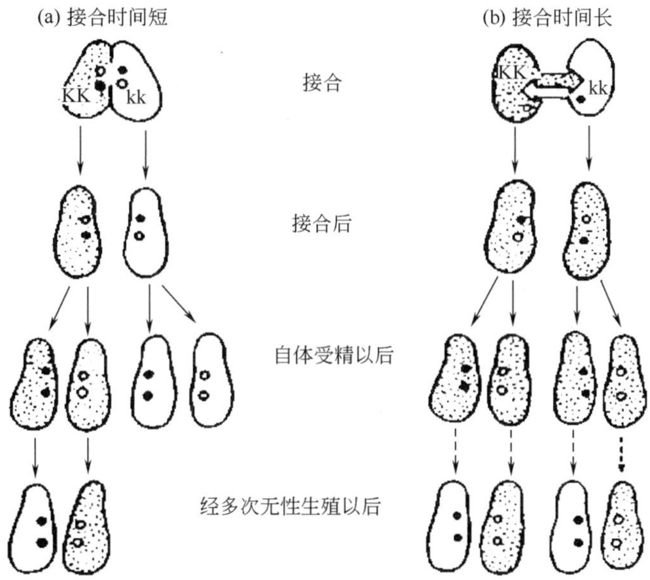

图11-6　草履虫放毒型的遗传

草履虫中除卡巴粒外，后来又发现其他的一些共生颗粒，如和卡巴粒一样具有放毒特性的σ粒、λ粒和μ粒，及无放毒特性的δ粒和α粒。这些颗粒同样含有遗传因子，而且也和卡巴粒一样，表现为与核基因共同作用的细胞质遗传。

（二）质粒的遗传

质粒（plasmid）泛指染色体外一切能进行自主复制的遗传单位，包括共生生物、真核生物的细胞器和细菌中染色体以外的单纯的DNA分子。目前已普遍认为质粒仅指细菌、酵母菌和放线菌等生物中染色体以外的单纯DNA分子。

1. 原核生物的质粒

质粒几乎存在于每一种细菌细胞中，所有的细菌质粒都是共价闭合的双链DNA环，是一种自主的遗传成分，能够独立地进行自我复制。大部分质粒在染色体外，而某些质粒既能独立存在于细胞中，又能整合到染色体上，这一种质粒则称为**附加体**（episome）。

大肠杆菌的F因子的遗传最具代表性，除F因子外，R质粒和Col质粒也是重要的染色体外遗传的例证，详见第八章微生物遗传。总之，在细菌中存在许多种质粒，它们赋予了寄主细胞一些重要的特性。这些质粒在基因工程中常被用作基因的载体。表11-5列出了一些常见细菌质粒的来源、大小及特定的遗传标记。

2. 真核生物的质粒

质粒在真核生物中不及在细菌中普遍，但也经常碰到。真核生物的质粒和核基因组一般没有联系，遗传方式和细胞器基因类似。

大多数真核生物的质粒无表型效应，只能通过分子技术检测。其中最著名的是酵母的2μ环状质粒，可能位于核质中。如果一个带有该质粒的单倍体菌系和一个没有该质粒的单倍体菌系接合，接合体的无性和有性后代都有这种质粒。在粗糙脉孢菌中有一种决定衰老的质粒，被称为“kalilo”，夏威夷语中是“死亡之门”的意思。一般来说在充足的营养条件下粗糙脉孢菌会一直生长，但是含有 kalilo质粒的粗糙脉孢菌只能生长一定的时间。kalilo 质粒能插入线粒体基因组中干扰其功能。真核生物质粒存在的原因及在进化中的作用目前还不清楚。

表 11-5　常见细菌质粒的特性

质粒	来源	大小/kb	细胞中拷贝数	扩增性[①]	遗传标记[②]
$ColE_1$	天然（*E. coli*）	6.4	15	+	E_1
pVH51	$ColE_1$	3.2	60	+	E_1 imm^-，Cop^-
pBGP120	$ColE_1$	16.2	15	+	Lac，Ap
pOP1	pBGP120	16.2	70	+	Lac，Ap，Cop^-
pOP1Δ6	pOP1	6.9	200	+	Ap，Cop^-
pAT205	pOP1	6.2	70	+	Cm，Cop^-
pMB_1	天然（*E.coli*）	7.8	n.t.	n.t.	E，*Eco*R Ⅰ
pMB_8	pMB_1	2.6	60	+	E_1 imm^-
pMB_9	pMB_8	5.2	60	+	E_1imm^-，Tc
pBR332	pMB_1	4.3	60	+	Tc，Ap
pBR345	pMB_1	1.1	15	+	Lac
RSF1050	pMB_8	7.9	50	+	Ap，E_1 imm^-
pFH118	RSF1050	7.9	170	+	Ap，E_1 imm^-，Cop^-
CloDF13	天然（阴沟肠杆菌）	8.6	10	+	DF13
CloDF13（Cop3）	$CloDF_{13}$	8.6	70	+	DF13，Cop^-
CloDF13（Cop2）	pEV_5	2.9	200	+	Ap，Cop^-

① 扩增性是指质粒在细胞内蛋白质合成被抑制时仍然复制的现象，n.t.表示尚未确定。

② 遗传标记符号：E_1，大肠杆菌素，imm^-，免疫突变型；Cop^-，复制突变型；Lac，乳糖发酵；Ap，氨苄青霉素抗性；Tc，四环素抗性；*Eco*R Ⅰ，限制性内切酶；Cm，氯霉素抗性；DF13，阴沟肠杆菌素DF13。

二、植物雄性不育的遗传

（一）植物的雄性不育

雄性不育（male sterility）是植物界中普遍存在的现象，已在多种植物中发现，它是指植物在生长发育过程中，雌蕊发育正常，能够受精结实，雄蕊发育不正常而导致花粉败育的现象。高等植物的雄性不育是杂种优势利用的一条重要途径。雄性不育所涉及的作物种类逐年增加，利用范围日益广泛，愈来愈受到世界农业工作者的重视。

根据雄性不育遗传的机制，大体可以分为核不育型、细胞质不育型和质-核不育型。

1. 核不育型（genic male sterility，GMS）

这是一种由核内基因决定的雄性不育类型。现有的核不育型多属自然发生的突变。在水稻、小麦、玉米、谷子、番茄等作物中均曾发现过，但总的说来，核不育现象比较少，且往往因为不能产生后代而被淘汰。仅有少数例外，它们能通过环境因素调节而恢复育性保存后代。如湖北的光敏核不育水稻、山西的太谷核不育小麦等。遗传学试验证明，多数核不育类型都受核内一对隐性基因（*ms*）控制，纯合体（*msms*）表现雄性不育。其不育性可被相对的显性基因（*Ms*）所恢复，杂合体（*Msms*）后代呈简单的孟德尔式分离。因此，单纯用遗传学方法不能使核不育型的整个后代群体保持不育性。这是核不育类型的一个重要特征，因此核不育类型的利用受到很大的限制。

2. 细胞质不育型（cytoplasmic male sterility，CMS）

这是由细胞质基因控制的不育类型。已经在80多种高等植物包括玉米、小麦中发现有这种不育类型。用细胞质不育型植株作母本与雄性可育植株杂交，后代仍为不育。细胞质不育型的育性容易保持但不易恢复。这种不育类型与细胞质中的线粒体或叶绿体等细胞器中的基因有关。但后续随着对质核基因关系的深入理解，很多学者主张不存在纯粹的细胞质不育型。

3. 质-核不育型（cytoplasmic-nuclear male sterility）

这种类型是由细胞质和细胞核基因互作所控制的不育类型，简称质核互作型。不育植株表现出多种表型异常，如花丝异常、花药不外露、花粉粒不饱满等。质-核不育类型的不育性由细胞质不育基因（*sterility*，*S*）和相对应的核基因决定。当细胞质基因*S*存在时，核内必须是相对应的纯合隐性不育基因*rr*，个体才能表现不育。杂交或回交时，只要父本核内没有可育核基因（*restore fertile*，*R*），杂交子代就一直保持雄性不育，显示细胞质遗传的特点。如果细胞质基因是正常可育的基因（*normal*，*N*），即使核基因仍为*rr*，个体仍是正常可育的；如果核内存在显性可育基因*R*，则不论细胞质基因是*S*还是*N*，个体均表现正常育性（图11-7）。

从上述分析可见，质-核雄性不育是细胞质和细胞核两个遗传体系相互作用的结果。F_1表现不育，说明*N*（*rr*）具有保持不育性在世代中稳定传递的能力，因此称为**保持系**。由于*S*（*rr*）能够被*N*（*rr*）所保持，从而在后代中出现全部稳定不育的个体，因此称为**不育系**。*N*（*RR*）或*S*（*RR*）具有恢复育性的能力，因此称为**恢复系**。这样，一方面在实践中既可以找到保持系*N*（*rr*），这样的合子其细胞质中没有雄性不育因子，而核基因*r*又是隐性的，使雄性不育得以保持；另一方面又能找到相应恢复系*N*（*RR*），这种品系不仅其细胞质中无雄性不育因子，且核中还存在恢复可育性的基因，使育性得以恢复。因而，这种质-核不育类型在农作物的杂种优势利用上具有重要价值。目前，我国湖南、江西、广东等地在农业生产中大面积推广的杂交水稻，就是将植物雄性不育用于制种以创造杂种优势。

（二）高等植物雄性不育的遗传机制

随着作物雄性不育在生产上的广泛利用，对其遗传机制的探讨也愈渐为人们所瞩目。由于细胞质雄性不育表现为母本遗传特性，因此在研究中，人们推测线粒体与叶绿体基因组所发生的某些变异应与胞质雄性不育有一定联系。

至于线粒体与雄性不育系的关系，最初的研究是根据线粒体DNA的核酸内切酶图谱的差异而观察到的，以后在小麦、高粱、油菜、烟草等作物中也有类似的发现。

玉米不育系由于恢复育性的核基因不同而分为3类：cms-S、cms-C、cms-T。它们的线粒体DNA限制性酶切图谱与其相应保持系的酶切图谱之间存在明显的差异，且三者彼此之间也不相同。这3类玉米不育系可分别由核提供的不同显性基因而恢复其花粉育性：T型由两个基因*R1*和*R2*恢复，S型和C型则分别由*R3*和*R4*恢复。

有关玉米T型不育系的研究发现，其线粒体DNA有一个特异的3547bp的核苷酸序列，它含有两个长的可读框（ORF）：*T-urf13*和ORF25。前者编码一个分子量为1.3×10^4的多肽，后者则可编码一个分子量为24547的多肽。经RNA的印迹法表明，*T-urf13*只能与T型细胞质中的转录产物杂交，从而证明了它与玉米T型不育性的相关性。*T-urf13*编码的多肽广泛存在于cms-T玉米所有器官的线粒体膜中。蛋白质印迹法、免疫学分析都证实该多肽分布于线粒体膜上，可能与ATP酶有某种联系，在分离的细胞色素c氧化酶中也观察到它的存在。现已知育性恢复基因*R1*可以特异性地抑制*T-urf13*的表达，使多肽的含量减少约80%。而其隐性等位基因*r1*则不影响*T-urf13*的表达。初步的研究表明，*R1*可能影响*T-urf13*的转录过程，但其控制机制还不清楚。

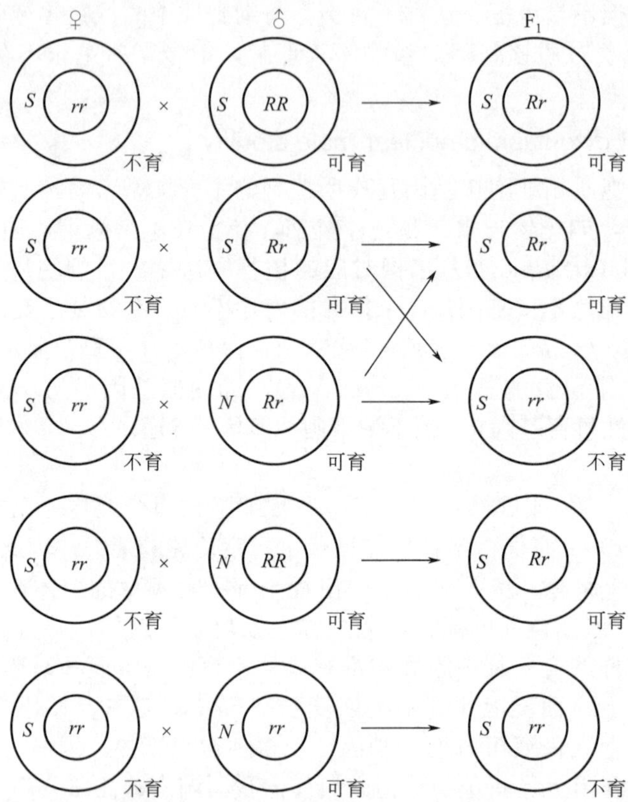

图 11-7　质-核不育型遗传的示意图

与cms-T型玉米相似，cms-C不育现象也涉及线粒体呼吸链基因的变异。近年，我国学者在水稻、高粱、玉米等作物雄性不育机制的研究中，先后发现了雄性不育系和正常品系中线粒体DNA基因结构的差异。1990年王斌等克隆了不育玉米mtDNA，建立了无细胞离体转录系统。cms-S型玉米线粒体基因组中含有两个线粒体的S因子：*S1*和*S2*，是自主复制序列。在甜菜、水稻等作物不育系的线粒体中也先后发现了类似S因子的质粒分子，而雄性不育系的保持系不含这些片段。最初，人们认为这种质粒状分子就是核-质雄性不育因子，近年的研究表明，它们与雄性不育性之间可能只存在间接的联系，即与通过分子重组引起的歧化效应有关。

叶绿体DNA与雄性不育有关的报道最早见于烟草和棉花。以后人们发现玉米正常品系与不育品系叶绿体DNA的限制酶谱仅有微小差异，又利用双向电泳技术进一步鉴定出叶绿体DNA的一些变化与胞质雄性不育有关。我国科学家选用玉米、小麦、油菜等的雄性不育系及相应保持系为材料，通过DNA的热变性分析、酶切消化、琼脂糖凝胶电泳比较技术，揭示了雄性不育与叶绿体DNA的关系。取得重要进展的是以油菜及萝卜为材料进行的叶绿体特异片段的克隆、定位及序列分析工作，其结果不仅显示出不育品系与相应可育品系叶绿体DNA之间存在某种差异，而且发现胡萝卜及油菜中与花粉育性有关的叶绿体DNA片段均位于rRNA基因所在的反向重复区中，并确定了该片段在此重复区的具体位置。

20世纪80年代初期，在玉米叶绿体和线粒体基因组的研究中发现，这两种基因组有长约12.1kb的同源区，其同源性大于90%。这段序列包括16S rRNA和两个tRNA及RuBP羧化酶大亚基的基因片段。而且玉米3种雄性不育类型的改变，都与这一同源区序列的改变有关。进一步证明了该同源区序列的变化，不仅与单子叶植物中的玉米，也可能与双子叶植物中的油菜、萝卜的小孢子不育性的改变有关。

对可育与不育品系叶绿体蛋白质的比较也获得有意义的成果。如高粱、小麦、玉米、水稻、油菜和烟草等许多作物不育系与正常品系的RuBP羧化酶活性存在明显差异。此外，油菜不育系与可育系的叶绿体类囊体膜上ATP酶偶联因子的一个亚基β-CD也存在差异，RuBP羧化酶活性存在明显差异，而它们都是由叶绿体自身DNA编码。

（三）雄性不育遗传的复杂性

雄性不育性的遗传基础比较复杂，实际情况差异很大。

① 花粉败育发生的时期因不同物种的不育遗传系统而异。

在小麦、玉米和高粱等单子叶植物中，花粉败育多发生在减数分裂以后的雄配子形成期；而在矮牵牛、胡萝卜等双子叶植物中败育则发生在减数分裂过程中或在此之前。

② 根据雄性不育发生的过程，可分为孢子体不育和配子体不育两种情况。

孢子体不育是指合子体（植株）基因型控制的花粉不育，不育性与花粉本身的基因型无关。例如由rr植株产生的花粉（r）全都不育，由RR植株产生的花粉（R）均可育，由Rr植株产生的两种花粉（R和r）也都可育。配子体不育是指由配子基因型控制的不育，表现为凡是基因型为R的花粉均可育，基因型为r的花粉均不育。杂合体植株的花粉一半是不育的，其自交后代中一半植株的花粉表现为半不育。玉米的M型不育系就是配子体不育。

③ 在核质互作型不育中，胞质不育基因与核不育基因有对应关系。

同一植物可能有多种不同的细胞质不育因子。每一个细胞质不育因子在细胞中有与之对应的核不育基因。由于胞质不育基因和核不育基因的来源和性质不同，在表型特征和育性恢复反应上可能有明显的差异。这种情况在小麦、玉米、水稻中均有发现。由于这种对应关系，对每一种不育类型而言，都需要与之对应的特定恢复基因来恢复育性。

④ 有单基因控制的不育性，也有多基因控制的不育性。

单基因不育性是指一个胞质基因与相对应的一对核基因共同决定不育性，一个恢复基因就可恢复。但有些不育系则由两对以上的核基因与相对应的细胞质基因共同决定，恢复基因间的关系则比较复杂，其效应可能是累加的也可能是其他互作形式。有些恢复基因的效应较大，有些则起微效修饰作用。在核质互作型不育中多基因控制的不育性较为普遍。

当不育系与恢复系杂交时，F_1育性的表现往往由于恢复系所携带恢复基因的多少而有不同，F_2育性的分离也较复杂，常常出现从完全可育到不育等多种过渡类型。

⑤ 环境条件影响不育性和育性的恢复，特别是多基因控制的育性。

例如法国小麦品种“Primepi”对提莫菲维不育系的育性恢复能力在瑞士可达100%，而在苏联仅达80%。又如高粱3197A不育系在高温季节开花时常出现正常的黄色花药。

（四）质-核不育型的假说

质-核不育型是目前实际生产中应用最广的雄性不育类型，对于质核基因互作所导致的雄性不育性发生的机理，已有多种假说和理论提出，其中比较流行的是质核互补控制假说和亲缘假说。

1. 质核互补控制假说

该假说认为，细胞质不育基因存在于线粒体上。在正常情况（*N*）下mtDNA携带可育的遗传信息，正常转录mRNA，继而在线粒体的核糖体上合成各种蛋白质（或酶），从而保证雄蕊发育过程中的全部代谢活动正常进行，最终导致形成结构、功能正常的花粉。当mtDNA的某个（或某些）节段发生变异，并使可育的胞质基因*N*突变为*S*时，mtRNA所转录的不育性信息使某些酶不能形成，或形成某些不正常的酶，从而破坏了花粉形成的正常代谢过程，最终导致花粉败育。mtDNA发生变异后，是否一定导致花粉的败育，还要看核基因的状态。当核基因为*R*时，携带正常可育的遗传信息，这些信息通过mRNA的转录，转移到细胞质核糖体上，翻译成各种蛋白质（或酶），最终导致花粉的正常发育。当核基因为*r*时，仅携带不育性的遗传信息，因此不能形成正常花粉。一般情况下，只要质、核双方有一方携带可育性遗传信息，无论是*N*或*R*都能形成正常育性。*R*可以补偿*S*的不足，*N*可以补偿*r*的不足。只有*S*与*r*共存时由于不能互相补偿，所以表现不育。如果*N*与*R*同时存在，由于*N*同时有调节基因的作用，mtDNA能控制产生某种抑制物质，使*R*处于阻遏状态，因此不会在细胞质中形成多余的物质而造成浪费。如果*S*与*R*同时存在，*S*不产生抑制物质，因此*R*基因能执行正常的功能，从而导致花粉可育。

2. 亲缘假说

该假说根据水稻杂交育种的实践，从个体水平上加以推论，认为遗传结构的变异引起个体间生理生化代谢上的差异，与个体间亲缘关系的远近成正相关。两亲本间亲缘关系差距越大，杂交后的生理不协调程度也越大。当这种不协调达到一定程度，就会导致植株代谢水平下降，合成能力减弱，分解大于合成，使花粉中的活性物质（如蛋白质、核酸）减少，最终导致花粉的败育。因此，两个正常品种或品系进行远缘杂交，或远距离的不同生态型间杂交，可能导致雄性不育。为了获得保持系，也要从与不育系亲缘关系远的品种去寻找。如果要使不育性恢复，就要选用与不育系亲缘近的品种作为恢复系，才能成功。这个假说没能说明不育基因与恢复基因间如何相互作用，以及它们的基因是如何表达的等问题。但是在水稻、小麦等自花授粉的禾谷类作物的三系配套杂种选育实践中具有一定的参考价值。

（五）雄性不育的利用

雄性不育在杂种优势的利用上价值非常大。杂交母本获得了雄性不育性，就可以免去了大面积繁育制种时的去雄工作，并保证杂交种子的纯度。

1. 二区三系制种法——三系法

目前生产上应用推广的主要是质核互作型雄性不育。应用这种雄性不育时必须三系配套（三系法），即必须具备雄性不育系、保持系和恢复系。三系法的一般原理是首先把杂交母本转育成不育系。如希望优良杂交组合（甲×乙）利用雄性不育性进行制种，则必须先把母本甲转育成甲不育系，常用的做法是利用已有的雄性不育材料与甲杂交，然后连续回交若干次，就得到甲不育系。原来雄性正常的甲即成为不育系的同型保持系，它除了具有雄性可育的性状以外，其他性状完全与甲不育系相同，故又称同型系，它能为不育系提供花粉，保证不育系的繁殖留种。父本乙必须是恢复系。如果乙原来就带有恢复基因，经过测定，就可以直接用来配制杂交种，供大田生产用。三系法的制种方法见图11-8。

2. 光敏核不育法——两系法

自从1973年我国学者石明松从晚粳品种农垦58中发现“湖北光敏核不育水稻”——“农垦58S”以来，核不育型的利用受到极大关注。“湖北光敏核不育水稻”具有在长日光周期诱导不育、短日光周期诱导可育的特性，因此这种不育水稻可以将不育系和保持系合二为一，为此我国学者提出了利用光敏核不育水稻生产杂交种子的“两系法”，这种方法目前已在我国水稻生产上大面积推广应用。两系法的制种方法见图11-9。

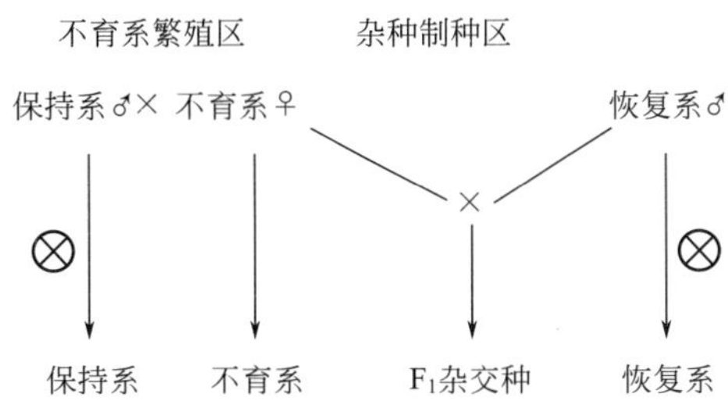

图11-8 应用三系法配制杂交种示意图

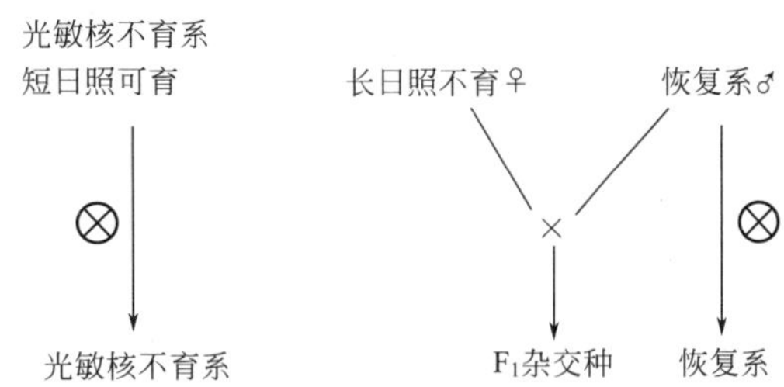

图11-9 基于光敏核不育水稻的杂交制种示意图

第四节 母性影响

母性影响（maternal influence）或称**母性效应**（maternal effect），是指子代某一性状的表型由母体的核基因型决定，而不受本身基因型的支配，从而导致子代的表型和母本相同的现象。母性影响的表现形式也是正反交结果不一致，这和细胞质遗传相同。不同之处则在于由细胞质遗传决定的性状，表型是稳定的，可以一代一代地通过细胞质传递下去。母性影响有持久的，可以影响整个世代，如椎实螺外壳的旋转方向，也有短暂的，如麦粉蛾的眼色，随着年龄的增长，当代基因型的表型逐渐被表达出来。

母性影响所表现的遗传现象与细胞质遗传十分相似，但它并不是由细胞质基因组所决定的，而是由核基因的产物在卵细胞中的积累所引起的遗传现象，所以母性影响不属于细胞质遗传的范畴。

一、母性影响的遗传现象

（一）短暂的母性影响

仅影响到后代的幼龄时期，对后代的成体无影响。如欧洲麦粉蛾（*Ephestia kuehniella*），正常的野生型体内能合成犬尿素，进一步可形成色素，使幼虫皮肤有色，成虫复眼为褐色；突变型不能将前体物合成犬尿素，不能形成色素，使幼虫皮肤无色，成虫复眼为红色。这种差异是由一对等位基因（*Aa*）控制的。

野生型为*AA*，突变型为*aa*。有色个体与无色个体（*aa*）杂交，不论父本还是母本是有色的，其子一代都是有色的。但当用子一代基因型为*Aa*的个体与*aa*个体测交，其后代的表型则决定于有色亲本的性别。若父本为*Aa*，后代表型与一般测交无差别，即其中半数测交后

	♂ Aa × ♀ aa			♀ Aa × ♂ aa	
幼虫	有色	无色	幼虫	有色	无色
成虫	褐眼	红眼	成虫	褐眼	红眼
	↓			↓	
	1/2Aa	1/2aa		1/2Aa	1/2aa
幼虫	有色	无色	幼虫	有色	有色
成虫	褐眼	红眼	成虫	褐眼	红眼

图11-10　麦粉蛾色素遗传的母性影响

代幼虫的皮肤是有色的，成虫复眼为深褐色；另一半后代幼虫无色，成虫复眼为红色。但是如果母本为Aa，测交后代幼虫的皮肤都是有色的，成虫半数为褐色眼，半数为红眼（图11-10）。这些结果显然和一般的测交不同，也与伴性遗传的方式不同。

产生上述结果的原因是：精子一般不带细胞质，而卵子内含有大量的细胞质，当Aa母蛾形成卵子时，不论A卵还是a卵，细胞质中都含有足量的犬尿素，卵子受精（基因型为Aa和aa）发育的幼虫都是有色的。虽然aa个体的幼虫体内有色素，但由于它们缺乏A基因，自身不能制造色素，随着个体的发育，色素逐渐消耗，所以到成虫时复眼为红色。

（二）持久的母性影响

如椎实螺外壳的旋转方向。椎实螺是一种雌雄同体的软体动物，一般通过异体受精繁殖，但若单独饲养，也可进行自体受精。椎实螺螺壳的旋转方向有**左旋**（sinistral）和**右旋**（dextral）。当一个右旋的雌螺与一个左旋的雄螺交配时，F_1代为右旋，F_2也全为右旋；但当左旋雌螺与右旋雄螺交配时，F_1全为左旋，F_2则全为右旋。F_1的表型正反交不同，是细胞质遗传的典型特征。但是正反交的F_2个体都为右旋则不能用细胞质遗传来解释。对自交后代观察发现，不管正交还是反交，F_3代个体中右旋与左旋都按F_2的比例分离，符合孟德尔一对基因在F_2代的分离比例，表明螺壳的旋转方向是由细胞核中一对等位基因控制的，右旋（D）对左旋（d）为显性，只不过子代核基因型控制的表型要延迟一代才表现（图11-11）。

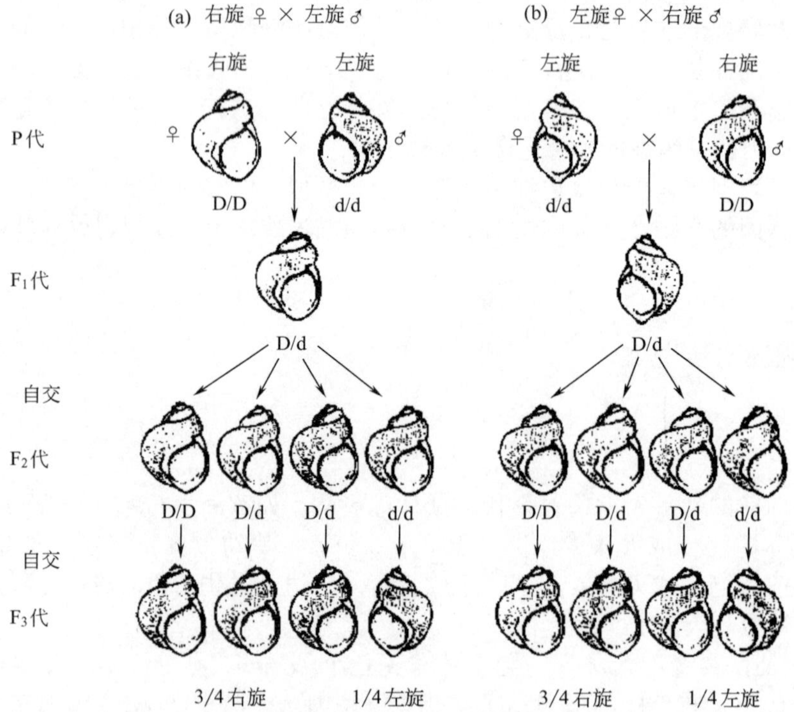

图11-11　椎实螺螺旋方向的遗传

那么，究竟是什么原因使得应该在F_2代出现的分离比例推迟到F_3代才表现出来呢？原来，椎实螺受精卵是通过螺旋式的卵裂开始幼体发育的，未来螺壳的方向取决于最初两次卵裂中纺锤体的方向，而纺锤体的方向又是由母体基因通过作用于正在发育的卵细胞决定的（图11-12）。于是，无论子代的基因型如何，其外壳旋转方向总是取决于母体基因型；正因为如此，基因型都为*Dd*的正反交杂种F_1母本基因型的不同，导致了它们表型上的差异。同理，尽管F_2代的基因型发生了1*DD*∶2*Dd*∶1*dd*的分离，但表型仍受F_1基因型*Dd*决定，结果都呈右旋。F_2代的基因型要到F_3代才能表现出来。

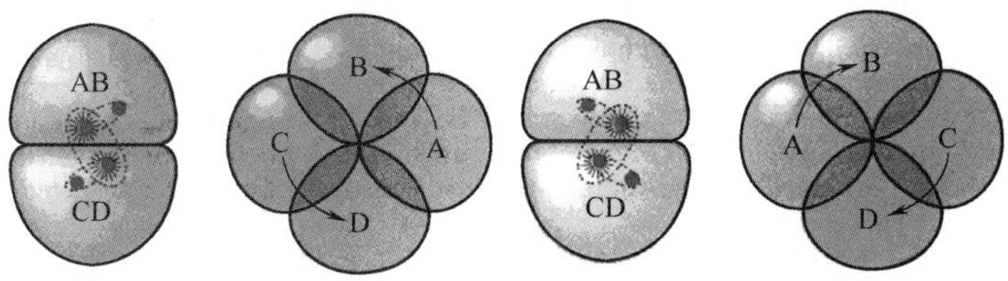

图11-12 椎实螺的受精卵纺锤体分裂导致右旋和左旋

由此可见，椎实螺外壳旋转方向看起来很像细胞质遗传，其实是母本基因型作用的结果。因此，在研究中需要一代以上的杂交或自交才能获得性状是否是细胞质遗传的结论。

二、母性影响的遗传学特点

① 正反交结果不同，都受细胞核基因的控制。

② 母体的细胞核基因可通过合成卵细胞质中的物质控制子代的表型。母体的卵细胞质的特性可以影响胚胎的发育，如果只影响幼体的性状，则为短暂的母体影响，如果这些物质改变个体一生的性状，则为持久的母体影响。

③ 母体影响的遗传学方式仍遵循孟德尔定律，仅子代的分离比延迟表现而已。可能延迟到成体，也可能延迟到下一代。

本章小结

本章主要讲述了细胞质遗传的特点及其主要现象：叶绿体遗传和线粒体遗传。阐明了细胞质基因与核基因的关系：核基因可引起质基因突变，质基因的存在决定于核基因，但质基因具有一定的独立性，能够决定某些遗传性状的表现，如共生体和质粒的遗传及植物雄性不育的遗传。并介绍了雄性不育的类别及其遗传机理和相关假说：核不育型、细胞质不育型和质–核互作不育型，质核互补控制假说和亲缘假说，三系配套（不育系A、保持系B、恢复系R），以及雄性不育在生产上的利用。最后，介绍了母性影响的表现、特点及其与细胞质遗传的区别。

思考拓展

1. 名词解释

核外遗传　雄性不育　母性影响

2. 细胞质遗传的特点有哪些？

3. 两个椎实螺杂交，其中一个是右旋的，产生的后代再进行自交，产生的F_2全部为左旋。问亲代和F_1代的基因型应是怎样的？

4. 一个左旋的椎实螺，自交时仅产生右旋后代，其基因型是什么？

5. 细胞质基因与核基因有何异同，二者在遗传上的相互关系如何？

6. 什么是二区三系制种法？

7. 母性影响的特点有哪些？

8. 比较伴性遗传、细胞质遗传和母性影响的异同。

9. 我们应该如何看待细胞质基因与核基因的关系？

第十二章

基因表达与调控

【本章导言】

遗传学是研究基因的科学。基因是由核酸构成，除了少数的RNA病毒外，几乎所有生物的基因都是一个特定的DNA片段，但并不是每一段DNA或RNA都是基因，基因是有一定组织结构的DNA或RNA。基因传递的遗传信息，决定了蛋白质分子的氨基酸组成和排列，即基因表达的过程。不同的基因产生不同的蛋白质分子，进一步转化成生物体不同的性状，也就是说，基因决定生物的性状。基因所包含的遗传信息是按照特定而精确的时空程序表达从而转化成生物体的性状，在此过程中，基因的启动和关闭、活性的增加或减弱是受到严密的调节和控制的，基因调控贯穿于基因表达的各个环节。

第一节　基因的概念及发展

一、基因的最初概念

（一）基因概念的提出

基因的最初概念是来自孟德尔的“遗传因子”，认为生物性状的遗传是由遗传因子所控制的，性状本身是不能遗传的，控制性状的遗传因子才是可遗传的。遗传因子具有颗粒性，在体细胞里成双存在，在生殖细胞里成单存在。孟德尔的遗传因子只代表决定某个性状遗传的抽象符号，它可以说是基因的雏形名词。1909年，丹麦学者W. L. Johannsen在《精密遗传学原理》（*Elements of Exact Genetics*）一书中提出了“基因”（gene）一词，代替了孟德尔的遗传因子，并由此形成了“颗粒遗传”学说，认为在杂种中等位基因不融合，各自保持其独立性，这也是孟德尔遗传定律的核心。Johannsen还提出了“基因型”与“表现型”这两个含义不同的术语，初步阐明了基因与性状的关系。

（二）基因是位于染色体上的遗传功能单位

1910年摩尔根等通过果蝇杂交实验表明，染色体在细胞分裂时的行为与基因行为一致，从而证明基因位于染色体上，并呈直线排列，提出了遗传学的连锁交换定律，证明了性别决定是受染色体支配的。这一理论揭示了基因与性状之间的关系和遗传的规律，建立了遗传的染色体学说，为细胞遗传学的创立奠定了重要基础。摩尔根科学地预见了基因是一个化学实体，并认为基因控制相应的性状，基因可以发生突变，基因之间可以发生交换重组，由此提出基因既是一个功能单位，也是一个突变单位，还是一个交换单位的“三位一体”概念。

自摩尔根以后，多位科学家研究证明多线染色体与生殖细胞染色体之间有对应关系，提出多线染色体上的横纹就是基因的假说，并得到实验证实，从而把形式上的基因推向实体。

（三）一个基因一个酶

20世纪40年代，G.W.Beadle和E.L.Tatum通过对粗糙脉孢菌营养缺陷型的研究，提出了“一个基因一个酶”的假说，认为基因控制酶的合成，一个基因产生一个相应的酶，基因与酶之间一一对应，基因通过酶控制一定的代谢过程，继而控制生物的性状。这一假设沟通了生物化学中蛋白质合成的研究与遗传学中基因功能的研究，也为遗传密码的解码和细胞内大分子之间信息传递过程的揭示奠定了基础。特别是1953年J.D.Watson和F.H.C.Crick提出了DNA双螺旋结构模型，明确了DNA在活体内的复制方式。1957年由Crick最早提出遗传信息在细胞内的生物大分子间转移的基本法则，即中心法则，接着在1961年又提出了三联体遗传密码，这样将DNA分子的结构与生物学功能有机地统一起来，也为揭示基因的本质奠定了分子基础。

（四）基因的化学本质是DNA，有时是RNA

染色体主要由蛋白质和DNA组成。决定生物性状的基因是DNA还是蛋白质这一关键问题在1944 年得到解决。通过肺炎链球菌的转化实验，O.T.Avery证明DNA是遗传物质，首次证明了基因的本质。1956年，H.Frankel-Conrat分别提取出烟草花叶病毒的蛋白质和RNA，分别涂抹在健康的烟草叶子上，结果只有涂抹RNA的叶片得病，而涂抹蛋白质的叶片不得病，证明在不具有DNA的病毒中，RNA是遗传物质。这些RNA病毒能以自身为模板在RNA复制酶的作用下进行复制。因此，在少数生物中RNA是遗传物质，多数生物中DNA是遗传物质。

二、基因的精细结构和功能

（一）现代基因的概念

从基因的基本功能来看，可把它分为三类：控制合成蛋白质的基因，即有翻译产物的基因，也就是具有顺反子性质的一类基因，如结构基因；没有翻译产物、不产生蛋白质的基因，即转录成RNA后不再翻译成蛋白质的基因，例如rRNA基因和tRNA基因；不转录的DNA区段，如启动子基因、操纵基因，它们关系到结构基因的活化或钝化。因此，基于基因的功能，现代基因的概念可表述为：基因是DNA分子上具有一定遗传学效应的一段特定的核苷酸序列，它可以被转录和翻译，也可以只转录而不翻译，甚至既不转录也不翻译。

（二）基因结构的划分——顺反子学说

1957年S. Benzer用大肠杆菌T4噬菌体作为材料，在DNA分子结构的水平上，分析了基因内部的精细结构，提出了**顺反子**（cistron）概念，证明基因是DNA分子上的一个特定的区段，就其功能来说是一个独立的单位，一个顺反子决定一条多肽链。但在这一特定的DNA片段内含有许多突变位点，也称**突变子**（muton），即突变后可以产生变异的最小单位。这些突变位点之间可以发生重组，因此一个基因内含有多个重组单位，也称**重组子**（recombinant），即不能由重组分开的最小单位。从理论上分析，基因内每一对核苷酸的改变就可导致一个突变的发生，每两对核苷酸之间就可发生重组。由此可见，一个基因具有多少对核苷酸就有多少个突变子和相应数目的重组子，但实际上突变子的数目小于核苷酸对数，重组子数小于突变子数。总之，顺反子学说打破了“三位一体”的传统的基因概念，纠正了长期以来认为基因是不能再分的最小单位的错误看法，使人们对基因的认识有了进一步的提高，把基因具体化为DNA分子上特定的一段序列，即负责编码特定的遗传信息的功能单位——顺反子。顺反子是一个遗传功能单位，但并不是突变和重组的最小单位，其内部是可分的，组成顺反子的核苷酸可以独自发生突变或重组，且基因和基因之间也有相互作用。

（三）基因功能的划分——操纵子模型

1961年法国的M.F.Jacob和J.Monod在研究大肠杆菌乳糖代谢的调节机制中发现了有些基因不起合成蛋白质的模板作用，只起调节或操纵作用，提出了**操纵子学说**（operon hypothesis）。从此根据基因功能把基因分为结构基因、调节基因和操纵基因。这些基因的发现，大大拓宽了人们对基因功能及相互关系的认识。操纵子模型的提出丰富了基因概念，基因不仅是传递遗传信息的载体，同时又具有调控其他基因表达活性的功能。基因不仅能单独地起作用，而且在各个基因之间还有一个相互制约、反馈调节的网络，每个基因都在这个系统中发挥各自的功能。基因可以有其自身的产物，也可以没有。这使“一个顺反子一条多肽链”学说受到挑战。DNA上的某些区段如操纵基因、启动子并不编码任何蛋白质，其作用在于调控其他基因的活性。该调控模型在生物学发展史上具有划时代意义，为基因表达调控这一难题的揭示奠定了基础。

三、基因概念的多样性

从基因概念的提出、发展可以看出，基因的概念随着多学科渗透和实验手段日新月异在不断拓宽，现代基因概念表现出其多样性。

（一）跳跃基因

1950年，美国遗传学家B.McClintock在玉米染色体组中首先发现**跳跃基因**（jumping gene），又称移动基因或**转座因子**（transposable element）。她发现玉米染色体上有一种称为Ac-Ds的控制系统，Ac是**激活因子**（activator），Ds称为**解离因子**（dissociation element），统称为**控制因子**（controlling element），两者配合能控制基因位置的改变，同时引起染色体断裂，使其离开或插入部位邻近的基因失活或恢复活性，从而导致玉米籽粒性状改变。这一研究当时并没有引起重视。20世纪70～80年代，科学家终于用实验证明了B.McClintock的观点，跳跃基因不仅能在个体的染色体组内移动，还能在个体间甚至种间移动。这种切除和移动，能够引起基因突变和染色体重组，从而改变生物的性状。现已了解到真核细胞中普遍存在跳跃基因。基因移动性的发现不仅打破了遗传的DNA恒定论，而且有助于认识肿瘤基因的形成和表达，研究个体发育过程甚至生物的进化过程。

（二）断裂基因

在20世纪70年代以前，人们一直认为遗传物质是双链DNA，在上面排列的基因是连续的。20世纪70年代中期，法国生物化学家P.Chamobon和P.A.Sharp把鸡的卵清蛋白基因mRNA与该基因杂交，或将mRNA反转录生成cDNA，然后与该基因杂交，用电子显微镜观察发现该基因的单链DNA比cDNA长，在互补的区段外单链DNA生成多个环状图像（图12-1）。成环的DNA区段就是基因中的非编码序列，叫作**内含子**（intron），而把出现在成熟RNA中的有效区段称为**外显子**（exon）。卵清蛋白基因含有7个外显子、7个内含子，同时还有一个前导序列。这种能表达的外显子被不能表达的内含子隔开的基因就称为**断裂基因**（split gene）。近年来的研究发现，原核生物的基因序列一般是连续的，在一个基因的内部几乎不含“内含子”；而真核生物中绝大多数基因都是含有内含子的断裂基因。

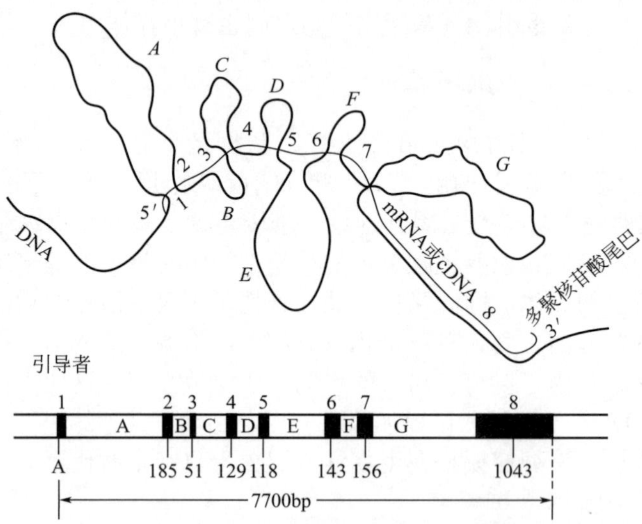

图12-1　卵清蛋白基因及其与mRNA或cDNA的杂交图

断裂基因的存在为基因功能的展现赋予了更大的潜力，表现在可以储存较多的信息、可作为基因调控装置，并且有利于变异的发生，在生物进化中具有重要的意义。

（三）重叠基因

在传统的基因概念中，人们认为基因在染色体上排列时是一个接一个线性排列的。1977年英国剑桥分子生物学家桑格（F.Sanger）领导的研究小组，根据大量研究事实绘制了共含有5375个核苷酸的噬菌体ΦX174碱基顺序图，分析发现这些核苷酸组成了10个基因，通过对这10个基因编码的氨基酸总数，按三联体密码子的原则计算，其所需核苷酸数超过5386个。后来Sanger实验室的G.G.Garrell等发现ΦX174基因组中有些密码是重读的，如基因*B*完全包含在基因*A*之内，基因*A*与基因*K*共用一段序列，基因*D*和基因*E*的读码框相差一个碱基，从而形成**重叠基因**（overlapping gene）（图12-2）。目前已在细菌、噬菌体、病毒等低等生物和人类等少数高等生物中发现重叠基因。所谓重叠基因是指两个或两个以上的基因共有一段DNA序列，或是指一段DNA序列为两个或两个以上基因的组成部分。

重叠基因的重叠方式有以下几种：①大基因之内包含小基因，例如ΦX174的*B*基因完全包含在*A*基因之内；②前后两个基因首尾重叠，例如*D*基因的终止密码子最后一个核苷酸是*J*基因起始密码子的第一个核苷酸，*A*基因与*C*基因之间重叠了两个核苷酸（图12-2）；③3个基因之间三重重叠，如Shaw等1978年在对噬菌体G_4核苷酸序列分析时发现了此种重叠方式；④反向重叠，即DNA双链都转录，密码读框相同，但方向不同，所以形成的蛋白质不同；⑤重叠操纵子，即调控序列之间的重叠，如大肠杆菌中的*frd*和*amp C*两个相邻的操纵子的重叠。

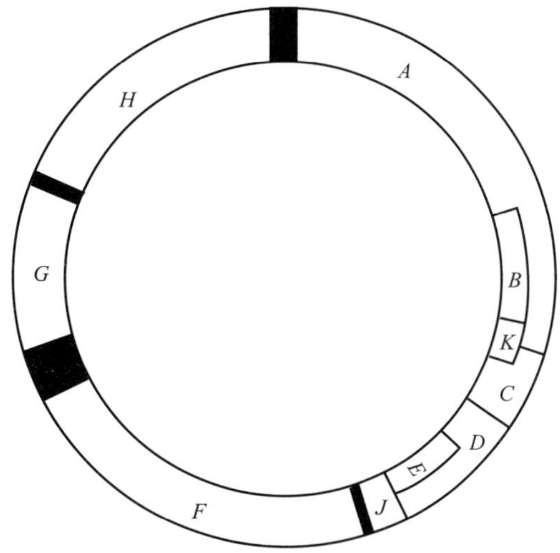

图12-2 噬菌体ΦX174的重叠基因示意图

A～*H*：噬菌体ΦX174的10个基因，
基因*E*和*D*重叠，基因*A*、*B*、*C*、*K*重叠；
黑色部分：基因间序列

可见，重叠基因中不仅有编码序列也有调控序列，说明基因的重叠不仅是为了节约碱基，能经济和有效地利用DNA遗传信息量，更重要的可能是参与基因的调控。但重叠基因也有不利的一面，在共同序列上发生的突变可能影响其中一个基因的功能，也可能影响两个甚至三个基因的功能。从这个意义上说，一个生物的重叠基因越多，它的适应性就越小，在进化中就越趋于保守。

（四）假基因

1977年，G.Jacp在对非洲爪蟾5S rRNA基因簇进行研究后提出了**假基因**（pseudogene）的概念，假基因是没有功能的基因，其序列和正常有功能的基因相似，但失去了生物学功能，不能合成出功能蛋白质。在动物、植物和微生物中都发现了假基因，如血红蛋白（Hb）、干扰素、组蛋白、α球蛋白、β球蛋白、肌动蛋白及人的rRNA和tRNA的编码基因均含有假基因。

假基因在结构上的特点有：①不同部位上有程度不同的缺失或插入；②往往缺少正常的内含子；③5′-端转录启动区域有缺陷；④两侧有顺向重复序列等。这些特点使假基因不能转录并形成正常的mRNA，不能形成蛋白质。目前发现的假基因有两类：一类与正常基因的组织结构一致，是由基因重复后突变产生的；另一类称为加工假基因，是由mRNA作为模板，由反转录酶形成cDNA，再插入到基因组中。

（五）管家基因和奢侈基因

分子杂交等大量实验表明，在细胞的全套基因组中，只有少数基因（5%～10%）表达。基因组中表达的基因分为两类：管家基因和奢侈基因。

管家基因（house-keeping gene）又称持家基因，在所有的细胞中都处于活动状态，在任何时间都进行表达，属于组成型基因，其产物用以维持细胞的基本生命活动，如微管蛋白基因、糖酵解酶系基因、核糖体蛋白基因等。管家基因是生物生命活动所必需的，保证生物各种性状的正常表达，是细胞分化、生物发育的基础，维持着生物的正常生命活动，对生物的繁衍有着积极的意义。

奢侈基因（luxury gene），即**组织特异性表达的基因**（tissue-specific gene），只在特定细胞中进行表达，合成组织特异性蛋白，影响细胞的特异性状，对分化有重要影响。如肌肉细胞的肌动蛋白基因和肌球蛋白基因、红细胞的血红蛋白基因等。奢侈基因在特定组织中保持非甲基化或低甲基化状态，可以正常表达，而在其他组织中呈甲基化状态，故无法表达。几乎所有的甲基化均发生在二核苷序列5′-CG-3′中的C上，使胞嘧啶变为5′-甲基胞嘧啶。而含有这种甲基化CG的序列，对应于染色体上的兼性异染色质区域。细胞分化主要是奢侈基因中某些特定基因有选择地表达的结果。奢侈基因的特异表达与否，决定了生命历程中细胞的发育、分化、细胞周期的调控、体内平衡、细胞衰老甚至程序化死亡。对不同类型、不同分化时期细胞的基因或基因表达情况的研究，可以获得整个细胞生命过程的信息。细胞在不同自然或人工理化因子作用下代谢过程发生变化甚至病变，基因也将选择性表达。

时代在发展，科学在进步，人们对基因的认识会逐渐丰富，基因的概念也必定会被赋予新的内容，人们也将更准确更全面地揭示生物遗传和变异的规律。

第二节　基因表达调控

从DNA到蛋白质的过程就是基因表达的过程，对这个过程的调节控制即为基因表达调控。遗传信息储存于DNA分子中，一个个体的体细胞都有相同的DNA，也就是说，每个细胞中都带有完整的遗传信息。但在正常情况下，一个个体的各类细胞都是按照一定的规律和一定的时空顺序，关闭一些基因，开启另一些基因，并不断地进行严格的调控，以保证个体的发育得以顺利进行。如植物的花形、花色和结实器官不能在发芽时一起显现出来，而在植物成熟时才表现。基因表达调控的关键在于在该发挥作用的部位和时间，才呈现活化状态而表达，在不该发挥作用的部位和时间则处于不活化的关闭状态。

基因表达调控的指挥系统有很多种，不同生物使用不同的信号来指挥基因调控。原核生物和真核生物之间存在着相当大的差异。原核生物中，营养状况、环境因素对基因表达起着十分重要的作用；而在真核生物，尤其是高等真核生物中，激素水平、发育阶段等是基因表达调控的主要手段，营养和环境因素的影响则为次要因素。基因的结构活化、转录起始、转录后加工及转运、mRNA降解、翻译及翻译后加工及蛋白质降解等均为基因表达调控的控制点。可见，基因表达调控是在多级水平上进行的复杂事件。其中转录起始是基因表达的基本控制点。基因表达的调控机理相当复杂，至今仍知之不多。但这个领域是当前遗传学研究的热点，随着功能基因组学的飞速发展，也取得了很快的研究进展。当然，研究成果多集中在原核生物，对高等生物基因表达的调控机制还了解不多。

一、原核生物的基因表达调控

原核生物在发育过程中表现出对环境条件的高度适应性，可根据环境条件的变化，迅速调节各种不同基因的表达水平。这说明，原核生物具有严格的基因表达调控机制。

原核生物基因表达的调控主要发生在转录水平，这样可以最有效且最为经济地从基因表达的第一步予以控制。但转录调控的形式是多样的，如以操纵子为单位的调控，操纵子是转录调控的基本单元，基因表达的时序调控，用翻译形式控制基因转录等。此外，也有不少控制翻译过程的调节机制，如核糖体蛋白质合成的自体调节、反义RNA通过与自身mRNA的互补结合而产生的调控作用等等。有时原核生物也能从DNA水平对基因表达进行调节，如沙门氏菌的相变。总之，从转录开始直到翻译终止的整个基因表达过程中，其每一步都在以各种方式实行着调控。

（一）原核生物转录水平的调控

原核生物的基因调控可以发生在转录和翻译等不同阶段，但是以转录水平为主。原核生物大多数基因转录表达调控是通过**操纵子**（operon）机制实现的。操纵子通常指包含结构基因、操纵基因以及调节基因的一些相邻基因组成的DNA片段，其中结构基因的表达受到操纵基因的调控。**结构基因**（structural gene）编码细胞必要的蛋白质，如酶或结构蛋白，这类基因在细胞中占绝大部分。编码调节蛋白的基因称**调节基因**（regulatory gene）。调节蛋白可调节其他基因的表达。调节基因的产物可以自由地结合到其相应的靶上，因此被称为**反式作用因子**（trans-acting factor）。与之相对应的，DNA元件是DNA上一段序列，它只能作用于同一条DNA分子，因此称**顺式作用元件**（cis-acting element）。操纵基因是原核阻遏蛋白的结合位点。当操纵序列结合阻遏蛋白时会阻碍RNA聚合酶与启动序列的结合，或使RNA聚合酶不能沿DNA向前移动，阻遏转录，介导负性调节。原核操纵子调节序列中还有一种特异DNA序列可结合激活蛋白，使转录激活，介导正性调节。

1. 乳糖操纵子的表达调控

（1）乳糖操纵子模型（*lac* operon）的提出

从1946年开始，法国科学家M.F.Jacob和J.Monod等就一直进行大肠杆菌乳糖代谢调控研究，发现乳糖降解代谢具有典型“开关”特性。当培养基中有葡萄糖和乳糖时，细菌优先使用葡萄糖，当葡萄糖耗尽，细菌停止生长，经过短时间的适应，就能利用乳糖，乳糖代谢酶浓度从每个细胞的几个分子急剧增加到几千个分子，细菌继续呈指数式繁殖增长。而当培养基中没有乳糖时，乳糖代谢基因不表达，乳糖代谢合成停止。两人根据大量的遗传及生化研究结果，于1961年提出了乳糖操纵子模型，用来说明乳糖代谢中基因表达的调控机制。因此，乳糖操纵子成为基因表达调控研究的经典例子，这是人们第一次开始认识基因表达调控的分子机理，很多用于基因调控的术语来自对乳糖操纵子的研究，为此，M.F.Jacob和J.Monod获1965年诺贝尔生理学或医学奖。

（2）乳糖操纵子的结构与功能

乳糖操纵子模型代表的是一个基因簇内结构基因及其调控位点的表达调控方式。这个基因簇包括编码乳糖代谢酶的3个结构基因即*lacZ*、*lacY*、*lacA*及其邻近的调控位点，即1个启动子（P）和1个操纵基因（O）还有一个调节基因（I）[图12-3（a）]。调节基因（I）位于所有基因的上游，它能调节操纵子中的结构基因的活动。它能转录出自己的mRNA，经翻译产生阻遏蛋白，阻遏蛋白能识别和附着在操纵基因上，阻遏蛋白与操纵基因的（互相作用）结合，阻碍了RNA聚合酶沿着结构基因滑动，从而关闭结构基因的活动[图12-3（b）]。

结构基因是控制酶及结构蛋白质的基因，它通过酶来控制代谢。大肠杆菌在乳糖代谢中需要三种酶参加，*lacZ*编码β-半乳糖苷酶，将乳糖分解成葡萄糖和半乳糖，*lacY*编码半乳糖透性酶，可增加糖的渗透，使细菌能从培养基中摄取乳糖。*lacA*编码乙酰转移酶，它在细胞中的具体生理功能不清楚，可能参与乳糖降解中副产物的去毒过程[图12-3（b）]。

因为这3个结构基因受一个调控系统控制，所以在有乳糖时，它们作为一个转录单位形成一条多顺反子mRNA，使3个基因同时翻译成蛋白质，实现基因产物的协调表达。

（3）阻遏蛋白的负调控

在乳糖操纵子中，调节基因（I）编码一种阻遏物蛋白R，它与其他分子之间的结合是可逆的，本身可发生空间构型及化学活性变化。阻遏蛋白至少有两个结合位点，一个与操纵基因（O）结合，另一个与乳糖结合，当大肠杆菌在没有乳糖的环境中生存时，*lac*操纵子处于阻遏状态。I基因低水平、组成型表达产生阻遏蛋白，每个细胞中仅维持约10个分子的阻遏蛋白。R以四聚体形式与操纵子O结合，阻碍了RNA聚合酶与启动子的结合，阻止了基因的转录启动（图12-4）。R的阻遏作用不是绝对的，R与O偶尔解离，使细胞中还有极低水平的β-半乳糖苷酶及透性酶的生成。

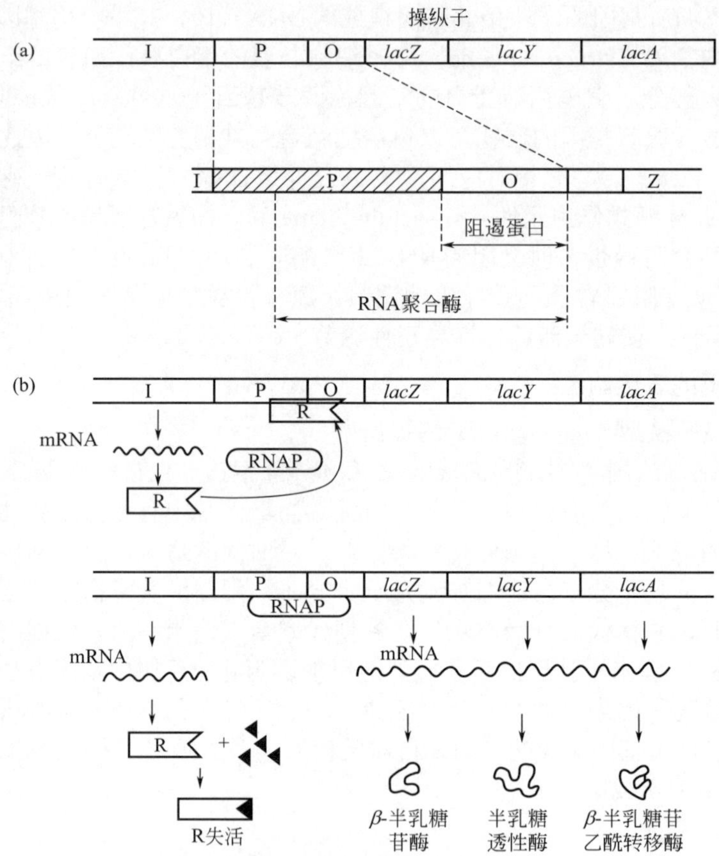

图12-3　乳糖操纵子调控模型

（a）遗传学图谱；（b）调控机制

当有乳糖存在时，乳糖受β-半乳糖苷酶的催化转变为半乳糖，与R结合，使R构象变化，R四聚体解聚成单体，失去与O的亲和力，与O解离，这样RNA聚合酶才能起始转录结构基因，产生乳糖代谢相关的酶，β-半乳糖苷酶在细胞内的含量可增加1000倍。这就是乳糖对*lac*操纵子的诱导作用（图12-4）。

一些化学合成的乳糖类似物，不受β-半乳糖苷酶的催化分解，却也能与R特异性结合，使R构象变化，诱导*lac*操纵子的开放。例如**异丙基硫代半乳糖苷**（isopropyl thiogalactoside，IPTG）就是很强的诱导剂，不被细胞代谢而十分稳定。5-溴-4-氯-3-吲哚-β-半乳糖苷（X-gal）也是一种人工化学合成的半乳糖苷，可被β-半乳糖苷酶水解产生蓝色化合物，因此可以用作β-半乳糖苷酶活性的指示剂。IPTG和X-gal都被广泛应用在分子生物学和基因工程的研究中。

（4）CAP的正调控

前面讲过，β-半乳糖苷酶在乳糖代谢中的作用是将乳糖分解成葡萄糖和半乳糖，半乳糖又被细胞转变成葡萄糖后加以利用。那么当细菌细胞处于既有大量乳糖又有葡萄糖时的情况会怎么样呢？大肠杆菌只利用葡萄糖，因为它具有优先利用葡萄糖的特点。实际上只要有葡萄糖存在，细菌细胞就不产生β-半乳糖苷酶，即处于关闭状态（不转录），那么乳糖不被分解。由此说明，除了阻遏蛋白能抑制乳糖操纵元转录外，还有其他因子也能有效地抑制乳糖的mRNA转录。而这个因子的活性与葡萄糖有关。

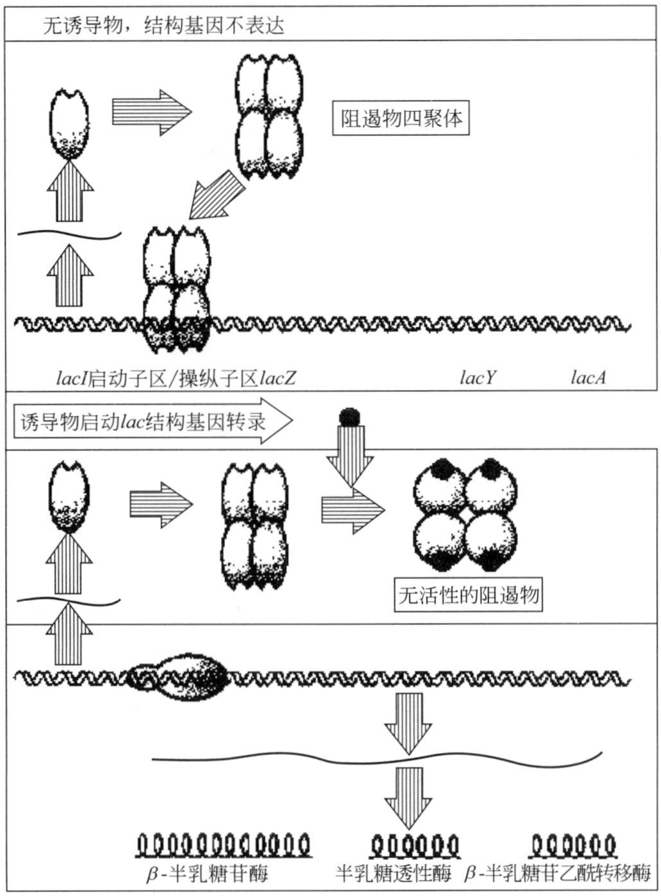

图12-4 乳糖操纵子负转录调控

细菌中的cAMP含量与葡萄糖的分解代谢有关，分析表明，葡萄糖可以抑制腺苷酸环化酶的活性。而腺苷酸环化酶可催化ATP前体转变成环式AMP（cAMP）。当细菌利用葡萄糖分解供给能量时，cAMP生成少而分解多，cAMP含量低；相反，当环境中无葡萄糖可供利用时，cAMP含量就升高。细菌中有一种能与cAMP特异结合的cAMP**受体蛋白**（cAMP receptor protein，CRP），当CRP未与cAMP结合时，它是没有活性的，当cAMP浓度升高时，CRP与cAMP结合并发生空间构象的变化而活化，称为分解代谢物激活蛋白CAP（catabolic activator protein），能以二聚体的方式与特定的DNA序列结合。

在*lac*操纵子的启动子P上游端有一段与P部分重叠的序列，能与CAP特异结合，称为CAP**结合位点**（CAP binding site）。作为操纵子的正调控因子，当cAMP-CAP复合物的二聚体插入到乳糖启动子区域CAP结合位点时，使启动子DNA弯曲形成新的构型，RNA聚合酶与这种DNA新构型的结合更加牢固，因而转录效率更高，可以提高50倍（图12-5）。当细菌利用葡萄糖分解供给能量时，cAMP含量低，也就没有操纵子的正调控因子cAMP-CAP复合物，因此基因不表达。cAMP-CAP与乳糖启动子DNA的结合表现为典型的协调结合的方式。

*lac*操纵子的强诱导状态，既需要有乳糖的存在，又需要没有葡萄糖可供利用。通过这

种机制，细菌优先利用环境中的葡萄糖，只有无葡萄糖而又有乳糖时，细菌才去充分利用乳糖。

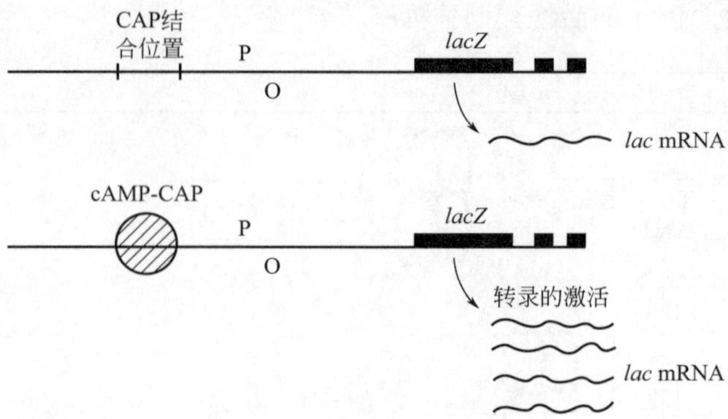

图12-5　乳糖操纵子的正调控

综上所述，乳糖操纵子属于**可诱导操纵子**（inducible operon），这类操纵子通常是关闭的，当受效应物作用后诱导开放转录。这类操纵子使细菌能适应环境的变化，最有效地利用环境提供的能源底物。

2. 色氨酸操纵子的表达调控

色氨酸是构成蛋白质的组分，一般的环境难以给细菌提供足够的色氨酸，细菌要生存繁殖通常需要自己经过许多步骤合成色氨酸，但是一旦环境能够提供色氨酸，细菌就会充分利用外界的色氨酸，减少或停止合成色氨酸，以减轻自己的负担。细菌之所以能做到这点是因为有**色氨酸操纵子**（*trp* operon）的调控。

（1）色氨酸操纵子的结构

大肠杆菌色氨酸操纵子结构较简单，结构基因依次排列为*trpE*、*trpD*、*trpC*、*trpB*、*trpA*，全长约6800bp（图12-6）。*trpE*和*trpD*编码邻氨基苯甲酸合酶，*trpC*编码吲哚甘油磷酸合酶，*trpA*和*trpB*分别编码色氨酸合酶的α和β亚基。结构基因受其上游的启动子P和操纵基

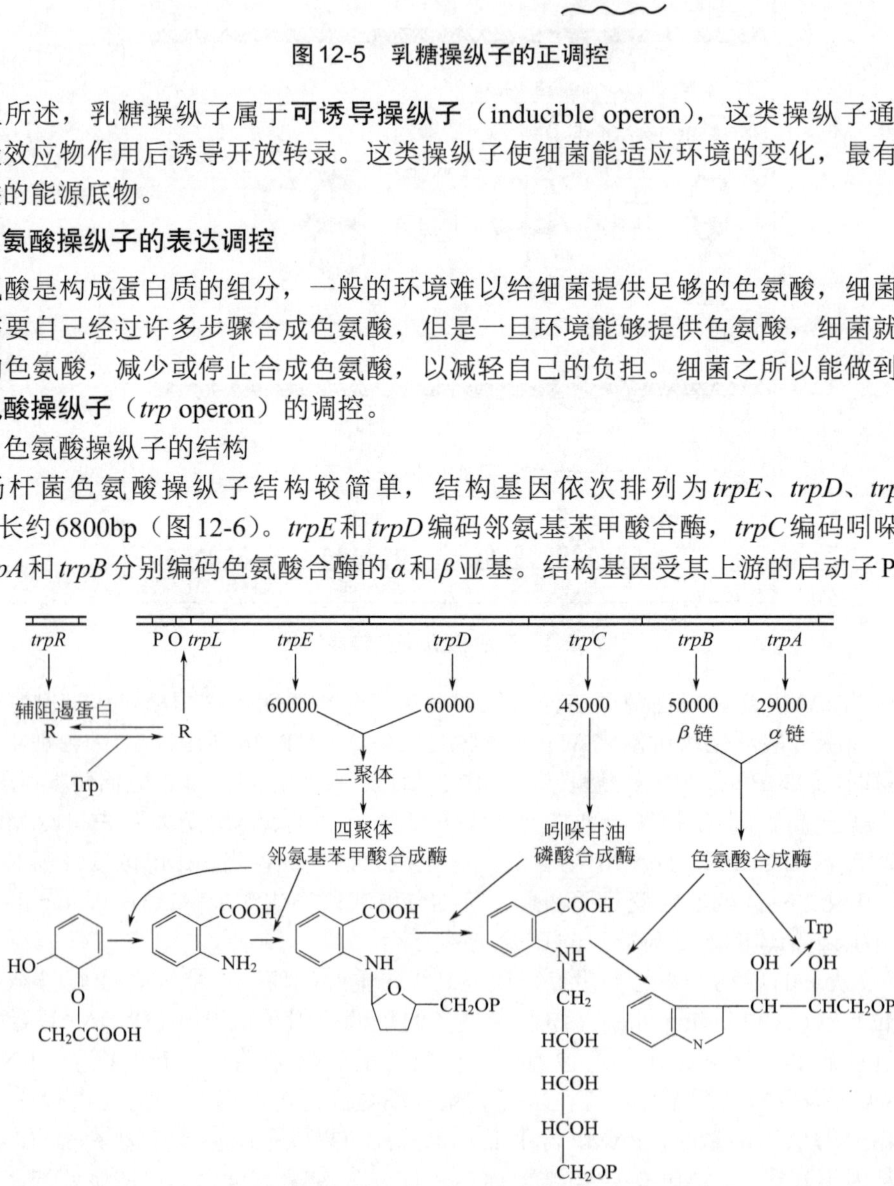

图12-6　色氨酸操纵子

因O的调控，O和*trpE*之间还有一段前导序列。调控基因*trpR*的位置远离P-O-结构基因群，在其自身的启动子作用下，以组成型方式低水平表达分子量为47000的阻遏蛋白。色氨酸操纵子的调控作用主要有三种方式：阻遏作用、弱化作用以及终产物Trp对合成酶的反馈抑制作用。

（2）阻遏蛋白的负性调控

阻遏蛋白的DNA结合活性受Trp调控，Trp起效应分子的作用，当Trp水平低时，R并没有与O结合的活性，色氨酸操纵子被RNA聚合酶转录，同时Trp生物合成途径被激活。当环境能提供足够浓度的色氨酸时，R与Trp结合形成一个同源二聚体而活化，就能够与O特异性亲和结合，阻遏结构基因的转录，阻遏蛋白-色氨酸复合物与基因特异位点结合的能力很强，细胞内阻遏蛋白数量仅20～30分子即可充分发挥作用。因此这是属于一种负性调控的**可阻遏操纵子**（repressible operon），即这操纵子通常是开放转录的，当有效应物作用时，则阻遏关闭转录。细菌不少生物合成系统的操纵子都属于这种类型，其调控可使细菌处在生存繁殖最经济最节省的状态。

（3）弱化作用调控

色氨酸操纵子除了受阻遏调控外，还受到衰减机制的控制。在*trp* mRNA 5′-端*trpE*基因的起始密码前有一个长162bp的mRNA片段被称为前导区，研究发现，当mRNA合成起始以后，除非培养基中完全没有色氨酸，转录总是在这个区域终止，产生一个仅有140个核苷酸的RNA分子，终止*trp*基因转录。因为转录终止发生在这一区域，并且这种终止是被调节的，这个区域就被称为**弱化子**（attenuator）。

分析前导肽序列，发现它包括起始密码子AUG和终止密码子UGA，编码一个14个氨基酸的多肽。该多肽有一个特征，其第10位和第11位有相邻的两个色氨酸密码子。正是这两个相连的色氨酸密码子（组氨酸、苯丙氨酸操纵子中都有这种现象）调控了蛋白质的合成。

前导序列，包括4个能形成回文结构的富含GC的序列，分别以1、2、3和4表示，它们能以两种不同的方式进行碱基配对，2-3配对或3-4配对。

当培养基中色氨酸浓度较高时，核糖体可顺利通过两个相邻的色氨酸密码子，在4区被转录之前就到达2区，使2-3不能配对，3-4自由配对形成茎-环终止子结构，转录终止，*trp*操纵子被关闭。

当培养基中色氨酸的浓度很低时，负载有色氨酸的$tRNA^{Trp}$也就少，这样翻译通过两个相邻色氨酸密码子的速度就会很慢，当4区被转录完成时，核糖体才进行到1区（或停留在两个相邻的*trp*密码子处），这时的前导区结构是2-3配对，不形成3-4配对的终止结构，所以转录可继续进行，直到将色氨酸操纵子中的结构基因全部转录。

（4）色氨酸的反馈抑制作用

由于基因表达必然消耗一定的能源和前体物，相对于阻遏和弱化作用，反馈抑制作用更为经济和高效。终产物色氨酸对催化分支途径几步反应的酶具有反馈抑制作用。研究发现酶蛋白某些特殊位点突变可以导致对反馈抑制作用敏感性显著下降，如邻氨基苯甲酸合酶38位的丝氨酸被精氨酸取代，抗反馈抑制能力显著提高，当环境中色氨酸浓度为10mmol/L时酶活性不受影响，而相同条件下野生型酶活性不到1%。

3.操纵子系统的负调控与正调控

操纵子系统的调控根据调节机制的不同分为负转录调控和正转录调控。在负调控系统中，调节基因的产物是**阻遏蛋白**（repressor），起着阻止结构基因转录的作用。根据作用特征又可分为负诱导作用和负阻遏作用。在负诱导系统中，阻遏蛋白与效应物（诱导物）结合时，结构基因转录，如乳糖操纵子；在负阻遏系统中，阻遏蛋白与效应物结合时，结构基因不转录，如色氨酸操纵子。在正调控系统中，调节基因的产物是**激活蛋白**（activator）。在正调控诱导系统中，诱导物的存在使激活蛋白处于活性状态，基因转录，如阿拉伯糖操纵子；在正调控阻遏系统中，效应物分子的存在使激活蛋白处于非活性状态，基因不转录。一般来说，细胞内大部分系统都属于负调控系统。

（二）原核生物翻译水平的调控

原核生物基因表达主要是在转录水平上进行调控，但在转录出mRNA后，再从翻译方面进行一些调节也是十分重要的。翻译水平的调控通常是以类似于转录抑制的方式作用："阻遏物"结合到翻译起始位点阻止翻译的起始。有些情况下这种结合需要对mRNA的特异二级结构的识别。在原核生物中，mRNA的二级结构和寿命、核糖核蛋白、稀有密码子、营养缺乏的报警物以及反义RNA等都可对翻译水平进行调控。

1. 核糖体蛋白翻译的自体调控

在大肠杆菌中，核糖体蛋白以及参与蛋白质合成的辅助性蛋白质是组成基因表达装置的主要成分，其余的还有聚合酶的亚基及其辅助因子。组成核糖体的蛋白质有50余种，除L7/L12外，每个核糖体上都只有一个拷贝，即使在对数期生长旺盛的细胞内也没有游离的核糖体蛋白，可见核糖体蛋白的合成是高度协调的。编码核糖体蛋白的基因互相掺杂组成少数几个操纵子，其中*str*、*spc*、*S*10和*α*这四个操纵子排列在一起，而*rif*和*L*11操纵子则是紧密相连于染色体的另一个位置。

前述每个操纵子都各有一个自己的调控蛋白质，它们不仅都是核糖体蛋白，而且还都是核糖体中直接与rRNA相结合的蛋白质。根据一些实验的分析，核糖体蛋白质与rRNA的结合部位同编码核糖体蛋白的mRNA的结合部位有同源性，而且某些核糖体蛋白的mRNA其部分二级结构与rRNA的部分二级结构相似，二者都能与起调控作用的核糖体蛋白质相结合，只是rRNA的结合能力强于mRNA。然而，一旦rRNA的合成减少或停止，游离的核糖体蛋白开始积累，这些多余的核糖体蛋白就会与本身的mRNA结合，从而阻断自身的翻译，同时也阻断同一多顺反子mRNA下游其他核糖体蛋白编码区的翻译，使核糖体蛋白的合成和rRNA的合成几乎同步地停止。但rRNA的合成是在转录层次的调节，而核糖体蛋白的合成则是在翻译层次的控制。

2. 细菌营养缺乏调控

当细菌发现它们自己生长在饥饿条件下，缺乏维持蛋白质合成的氨基酸时，它们将大部分活性区域都关闭掉，这就称为**严紧反应**（stringent response），这是它们抵御不良条件，保护自己的一种机制。细菌通过仅仅维持最低量的活性来节约其资源，直到条件改善时，它们又恢复活动，所有代谢区域也都活跃起来。

严紧反应导致rRNA和tRNA合成大量减少（10 ～ 20倍），使RNA的总量下降到正常水平的5% ～ 10%，部分种类的mRNA的减少，导致mRNA总合成量减少到约1/3，蛋白质降解的速度增加，很多代谢进行调整，显然核苷酸、碳水化合物、肽类等的合成都随之减少。

人们最初发现细菌在氨基酸饥饿时，积聚两种特殊的核苷酸，其电泳的迁移率和一般的核酸不同，感到很奇怪，就称之为"魔斑Ⅰ"和"魔斑Ⅱ"，后来发现魔斑Ⅰ便是鸟苷四磷酸（ppGpp），魔斑Ⅱ是鸟苷五磷酸（pppGpp）。

鸟苷四磷酸和鸟苷五磷酸是典型的小分子效应物，有时它们被称为（p）ppGpp。其功能是调节细胞活性大分子的协调性，它们的产物是由两种途径来控制的。在严峻的条件下严紧反应可以触发其增加。一些未知因素的调节也会出现（p）ppGpp水平与细菌生长速度之间的反向协调。

任何一种氨基酸的匮乏或者任何一种氨酰基tRNA合成酶失活的突变都会导致严紧反应。这种反应的触发物是处于核糖体A位的无负载tRNA。当这种无负载的tRNA进入A位以后，由于氨基酸缺乏不能形成新肽键，而GTP不断消耗，于是出现空转反应，使鸟苷四磷酸和鸟苷五磷酸的合成达到最大水平。但如果结合在核糖体A位点的无负载tRNA被有负载的tRNA替代后，这两种异常核苷酸的合成率便大大下降，而rRNA的合成则上升。说明ppGpp和pppGpp是在细胞饥饿时合成的，而且它控制蛋白质的合成，是rRNA合成的信号分子。

遗传实验表明，*recA*基因编码一种蛋白质，称为**严紧因子**（stringent factor，SF），或称ppGpp合成酶Ⅰ，与ppGpp的合成有关。在氨基酸短缺的情况下，*recA*基因编码的酶催化GDP转变为ppGpp；ppGpp能够直接同RNA聚合酶作用，从而改变RNA聚合酶的结构，影响其启动的能力，停止RNA的合成，rRNA的数量便急剧下降，使核糖体蛋白失去结合对象，核糖体的合成受阻。

3. 反义RNA对基因表达的调控

1983年Mizuno和Simon在研究*E.coli*外膜蛋白时发现了反义RNA的调节作用，因为反义RNA是与特定的mRNA结合，从而抑制mRNA的翻译，所以这类RNA又称为干扰mRNA的互补RNA（mRNA-interfering complementary RNA，mic-RNA）。

和蛋白质调节物一样，此RNA是独立合成的分子，与靶位点的特殊序列是分开的。调节物RNA的靶序列是单链核苷酸序列，调节物RNA的功能是和靶序列互补，形成一个双链区。此调节物RNA的作用可能有两种机制：①和靶核苷酸序列形成双链区，直接阻碍其功能，如翻译的起始；②在靶分子的部分区域形成双链区，改变其他区域的构象，从而影响其功能。两种类型RNA介导的调节其共同特点是改变靶序列的二级结构，控制其活性。

在RNA调节物和蛋白质调节物之间的差别是阻遏操纵子的RNA并不具有变构的性能，它并不能通过改变识别靶分子的能力来对别的小分子作出反应。它能通过控制其基因的转录被打开，或通过一种酶降解RNA调节产物而被关闭。

二、真核生物的基因表达调控

真核生物基因表达的调控要比原核生物复杂得多。特别是高等生物，不仅由多细胞构成，而且具有组织和器官的分化以及复杂的个体发育过程。真核细胞中核膜将细胞核和细胞质分开，转录和翻译并不偶联，而是分别在细胞核和细胞质中进行的，转录的RNA还必须经过加工形成成熟的RNA，才能行使各自的功能，且mRNA寿命长，这些都扩大了基因调控的范围，为翻译水平的调控提供了可能。真核生物的基因组远比细菌的基因组大得多，重复序列比例更大，还含有非编码序列，它们可能与调控作用有关。基因组不再是环状或线状近于裸露的DNA，而是由多条染色体组成，而染色体是以核小体为单位形成的多级结构，染色质结构的变化可以调控基因表达。因此，真核生物的基因表达调控的环节较多：在DNA水平可通过基因消除、基因扩增、基因重排、DNA甲基化以及染色质结构改变影响基因表达；在转录水平则主要通过反式作用因子的作用调控、转录因子与TATA盒的结合、RNA聚合酶与转录因子-DNA复合物的结合以及转录起始复合物的形成影响基因表达；在转录后水平主要通过RNA修饰、剪接及mRNA运输的控制来影响基因表达；影响翻译水平的因素有影响翻译起始的阻遏蛋白、5′-AUG、5′-端非编码区的结构等，有mRNA的稳定性调节、蛋白因子的修饰，另外还存在小分子反义RNA对翻译的调控；翻译后蛋白质的修饰和加工，如磷酸化、糖基化、切除信号肽及构象形成和定位亦是基因表达调控的一个重要环节。以下主要对真核生物在DNA水平、转录水平、转录后和翻译及翻译后水平的基因表达调控展开讨论。

（一）真核生物DNA水平的调控

DNA水平上的基因表达调控是通过改变基因组中有关基因的数量和结构顺序实现的基因调控，真核生物的有些基因是经过DNA的变化来调控的。

1. 基因消除

基因消除（gene elimination）是指一些原生动物通过丢失染色体，丢失某些基因而消除这些基因的活性的现象。一些原生动物，如线虫、昆虫和甲壳类动物在个体发育过程中，许多体细胞通常丢失一条或部分染色体，而那些能分化形成生殖细胞的细胞则一直保留着全部染色体。如马蛔虫受精卵细胞中只有一对染色体（2n=2），这对色体上具有若干个着丝粒，在受精卵发育的早期，只有一个着丝粒行使功能，以保证有丝分裂的正常进行。在个体发育到一定的阶段，在将发育成体细胞的那些细胞中，这些染色体破碎形成很多小的染色体，由于一些小的染色体并不含有着丝粒，在随后的有丝分裂过程中丢失。但那些将分化形成生殖细胞的细胞中则不存在染色体破碎现象。在高等植物中，尚未发现存在基因消除现象，主要是由于植物细胞具有全能性，说明高度分化的细胞保存了个体发育的全部基因，并没有发生基因消除。

2. 基因扩增

基因扩增（gene amplification）是指某些基因的拷贝数专一性大量增加的现象，它使细胞在短期内产生大量的基因产物以满足生长发育的需要，是基因活性调控的一种方式。两栖动物如非洲爪蟾的卵母细胞很大，是正常体细胞的一百万倍，需要合成大量蛋白质，所以需要大量核糖体，为此首先必须合成大量的rRNA，而基因组中的rRNA基因数目远远不能满足卵母细胞合成核糖体的需要。所以在卵母细胞发育中，rRNA基因数目临时增加了4000倍。卵母细胞的前体同其他体细胞一样，含有约600个rRNA基因（rDNA），在基因扩增后，rRNA基因拷贝数高达2×10^6。这个数目可使卵母细胞形成10^{12}个核糖体，以满足胚胎发育早期蛋白质合成的需要。

除了发育中的基因扩增外，外界环境调节的改变，也会造成基因扩增。在某些情况下，基因扩增发生在异常的细胞中，例如，人类癌细胞中的许多致癌基因，经大量扩增后高效表达，导致细胞生长失控。

3. 基因重排

基因重排（gene rearrangement）是指DNA分子核苷酸序列的重新排列，这些序列的重排不仅可以形成新的基因，还可调节基因的表达。重排后的基因序列转录成mRNA，翻译成蛋白质，在真核生物细胞生长发育中起关键作用。因此，尽管基因组中的DNA序列重排并不是一种普遍方式，但它是有些基因调控的重要机制。基因重排调节基因活性的典型例子是免疫球蛋白结构基因的表达。

免疫球蛋白即抗体包括两条约440个氨基酸的重链H和两条约220个氨基酸的轻链L，不同抗体分子的差别主要是在重链和轻链的氨基端（N端），故将N端称为变异区V，N端约含有110个氨基酸。不同抗体羟基端（C端）的序列非常相似，称为恒定区C。抗体的重链和轻链之间和两条重链之间由二硫键连接，形成一种四链（H_2L_2）结构的免疫球蛋白分子（图12-7）。

在人类基因组中，有的抗体重链和轻链都不是由一个完整的抗体基因编码的，而是由不同基因片段经重排组合后形成的。其中重链包括4个片段：重链变异区（V_H）、多样区（D）、连接区（J）以及恒定区（C）。轻链有3个片段：轻链的变异区（V_L）、连接区（J）和恒定区（C）（表12-1）。

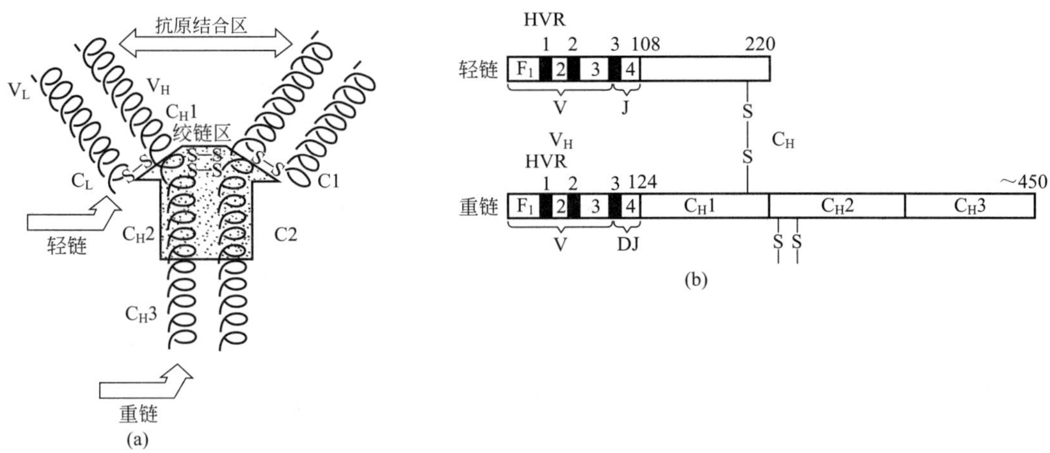

图12-7　免疫球蛋白分子结构模式

（a）分子结构；（b）重链和轻链的结构

表12-1　人类基因组中的免疫球蛋白基因片段

抗体组成	基因位点	染色体	基因片段数目			
			V	D	J	C
重链	*IGH*	14	86	30	9	11
Kappa轻链（κ）	*IGK*	2	76	0	5	1
Lambola轻链（λ）	*IGL*	22	52	0	7	7

随着B淋巴细胞的发育，基因组中的抗体基因在DNA水平发生重排，形成编码抗体的完整基因（图12-8）。在每一个重链分子重排时，首先是V区段与D区段连接，然后与J区段连接，最后与C区段连接，形成完整的人的抗体重链基因，每一个淋巴细胞中只有一种重排的抗体基因，以类似的重排方式形成完整的抗体轻链基因。重链和轻链基因转录后，翻译成蛋白质，由二硫键连接，形成抗体分子。由于抗体基因重排中各个片段之间的随机结合，因此可以从大约300个抗体基因中产生10^8个抗体分子。

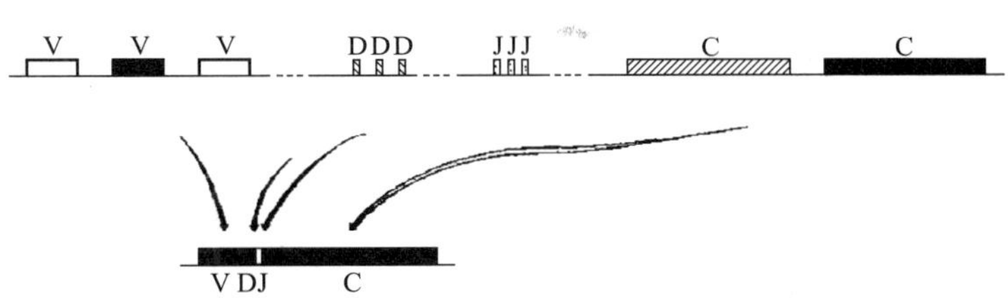

图12-8　免疫球蛋白重链基因片段重排

4. DNA甲基化

DNA甲基化修饰现象广泛存在于多种有机体中。实验证明，这个过程不但与DNA复制起始及错误修正时的定位有关，还通过改变基因的表达参与细胞的生长、发育过程及染色体印迹、X染色体失活等的调控。

甲基化多发生在CG二核苷酸对上，有时甚至CG二核苷酸对上的两个C都出现甲基化，称为完全甲基化。但也有只有一个C是甲基化的，这种CG对则称为半甲基化。真核生物细胞内存在两种甲基化酶活性：一种被称为日常型甲基转移酶；另一种是从头合成型甲基转移酶。前者主要在甲基化母链指导下使处于半甲基化的DNA双链分子上与甲基胞嘧啶相对应的胞嘧啶甲基化。该酶特异性极强，对半甲基化的DNA有较高的亲和力，使新生的半甲基化DNA迅速甲基化，从而保证DNA复制及细胞分裂后甲基化模式不变。后者催化未甲基化的CpG成为mCpG，它不需要母链指导，但速度很慢。

许多真核生物基因5′-端未翻译区富含CG序列，为甲基化提供很多可能的位点。分析表明，甲基化可降低转录效率。某些玉米*Ac*转座因子在没有任何DNA序列变化的情况下，失去了转座酶基因活性，就是因为这个基因的富含CG区域发生了高度甲基化。经化学处理去甲基化后，又可使转座酶基因活性恢复。基因表达与DNA甲基化呈负相关。近年有关的研究还表明，DNA甲基化对转录的抑制主要取决于甲基化GC对的密度和启动子的强度，启动子附近甲基化CG对的密度是阻遏作用的主要决定因素之一。在转录的充分激活和完全阻遏之间的调节开关，决定于甲基化的CG对的密度与启动子强度的平衡。DNA甲基化导致某些区域DNA的构象发生变化，影响了蛋白质与DNA的相互作用，降低了转录因子与启动区DNA的结合效率。

5. 染色质结构与基因表达调控

染色质有常染色质和异染色质之分，常染色质中的基因可以转录，异染色质中未见有基因转录表达。并且，原本在常染色质中表达的基因，如果移到异染色质内也会停止转录和表达。哺乳类雌体细胞2条X染色体，到间期一条变成异染色质，这条X染色体上的基因就全部失活。可见，紧密的染色质结构阻止基因表达。

染色质的基本结构单位是核小体，早期体外实验观察到核小体中组蛋白与DNA结合阻止DNA上基因的转录，去除组蛋白基因又能够转录。组蛋白遮蔽了DNA分子，妨碍了转录，可能扮演了非特异性阻遏蛋白的作用。活跃转录的染色质区段，富含赖氨酸的组蛋白（H_1组蛋白）水平降低，组蛋白H_2A-H_2B二聚体不稳定性增加，组蛋白发生乙酰化、泛素化和组蛋白H_3巯基化等现象，这些都是核小体不稳定或解体的因素或指征。转录活跃的区域也常缺乏核小体的结构，这些都表明核小体结构影响基因转录。转录活跃区域其DNA受组蛋白掩盖的结构有变化，出现了对DNase Ⅰ的高敏感点，这种高敏感点常出现在转录基因的5′-端、3′-端或在基因上，多在调控蛋白结合位点附近，该区域核小体的结构发生变化，可能有利于调控蛋白结合而促进转录。

天然双链DNA的构象大多是负性超螺旋，当基因活跃转录时，RNA聚合酶转录方向前方DNA的构象为正性超螺旋，有利于RNA聚合酶向前移动转录，其后面的DNA为负性超螺旋，有利于核小体的再形成。

（二）真核生物转录水平上的调控

真核生物中编码关键代谢酶或细胞组分的基因（持家基因）在所有细胞中都处于活跃状态，另一些基因的表达则因细胞或组织不同而异，只在某些特定的发育时期或细胞中才高效表达（奢侈基因），这类基因的表达调控通常发生在转录水平。真核生物的转录调控大多数是通过顺式作用元件和反式作用因子复杂的相互作用来实现的，且多为正调控，经诱导可提高几倍至数十倍的表达效率。**顺式作用元件**（cis-acting element）是指DNA上对基因表达有调节活性的某些特定的调控序列，其活性仅影响与其自身处于同一个DNA分子上的基因。**反式作用因子**（trans-acting factor）是指能直接或间接地识别并结合在各类顺式作用元件上，参与调控靶基因转录的蛋白质，也称为转录因子。

1. 顺式作用元件

（1）启动子

启动子（promoter）是RNA聚合酶和转录因子的结合位点，一般位于受其调控的基因上游某一固定位置，紧邻转录起始点，是基因的一部分。真核生物基因的启动子必须与一系列转录因子结合，才能在RNA聚合酶的作用下起始转录。

真核生物中RNA聚合酶Ⅱ识别的启动子结构，位于起始点的上游，结构最为复杂，可包括以下几种元件：TATA盒（TATA box），位于转录起始点上游25～30bp处，RNA聚合酶Ⅱ能识别并结合这个位点。其作用是保证精确起始并产生基础水平的转录，并且改变其中的任何核苷酸序列都会降低转录效率。CAAT盒（CAAT box）位于上游70～80bp处，这段序列没有方向性，在正向和反向排列时均能产生作用，影响转录起始的效率和频率。有些启动子上游80～110bp处还有一个GC盒（GC box）。其功能与CAAT盒相似。真核生物DNA与蛋白质一起形成染色质，核小体的存在使基因启动子序列不能直接与RNA聚合酶接触，只有在染色质结构发生改变或“松散”之后，RNA聚合酶才能与启动子序列结合。真核生物启动子必须先有一组转录因子与其结合成复合体之后，RNA聚合酶才能结合上去，开始转录。所以真核生物基因的一个转录复合体通常包括RNA聚合酶以及其他多种转录因子。

（2）增强子

增强子（enhancer）是真核生物基因转录中的另一种顺式调控元件，通常位于启动子上游700～1000bp处，离转录起始点较远，它在基因中的位置不定，既可位于基因的上游，也可在下游或位于基因序列内，但不能位于不同DNA分子上。增强子的作用没有方向性。增强子与启动子不同，启动子是转录起始和达到基础水平所必须的，而增强子则可以使转录达到最高水平，一般可使基因转录频率增加10～200倍。

增强子是真核生物基因的重要组成部分。不同真核生物的增强子在序列、数目、所处的相对位置方面差别很大。转录增强子的存在，使基因转录只能在有适宜的转录因子存在时才能进行。许多增强子可对细胞内外的信号作出反应，如在发育某一时期，某些增强子可使受其控制的基因表达，以满足细胞分化发育的需要。有些基因受几种不同增强子调控，从而可以对来自细胞内外的各种信号作出相应的反应。

（3）静止子

又称为**沉默子**（silencer），是一种类似增强子但起负调控作用的顺式元件，被相应的反式因子结合后，对基因转录起阻遏作用。静止子可以不受距离和方向的限制，并且对异源基因的表达起作用。

2. 反式作用因子

反式作用因子，又称**转录因子**（transcription factor），在转录调控中具有特殊的重要性。这类DNA结合蛋白种类繁多，正是不同的DNA结合蛋白与不同识别序列之间在空间结构上的相互作用，以及蛋白质与蛋白质之间的相互作用，构成了复杂的基因转录调控机制的基础。所有转录因子至少包括两个不同的结构域：DNA结合结构域和转录激活结构域。此外，很多转录因子还包含一个介导蛋白质-蛋白质相互作用的结构域，最常见的是二聚化结构域。转录激活域由30～100个氨基酸残基组成，根据氨基酸组成特点，转录激活域又有酸性激活域、谷氨酰胺富含区域及脯氨酸富含区域。DNA结合域通常由60～100个氨基酸残基组成，研究较为清楚的DNA结合域结构形式有如下四种。

（1）螺旋-转角-螺旋结构域

螺旋-转角-螺旋结构域（helix-turn-helix motif，HTH）是最早发现的DNA结合区域。在HTH的三维构型中至少包含两个α-螺旋，其间有β-转角。羧基端的螺旋其氨基酸残基直接同靶DNA大沟的碱基专一结合，另一螺旋中的氨基酸残基和DNA中的磷酸戊糖骨架非特异性结合。许多控制发育过程的真核生物基因的转录因子具有HTH构型。与DNA相互作用时，同源域蛋白的第一、第二两个螺旋往往靠在外侧，其第三个螺旋则与DNA大沟相结合，并通过其N端的多余臂与DNA的小沟相结合（图12-9）。

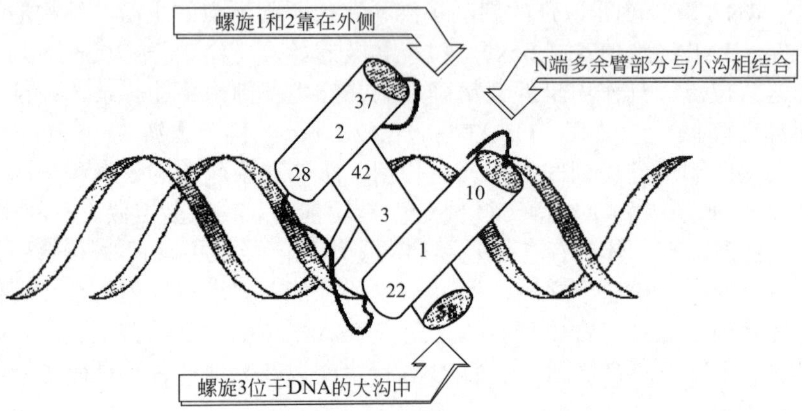

图12-9　螺旋-转角-螺旋及其与DNA的相互作用

（2）锌指结构域

具有**锌指结构域**（zinc finger motif）的蛋白是一种参与多种真核生物基因调控的转录因子，最早在爪蟾转录因子TFⅢA中发现。重复的锌指样结构都是将一个α-螺旋与一个反向平行β-片层的基部以锌原子为中心，通过与一对Cys和一对His之间形成配位键相连接，使氨基酸折叠成环，形成类似指的构型，锌指环上突出的Lys、Arg参与DNA的结合。由于结合在大沟中重复出现的α-螺旋几乎连成一线，这类蛋白质与DNA的结合很牢固，特异性也很高（图12-10）。

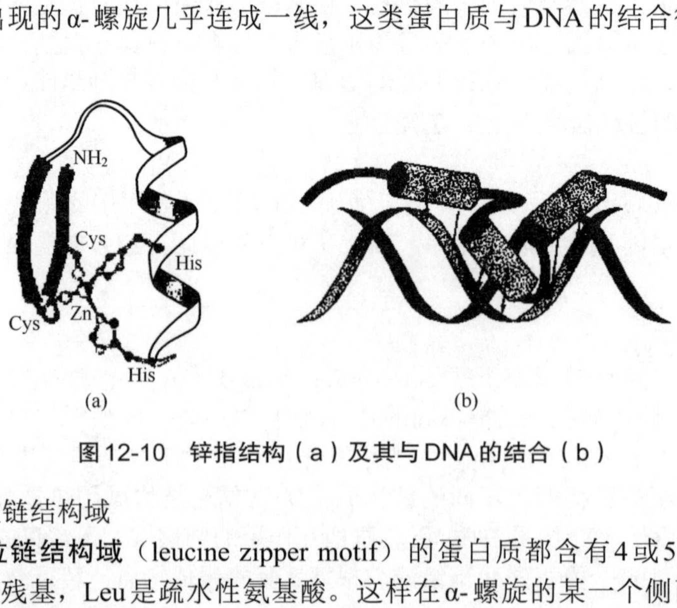

图12-10　锌指结构（a）及其与DNA的结合（b）

（3）亮氨酸拉链结构域

具有**亮氨酸拉链结构域**（leucine zipper motif）的蛋白质都含有4或5个Leu残基，精确地相距7个氨基酸残基，Leu是疏水性氨基酸。这样在α-螺旋的某一个侧面每两圈就出现一个Leu，这些Leu排成一排，当这样两个蛋白质分子形成二聚体时，两个α-螺旋之间由Leu残基之间的疏水作用力形成一条拉链。尽管Leu拉链对于蛋白质二聚体的形成是十分重要的，但能与DNA结合的序列不在拉链区域。不同的Leu拉链蛋白都有一个相同的保守区域参与DNA结合。通过Leu拉链形成的二聚体可以与更广泛的基因片段相互作用并且成为调控基因表达的一种模式（图12-11）。

（4）螺旋-环-螺旋结构域

螺旋-环-螺旋结构域（helix-loop-helix motif，HLH）是较晚发现的一种DNA结合区的结构模式，由3部分组成：100～200个羧基端氨基酸残基可形成两个双性的α-螺旋，中间由非螺旋的DNA环所连接，螺旋中有以亮氨酸为主体形成的疏水面和亲水性氨基酸残基组成的另一侧亲水面，这样的结构有助于二聚体的形成，α-螺旋氨基端邻近也有碱性区，带有大量正电荷，当与DNA相靠近时，这些正电荷被DNA的磷酸根离子所中和，形成稳定的α-螺旋结构，然后结合于DNA双螺旋的大沟（图12-12）。

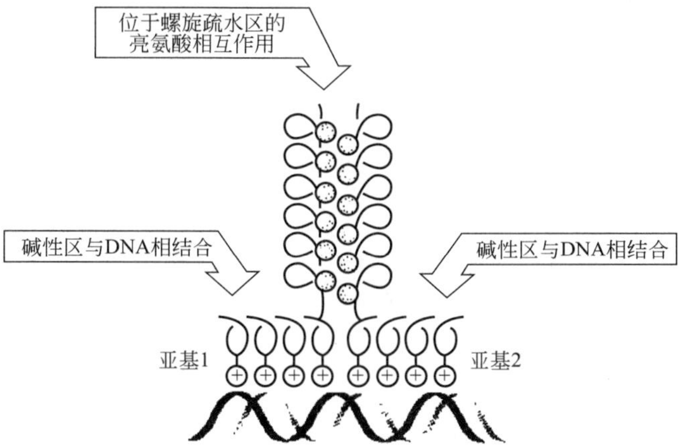

图12-11 亮氨酸拉链结构及其与调控区DNA的结合示意图

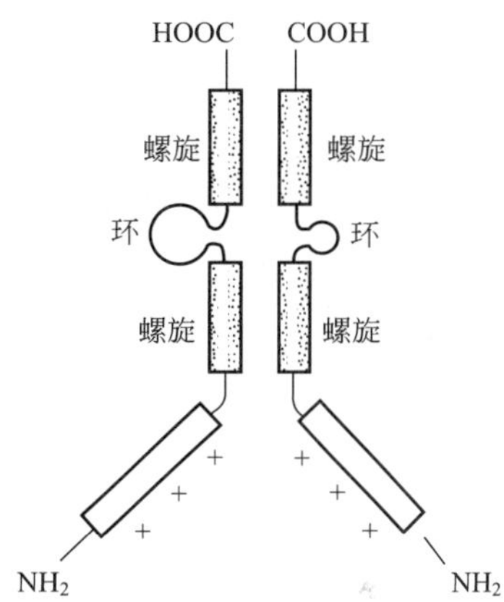

图12-12 螺旋-环-螺旋结构示意图

3. mRNA转录激活及调节

真核生物RNA聚合酶Ⅱ不能单独识别、结合启动子，而是先由基本转录因子TFⅡD组成成分TATA结合蛋白（TBP）识别TATA盒或启动元件，并有**TBP相关因子**（TBP-associated factors，TAF）参与结合，形成TFⅡD-启动子复合物；继而在TFⅡA-F等参与下，RNA聚合酶Ⅱ与TFⅡD、TFⅡB聚合，形成一个功能性的前起始复合物PIC。在几种基本转录因子中，TFⅡD是唯一具有位点特异的DNA结合能力的转录因子，在上述有序的组装过程中起关键性的指导作用，这样形成的前起始复合物尚不稳定，也不能有效地启动mRNA转录，在迂回折叠的DNA构象中，结合了增强子的转录激活因子与前起始复合物中的TFⅡD接近，或通过TAF与TFⅡD联系，形成稳定的转录起始复合物。此时RNA聚合酶Ⅱ才能真正启动mRNA的转录。

（三）转录后的调节

基因转录合成前体mRNA（hnRNA）后需要经过进一步加工剪接才能得到所需的成熟mRNA，供后面指导蛋白质翻译。mRNA剪接包括组成型剪接、选择性剪接、反式剪接等。

组成型剪接是前体mRNA的基础剪接方式，剪接后只产生一种成熟的mRNA。选择性剪接是指同一种前体mRNA可以采用不同的剪接方式，产生几种不同的mRNA。例如原肌球蛋白基因可以编码形成脑、肝、骨骼肌、平滑肌和成纤维细胞的α-原肌蛋白，基因转录出来的前体mRNA含有11个外显子，通过选择性剪接，可以在不同的细胞形成不同的mRNA，并最终翻译出不同的α-原肌球蛋白。这样在不改变基因总数的情况下，可以大大增加基因组编码蛋白质的数量，使得一个基因所携带的遗传信息在转录后有所拓展，这也是真核生物基因表达调控的一种方式。

无论组成型剪接还是选择性剪接都是在同一个hnRNA上将内含子有序删除，然后将外显子连接起来，形成一个成熟的可供翻译的转录体，这种剪接方式称为顺式剪接。与之相对应还有一种称为反式剪接的方式，是指将经过剪接的2条或2条以上hnRNA分子上的外显子连接起来形成一个成熟的可供翻译的mRNA。最早的反式剪接在锥虫中发现，其蛋白编码序列中有许多串联在一起的顺反子，中间有非编码区，反式剪接可以选择任一顺反子作为3′剪接受体位点，经连接形成成熟的mRNA。反式剪接也具有多种形式，这样可以克服基因所携带的遗传信息限制，提高遗传信息的使用效率。除锥虫以外，在线虫及植物叶绿体、线粒体中，反式剪接是RNA的主要的剪接方式。

（四）翻译水平的调控

翻译水平的调控也涉及多个方面，具体包括：mRNA的运输、mRNA的翻译控制、mRNA的结构、选择性翻译、反义RNA、蛋白质的加工。

1. mRNA的运输

运输控制（transport control）是对转录本从细胞核运送到细胞质中的数量进行调节。核膜是一个基因表达的控制点，几乎只有一半的编码蛋白基因的初始转录本一直留在核里面，然后被降解掉。

2. mRNA翻译的控制

翻译明显地影响到基因的表达。例如mRNA储存在动物的未受精卵中，蛋白质合成率很低；一旦受精，蛋白质合成立即增加，并没有新的mRNA的合成，是一种翻译控制。在细胞质中mRNA分子的稳定性很不一致，几分钟到几个月不等。可见，mRNA的降解可能是一个重要控制点。其降解速率和mRNA结构特点有关，如很多短寿命的mRNA 3′非翻译区（UTR）中富含AU的序列（UUAAUUUAU），具体作用机制还不清楚。

3. mRNA的结构

多数mRNA的翻译活性依赖于5′端“帽”结构，只有“帽”被甲基化，方可有效翻译。

起始密码子AUG的位置和其侧翼的序列影响翻译的效率，通过影响起始复合物的形成，进而影响翻译效率。5′UTR的长度影响翻译的效率和起始的精确性，当在17～80bp之间时，体外翻译效率与长度成正比。5′ UTR可能形成发夹或茎环二级结构，阻止核糖体40S亚基的迁移，对翻译起始有顺式抑制作用。3′端的poly A影响mRNA的稳定性和翻译效率。

4. 选择性翻译

珠蛋白是由两条α链和两条β链组成的。在二倍体细胞中有4个α-珠蛋白基因，如果它们全部转录和翻译的话，应是α∶β=2∶1，而实际上是1∶1，经过实验证实，这是一种翻译水平的调控。

5. 反义RNA

来自骨髓细胞瘤病毒的癌基因*myc*三个外显子中的第1个和第2个外显子之间有部分互补。在有的细胞中，当失去外显子1时，*myc*基因过量表达，推测外显子1可能通过互补来抑制*myc*的表达。

（五）翻译后水平的调控

1. 蛋白质的加工

蛋白质加工主要包括蛋白质的修饰和蛋白质内含子加工切除。

① 蛋白质的修饰分为简单的化学修饰和复杂的修饰。简单的化学修饰就是将一些小化学基团，如乙酰基、甲基、磷酸基加到氨基酸侧链或蛋白质的氨基端或羧基端。复杂的修饰是蛋白质的糖基化，即一些分子量大的碳水化合物侧链加到多肽链上。

② 蛋白质内含子加工切除：有些前体蛋白质分子具有**内含肽**（intein）序列，位于多肽链序列的中间，经加工切除后，两端的蛋白质**外显肽**（extein）连接为成熟蛋白质。

2. 蛋白质的运输和定位调控

① 信号肽引导运输：许多蛋白质在合成后，需要被运输到特定的细胞器或细胞外发挥作用。这些蛋白质通常含有信号肽。例如，分泌蛋白含有N-端信号肽，它可以引导蛋白质进入内质网，然后通过高尔基体运输到细胞外。如果信号肽的序列发生改变或者加工过程出现问题，蛋白质就无法正确运输，从而影响其功能。

② 靶向序列决定定位：除了信号肽，还有一些靶向序列可以决定蛋白质在细胞内的定位。例如，线粒体蛋白含有线粒体靶向序列，它可以引导蛋白质进入线粒体。这种靶向运输确保了蛋白质能够在正确的位置发挥其功能。

3. 蛋白质的降解调控

① 泛素-蛋白酶体途径：这是细胞内蛋白质降解的主要方式。泛素是一种小分子蛋白质，当细胞内的某些蛋白质需要被降解时，一系列酶（E1、E2、E3）会将泛素分子连接到目标蛋白质上，形成多泛素链。被标记的蛋白质会被蛋白酶体识别并降解。例如，细胞周期调节蛋白p21、p27等在细胞周期进程中，通过泛素 - 蛋白酶体途径被降解，从而调节细胞周期的正常进行。

② 溶酶体途径：除了泛素-蛋白酶体途径，溶酶体也参与蛋白质的降解。一些细胞外的蛋白质或者通过内吞作用进入细胞的蛋白质会被运输到溶酶体中进行降解。例如，细胞摄取的一些病原体相关的蛋白质可以在溶酶体中被分解，从而消除病原体的危害。

本章小结

经典遗传学认为基因在染色体上占有一定位置，是交换的最小单位，是一个突变单位，也是一个功能单位。分子遗传学认为基因并不是不可分割的最小遗传单位，仍可划分出若干起作用的小单位。认为其交换、突变和功能的最小单位分别是：交换子、突变子和顺反子，顺反子学说打破了“三位一体”的基因概念。操纵子学说根据基因功能把基因分为结构基因、调节基因和操纵基因，各个基因之间有一个相互制约、反馈调节的网络。现代基因概念是指DNA分子上具有一定遗传学效应的一段特定的核苷酸序列，它可以被转录和翻译，也可以只转录不翻译，甚至既不转录也不翻译。基因的概念在不断地发展和丰富。

原核生物基因表达的调控主要发生在转录水平，主要以操纵子的形式进行。操纵子系统的调控根据调节机制的不同，分为负转录调控系统（如乳糖操纵子、色氨酸操纵子）和正转录调控系统。在翻译水平上也有一些调控机制存在。

真核生物的基因调控较原核生物复杂，调控环节较多，在DNA水平、转录水平、转录后水平、翻译水平、翻译后水平都存在着基因的调控。在DNA水平，可通过基因消除、基因扩增、基因重排、DNA甲基化修饰，以及染色质结构、核小体结构、DNA构象的变化调节基因的表达。在转录水平，可通过反式作用因子（转录因子）与启动子、增强子、静止子等顺式作用元件的相互作用调节基因表达。转录因子至少包括两个不同的结构域：DNA结合结构域和转录激活结构域。常见的DNA结合结构域的形式有：螺旋-转角-螺旋、锌指结构、亮氨酸拉链、螺旋-环-螺旋结构。基因转录的前体hnRNA必须通过系列的转录后加工过程，借助不同的剪接方式，才能形成成熟的mRNA分子作为翻译的模板。同样，真核生物在翻译和翻译后水平均有其不同的基因表达调控方式，形成了五个水平的复杂的基因表达调控网络。

思考拓展

1. 名词解释

顺反子　突变子　断裂基因　重叠基因　操纵子　严紧反应　静止子　启动子　顺式作用元件　转录因子

2. 简述乳糖操纵子的调控机理。

3. 色氨酸操纵子中调控系统的特点是什么？

4. 反式作用因子在基因转录中的功能是什么？它们的结构特点是什么？

5. 简述真核基因在染色体水平上的活化调节。

6. 增强子在结构和功能上有什么特点？

7. 请尝试比较真核生物和原核生物在基因表达调控系统上的区别。

第十三章

群体遗传和生物进化

【本章导言】

达尔文认为新物种是由旧物种进化而来的。物种的进化是各种不同类型的生物体的生存率和繁殖力具有差别，各种类型的个体出现的相对频率随时间的推移而变化的结果。达尔文通过自然选择这个概念来说明他的进化模型，群体是通过不同个体的不同的繁殖能力而进化的。达尔文的进化理论有3个重要原则。①变异的原则：在任何一个群体中的不同个体间都存在形态、生理和行为上的差异。②遗传的原则：后代与其亲本的相似性大于与其无关个体的相似性。③选择的原则：在特定的环境下，一些类型的个体总会比另一些类型的个体有更强的生存和繁殖能力。将达尔文的3条原则转变成精确的遗传学概念的科学，应归功于群体遗传学。

群体遗传学（population genetics）是一门研究群体的遗传组成及其变化规律的遗传学分支学科。它应用数学和统计学方法研究群体中的基因及其频率和可能的基因型及其频率，以及影响这些频率的突变、选择、迁徙和遗传漂变等因素与群体遗传结构的关系，从而探讨生物进化的内在机制。生物进化的过程实际上是群体中基因频率的演变过程，所以群体遗传学也是生物进化的理论基础，而物种形成机制的研究无疑也属于生物进化的研究范畴。本章重点讨论群体的遗传平衡和影响群体遗传平衡的因素以及物种形成的机制。

第一节　群体的遗传平衡

一、基因频率和基因型频率

（一）孟德尔群体和基因库

进化的单位不是生物的个体而是群体。群体遗传学所研究的群体并不是多个个体的简单集合，而是一种特定的**孟德尔式群体**（Mendelian population），是指一群能够相互交配的个体。在有性繁殖的生物中，一个物种就是一个最大的孟德尔群体。从广义上讲，群体包括同一物种中所有的个体；但通常在群体遗传学中群体常指在一定地域内能互相交配的个体群。

基因库（gene pool）是一个群体中全部个体所共有的全部基因的集合。因此，一个由一群能互相繁殖的个体构成的群体，享有一个共同的基因库。在同一种群内虽然不同个体的基因可能有不同的组合，但群体中所有的基因总是一定的。对二倍体生物来说，有n个个体的一个群体的基因库由$2n$个单倍体基因组组成，对每个基因座来说，各有$2n$个基因，共有n对同源染色体。例外的是性染色体和性连锁基因，它们在异型配子的个体中只有单份剂量存在。

（二）随机交配

在孟德尔式群体中，任何一个个体都能与其他个体以相等的概率进行交配，这样的交配就称为**随机交配**（random mating）。随机交配是群体遗传学的一个重要原则，是通常研究中所采用的交配制度，以此作为一个标准，以便把其他的交配制度（如近亲繁殖、杂交等）和它来比较。

（三）基因频率和基因型频率

群体中遗传的基因及其频率以及可能的基因型及其频率构成了一个特定群体的遗传结构。研究群体的遗传结构变化的机制是群体遗传学的宗旨。群体性状表现在个体间的遗传与变异规律取决于群体的基因频率及基因型频率。

基因频率（gene frequency）是指一个群体中某特定基因占该位点基因总数的比例。因为只有等位基因出现时才知某一基因的存在，所以群体中的基因频率实际上就是在一个二倍体的某特定基因座上某一个等位基因占该座位上等位基因总数的频率。环境条件不变时，基因频率不会改变。

任何群体都是由各种基因型组成的。**基因型频率**（genotypic frequency）是指其中某特定基因型个体的数目占群体中所有个体总数的百分率。至于某性状具体的表现型，则是由个体相应的两个等位基因组成的基因型来决定。因此，群体中的基因频率可以由基因型频率来推算。

设：在n个个体的群体中有一对等位基因A和a，在常染色体上遗传，显性基因A在群体中所占频率为p，隐性基因a在群体中所占频率为q，$p+q=1$；由这对基因构成的3种基因型为AA、Aa、aa，其基因型频率分别为：D、H、R（D为显性纯合体在群体中所占频率，H为杂合体所占频率，R为隐性纯合体所占频率），$D+H+R=1$。则基因型频率和基因频率之间的关系为：

$$D=p^2 \qquad H=2pq \qquad R=q^2$$
$$p=D+1/2H \quad q=R+1/2H$$

二、哈迪-温伯格定律

为了探讨群体的基因频率变化，英国数学家哈迪（G.H.Hardy）于1908年，德国医生温伯格（W.Weinberg）于1909年分别独立归纳整理，提出了**哈迪-温伯格定律**（Hardy-Weinberg law），即如果一个群体无限大，群体内的个体随机交配，没有**突变**（mutation）发生，没有任何形式的**选择**（selection）压力，没有**迁移**（migration）和**遗传漂变**（genetic drift）发生时，后代基因型的比例可以逐代保持不变，于是这个群体处于随机交配系统下的平衡中。所谓平衡（equilibrium），指的是在一个群体中，从一代到另一代，没有基因型频率的变化，实际上也意味着没有基因频率的变化。该定律又称为**基因平衡定律**（law of gene equilibrium）。

（一）基因频率在世代间的恒定性

如果在一个随机交配的大群体中，雌雄个体都以同等的机会进行交配，则交配结果如表13-1所示。

表13-1　一对基因的交配结果

♂	♀	
	$p(A)$	$q(a)$
$p(A)$	$p^2(AA)$	$pq(Aa)$
$q(a)$	$pq(Aa)$	$q^2(aa)$

从表13-1中看，若上代基因频率为p和q时，经随机交配仍可保持上代的频率不变：

$$D=AA=p^2 \qquad H=Aa=2pq \qquad R=aa=q^2$$

$$p=D+1/2H=p^2+1/2(2pq)=p^2+pq=p(p+q)=p$$

$$q=R+1/2H=q^2+1/2(2pq)=q^2+pq=q(p+q)=q$$

为了更好地理解基因频率在世代间保持稳定不变的现象，下面以实际例子进行说明。

例题：在一群兔子中，有黄色脂肪型（Y）和白色脂肪型（y）之分。而这群兔子中，白色脂肪型约占16%，若群体间随机交配，后代的基因频率有何变化？

解：已知白色脂肪型$yy=R=16\%$

那么　$y=q=\sqrt{0.16}=0.4$　　$Y=p=0.6$

F_1随机交配的结果见下表。

♂	♀	
	$0.6Y$	$0.4y$
$0.6Y$	$0.36YY$	$0.24Yy$
$0.4y$	$0.24Yy$	$0.16yy$

归纳整理得3种基因型频率为：

$$D=YY=0.36 \quad H=Yy=2\times0.24=0.48 \quad R=yy=0.16$$

则，在F_1中的基因频率为：

$$p=D+1/2H=0.36+1/2\times0.48=0.6 \qquad q=R+1/2H=0.16+1/2\times0.48=0.4$$

如果再令F_1代的所有个体随机交配获得F_2，把所得结果再归纳后整理，得F_2代3种基因型及频率分别为：$YY=0.36$，$Yy=0.48$，$yy=0.16$。

而F_2代的基因频率分别为：$p=Y=0.6$，$q=y=0.4$。

结论：在一个随机交配的大群体中，只要没有其他因素的干扰，各代间基因频率就保持不变。

（二）随机交配达到群体的遗传平衡

在任一一个群体内，不论群体的起始状态如何，如果没有其他因素的影响，达到平衡的速度只需一个世代的随机交配。

例题：设亲代（起始）群体中的3种基因型的频率分别是：AA，0.18；Aa，0.04；aa，0.78。

若让这个群体随机交配，观察该群体上下代之间的基因频率和基因型频率有何变化。

解：根据公式可求得

$$p=D+1/2H=0.18+0.04/2=0.2 \qquad q=R+1/2H=0.78+0.04/2=0.8$$

亲代群体的个体间随机交配，相当于群体中携带A与a基因的雌、雄配子间的随机结合，结果见下表。

♂	♀	
	0.2A	0.8a
0.2A	0.04AA	0.16Aa
0.8a	0.16Aa	0.64aa

整理得：

下代基因型频率为 $D_1=0.04 \quad H_1=0.32 \quad R_1=0.64$

下代基因频率为 $p_1=D_1+1/2H_1=0.2=p \quad q_1=R_1+1/2H_1=0.8=q$

可见，随机交配产生的子代（F_1）群体中3种基因型频率不同于亲代（起始）群体的基因型频率！但是，当子代（F_1）成员产生雌雄配子时，其配子频率（即基因频率）仍然没有改变。因而可以推论：在A、a配子的频率（基因频率）分别保持0.2及0.8时，它们随机结合产生的下一代（F_2）群体的3种基因型频率仍然保持在（0.04，0.32，0.64）的水平上，不会发生改变。即：亲代是一个不平衡的群体，经一代随机交配，基因频率和基因型频率就达到了平衡，成为一个平衡群体。

结论：针对任何一个群体，只要一代随机交配，群体的基因型频率就可达到平衡。

（三）哈迪-温伯格定律的内容

① 在随机交配的孟德尔群体中，若没有其他因素（如突变、选择、迁移、遗传漂变等）的干扰，则各代间基因频率保持不变。

② 在任何一个大群体内，不论起始群体的基因频率和基因型频率如何，只要一代的随机交配，这个群体就可达到平衡。

③ 一个群体在平衡状态时，基因频率和基因型频率的关系是：

$$D=p^2 \qquad H=2pq \qquad R=q^2$$

④ 如果随机交配系统得以保持，群体中的基因型频率保持在上述平衡状态不会改变。

实际上，自然界许多群体都是很大的，个体间的交配一般也是接近于随机的，所以哈迪-温伯格定律基本上普遍适用所有的生物，它已成为分析自然群体的理论基础。这个定律是群体遗传学的重要理论基石，也是现代进化论的基础。

（四）哈迪-温伯格定律的意义

1. 揭示了物种的遗传稳定性的原因

哈迪-温伯格定律在遗传学和生物进化上意义重大，应用这一定律，人们理解了一个群体的遗传特性能够保持相对稳定的原因。如果在群体内各个个体间一直保持随机交配，那么群体就会保持平衡，而不发生改变。即使由于各种因素改变了群体的基因频率和基因型频率，只要能随机交配，这个群体仍将保持平衡，该物种也将保持稳定。

2. 利用此定律可探讨新种形成的途径

群体的平衡是有条件的，尤其在人工控制下通过选择、杂交或人工诱变等途径就可以打破这种平衡，促使生物发生变异，再加上隔离因素等，就可能形成新物种。实际上，很多物种在进化的过程中，首先由于地理隔离，不能随机交配，基因不能交流，随后再发生各类突变，这样两个群体的基因频率各有差别，然后发展到生殖隔离后，就分化成两个物种。

第二节 哈迪－温伯格定律的扩展

一、复等位基因的基因频率

如果一个基因座上有两个等位基因A、a，其频率分别为p和q，哈迪-温伯格定律告诉我们在群体达到平衡状态时其基因型频率将是p^2、$2pq$和q^2，即等于其等位基因频率$(p+q)^2$；假设存在3个等位基因A、a'、a，其频率分别为p、q、r，且$p+q+r=1$在平衡时基因型的频率也等于其等位基因频率的平方：

$$(p+q+r)^2=p^2+2pq+2pr+q^2+2qr+r^2$$

平衡状态下的基因频率可以由基因型频率按照下列各式求得：

$$p=p^2+(2pq+2pr)/2$$

$$q=q^2+(2pq+2qr)/2$$

$$r=r^2+(2pr+2qr)/2$$

若群体中有n个复等位基因，就一个具体的二倍体的个体而言，在其某同源染色体的某基因座上只有n个复等位基因中的任意两个等位基因。因此，如果群体最初不处于平衡状态，只需要经过一个世代的随机交配，就可实现基因型频率的平衡。

现以决定人类ABO血型的3个复等位基因I^A、I^B和i为例来说明。设基因I^A的频率为p，基因I^B的频率为q，基因i的频率为r，在一个随机婚配的群体中，不考虑突变、选择、迁移等因素的影响，ABO血型及其频率的分布见表13-2。

表13-2 随机交配所得的ABO血型基因型及基因型频率

表型	基因型	基因型频率	表型	基因型	基因型频率
A	I^AI^A，I^Ai	p^2+2pr	AB	I^AI^B	$2pq$
B	I^BI^B，I^Bi	q^2+2qr	O	ii	r^2

如果考虑从n个无关个体的随机样本中估计基因频率p、q、r。从表13-2中可以推出：

$$\mathrm{A+O}=(p+r)^2=(1-q)^2$$

$$\mathrm{B+O}=(q+r)^2=(1-p)^2$$

因此：

基因i的频率$=r=\mathrm{O}^{1/2}$

基因I^B的频率$=q=1-(\mathrm{A+O})^{1/2}$

基因I^A的频率$=p=1-(\mathrm{B+O})^{1/2}$

如果已经知道了基因型频率，也可以直接利用公式计算基因频率。假设在一个等位基因座位上有3个等位基因：A_1、A_2和A_3，如果要确定这些基因的频率，可以采用与两个等位基因相同的方法，即每类等位基因数除以群体中这个座位上等位基因的总数。

$$p=f(A_1)=2A_1A_1+A_1A_2+A_1A_3/\text{（}2\times\text{个体总数）}$$

$$q=f(A_2)=2A_2A_2+A_1A_2+A_2A_3/\text{（}2\times\text{个体总数）}$$

$$r=f(A_3)=2A_3A_3+A_1A_3+A_2A_3/（2\times 个体总数）$$

利用上述的方法，可以计算出具有更多等位基因的基因频率。注意分子部分不能将各种杂合体都计算在内，而只能计算有我们计算的那个等位基因的杂合体。

二、X连锁座位上的基因频率

哈迪-温伯格定律也适用于性连锁基因。携带两个X连锁的等位基因（X^A和X^a）的个体随机交配，要注意携带X染色体的雄配子与携带Y染色体的雄配子情况是不同的。因此，在由性染色体决定性别的高等生物中，雌雄群体中的基因型频率不同。

雄性中，基因型频率与等位基因频率相同：

$$X^A 的频率=p$$
$$X^a 的频率=q$$

雌性中，基因型频率为：

$$X^AX^A 的频率=p^2$$
$$X^AX^a 的频率=2pq$$
$$X^aX^a 的频率=q^2$$

由上得知，伴X的基因处于平衡状态时，必须具备以下两个特征：①在雄性群体和雌性群体中的基因频率是相等的；②在雌性群体中，3种基因型频率必须满足$p^2+2pq+q^2$。显然，达到哈迪-温伯格平衡时，雌体中的基因型频率与非伴性遗传的基因型频率的平衡一样，而雄体中的基因型频率与其基因频率相同。

运用平衡定律的理论可以预见：对于伴X显性性状而言，男性的发病率∶女性的发病率=$p:(p^2+2pq)=1:(1+q)$，女性发病率略高于男性。对于隐性伴性性状而言，男性的发病率∶女性的发病率=$q:q^2=1:q$，男性发病率明显高于女性。

雄体与雌体的性染色体组成不同，因而伴X染色体的基因有2/3存在于雌性中，1/3存在于雄性中。如果雌雄群体中的基因频率不相等，达到相等（平衡）的时间和方式将不同于常染色体上的基因。换句话说，其平衡并不能由任意起始群体经过一个世代的随机交配实现，而是以一种振荡的方式快速接近。达到平衡的速度取决于雌、雄两性群体中的基因频率差异的程度，即两性群体中的基因频率差异越大，实现平衡需要的时间越长。

第三节　影响群体遗传平衡的因素

遗传平衡定律阐明了基因在理想群体中的遗传行为。但这种没有其他因素干扰下的理想群体，在自然界尤其是人类社会中是不可能存在的，因为不可能有无限大的随机婚配群体，不会有绝对不受自然选择影响的基因，也不可能绝对不发生突变。但可以从这样的理想群体出发，进一步研究当所规定的各种理想条件不存在时，对群体中的基因和基因型频率所产生的影响，使理论分析更接近客观现实的群体。实际上，在自然界中妨碍群体遗传平衡的各种因素（如突变、选择、迁移和遗传漂变等）在不断起作用，其结果是导致群体的遗传组成发生变化，从而引起生物的进化。其中**突变**（mutation）和**选择**（selection）是最主要的。

一、突变

基因的点突变及染色体结构和数目的改变是可遗传变异的源泉。基因突变对于群体遗传组成有两个重要的作用：①它提供自然选择的原始材料，若没有突变，无法谈选择；②突变本身就是影响基因频率的一种力量。如一对基因，当基因A突变为a时，群体A的基因频率逐渐减少，a的基因频率逐渐增加。若长时期$A \to a$的突变连续发生，没有其他因素的干扰，最后这个群体中的A将被a完全替代，这就是突变产生的**突变压**（mutation pressure）。

（一）只有正突变情况下基因频率的变化

如果只有$A \to a$的突变，而没有其他因素的干扰，则这个群体最后就将达到纯合的aa。现假设基因A的频率在某一世代是p_0，$A \to a$的突变率为u，一代突变后，群体中A基因的频率为：

$$p_1=p_0-p_0u=p_0(1-u)$$

连续突变n代后，假定其他因素不变，则在n代后，该群体的A基因的频率p_n将是：

$$p_n=p_0(1-u)^n \qquad (13\text{-}1)$$

例题：在一个群体中，$A \to a$的突变率为0.00001，而A基因的频率为40%，在没有其他因素的干扰下，100代后，群体的基因A和a的频率各为多少？

解：已知　p_0=40%　u=0.00001　n=100

代入式（13-1）　$p_n=p_0(1-u)^n=0.4\times(1-0.00001)^{100}=0.3996$

$$q_n=0.6004$$

即，经100代的自发突变，基因A的频率降为39.96%，基因a的频率升至60.04%。

从上看出，仅靠突变改变群体的遗传结构是比较慢的，因为大多数基因的突变率是很低的（10^{-8} ～ 10^{-4}）；因此，仅仅依靠突变压使基因频率显著改变，就需要经过很多世代。不过有些生物的世代很短，因而突变压就可能成为一个比较重要的因素。

（二）在双向突变情况下基因频率的变化

基因的点突变经常是可逆的。在突变可逆的情况下$A \to a$的**正向突变**（forward mutation）就会遭到$a \to A$的**回复突变**，又称**反向突变**（back mutation，reverse mutation）的对抗。在一个群体内，如果正反突变压相等，即呈平衡状态。

设$A \to a$的突变率为u，$a \to A$的突变率为v，

某一世代a的频率为q，则A的频率为：$p=1-q$。在群体处于平衡状态时，即

$$qv=pu \quad qv=(1-q)u$$

据此得

$$q=u/(u+v)$$

$$p=v/(u+v)$$

结论：平衡时的基因频率只决定于正、反突变的突变率，而与初始的基因频率无关。

例题：假定某一平衡群体中，某一世代$A \to a$的突变率为u=0.000001，$a \to A$的突变率为v=0.0000005。求此群体中基因A和a的频率各为多少？

解：依公式，得

$$p=v/(u+v)=0.0000005/(0.000001+0.0000005)=0.333$$

$$q=1-p=0.667$$

即，此群体中A基因的频率为33.3%，a基因的频率为66.7%。

二、选择

自然选择是生物最重要的进化过程。它的作用使不同的遗传变异体具有不同的**生活力**

（viability）和不同的**生殖力**（fertility）。其本质就是一个群体中的不同基因型的个体对后代基因库做出贡献的不同。无论是自然选择还是人工选择，都会改变群体的基因频率，影响群体的遗传平衡。突变对基因频率的影响比较微小，而选择对基因频率的影响非常明显。

（一）适合度和选择系数

为了对选择的效应进行定量研究，可以给群体中的各种基因型定出**适合度**（fitness），或称**适应值**（adaptive value）。它是指一个已知基因型的个体能生存并把它的基因传递到后代基因库中去的相对能力，常用w表示。适应值是一个统计概念，一般用相对的生育率来衡量。将具有最高生殖效能的基因型的适应值定为1，用其他基因型与之相比较时的相对值来表示。并且认为一个群体的全部个体的平均适合度就是该群体的适合度。

例如，筋果蝇（*D.funebris*）的野生型生存率为100，几种突变型在不同温度下适应值是不一样的（表13-3）。又如，玉米的白化苗（基因w的纯合体）不能合成叶绿素，则w=0。

表13-3　果蝇的几种突变型在不同温度下的生存率/%

突　变	15～16℃	24～25℃	28～30℃
eversae	98.3	104.0	98.5
焦刚毛（singed）	—	79.0	—
小型翅（miniature）	91.3	69.0	63.7
短刚毛（bobbed）	75.3	85.1	93.7
菱形眼（lozenge）	—	73.8	—

与适合度相对应的是**选择系数**（selective coefficient），一般记作s，它是指经选择作用后降低的适合度。即$s=1-w$，是选择的强度，即**选择压**（selection pressure）的度量。选择系数实际上应理解为**“淘汰系数”**（cull coefficient）。例如玉米白化苗的选择系数s=1，即全部被淘汰。

（二）部分淘汰隐性基因个体后的基因频率变化

考虑一对具有完全显性的基因A和基因a，选择对隐性纯合子aa不利，对于aa，$0<s<1$。对于杂合子Aa和显性纯合子AA，不受选择作用的影响，s=0。设基因A和a原来的频率各为p和q，那么经一代选择后，基因A和a的频率变化见表13-4。

表13-4　完全显性时，淘汰隐性纯合体后的a基因频率的变化

基因型	AA	Aa	aa	合计	基因a频率
原来的基因型频率	p^2	$2pq$	q^2	1	q
适合度	1	1	$1-s$		
选择后基因型频率	p^2	$2pq$	$(1-s)q^2$	$1-sq^2$	
相对频率	$\frac{p^2}{1-sq^2}$	$\frac{2pq}{1-sq^2}$	$\frac{(1-s)q^2}{1-sq^2}$		$q_1=\frac{q(1-sq)}{1-sq^2}$

表中，选择后的基因型频率总计为：

$$p^2+2pq+q^2(1-s)=p^2+2pq+q^2-sq^2=1-sq^2$$

而原来的基因a频率为q，经一代选择，基因a频率变为：

$$q_1=\frac{q^2(1-s)}{1-sq^2}+\frac{1}{2}\times\frac{2pq}{1-sq^2}=\frac{q^2-sq^2+pq}{1-sq^2}=\frac{q(p+q)-sq^2}{1-sq^2}$$

因为$p+q=1$，

即

$$q_1=\frac{q-sq^2}{1-sq^2}=\frac{q(1-sq)}{1-sq^2} \qquad (13\text{-}2)$$

上下代间基因a的频率变化（Δq）是：

$$\Delta q=q_1-q=\frac{q(1-sq)}{1-sq^2}-q=-\frac{sq^2(1-q)}{1-sq^2}$$

当s很小时，分母接近1，上式则可写成：

$$\Delta q\approx -sq^2(1-q)$$

例题：玉米中，黄绿苗（yy）能正常生长的有50%，经测知基因y的频率为0.2，随机交配后，下代的基因Y和基因y的频率将为多少？黄绿苗出现的频率将为多大？

解：据题意知$q=0.2$，$s=0.5$

一代选择后，基因Y和基因y的频率分别为，

$$q_1=\frac{q(1-sq)}{1-sq^2}=\frac{0.2(1-0.5\times 0.2)}{1-0.5\times 0.2^2}=0.1837$$

$$p_1=1-q_1=1-0.1837=0.8163$$

即，选择一代后，基因y频率由20%降至18.37%；而基因Y频率由80%升至81.63%；下代黄绿苗出现率$=0.1837^2=0.0337=3.37\%$。

（三）完全淘汰隐性个体后的群体基因频率的变化

当$s=1$时：完全淘汰隐性个体aa，使其在生殖年龄前死去或不育。这实际上是针对隐性致死基因的选择模型，是降低群体中隐性基因频率的最快的一种方法。

经一代选择后，基因a的频率为：

$$q_1=\frac{q(1-sq)}{1-sq^2}=\frac{q_0(1-q_0)}{1-q_0^2}=\frac{q_0}{1+q_0}$$

同理，经第二代选择，基因a的频率为：

$$q_2=\frac{q_1}{1+q_1}=\frac{q_0}{1+2q_0}$$

经n代选择后，基因a的频率为：

$$q_n=\frac{q_0}{1+nq_0} \qquad (13\text{-}3)$$

例题：在玉米群体中，已知白化苗（ww）由于不能合成叶绿素，故全部自然淘汰。经检测某群体白化苗的发生率为16%，如果没有其他因素的影响，50代后，群体中杂合体的频率多大？

解：已知s=1，q_0=0.4，n=50

代入公式，得

$$q_{50}=\frac{q_0}{1+nq_0}=\frac{0.4}{1+50\times0.4}=1.9\%$$

$$p_{50}=98.1\%$$

即，经50代自然选择后，基因w的频率下降至1.9%，而基因W频率上升至98.1%。50代后，群体杂合体的频率为：

$$H_{50}=2p_{50}q_{50}=2\times0.981\times0.019=0.03728=3.728\%$$

在未经淘汰时，杂合体在群体中占2×0.4×0.6=0.48=48%，现在下降至约3.7%。可见，经多代淘汰后，有害的隐性基因逐渐减少。

在s=1时，如果要确定把有害的隐性基因降低到一定程度，必须把隐性纯合体全部淘汰，至于需要多少代，可从式（13-3）推导出来。即：

$$n=\frac{1}{q_n}-\frac{1}{q_0}$$

例题：人类中，某种隐性遗传病的发病率为4/10000，若采用绝育再结婚或不准生育的方法来降低致病基因的频率，那么需要多少代才能使群体发病率降低至1/10000?

解：$q_0=\sqrt{4/10000}=0.02$　　$q_n=\sqrt{1/10000}=0.01$

$$n=\frac{1}{q_n}-\frac{1}{q_0}=\frac{1}{0.01}-\frac{1}{0.02}=50\text{（代）}$$

即，需要50代才可使群体发病率从4/10000降至1/10000。如果人类的一个世代按25年计算，约需1250年才可达到上述目的。显然，优生学的措施对于降低人群中的隐性致病基因的频率是极其低效的。

（四）淘汰有害的显性基因后群体基因频率的变化

如果选择对显性基因不利时，即对于显性基因型AA和Aa均存在选择系数s，则选择非常有效。如果带有显性基因的个体是致死的，s=1时，一代选择就可使基因A的频率p降至0。如果对显性基因的选择系数$0<s<1$，那么，基因A的频率变化见表13-5。

表13-5　在完全显性时，淘汰显性个体后群体中A基因频率的变化

基因型	AA	Aa	aa	合计	基因A频率
原来的基因型频率	p^2	$2pq$	q^2	1	p
适合度	$1-s$	$1-s$	1		
选择后基因型频率	$p^2(1-s)$	$2pq(1-s)$	q^2	$1-sp(2-p)$	
选择后相对频率	$\frac{p^2(1-s)}{1-sp(2-p)}$	$\frac{2pq(1-s)}{1-sp(2-p)}$	$\frac{q^2}{1-sp(2-p)}$		$p_1=\frac{p(1-s)}{1-sp(2-p)}$

原来的基因型频率合计为1，即$p+q=1$，经过选择，群体的基因型频率总计为：

$$p^2(1-s)+2pq(1-s)+q^2=(p+q)^2-sp(p+2q)=1-sp(2-p)$$

选择前基因A的频率为p，一代选择后，基因A的频率为p_1，则：

$$p_1=D+\frac{1}{2}H=\frac{p^2(1-s)}{1-sp(2-p)}+\frac{pq(1-s)}{1-sp(2-p)}=\frac{p(1-s)}{1-sp(2-p)}$$

即
$$p_1=\frac{p(1-s)}{1-sp(2-p)} \tag{13-4}$$

从式（13-4）可推论，经一代选择后，基因A的频率变化（Δp）可计算为：

$$\Delta p=\frac{p-sp}{1-sp(2-p)}-p=-\frac{sp(1-p)^2}{1-sp(2-p)}$$

由此式可见，如果s很小，$1-sp(2-p)$接近于1，则：

$$\Delta p=-sp(1-p)^2$$

因为
$$p=1-q$$

所以
$$\Delta p\approx -sq^2(1-q)$$

再与选择隐性纯合体进行比较，当s很小时，$\Delta p=\Delta q\approx -sq^2(1-q)$。

例题：已知白花三叶草条纹叶型是隐性纯合体（vv），据测在某群体中，条纹叶型占16%。而非条纹叶型（$V\_$）个体的生存率仅有20%，那么，一代选择后，各种基因型的频率是多少？

解：$w=0.2$　　$s=0.8$　　$q=0.4$　　$p=0.6$

$$p_1=\frac{p(1-s)}{1-sp(2-p)}=\frac{0.6(1-0.8)}{1-0.8\times 0.6(2-0.6)}=0.3659$$

$$q_1=1-p_1=1-0.3659=0.6341$$

则，一代选择后，3种基因型的频率各为：

$$VV=D=p_1^2=0.3659^2=0.1339$$

$$Vv=H=2p_1q_1=2\times 0.3659\times 0.6341=0.4640$$

$$vv=\mathrm{R}=q_1^2=0.6341^2=0.4021$$

三、突变和选择的联合作用

上述从突变和选择的角度分别讨论了对基因频率的影响，但是，在生物进化的过程中，这两种因素是很难分开的，也就是说，突变和选择总是同时起作用。如果两者朝着同一个方向起作用，改变基因频率的速度会比单独作用时更快。如果它们的作用彼此相反，一方面，有些基因由于选择被淘汰；另一方面，由于有不断的新突变补偿淘汰掉的基因，二者的效应可能相互抵消，因而使群体维持一种稳定的平衡。

考虑下列简单情况，在随机交配的大群体中，仍然不考虑突变与选择之外的其他因素对群体的影响。隐性基因a，频率为q，由于自然选择，它的频率每经一代将减少$sq^2(1-q)$，如果这时$A\rightarrow a$的突变率为u，每经一代，基因a的频率又将增加$(1-q)u$。平衡时，因选择被淘汰的基因数应同突变产生的基因数相等，即：

$$sq^2(1-q)=(1-q)u$$

则
$$sq^2=u \qquad q^2=u/s$$

q 值就是突变和选择同时作用下群体平衡时基因 a 的频率。实际应用时，只需测定选择系数 s 和基因频率 q，就可求得该基因的突变率。人类许多基因的突变率就是按此公式计算的。

例题：人类的全色盲（bb）是常染色体上的隐性突变基因。据调查，大约每80000人中有一个是纯合体全色盲。这种人的子女数平均只有正常人的一半。那么，人类中全色盲基因的突变率是多少？

解：$s=0.5$　　$q^2=1/80000$

$$u=sq^2=0.5\times 1/80000=6.25\times 10^{-6}$$

即，全色盲基因的突变率为 6.25×10^{-6}。

四、迁移

迁移（migration）或称为**基因流**（gene flow），是指个体从一个群体迁入另一群体或从一个群体迁出，然后参与交配繁殖，导致群体间的基因流动。迁移和突变的效应一样，会造成群体中基因频率的变化，是一种定向的进化力量。在一个大群体中，迁移引起基因频率的改变并不显著，但如果两个群体的基因频率差异大，迁入后，将明显地改变迁入后群体的基因频率。

假设有一个大群体，每代中总有一部分是迁入者，设新迁入者在群体中所占比例为 M，则原有个体所占的比例为 $1-M$。又设迁入者个体的某一基因（如 a）的频率为 q_m，该基因在原来的群体中基因频率为 q_0，这样，在混合群体内，基因 a 频率 q_1 的结果将是：

$$q_1=Mq_m+(1-M)q_0=M(q_m-q_0)+q_0 \tag{13-5}$$

至于迁入一代后引起 a 基因频率的变化，Δq 应是迁入前的基因频率与迁入后的基因频率的差数。即

$$\Delta q=q_1-q_0=M(q_m-q_0)+q_0-q_0=M(q_m-q_0)$$

由公式可见，在一个有个体迁入的群体里，基因频率的变化明显取决于迁入率以及迁入群体与原群体之间的基因频率的差异。

例题：某一海岛上有9000人，N 血型占9%；后从大陆迁去1000人，这些人中的 N 血型占16%。已知 MN 血型的基因型如下：M 型，L^ML^M；MN型，L^ML^N；N型，L^NL^N。问：现有人群中3种血型的频率各是多少？

解：已知 $M=1000/10000=0.1$　　$q_0=0.3$　　$q_m=0.4$

则　$q_1=M(q_m-q_0)+q_0=0.1\times(0.4-0.3)+0.3=0.31$

　　$p_1=0.69$

所以迁入后，整个群体中各种血型的频率分别为：

$$M\text{型}=D=p_1^2=0.69^2=0.4761$$

$$MN\text{型}=H=2p_1q_1=2\times 0.69\times 0.31=0.4278$$

$$N\text{型}=R=q_1^2=0.31^2=0.0961$$

五、遗传漂变

前面的所有讨论都基于一个共同的假定，即群体相当大，以致在不变的环境条件下，基

因频率的一个稳定的平衡值可以一代一代地保持下来。然而，一个群体的大小实际上是有限的，在小群体中基因频率的改变与由突变、选择和迁徙所引起的变化完全不同。这种由抽样的随机误差所造成的基因频率在小群体中随机波动的现象，称为**随机的遗传漂变**（random genetic drift）。这是由S.Wright提出的关于群体遗传结构变化的一个重要理论，所以又称**赖特效应**（Wright effect）。

基因频率由于抽样的随机误差而随机变化，因群体的个体数不同而有更大的变化。一般说来，群体越小，基因频率的随机波动愈大；群体愈大，基因频率的随机变化幅度愈小。图13-1显示了群体大小与遗传漂变的关系，三个群体的样本量分别是25、250和2500，初始的等位基因频率约为0.5。遗传漂变使随机交配的小群体（25人）的等位基因频率出现了较大的波动，并且在50代左右就被固定。群体增大至2500人之后，随机交配至150代时，等位基因频率仍然接近初始值0.5。

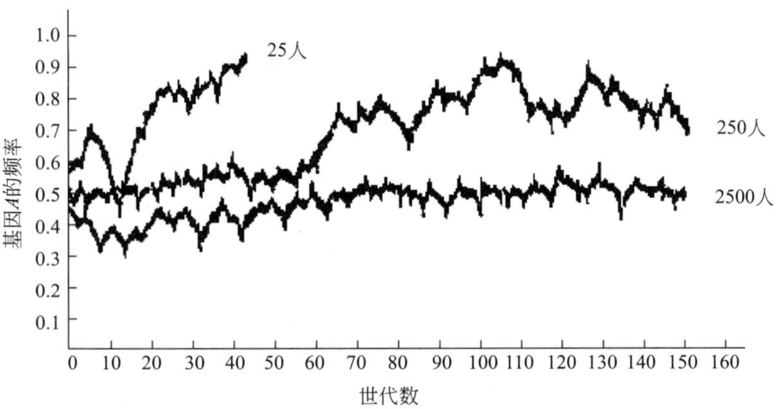

图13-1　群体大小与遗传漂变

在自然界的某个局部地区，由于气候的巨变，地质构造的变迁，传染病的流行，天敌的危害，使动植物个体数显著减少时，遗传漂变的影响就相当明显，成为主要的进化动力。遗传漂变可以掩盖甚至违背选择所起的作用，即使选择不利于某一个基因时，只要不导致携带者死亡，这个基因也会由漂变而建立和固定。相反，对选择有利的基因，在选择还没有充分表现出它的效应之前就可能已被漂变所淘汰。然而只要一个基因从群体中消失了（p=0）或被固定了（p=1），在以后的世代中，p就不再有任何改变。

（一）奠基者效应（founder effect）

当一个小群体繁衍成一个大群体后，即由少数个体的基因频率决定了后代中的基因频率，则原来那个祖先小群体中发生的遗传漂变，其影响会在繁衍后的大群体中世世代代保存下来，这就是“奠基者效应”。例如，在大西洋南部的Trissain da Cunha群岛，1817年苏格兰人William Glass及其家族移居该岛，始终保持遗传隔离的状态。1855年这个岛的人数达到100人左右，群体中26%的基因是由Glass夫妇遗传下来的。1961年，因火山爆发迁居英格兰的300名居民群体中，仍有14%的基因来自奠基者夫妇。

（二）瓶颈效应（bottle neck effect）

由于环境的剧烈变化，原来大群体内的个体数急剧减少，成为一个很小的群体（类似通过“瓶颈”）。这种群体以后可能会恢复到标准的大小，但在“瓶颈”期间因遗传漂变所造成的等位基因频率的变动将较长期地保留在群体中。这种群体消长对遗传组成所造成的影响，称为“瓶颈效应”。

第四节　达尔文的进化学说及其发展

19世纪中叶，在现代遗传学发展的基础上，达尔文用大量的资料证明了生物进化的事实，提出了生存竞争和**自然选择学说**（natural selection theory），说明了生物进化的原因和历史过程，使生物科学建立在唯物主义基础上。在此之前和之后，为了探讨生物进化的本质，许多科学家提出了各种假说或理论，来阐明生物进化的机制，这里只简单介绍其中的几种。

一、拉马克的获得性状遗传学说

在达尔文之前，拉马克（J.B.Lamarck）在1809年出版了《动物学哲学》一书，提出**用进废退学说**（theory of use and disuse）或**获得性状遗传假说**（hypothesis of the inheritance of acquired characters）。该学说认为生物物种（species）不是恒定的类群，而是由以前存在的物种衍生而来的。而动植物生存条件的改变是引起遗传特性发生变异的根本原因，环境的改变使生物产生适应环境的变异。例如：多数鸟类善于飞翔，胸肌就发达了；年幼的树木在茂密的森林中，为了争取阳光，就长得高高的。其主要内容包括以下几个方面。

① 生物生长的独特环境，使它产生某些欲求（needs）。

② 生物改变旧的器官，或产生新的**痕迹器官**（rudimentary organs）以适应这些欲求。

③ 继续使用这些痕迹器官，使其体积增大，功能增进，但不用时可以退化或消失。

④ 环境引起的性状改变是会遗传的，从而能够将这些改变了的性状传递给下一代。

该学说认为，外界环境对于生物的影响有以下两种形式。

①对于植物和低等动物，这种影响是直接的，如水生毛茛，水面上的叶片呈掌状，而生长在水面下的叶片呈丝状。

② 对于具有发达神经系统的高等动物则是间接的：当外界环境条件改变时，首先引起动物习性和行为的改变，然后促使某些器官的加强或减弱。这样，用进废退和获得性状的遗传相结合，使性状发生改变，生物得以逐渐进化。

例如长颈鹿的进化过程（图13-2）。长颈鹿是最高的哺乳动物，头颈特别长，但是它像人和其他哺乳动物一样，也只有7个颈椎，只是每个颈椎非常长而已。短头颈的祖先在食物贫乏的环境里，必须伸长头颈，才能吃到高树上的叶子，因此头颈长得稍稍长一点，这会传给后一代。后代又在相似的环境中，同样需要把头颈伸得长一点，才能吃更高的树上的叶子，又使子代个体的头颈长得长一点。这样一代一代地传递下去，长头颈的遗传特性继续加强，它们的头颈逐步延长，终于成为现代的长颈鹿。

这种说法虽然可以比较容易地说明生物的进化现象，但得不到科学实验的支持。首先，体细胞（如长颈鹿的颈项部位的细胞）发生的表型改变与蛋白质有关，但蛋白质不能复制和传递遗传信息，因此体细胞的表型改变不可能直接使性细胞内的特定遗传信息（DNA分子的某些核苷酸顺序）发生相应的改变，也就是说，体细胞获得的性状不可能直接遗传下去。其次，用生物的主观欲求作为进化的动力是不合乎科学原理的。所以，拉马克的进化学说虽然推翻了物种的不变论，建立了生物学的历史观点，但该学说缺乏实验证据的支持。

图13-2　以获得性状遗传解释长颈鹿头颈的进化

二、达尔文的自然选择学说

达尔文虽然同意拉马克的部分观点，但把**选择**（selection）的作用提到首要地位。他认为新种的形成是一个极缓慢的过程，必须通过长期的选择和积累作用才能形成。达尔文当时并不知道哪些变异能够遗传或不遗传。在达尔文看来，无论在自然界或者栽培条件下，不定的微小变异是广泛存在的，这些变异一般可以遗传。人类对这些变异进行多代的选择和积累，就可以选育出新的品种，这就是**人工选择**（artificial selection）。

达尔文认为在自然界也存在类似的选择过程，即**自然选择**（natural selection）。这是因为一个物种或变种内普遍存在着个体差异和繁殖过剩现象，必然导致生存竞争，从而产生自然选择。由种内竞争所产生的自然选择，是物种起源和生物进化的主要动力。自然选择的过程实际上是自然条件下个体微小差异的选择和积累。

在这些基本观点基础上，达尔文提出了**自然选择学说**，后人又从遗传学的本质上对这一学说加以修订。达尔文的自然选择学说的主要论点如下。

① 生物个体广泛存在着变异。所有生物个体都具有不同的性状，可以彼此识别。

② 生物的变异至少有一部分是由于遗传上的差异。现代遗传学证明，生物体每一个性状的个体差异（表型差异）都由基因型差异与环境差异两方面所造成，只不过两者在造成表型差异中所起的作用有着不同的比重而已。

③ 生物体的繁育潜力一般总是大大地超过它们的繁育率。如一株烟草约结种子36万粒，一条鲱鱼约产卵30万粒，而实际上只有其中少数比较健壮，它们的性状跟环境比较相适应的个体存活下来并发育成成体。达尔文把这个过程形象地称为“生存竞争”，从现代遗传学来看，或许称为“生存差别”更为合适些。

④ 每一个个体适应环境的能力和程度存在差别，这些差别至少有一部分是由遗传性差异造成的。因此，遗传性不同的个体，本身生存机会不同，留下后代的数目也有多有少，称为“繁育差别”。

⑤ 适合度高的个体留下较多的后代，适合度的差异也是由遗传差异和环境差异共同决定的。这样一代一代传下去，群体的遗传组成自然而然地趋向更高的适合度，这一过程叫作自然选择。生物体不断地遇到新的环境条件，自然选择不断地使群体的遗传组成做出相应的变化，从而建立新的适应关系，这就是生物进化中最基本的过程。

⑥ 地球表面上生物居住的环境是多种多样的，生物适应环境的方式也是多种多样的，所以通过多种多样的自然选择过程就形成了生物界的众多种类。

⑦ 生物界通过自然选择得到多种新性状，其中有些性状或性状组合特别有发展前途，是生物适应方式的根本革新。如陆生植物中维管束组织的发展、种子生殖、脊椎动物的内骨骼、体温调节机制、胎生与哺乳等，主要是这些根本革新导致生物体从低等到高等的发展。

按照该学说可以很容易地说明长颈鹿颈项的进化现象，即长颈鹿个体之间由于基因型不同，总是存在差异，其不同个体颈项的长短不可能是相同的，有的长、有的短。在食物充足的环境下，颈项长短对于觅食和生存没有多大影响，可是在食物短缺时，颈项长的长颈鹿的优势就显现出来，它们可以留下更多的后代，成为群体中的主体，而头颈短的个体在严酷的自然选择压力下被淘汰。颈长的长颈鹿其颈项的长度也是存在差别的，在食物匮乏这一选择压力下，总是头颈更长的个体在生存和繁育上占优势，于是一代又一代地自然选择保留了头颈长的个体，实现了长颈鹿的进化。

虽然达尔文学说基本上是正确的，但也留下一些问题没有解决，例如遗传性变异如何产生，又怎样保持，这些都没有很好地说明。

后人对该学说简要归纳为："过量繁殖，生存竞争，遗传变异，适者生存。"由此可见，达尔文学说的核心是选择，而作为选择材料的是种内个体间的微小差异。在自然条件下，对于比较适应条件的个体微小差异的选择和积累，就是自然选择。从这种观点认识生物发展和进化的，称作达尔文主义。

三、进化理论的发展

在达尔文之后，生物学界以拉马克的获得性状遗传学说和达尔文的自然选择学说为基础，形成了两个学派。前者是新拉马克学派，后者是新达尔文学派。两个学派的争论首先是由德国生物学家魏斯曼（A.Weismann）和英国哲学家兼生物学家斯宾塞（H.Spencer）两人开始的。争论的中心围绕生物进化的动力问题，也就是遗传特性如何发生变异和形成物种的问题。新拉马克学派拥护获得性状遗传学说，否定选择在新类型形成中的作用；新达尔文学派则认为选择是形成新类型的主导因素，而否定获得性状遗传。

从1886年起，狄·弗里斯（H.de Vries）通过对普通月见草（*Oenothera lamarckiana*）多年的观察，发现有些新类型是突然产生的，而且只要一代就能够达到遗传稳定，从而提出突变论，认为自然界中新种的产生不是长期选择的结果，而是突然出现的。此观点与达尔文的选择学说相矛盾，对拉马克的获得性状遗传学说也是不利的。

同期，丹麦的约翰森（W.L.Johannsen）用菜豆的一个商业品种为研究对象，在12年内对其进行连续选择，得到了19个纯系，提出了纯系学说。他认为，一个商业品种是一个多数纯系的混合体。在这个混合体内选择是有效的，可将不同的纯系分开。若在纯系内进行选择就是无效的。纯系学说主要阐明两个问题：选择无创造性作用，只能对已有变异作一番隔离。因此认为达尔文的选择学说不能说明生物进化的动力问题；由环境条件引起的变异是不遗传的，所以认为获得性状遗传也是没有依据的。

人类对于生物进化的认识，随着遗传学理论研究的深入和研究方法的更新不断地向前发展。如，生物的"进化综合理论"，是将达尔文的自然选择学说和**新达尔文主义**（neo-Darwinism）的基因论相结合形成的。以1937年杜布赞斯基（T.Dobzhansky）发表的《遗传学与物种起源》一书为标志。1970年，他又出版了《进化过程的遗传学》，论证了突变、基因重组、选择和隔离四个因素在生物进化中的作用，认为物种形成和生物进化的单位是种群

（或称孟德尔群体），而不是单个的个体。因此，生物的进化乃是群体在遗传结构上的变化。该理论丰富了达尔文的选择论和狄·弗里斯的突变论，但是同新达尔文主义一样，只解释了已有变异的选择或淘汰，没有说明产生变异的原因。此外，随着分子生物学的发展，应该如何从分子水平上揭示生物进化的规律和进化综合理论也未能做出解释。

第五节 分子进化

19世纪70年代后期，由于电泳技术的发展以及蛋白质和核酸序列测定技术的开发和应用，生物学家开始在分子水平上深入探讨生物进化问题，并已经取得显著进展。在核酸和蛋白质分子组成的序列中，蕴含着大量生物进化的遗传信息。在不同物种间，从相应的核酸和蛋白质组成成分的差异上，可以估测它们之间的亲缘关系：彼此间所具有的核苷酸或氨基酸愈相似，则表示其亲缘关系愈接近；反之，其亲缘关系就愈疏远。所谓**分子进化**（molecular evolution）就是通过分析比较DNA、RNA和蛋白质分子结构与功能的改变来研究群体的进化速率、物种间的亲缘关系、进化的过程和机制。

从分子水平上研究进化有以下几个优点：①根据生物所具有的核酸和蛋白质结构上的差异程度，可以估测生物种类的进化时期和速度；②对于结构简单的微生物的进化，只能采取这种方法；③它可以比较亲缘关系极远的类型之间的进化关系。

近年来，高通量蛋白质甄别、基因组测序和生物信息学的建立促进了分子进化研究的迅猛发展。21世纪以来，该研究领域比较活跃的课题包括：基因重复在进化中的作用、中性漂变在进化中的作用、新基因功能研究、与人类感染或疾病相关的一些大分子的鉴别和差异研究等。

一、蛋白质进化

蛋白质的氨基酸的排列顺序是由DNA上核苷酸的排列顺序所编码的，所以各类生物的同一种蛋白质的结构差异可以反映出生物进化过程中遗传物质的变化情况，因而，源于某个共同祖先的两个物种之间在同种蛋白质的氨基酸序列上的差异就可以用作一种**进化分子钟**（molecular clock of evolution），确定两个物种发生进化分歧的时间，作为衡量生物物种之间亲缘关系远近的尺度。

如血红蛋白和肌红蛋白等球蛋白家族，在物种间变化极小，反映了物种间该种蛋白质相对的稳定性。运载氧的球蛋白一般可分为3类：肌红蛋白，人类和马血红蛋白α链，所有血红蛋白的其余β、γ、δ链。其中人类的β、γ链差异最小（10个氨基酸的差异），马和人的α链次之（18个氨基酸的差异）。氨基酸的置换速度，就血红蛋白的β链来说，蜘蛛猴和老鼠在8×10^{7}年前就发生了分歧；每一氨基酸的基因座位，每年置换率粗略统计为1.225×10^{-9}氨基酸/年（表13-6），而α链平均为0.973×10^{-9}氨基酸/年，细胞色素c为0.281×10^{-9}氨基酸/年。由氨基酸置换的速度可以推断蛋白质的进化速度，同时也就可以推断它们的亲缘关系。

细胞色素c（cytochrome c）是一种含有血红素辅基的蛋白质，是呼吸链中的组分。它是所有细胞能量产生系统中的一个组成部分，广泛分布于现存的生物类群中，在生物氧化过程中担任电子传递体。细胞色素c常作为研究生物进化的有利材料。其氨基酸顺序已经确定，共包含104个氨基酸残基。利用生物间蛋白质一级结构的异同来分析进化的趋向是较为可靠的办法。

实验分析了从酵母菌到人类34种生物细胞色素c的氨基酸顺序，结果发现，有1/2以上的氨基酸残基在34个物种中是共同的，一般称作不变区，这些部位可能在功能上很重要，或者是活性部位，或者与正确的构型有关，或者与邻近的膜蛋白的结合有关；而变异区则因不同物种而异，可能是一些“填充”或间隔区域，氨基酸的变换不影响蛋白质的功能。相关分析表明（表13-7），黑猩猩和人的104个氨基酸残基（分子质量为12400Da）完全一样，差异为0。猕猴和人只有1个氨基酸的差别，人和酵母则相差较大，在104个氨基酸中有44个不同。这些数据说明不同物种间的亲缘关系越近，差异氨基酸数越少；亲缘关系越远，差异氨基酸数越多，因而有可能在分子水平上研究进化的速率。

表13-6　血红蛋白的进化速度

血红蛋白β链	$2T\times10^{-8}$	$K\times10^{-9}$	血红蛋白α链	$2T\times10^{-8}$	$K\times10^{-9}$
蜘蛛猴-鼠	1.6	1.225	人类-牛	1.6	0.769
人类-兔	1.6	0.631	大猩猩-猴	0.8	0.450
马-牛	1.0	2.319	兔-鼠	1.6	1.326
美洲驼-牛	1.0	1.806	马-羊	1.0	1.442
人类-羊	1.6	1.228	猪-鲤鱼	7.5	0.877
恒河猴-山羊	1.6	1.184			
猪-羊	1.0	2.231			
平均	—	1.518	平均	—	0.973

注：T表示两个种发生分歧以来的时间（以年计）；K表示每个基因座位每年氨基酸置换率。

表13-7　几种生物细胞色素c的氨基酸比较

生物	氨基酸差异数/个	生物	氨基酸差异数/个
黑猩猩	0	金枪鱼	21
猕猴	1	鲨鱼	23
袋鼠	10	天蚕蛾	31
狗	11	小麦	35
马	12	链孢霉	43
鸡	13	酵母菌	44
响尾蛇	14		

注：表内数值是指和人的细胞色素c所不同的氨基酸数。

每一种蛋白质的进化速率都是相对恒定的，但是不同蛋白质的进化速率不同。血纤维蛋白的氨基酸变化速率是比较快的，每百万年可改变排列顺序百分之一的残基；而细胞色素c这种蛋白质，若要改变氨基酸排列顺序的百分之一则要2×10^7年。一般而言，改变较慢的蛋白质（如细胞色素c）用于追踪最早期生物的趋异变化过程；而有些蛋白质（如血纤维蛋白）改变相对快些，正好被用来研究亲缘关系相近的物种。

二、核酸进化

近年来，由于核酸新技术的开发和利用，科学家们可以较为精确地测定DNA中核苷酸的含量及序列信息，从而可使我们能够从核酸水平上去研究并绘制生物各物种间的亲缘系谱，了解物种间发生分化的时间。

（一）DNA含量的进化

现已发现，不同物种之间细胞内DNA含量具有很大的差异。从总的趋势看，在进化过程中，生物的DNA含量出现明显的增长。例如，病毒ΦX174的DNA含有5375对核苷酸；大肠杆菌含有400万对核苷酸，而哺乳动物的一个单倍的基因组约有3×10^9对核苷酸（表13-8）。由低级物种向高级物种进化过程中，DNA含量的增加造成的基因结构的复杂化是十分重要的。因为生物越高级就越需要大量的基因来维持它较为复杂的生命活动。事实上有很多基因，如血红蛋白基因、结合珠蛋白基因和免疫球蛋白基因，只存在于高等生物中。

但DNA含量与生物的复杂和高级程度之间并不一定有相关性（表13-8）。例如一种肺鱼的DNA含量几乎是哺乳动物的40倍，玉米DNA含量是哺乳动物的2倍。原因是在这些生物体中存在着大量的DNA重复序列和无功能DNA区段。DNA含量发生变化最常见的过程是DNA小片段的缺失、插入和重复。在高等植物中，还可通过多倍体方式增加DNA的含量，而在动物中是罕见的。

表13-8　不同生物的DNA含量

生物	每基因组的核苷酸对数量	生物	每基因组的核苷酸对数量
哺乳动物	3.2×10^9	果蝇	0.1×10^9
鸟	1.2×10^9	玉米	7.0×10^9
蜥蜴	1.9×10^9	链孢霉	4.0×10^7
蛙	6.2×10^9	大肠杆菌	4.0×10^6
大多数硬骨鱼	0.9×10^9	T4噬菌体	2.0×10^5
肺鱼	111.7×10^9	λ噬菌体	1.0×10^5
棘皮动物	0.8×10^9	ΦX174	6.0×10^3

（二）DNA序列的进化

在进化过程中，DNA不仅发生量的变化，而且还发生质的变化，即核苷酸序列的变化。通过DNA**分子杂交技术**（molecular hybridization technique）测定不同物种间DNA的核苷酸序列的相似程度，从而判断物种间的亲缘关系。高等生物包含大量的DNA重复序列，由于这类DNA的进化路线尚未弄清，故一般不计入总DNA内，在杂交测定中通常只采用**非重复DNA**（nonrepeated DNA）。表13-9是一些哺乳动物的DNA杂交试验的结果。

表13-9　DNA分子杂交试验测得的核苷酸替换率（Kohne等，1972）

DNA比较组合	核苷酸差异/%	分歧后的年数×2	每年变化率$\times10^{-7}$	世代时间/年	每代的变化率$\times10^{-7}$
人类-黑猩猩	2.5	3×10^7	0.8	10	8
人类-长臂猿	5.1	6×10^7	0.8	10	8
人类-绿毛猴	9.0	9×10^7	1.0	2～4	3
人类-罗猴	9.3	9×10^7	0.9	2～4	2.7
人类-卷尾猴	15.8	1.3×10^7	1.2	2～4	3
人类-狐猴	42.0	1.6×10^7	2.6	1～2	3.9
小鼠-大鼠	30.0	2×10^7	105.0	0.33	5
牛-绵羊	11.2	5×10^7	2.2	1～2	3.3

从表中可见，远缘种之间的核苷酸差异大于近缘种，如人类与黑猩猩的核苷酸差异比例是2.5%，而人与狐猴则为42.0%。然而核苷酸对的差异比例不一定与种的分化时间成正比，如大鼠和小鼠的亲缘关系较近，但核苷酸差异却达到30%。因此，有人推测核苷酸的替换率受生物物种生活世代时间的长短影响，如果以世代作为统计标准，则核苷酸替换率大致可以稳定。

（三）遗传密码的进化

真核生物细胞核基因中的遗传密码几乎是通用的，且密码子具有简并性，tRNA的结构和反密码子也具有极大的相似性。这一事实说明，目前的核苷酸序列起源于祖先的一个或几个寡聚或多聚核苷酸，很可能就是目前真核和原核生物的最早共同起源物。

目前发现密码子的统一性不适用于线粒体基因，如人和酵母菌线粒体基因中的UGA是色氨酸密码子而不是核基因中的终止密码子，AUG是甲硫氨酸的密码子而不是亮氨酸的密码子。而对于tRNA，利用DNA序列测定和分子杂交法分析得知，哺乳动物和酵母菌线粒体DNA中的tRNA大约有23种，而染色体基因编码的tRNA至少有50种，这些事实说明遗传密码以及DNA序列在进化中确实发生过变化。线粒体基因编码的tRNA少于核基因编码的tRNA而处于较为原始的状态。

1980年有人提出，生物进化的较早期的原始生物含有的氨基酸种类较少，因此，原始生物的每一种氨基酸可能有更多的密码子。有些学者认为，根据G═C比A═U更趋于稳定的情况设想，早期的密码可能是GNC型，也就是GGC=甘氨酸，GCC=丙氨酸，GAC=天门冬氨酸，GUC=缬氨酸。以后氨基酸种类逐渐增加，新增加的氨基酸占用了有关的原有氨基酸的密码子。直至生物进化的某一阶段，遗传密码似乎被固定下来。

在编码变化中，由于G、C两个核苷酸较为稳定，所以分化首先从氨基酸编码前两个碱基既不是G也不是C的密码子族开始，即从UUU、UUC、UUA、UUG；UAU、UAC、UAA、UAG；AAU、AAC、AAA、AAG密码子族开始，其次是包括一个G或一个C的族。这样就形成了编码20种氨基酸的密码子表。

三、非达尔文进化理论——中性学说

达尔文进化学说的核心是自然选择，当时没有关于群体中变异来源的解释。孟德尔定律与达尔文主义的结合构成了进化的综合理论或称**新达尔文主义**（neo-Darwinism）的理论框架，该学说认为，突变是遗传变异的根本原因，但自然选择却在决定群体的遗传组成，并在基因替换过程中起着决定性作用。选择被视为是驱动进化的唯一力量，其他因素如突变、随机漂变等被认为最多只有次要作用。根据新达尔文学派的观点，基因替换和多态性是由不同的进化力量驱动的。基因替换是正的适应性过程所造成的结果。只有当一个新的等位基因能够改善该物种的适合度时，它才会占据群体的基因库，从而被保存下来；而多态性则是在某一基因座上两个或更多个等位基因共存时对该生物体或群体有利时才维持下来的。因此，新达尔文学派的理论主张自然界中大多数的遗传多态性是稳定的。

19世纪70年代后期，群体遗传学中出现了一次革命。电泳技术的发展以及蛋白质和核酸序列测定技术的应用打破了群体遗传学中的物种界限，并为相应进化学说的发展提供了实验数据。R.Lewontin与J.Huby根据他们创造的分子技术以及所观察到的前所未见的现象指出，自然选择理论不能解释在分子水平产生差异的原因。

1968年日本群体遗传学家木村资生（M.Kimura）和太田（Ohta）几乎同时提出**分子进**

化中性论学说（neutral theory of molecular evolution），又叫**中性突变-随机漂变学说**（neutral mutation-random drift theory）。该学说较圆满地解释了生物大分子层次上的进化改变不是由自然选择作用于有利突变而引起，而是在连续的突变压之下由选择中性或非常接近中性的突变的随机固定造成的。他们认为进化是“中性突变”在自然群体随机的遗传漂变的结果。其要点如下。

① 突变大多是“中性”的。这种突变不影响核酸、蛋白质的功能，对个体生存既没有害处也没有益处，选择对它们没有作用。中性突变如同同义突变、同功能突变（蛋白质存在多种类型，如同工酶）、非同功能突变（没有功能的DNA序列发生突变，如高度重复序列中的核苷酸置换和基因间的DNA序列的置换）。这种中性突变由于没有选择的压力，它们在基因库里漂动，通过随机漂变到群体中固定下来。

② 分子进化的主角是中性突变而不是有利突变。中性突变率，也就是核苷酸和氨基酸的置换率是恒定的。蛋白质的进化表现与时间呈直线关系，可根据不同物种同一蛋白质分子的差别来估计物种进化的历史，推测生物的系统发育。此外还可根据恒定的蛋白质中氨基酸的替换速度，对不同系统发育事件的实际年代做出大致的估计，即所谓**进化分子钟**（molecular clock of evolution）。

③ 中性突变的进化是通过遗传漂变来进行的。遗传漂变使中性突变在群体中依靠机会自由结合，并在群体中传播，从而推动物种进化。所以生物进化是偶然的、随机的。

④ 中性突变的分子进化是由分子本身的突变率来决定的。不是由选择压力造成的，所以分子进化与环境无关。

中性学说认为蛋白质中氨基酸的置换速率和DNA中核酸的替换速率可能是接近恒定的。因为这些变化在选择上是中性的，即这些突变可能产生同义突变或产生同工酶，其结果是不改变蛋白质的结构或功能，不影响生物的表型，因而选择对这些变化是无效的，是既无利也无害的中性突变。假定群体中因突变而出现新的等位基因有相同的适合度，则等位基因频率的逐代变化，只是起因于随机的遗传漂变。它并不否认任何一个基因可能出现在突变中，有很大一部分突变对基因携带者是有害的。这些突变将被淘汰，或只保持很低的频率。但假如每个基因座上能产生大量的、在适应上彼此相同的有利突变，则这些突变不会受到有差别的选择，因为它们不影响突变携带者的适合度。中性学说认为分子水平上的进化，构成了中性等位基因相互之间的逐渐随机置换，置换前后的中性基因在功能上是相同的。这个学说假定尽管会发生有利突变，但频率很低，所以对核苷酸和氨基酸置换的总的进化速度作用很小。

中性学说是在研究分子进化的基础上提出的，用随机出现的中性突变，能很好地说明核酸、蛋白质等大分子的非适应性的多态性，认为根据核酸、蛋白质分子一级结构上的变化可以说明生物性状的所有变异，进而说明进化原因；认为中性等位基因并不是无功能的基因，而是对生物体非常重要的基因。其在群体中的频率逐代变化，起因于遗传的随机漂变而不是由于选择的作用；认为中性等位基因的置换率就是这些基因的突变率，与群体的大小以及其他任何参数都无关。

该学说并不否认自然选择在决定适应性进化过程中的作用。但认为进化中的DNA变化只有小部分是适应性的，而大量不在表型上表现出来的分子替换对有机体的生存和生殖并不重要，只是随物种随机漂移着。因而，它强调突变压和随机漂变在生物分子水平进化过程中起着主导的作用。在理解选择理论与中性理论时，不应将它们完全对立。在考虑自然选择时，必须区别两种水平，一种是表型水平，包括由基因型决定的形态上和生理上的表型性状；另一种是分子水平，包括DNA和蛋白质中的核苷酸和氨基酸顺序。中性学说是对分子水平的进化进行阐述，而自然选择对后者的作用有待进一步研究。

第六节　物种形成

一、物种的概念

在经典的分类学中，物种的定义是以表型特征为基础的，若两群生物的形态特征完全不同，则这两群生物就被认为属于不同的种。进化遗传学认为物种是指个体间实际上能够相互交配或具有相互交配的潜能而产生可育后代的自然群体。不同物种的成员在生殖上是彼此隔离的。近年来由于科学技术的进展，认识逐渐趋于一致。

物种（species）是指形态相似、有一定分布区域、彼此可以自由交配并产生正常后代的一群个体，是生物分类的基本单元，也是生物繁殖和进化的基本单元。其本质在于同一物种的所有个体享有一个共同的基因库，该基因库不能与其他物种的个体所共有。由于物种间**生殖隔离**（reproductive isolation）的存在，不同物种具有互不依赖的、各自独立进化的基因库。总之，一个物种就是一个最大的孟德尔群体。

不同物种之间的个体，一般在形态上差别较大，具有明显的界限，在生殖上彼此不能交配，即使能够交配产生的后代也是不育的。如鸡和鸭外形差别明显，不能杂交，属于不同物种；马和驴能够杂交产生骡子，但骡子不能生育，所以马和驴也属于不同的物种。然而，在一个物种的内部，仍然可以存在地域性的群体，这种群体可以通过一些表型特征来区分，但是，群体间可以轻易地进行基因的交流。例如，在人类中，人们可以很容易地区分一个典型的塞内加尔人和一个典型的瑞典人，但他们之间可以自由婚配，生育后代。事实上，自然界中有很多这样的例子，存在大量的不同程度的介于两个地理上不同的地域类型之间的中间类型。但他们不是分离的种。

总之，凡是能够杂交并产生能育后代的种群属于同一物种，否则属于不同的物种。这就是说，不同物种之间在生殖上存在着某种**“隔离屏障”**（isolation barries）。如果没有生殖上的隔离，就不能看成是两个物种，而是一个物种。若生殖上隔离而形态上区别不大的仍归为不同的物种，如北美洲菊科半带草属中的*Hemizonia obconica*和*H.virgata*，两者在外部形态上很相似，但在生殖上很早就发生了隔离而不能杂交，因此它们是两个不同的种。

物种间的差异主要表现在遗传基础上的差异。这里涉及一系列不同的基因、不同的基因频率以及染色体数目和结构上的差别。现代分子生物学研究指出：不同物种的个体或群体间，由于遗传基础上的明显差异或染色体数目和结构不同，它们之间不能杂交，或它们的杂种在减数分裂时产生困难，不能产生正常配子从而不能生育后代。

二、隔离在进化中的作用

物种形成是生物进化的基础，隔离是物种形成的必要条件。发生了遗传变异的个体或群体，如果不与原来的群体隔离开来，仍然任其随机交配，那么新的遗传性变异仍然与原群体交流，而不能形成具有新的遗传性状的新物种。隔离一般有地理隔离、生态隔离和生殖隔离等类型。而新群体一旦与原种产生了生殖隔离，新种就产生了。

（一）地理隔离（geographic isolation）

地理隔离是指由某些地理条件的阻碍而造成的隔离，如河流两岸、山顶与山谷、沙漠、大陆漂移形成的海洋等，生物不能由一个地区自由地迁到另一个地区，因而阻止了基因交流，使一些群体与原群体隔离开来，从而形成独立的物种。

地理隔离不依靠群体中任何遗传差异，遗传组成相同的群体可能在地理上被隔离（例如在孤岛上）。地理隔离在物种形成中十分重要，它往往与某种形式的生殖隔离密切联系在一起，是生殖隔离的前奏。由于地理隔离使一些群体孤立起来，不能和其他群体杂交，经过积累变异，就可能形成地理上的亚种，进一步发展为生殖隔离而形成新种。

（二）生态隔离（ecological isolation）

生态隔离是指种群间因生态条件的差异而发生的隔离。例如季节隔离，即两个种群在生育季节上不重叠。一般生物都有一定的生育季节，如动物的发情期、交配季节，植物的开花期等。两个种的生育季节不重叠，发生隔离。例如，菊科莴苣属的*Latuca Canadensis*和*L.graminifolia*，在美国东南部大面积地生长，都是路边野草，人工杂交完全可育。但在自然界中，前者在夏季开花，后者在早春开花，因而得以保持为两个在形态上各异的不同的种。在动物中如青蛙和蟾蜍，因不能同时达到性成熟而不能进行相互交配生殖。此外，如食物的差异、居住环境的不同等也会造成生态隔离。如图13-3所示，两种慈鲷（cichlid fish），前者主要以湖水表层的浮游藻类为食物，后者生活在湖泊的深水层，以昆虫、软体动物或者其他的鱼类为食，结果二者经长期的生态隔离，逐渐演变形成了不同的物种。

图13-3　慈鲷（cichlid fish）因生活环境和食物来源不同演变成为不同的种

（三）生殖隔离（reproductive isolation）

生殖隔离是指种群间不能杂交或杂交后代不能生育的现象，它是生物防止杂交的生物学特征，是划分物种的主要依据。生殖隔离的初级形式是选择交配或“心理隔离”。如把两种果蝇*Drosophila persimilis*和*D.pseudobhscura*的雌蝇混合在一起，而后加入其中任何一种雄蝇。实验结果发现，雄蝇与相同物种的雌蝇交配的比例比与不同的物种要大得多。这种选择交配的现象常和交配习性不同有关。也可能是由物种间性器官的不协调造成的。在植物方面常表现在花部结构上的差异，使得同一种昆虫传粉发生困难。生殖隔离机制主要分为两大类。

1. 受精前生殖隔离

（1）心理隔离

主要是指有求偶行为的动物，异性个体间缺乏引诱力，所以不相互交配。如两种近缘鱼类*Gasterosteus aculeatus*和*G.pungitius*都是先筑巢，然后雄鱼把雌鱼引向巢内交配，但前者巢筑在水底，巢只有一个进口，在求偶时，雄鱼先在雌鱼面前作纹花式游泳，然后力追雌鱼进巢；而后者的巢悬挂于水生植物上，巢有一进口和一出口，在求偶时，雄鱼以纹花式游泳向巢游去，雌鱼跟着自动进巢。因为有这些生殖行为上的差异，所以虽然在实验室中可通过人工授精产生杂种，但在自然界中，它们却很少杂交。

（2）受精隔离

是指体内受精动物在交配受精后，体外受精动物在释放配子后，雌雄配子不能相互吸引；植物在花粉到达柱头以后，在一系列反应中有某种不协调，使雌雄配子不能结合。例如茄科曼陀罗（*Datura*），花粉管在异种花柱内生长速度比在同种花柱内慢得多，有时甚至在异种花柱内破裂。

2. 受精后生殖隔离

这种隔离方式实际上是在F_1合子形成以后起作用，影响种间杂种后代的个体发育过程，包括杂种无生活力、杂种不育和杂种衰败等。

（1）杂种无生活力

杂种无生活力使F_1合子不能生存，即使成活也不能发育到性成熟阶段。杂种不活可表现于个体发育中的各个阶段，在不同杂交组合中不同。亚麻*Linum perenne* ♀ ×*L.austrianum* ♂，可得成熟的杂种胚，但不能穿破种皮（母体组织），因此种子不能萌发，若通过人力帮助，把种皮剥掉，就能长成健壮可育的杂种植株。在反交：*Linum austrianum* ♀ ×*L.perenne* ♂ 中，杂种胚不能充分成熟，但若把胚从胚乳中取出，在培养液中培养，就能完成胚的发育，以后可以萌发而长成健壮可育的植株。这说明杂种胚与杂种胚乳之间的不协调是杂种不活的原因，这种不协调与亲本基因的表型效应的彼此不协调有密切关系。

（2）杂种不育

杂种不育，指即使能形成后代个体，但F_1杂种不能产生有功能的配子。杂种不育的原因，主要是性腺的形成不全、性腺内生殖细胞没有分化、减数分裂失败等。如马的染色体数$2n$=64，驴的染色体数$2n$=62，马与驴杂交得到的子代——骡子的育性极低，其染色体数为63。根据细胞学的研究，骡子在形成生殖细胞时，63条染色体不能正常配对，随后染色体不规则分离，导致精子或卵的染色体组不平衡，从而造成不育。

（3）杂种衰败

杂种衰败，是指在极少数情况下，F_1杂种可育，在F_2及以后各代或者回交世代中杂种个体出现极端分离，生殖力或生活力降低，仍不能生存。

综上所述，生殖隔离保持了物种之间的不可交配性，从而保证了一个物种的相对稳定性。它是巩固由自然选择积累下来的变异的重要因素，是保持物种形成的最后阶段。所以，在物种形成中，它是一个不可缺少的条件。

三、物种形成的方式

新物种的形成过程称为**物种形成**（speciation）。一个新物种的形成过程，必定先有可遗传变异，在自然选择的作用下经历了筛选，然后在各种隔离因素的影响下，使新基因不能在群体中交流，那么，这一群体才发生根本性的变化，有可能成为新的物种。这就是说，新物种形成的要件是：变异、选择和隔离。物种的形成方式可以概括为两种：一种是渐变式的，即在一个较长时期内，旧的物种逐渐演变成为新的物种，这是物种形成的主要形式；另一种是爆发式，这种方式是在短期内以飞跃形式从一种变成另一种，它在高等植物，特别是种子植物的形成中，是一种比较普遍的方式。

（一）渐变式

一般地讲，渐变式的形成方式是通过突变、选择，由变异的累积先形成亚种，再进一步发展成新种。其中又可分为两种方式，即继承式和分化式。

1. 继承式

是指一个物种可以通过逐渐累积变异的方式，经历悠久的地质年代，由一系列的中间类型，过渡到新的种。这种物种形成的主要因素是时间的隔离。例如马的进化历史就是这种方式（图13-4）。

2. 分化式

这是指一个物种的两个或两个以上的群体，由于地理隔离或生态隔离，逐渐分化成两个或两个以上的新物种。这种物种形成的主要原因是空间隔离。它的特点是少数种变为多数种，而且需要经过亚种的阶段，如地理亚种或生态亚种，然后才变成不同的新种，例如，棉属（*Gossypium*）中一些种的变化，就属于这种方式。又如上面提到的两种慈鲷鱼类，二者在形态上的区别不大，对其基因组的分子分析显示，二者在进化上是同源的，但它们之间却不能杂交，即经长期的生态隔离，逐渐演变形成了具有生殖隔离的不同的物种。

总之，渐变式的物种形成方式是一种常见的方式，主要通过突变、选择和隔离等过程首先形成亚种，然后因生殖隔离而形成新种。

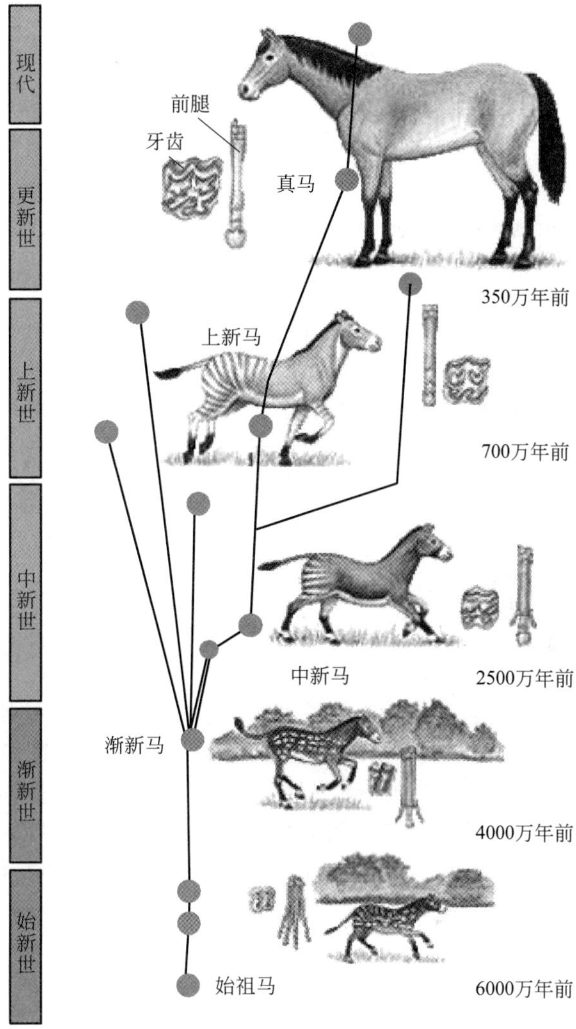

图13-4　马的进化历史

（二）爆发式

爆发式的形成方式，不一定需要悠久的演变历史，在较短的时间内即可形成新的物种。一般也不需要经过亚种阶段，而是由于染色体变异或突变、远缘杂交以及染色体加倍等方式，在自然选择的作用下逐渐形成新种。这一物种形成方式主要见于植物界。

例如，果蝇中的*D.melanogaster*和*D.simulans*是两个比较相似的种，在形态上极相似，可以进行杂交，但杂种不育。对两种果蝇唾腺染色体的研究表明，这两个物种染色体数目相同，但结构却有区别，两者之间存在一个大的倒位、五个短的倒位和十四个小节上的差异。这说明物种的差异可能是染色体畸变造成的。

多倍体和远缘杂交等方式形成新物种的实例很多，如普通小麦经遗传学实验分析得知它的染色体组成来源于一粒小麦、拟斯卑尔脱山羊草和方穗山羊草3个物种的染色体。又如根据棉属内各种间的亲缘关系研究，陆地棉（*Gossypium hirsutum*）有52条染色体，很可能是非洲的草棉（*G.herbaceum*；2*n*=26）和美洲野生的雷蒙地棉（*G.raimondii*；2*n*=26）杂交后产生的双二倍体。另外，如胜利油菜、烟草、马铃薯等，也都是异源多倍体。

总之，物种形成的方式极为多样，仅以上述两种方式而言，各类生物在细节上也有所不同，从而有了现今生物界的多样性。

本章小结

本章重点是群体遗传与进化。首先在介绍群体遗传学中几个基本概念的基础上，讨论了哈迪-温伯格定律的内容及其应用，并分析了突变、选择、迁移和遗传漂变等因素对基因频率的影响。然后，对生物进化加以概述，并介绍了几种生物进化理论及分子进化学说的发展。最后，在理解隔离机制及其在进化中作用的前提下，介绍了物种的概念及其主要的形成方式。

思考拓展

1. 名词解释

基因频率　基因型频率　孟德尔群体　生殖隔离　地理隔离　生态隔离　适合度　选择系数　遗传漂变　物种　奠基者效应　中性突变

2. 什么是遗传的平衡定律？如何证明？有何意义？

3. 某人群中，聋哑病（*dd*）患者的频率为4/10000。问：该人群中携带者（*Dd*）的概率多大？在正常人中携带者（*Dd*）所占的频率多大？

4. 假设在1000人的群体中，有360人为O型血，130人为B型血。问另两种血型各有多少人？

5. 人类中，男性红绿色盲患者在男性群体中占8%。则红绿色盲女性患者在女性中出现的频率多大？在总人口中出现的频率又是多少？

6. 有哪些因素影响群体的基因频率？

7. 生物进化的基本理论有哪些？你对这些理论（假说）有什么看法？

8. 什么是自然选择？它在生物进化中起怎样的作用？

9. 突变和隔离在生物进化中起什么作用？

10. 什么叫物种？它是如何形成的？有哪几种不同的形成方式？

11. 多倍体在植物进化中起什么作用？

第十四章

基因工程和基因组学

【本章导言】

基因工程（gene engineering）是狭义的**遗传工程**（genetic engineering），是现代生物技术的核心组成部分，基因工程能使人类定向地改造生物，得到符合人类需要的生物性状和基因工程产品。以DNA重组技术为核心的基因工程自从20世纪70年代创建以来，已发展成为最具有活力的研究领域，基因工程技术已对工业、农业、食品、环境保护和人类健康等多个方面产生巨大影响。1990年，被誉为生命“登月计划”的**人类基因组计划**（human genome project，HGP）启动，主要由美、日、中、德、法、英等国的科学家共同参与。人类基因组计划核心内容是分析人类基因组DNA的基本成分碱基的排列顺序，绘制成序列图，随着人类基因组DNA序列测序结束，**基因组学**（genomics）研究重点从**结构基因组学**（structural genomics）转向**功能基因组学**（functional genomics）和**蛋白质组学**（proteomics）研究。基因工程和人类基因组计划极大地推动了生命科学新理论和新技术的发展，包括基因的**定位**（mapping）、基因的分离和鉴定技术、PCR（polymerase chain reaction，聚合酶链式反应）技术、**测序**（sequencing）技术、**遗传转化**（genetic transformation）技术、**动物克隆**（animal cloning）技术、基因表达产物的分离纯化技术、**基因芯片**（gene chip）技术、**基因治疗**（gene therapy）技术等。

第一节　基因工程

一、基因工程概述

（一）基因工程的概念及意义

广义的**遗传工程**包括**基因工程**、细胞工程、酶工程、生化工程和蛋白质工程等。狭义的遗传工程专指基因工程。基因工程是以分子遗传学为理论基础，以分子生物学和微生物学的现代方法为手段，将不同来源的基因按预先设计的蓝图，在体外构建重组DNA分子，然后导入受体细胞，以改变生物原有的遗传特性、获得新品种、生产新产品。基因工程技术为基因的结构和功能的研究提供了有力的手段。

基因工程是建立在分子生物学和现代生物技术基础上的一门综合性学科。1973年，美国科学家科恩（S.N.Cohen）等首次通过DNA体外连接的方法，构建了具有生物学功能的细菌杂交质粒，标志着基因工程正式诞生。五十多年来，基因工程技术发展十分迅速，基因工程技术及其产品已渗透到人类生活方方面面，成为生命科学的前沿学科。

（二）基因工程的主要操作程序

按照基因工程的定义，基因工程的主要操作程序包括以下几步。①获得目的基因：从细胞或组织中分离感兴趣的目的基因，包括人工合成目的基因、从基因组文库中分离目的基因、DNA标签法分离目的基因、PCR扩增分离目的基因等；②重组DNA分子的构建：用**限制性内切酶**（restriction endonuclease）切割目的基因和载体DNA分子，再用DNA**连接酶**（DNA ligase）将已酶切的目的基因和载体连接，构建重组DNA分子；③将重组DNA分子引入受体细胞中：把重组DNA分子通过转化、转染或显微注射等方法转移到受体细胞中，使其整合到受体细胞基因组中，并大量增殖，获得**克隆群**（cloning）；④转化子筛选：从大量繁殖的细胞群体中，筛选出具有重组DNA分子的受体细胞的克隆；⑤目的基因的表达和功能鉴定：将目的基因克隆到表达载体中，导入受体细胞或转化至动植物体中以获得目的基因的表达产物，并对基因表达产物的性质进行研究或对转基因动植物的遗传特性进行研究。

二、基因工程的酶学基础

（一）限制性内切酶

1. 限制性内切酶概述

限制性内切酶是指生物体内能识别并切割特异的双链DNA序列的一种内切核酸酶。它一方面可以将外源的DNA切断，即能够限制外源DNA的侵入并使之失去活力；另一方面对自身细胞的DNA却无损害作用，这样可以保护细胞原有的遗传信息。由于这种切割作用是在DNA分子内部进行的，故名限制性内切酶（简称限制酶）。

根据限制性内切酶的作用特性，共分三种类型，分别为Ⅰ型、Ⅱ型和Ⅲ型，由于Ⅰ型和Ⅲ型内切酶的识别位点与切割位点分离，使用起来比较复杂，在基因工程操作中很少使用。目前广泛使用的限制性内切酶主要是Ⅱ型。Ⅱ型限制性内切酶具有以下基本特征：具有特异的切割位点，且识别位点和切割位点一致，多具有回文序列；识别序列具有对称性；切割位点具有规范性。首个Ⅱ型限制性内切酶是1970年在*Haemophilus influenzae*的Rd菌株中分离获得的*Hin*dⅡ，Ⅱ型限制性内切酶的发现使得DNA的精确切割成为可能。

为了区别各种限制性内切酶，国际上制定了限制性内切酶命名规则，主要依据内切酶的来源来命名，涉及宿主的种名、菌株号或生物型。比如*Hin*dⅢ限制性内切酶，*Hin*指来源于流感嗜血杆菌，d表示来自菌株Rd，Ⅲ表示序号。限制酶识别序列的长度一般为4～8个碱基，最常见的为6个碱基（表14-1）。当识别序列为4个和6个碱基时，它们可识别的序列在完全随机的情况下，平均每256个和4096个碱基中会出现一个识别位点（4^4=256，4^6=4096）。限制性内切酶对DNA的切割位置大多数在内部，但也有在外部的。在外部的，又有两端、两侧和单侧之别。*Eco*R Ⅰ是应用最广泛的限制性内切酶之一，酶切位点和切割位点如下：

5′-G ↓ -A-A-T-T-C-3′

3′-C-T-T-A-A- ↑ G-5′

表14-1　常见的限制性内切酶及其识别序列

名称	识别位点	来源
*Hin*d Ⅰ	5′-G-T-Py- ↓ Pu-A-C-3′ 3′-C-A-Pu- ↑ Py-T-G-5′	*Haemophilus influenzae*
*Eco*R Ⅰ	5′-G- ↓ A-A-T-T-C-3′ 3′-C-T-T-A-A- ↑ G-5′	*Escherichia coli*
*Hin*d Ⅲ	5′-A ↓ -A-G-C-T-T-3′ 3′-T-T-C-A- ↑ A-5′	*H.influenzae*
Hae Ⅲ	5′-G-G ↓ -C-C-3′ 3′-C-C ↑ -G-G-5′	*H.aegyptius*
Hpa Ⅱ	5′-C ↓ -C-G-G-3′ 3′-G-G-C-C- ↑ -5′	*H.parain fluenzae*
Pst Ⅰ	5′-C-T-G-C-A- ↓ G-3′ 3′-G ↑ -A-C-G-T-C-5′	*Providencia stuartii*
Sma Ⅰ	5′-C-C-C ↓ -G-G-G-3′ 3′-G-G-G- ↑ C-C-C-5′	*Serratia marcescens*
Bgl Ⅱ	5′-A ↓ -G-A-T-C-T-3′ 3′-T-C-T-A-G- ↑ A-5′	*B.globigii*

2. 限制性内切酶产生的末端

（1）黏性末端

黏性末端（cohesive end）是指DNA分子在限制性内切酶的作用之下形成的具有互补碱基的单链延伸末端结构，它们能够通过互补碱基间的配对而重新环化起来。识别位点为回文对称结构的序列经限制性内切酶切割后，产生的末端即为黏性末端，这样形成的两个末端是相同的，也是互补的。若在对称轴5′侧切割底物，DNA双链交错断开产生5′突出黏性末端，如*Eco*R Ⅰ。若在3′侧切割，则产生3′突出黏性末端，如*Kpn* Ⅰ。

（2）平末端

平末端是指在识别序列对称处同时切开DNA分子两条链，产生的平齐末端结构，平末端则不易于重新环化。

（3）非对称突出端

许多限制性内切酶切割DNA产生非对称突出端。当识别序列为非对称序列时，切割的DNA产物的末端是不同的，如*Bbv*C Ⅰ，它的识别和切割位点如下：

5′-C-C ↓ -T-C-A-G-C-3′

3′-G-G-A-G-T- ↑ C-G-5′

3. 同裂酶和同尾酶

不同种类的限制性内切酶往往具有不同的识别位点，但也有些来源不同的限制性内切酶能识别和切割相同的核苷酸序列，这类内切酶称为**同裂酶**（isoschizomer）。还有一类内切酶，虽然识别的DNA序列不相同，但能产生相同的黏性末端，称为**同尾酶**（isocaudamer）。如*Bam*H Ⅰ、*Bcl* Ⅰ、*Bgl* Ⅱ和*Xho* Ⅰ是一组同尾酶。

（二）DNA连接酶

在基因工程操作中，DNA连接酶是最为常用的一种工具酶，主要功能是连接限制性内切酶切割下来的DNA链3′-OH末端和另一DNA链的5′-P末端，使二者生成磷酸二酯键，从而把两段相邻的DNA链连成完整的链。连接酶的催化作用需要消耗ATP。*E.coli* DNA连接酶来源于大肠杆菌，可用于连接黏性末端；T4 DNA连接酶，来源于T4噬菌体，既可以连接黏性末端，也可用于平末端的连接，但连接效率低。热稳定的DNA连接酶，是从嗜热放线菌菌株中分离纯化的，一种能够在高温下催化两条寡核苷酸探针发生连接作用的核酸酶。在85℃高温下都具有连接酶的特性。

（三）DNA聚合酶

DNA聚合酶主要催化DNA片段与单个脱氧核苷酸之间形成磷酸二酯键，在DNA复制中起作用。DNA聚合酶是以一条DNA链为模板，催化单个核苷酸通过磷酸二酯键形成一条与模板链互补的DNA链。常见的DNA聚合酶包括大肠杆菌DNA聚合酶Ⅰ、T4 DNA聚合酶、T7 DNA聚合酶和耐热性DNA聚合酶。在PCR扩增反应中，耐热性DNA聚合酶的发现使得PCR扩增特异性DNA片段成为可能。一般的DNA聚合酶由于不耐高温，在DNA高温变性后很容易就失去活性，而耐热性DNA聚合酶在DNA高温变性条件下也能保持较长时间的活性，因此在PCR扩增特异DNA片段过程中，只要在开始将酶一次性加入反应体系中，不需要每次反应加入酶，PCR扩增就能实现程序化。目前用得最多的耐热性DNA聚合酶为*Taq*DNA聚合酶，这种酶具有较强的5′→3′ DNA聚合酶的活性，以带引物的DNA链为模板，催化互补链的聚合反应，引物按5′→3′方向延伸，可以扩增DNA片段大约在1kb，片段过长，扩增效果不理想。

（四）逆转录酶

逆转录酶是指以RNA为模板的DNA聚合酶，具有三种酶活性，即RNA指导的DNA聚合酶活性、RNA酶活性、DNA指导的DNA聚合酶活性。在分子生物学技术中，作为重要的工具酶被广泛用于建立基因文库、获得目的基因等遗传操作过程中，也是基因工程中常用的工具酶。

（五）其他常用的工具酶

除了上述几种工具酶以外，基因工程中常用的工具酶还包括末端转移酶、碱性磷酸酶、外切核酸酶等修饰酶。

三、载体

（一）载体的概述

由于外源DNA很难直接导入受体细胞中，在基因工程中将外源目的基因导入受体细胞中一般要借助**载体**（vector）来实现。载体是基因工程中能将目的基因转移到受体细胞中的一种能自我复制的DNA分子。在基因工程中，载体必须具有四个基本特征：①在宿主细胞中能保存下来并能大量复制；②有多个限制酶切点，而且每种酶的切点最好只有一个，如大肠杆菌pBR322就有多种限制酶的单一识别位点，适于多种限制酶切割的DNA插入；③含有复制起始位点，能够独立复制；④有一定的标记基因，便于进行筛选。如大肠杆菌pBR322质粒携带氨苄青霉素抗性基因和四环素抗性基因，可以作为筛选的标记基因。根据DNA克隆目的不同，可以把载体分为克隆载体、表达载体和穿梭载体等不同类型。

（二）克隆载体

1. pBR322质粒

质粒（plasmid）是细胞中一种能自我复制的DNA分子，质粒能自由地整合到染色体上。由于质粒分子量较小，且具有自我复制能力，经过人工改造可以作为基因工程的载体。质粒pBR322（图14-1）是第一个人工构建的重要基因工程载体，大小为4363bp，分子量较小；带有一个复制起始位点，保证了该质粒能在大肠杆菌的细胞中行使复制的功能；具有两种抗生素抗性基因——氨苄青霉素抗性基因（*Amp*ʳ）和四环素抗性基因（*Tet*ʳ），可作为转化子的选择标记；具有较高的拷贝数，经过氯霉素扩增以后，每个细胞中可累积1000～3000份拷贝，该特性为重组体DNA的制备提供了极大的方便。

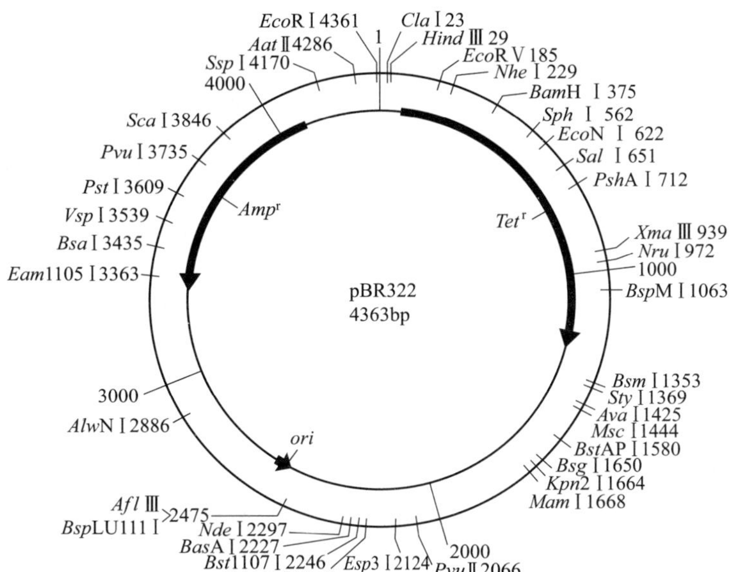

图14-1　pBR322质粒物理图谱

2. pUC质粒

pUC质粒是另一类基因工程载体，最常见的为pUC18质粒，是在pBR322基础上构建的一种载体，pUC18质粒上带有β-半乳糖苷酶基因（*lacZ*）的调控序列和β-半乳糖苷酶*N*端146个氨基酸的编码序列，在这个编码区中插有一个多克隆位点，且不影响正常功能。DH5α感受态菌株带有β-半乳糖苷酶C端部分序列的编码信息，当pUC18载体在正常情况下同感受态菌株融合后，互补表达具有酶活性的蛋白质，称为α-互补现象。当有外源片段插入多克隆位点后，互补现象消失，其形成的菌株颜色具有很大的差异，很容易鉴别，这种筛选方法称为α-互补现象筛选。因此pUC18载体除了能重组导入外源DNA片段外，在筛选表达过程中还具有重要的作用（图14-2）。

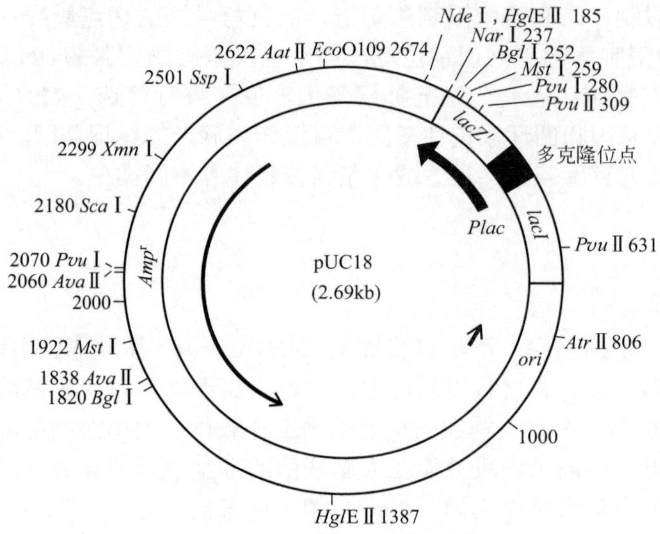

图14-2　pUC18质粒物理图谱

3. Ti质粒

在植物转化系统中，通常用农杆菌介导法来将外源基因导入植物细胞内，主要利用Ti质粒的特性来实现这一目的，Ti质粒是在根瘤土壤杆菌细胞中存在的一种染色体外自主复制的环形双链DNA分子，大小约为200kb（图14-3）。其特定部位与植物核内DNA组合来表达信息，控制根瘤的形成。Ti质粒既有在细菌中表达的基因，又有在高等植物中表达的基因，经改造后可作为植物基因工程的载体。

4. 噬菌体和病毒载体

噬菌体（phage）是感染细菌的一类病毒，有的噬菌体基因组较大，如λ噬菌体和T噬菌体等，有的则较小，如M13、f1、fd噬菌体等。用于感染大肠杆菌的λ噬菌体改造成的载体应用最为广泛。野生型的λDNA具有较多缺陷，如分子太大、含有许多常用的限制性内切酶的识别位点、没有选择标记，因而不能直接用作基因工程的载体，需要进行人工改造后才能用作基因工程的载体。通常用体外定点突变技术去除λ噬菌体基因组中存在的一些常用酶切位点，包括裂解周期所必需的基因区域中的一些常用酶切位点，而在非必需区引入合适的酶切位点和选择标记，以便插入外源基因和对重组体进行选择。

质粒和噬菌体载体只能在细菌中进行复制，不能满足动物细胞DNA重组的需要。感染动物的病毒经改造后可用作动物细胞转化的载体。动物细胞的培养和操作较复杂、花费也较多，因而病毒载体构建时一般都把细菌质粒复制起始序列放置其中，使载体及其携带的外来序列能方便地在细菌中繁殖和克隆，然后再引入动物细胞。目前常用的病毒载体包括：猿猴空泡病毒40（SV40，simian vacuolating virus 40）、逆转录病毒和昆虫杆状病毒等，使用这些病毒载体的目的多为将目的基因或序列导入动物细胞中表达，或试验其功能，或用于基因治疗等。

5. 黏粒

带有λ噬菌体黏性末端cos的质粒称为**黏粒**（cosmid）。一般长度4～6kb，含有*Amp*和*Tet*选择标记基因，其上的cos位点可识别噬菌体外壳蛋白（图14-4）。凡具有cos位点的任何DNA分子只要在长度上相当于噬菌体的基因组，就可以同外壳蛋白结合而被包装成类似噬菌体λ的颗粒。因此，插入黏粒载体的外源DNA片段的长度可大于40kb，从而大大增加了载体携带外源DNA的能力。

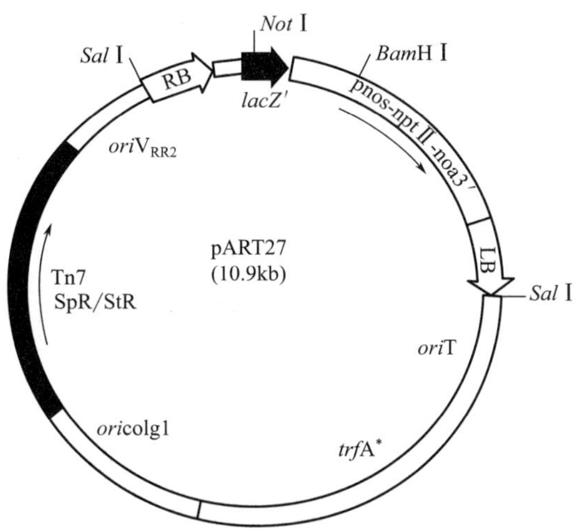

图14-3　含有T-DNA的pART27质粒
（引自Gleave A P，1992）

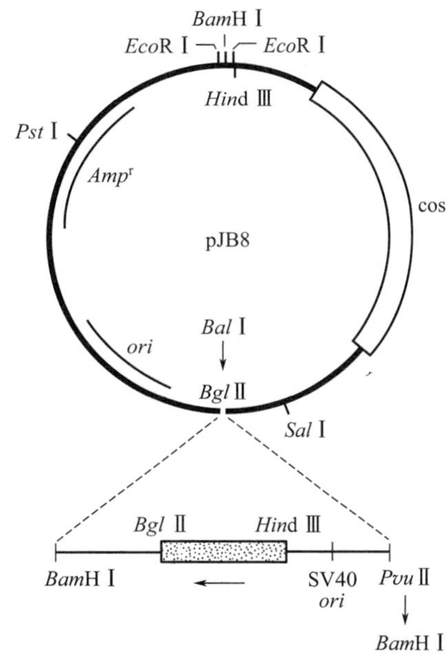

图14-4　黏粒pJB8物理图谱
（引自Lau YF等，1983）

6. 酵母人工染色体

酵母人工染色体（yeast artificial chromosomes，YAC）是人工染色体中能克隆最大DNA片段的载体，可以插入100～2000kb的外源DNA片段。YAC是由酵母的自主复制序列、着丝粒、四膜虫的端粒以及酵母选择性标记组成的酵母线性克隆载体。YAC左臂含有端粒、酵母筛选标记色氨酸合成缺陷基因*trp1*、自主复制序列ARS和着丝粒，右臂含有酵母筛选标记尿嘧啶合成缺陷基因*ura3*和端粒，然后可以在两臂之间插入大片段DNA。与其他载体相比，YAC可以容纳更长的DNA片段，用较少的克隆就可以包含特定的基因组全部序列，从而保持了基因组特定序列的完整性，有利于物理图谱的制作。YAC用于构建YAC重叠群，可以促进大规模基因组测序和致病基因的克隆。

7. 细菌人工染色体

细菌人工染色体（bacterial artificial chromosomes，BAC）是以细菌F因子为基础构建的细菌克隆载体（图14-5）。BAC克隆容量可以达300kb，可以通过电穿孔方法导入细菌细胞。主要包括*oriS*、*repE*（控制F质粒复制）和*parA*、*parB*（控制拷贝数）等成分。细菌人工染色体具有拷贝数低、稳定、比YAC易分离等特点，广泛用于基因文库的构建。

8. P1噬菌体载体和PAC载体

P1噬菌体载体是1990年由Nat L.Sternberg首先发明的，该载体与λ噬菌体载体相似，也缺少野生型噬菌体基因组的一个片段，载体容量的大小与缺失片段大小以及噬菌体颗粒的容纳空间有关，但P1基因组比λ基因组更大，克隆的DNA片段可以达到125kb。1994年，科学家将P1噬菌体载体和BAC载体综合到一起产生了PAC载体（P1-derived artificial chromosomes，P1人工染色体）。PAC载体同时具有P1噬菌体载体和BAC载体的优点，容纳的DNA片段可达300kb（图14-6）。

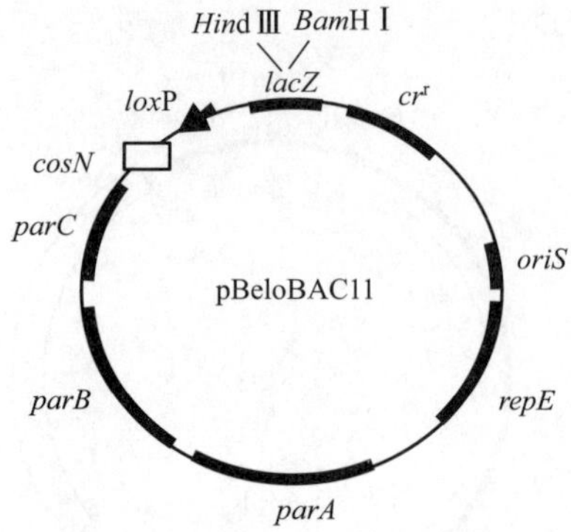

图14-5 BAC载体pBeloBAC11
（引自Heaney J D等，2006）

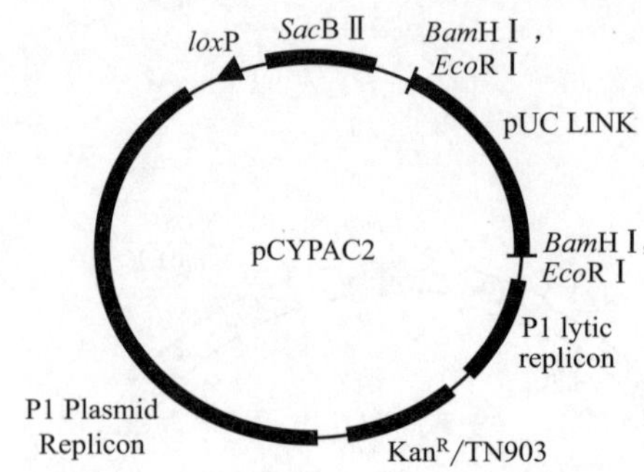

图14-6 PAC载体pCYPAC2图谱
（引自Heaney J D等，2006）

（三）穿梭载体和表达载体

1. 穿梭载体（shuttle vectors）

是指同时可在两种不同生物中稳定存在的载体。穿梭载体含有两种生物不同的复制子序列，在其中一种生物中，与该生物有关的复制子有活性，另一复制子关闭。例如既能在原核生物中复制，也能在真核生物中复制的载体，这类载体不仅具有细菌质粒的复制原点及选择标记基因，还有真核生物的自主复制序列以及选择标记性状，具有多克隆位点。穿梭载体在细菌中用于克隆及扩增克隆的基因，在酵母菌中用于基因表达分析。

2. 表达载体（expression vectors）

就是在克隆载体基本骨架的基础上增加表达元件，如启动子、调节基因、**核糖体结合位点**（ribosome binding site，RBS）、终止子等，使目的基因能够表达的载体。表达载体pKK223-3是一个具有典型表达结构的大肠杆菌表达载体。其基本骨架为来自pBR322和pUC的质粒复制起点和氨苄青霉素抗性基因，在表达元件中，有一个杂合tac强启动子和终止子，在启动子下游有RBS位点，其后的多克隆位点可装载要表达的目的基因。真核生物基因表达载体常利用酵母菌构建。酵母菌生长快、操作简单，且具有哺乳动物细胞翻译后的加工能力，例如糖基化，这样可以使目的基因得以顺利表达。

四、重组DNA导入受体细胞的方法

（一）重组DNA导入细菌细胞

重组DNA只有引入受体细胞中，才能实现基因的表达。在原核生物中，将重组DNA分子导入受体细胞中主要是通过转化进行，使用的受体菌通常是大肠杆菌。原核生物的遗传转化可以通过$CaCl_2$处理、电激转化等方法。其中$CaCl_2$处理转化法是较为常用的化学转化方法，在转化之前，需要在冰上用预冷的$CaCl_2$处理待转化细胞，然后转移到42℃的条件下再处理90s。这种通过$CaCl_2$预冷处理的细胞称感受态细胞。处于感受态的细胞可以摄入游离的外源细胞，转化率在0.1%左右。电激转化法是一种物理转化方法，需要专门的电激转化仪，在其施加的强电场作用下，外源DNA分子能穿过细胞壁，进入受体细胞，这种转化方法操作相对简单，但转化率小于0.0001%。

（二）重组DNA导入植物细胞

重组DNA导入植物细胞的方法有农杆菌介导法、基因枪转化法、花粉管导入法等，其中以农杆菌介导法和基因枪转化法最为常用。

1. 农杆菌介导法

农杆菌中具有Ti质粒，当Ti质粒根瘤农杆菌在感染植物时，Ti质粒上的一段DNA插入被感染植物的基因组中，并能稳定地遗传给后代，但细菌本身并不进入被感染的植物细胞，由此发展出以农杆菌Ti质粒为载体的植物遗传转化系统，这是自然界存在的一个天然的遗传转化系统。在基因工程操作中可以将Ti质粒中T-DNA进行改造，将目的基因的DNA片段组装到T-DNA中，在转化过程中，目的基因随着T-DNA一起整合到植物细胞染色体中并表达。很多植物中已建立起农杆菌转化系统，目前已发展成为一项常规的技术。

2. 基因枪转化法

基因枪最早是由美国Cornell大学的Sanford等首先发明的。该法利用被电场或机械加速的金属微粒能够进入细胞内的基本原理，先将DNA溶液与钨、金等金属微粒一起保温，使DNA吸附在金属微粒表面，随高速的金属微粒直接进入细胞内。基因枪法已成为继农杆菌介导法之后第二大植物遗传转化方法。基因枪法的优点是无宿主细胞的限制，可以实现对任何基因型材料进行遗传转化，特别是对那些无法通过植物体细胞获得再生植株的植物材料，基因枪具有独特的优势。它还具有操作简单的优点，但基因枪法需要的设备较昂贵，转化效率较低，转化植物中目的基因的多拷贝插入导致基因沉默，使得基因枪法转化植物受到一定的限制。

（三）重组DNA导入动物细胞

1. 显微注射法

显微注射法是目前国际公认的制备转基因动物的首选方法，有重大的应用价值。在显微镜下，用一根极细的玻璃针（直径1 ～ 2μm）直接将DNA注射到胚胎的细胞核内，再把注射过DNA的胚胎移植到动物体内，使之发育成正常的个体。通过显微注射法可以将外源基因导入受体细胞中，从理论上说，任何DNA都可以导入动物细胞内，现在这种方法已在多种动物上应用，包括小鼠、鱼、大鼠、兔子及牛、羊、猪等。

2. 体细胞移植技术

体细胞移植技术又称体细胞克隆技术，先在体外培养的体细胞中进行基因导入，筛选获得带外源基因的细胞，然后将带有外源基因的体细胞核移植到去掉细胞核的卵细胞中，生产重构胚胎。重构胚胎移植到母体中，产生的个体都是转基因动物。

五、外源基因在原核细胞中的表达

在基因工程中，除了克隆基因以外，更多的是希望能得到表达的基因或基因产物，这样就必须构建表达载体，把目的基因与表达载体结合，转入受体细胞中。下面重点介绍目的基因的克隆以及外源基因在大肠杆菌中高效表达的原理。

（一）目的基因的克隆

在基因工程中，第一步需要获得目的基因，除了人工合成小片段的DNA片段以外，大部分目的基因是从生物体中分离获得。基因分离的方法很多，包括化学合成基因、筛选基因组文库和PCR分离法等。

1. 化学合成基因

化学合成基因是根据已知的基因或氨基酸序列，将化学合成和酶法相结合的人工合成基因方法。目前人工合成基因的途径主要有两条。其中一条途径是以目的基因转录成的信使RNA为模板，反转录成互补的单链DNA，然后在酶的作用下合成双链DNA，从而获得所需要的目的基因；另一条途径是根据已知的蛋白质的氨基酸序列，推测出相应的信使RNA序列，然后按照碱基互补配对的原则，推测出相应基因的核苷酸序列，再通过化学方法，以单核苷酸为原料合成目的基因。如人的血红蛋白基因和胰岛素基因等就可以通过该法获得。

2. 目的基因克隆的策略

对于未知基因的分离主要依赖筛选基因组文库和cDNA文库，如果获得未知基因的一段序列或其他物种的同源基因的序列，也可以通过PCR技术进行分离。

（1）根据已知碱基序列或氨基酸序列克隆基因

如果一个基因的序列已经知道，克隆基因的目的是表达产生价值很高的蛋白质或用于其他特殊实验，可以根据已知序列设计特异的引物，通过PCR技术获得目的基因的DNA片段。

（2）根据表型变异克隆基因

DNA标签法克隆基因是一种反向遗传学方法，也是植物基因克隆的一种常用方法，其基本原理是利用一段已知的外源DNA作为标签，通过合适的方法插入植物基因组中，使插入位点的基因表达受到影响（失活或激活），从而获得突变体，筛选获得纯合的标签DNA插入突变体，分析突变性状与标签DNA的连锁关系，一旦经遗传分析确认两者连锁，就可以通过IP-PCR或TAIL-PCR方法获得标签DNA两端的侧翼序列，用其作探针筛选基因文库，获得目标基因或克隆，然后再进行下一步分析。常用的DNA标签包括T-DNA标签和转座子标签。

（3）图位克隆法分离目的基因

图位克隆法（map-based cloning）分离目的基因是一种基于基因组图谱克隆基因的方法，可以用来分离已知与分子标记紧密连锁的基因。其前提是将目的基因定位于染色体的特定位置，并找到与之紧密连锁的分子标记。在克隆基因时，首先用与目的基因连锁的分子标记作为探针，筛选基因组文库，获得靠近目的基因的下一个DNA片段，对这段DNA测序，再以这段新的DNA片段的3′-端序列为探针，从基因组文库中筛选更加接近目的基因的克隆，如此反复用新获得的DNA片段的3′-端序列筛选基因组文库，最终获得目的基因。通过图位克隆方法已分离获得一些基因，如水稻*Xa21*基因，于1995年通过该法分离获得，该基因是一种长药野生稻中存在的一个显性广谱抗白叶枯病基因，控制着水稻对白叶枯病的抗性。

（4）电子克隆技术分离目的基因

随着生物大规模基因组测序工作的顺利实施，有关基因序列及EST序列数据呈海量增长，各种数据资源为基因功能研究提供了方便，电子克隆技术正是在这种背景下提出的。电子克隆技术是从Genbank中获得某生物有关功能基因的EST序列，然后通过拼接、克隆，获得其全长序列，根据序列设计PCR引物进行RT-PCR扩增，可以获得该基因的cDNA，测序后再与数据库的序列进行比对分析，筛选BAC克隆序列可获得基因组序列，在获得基因组序列之后，还需要进行基因功能分析。

3. 基因文库的构建与目的基因的克隆

（1）基因文库

基因文库（gene library）是指用重组DNA技术将某种生物细胞的总DNA、染色体DNA所有片段随机地连接到基因载体上，然后转移到适当的宿主细胞中，通过细胞增殖而构成各个片段的无性繁殖系（克隆），在制备的克隆数目多到可以把某种生物的全部基因都包含在内的情况下，这一组克隆的总体就被称为某种生物的基因文库。基因文库包括**基因组文库**（genomic library）、**染色体文库**（chromosome library）和cDNA**文库**（cDNA library）等。

基因组文库是指将某生物的全部基因组DNA切割成一定长度的DNA片段，并与合适的载体重组后导入宿主细胞进行克隆，这些存在于所有重组体内的基因组DNA片段的集合，即基因组文库。基因组文库的构建包括以下四个步骤（图14-7）。①DNA的纯化：构建基因组文库的基因组DNA必须进行纯化后，才能用来制备符合载体插入片段大小的随机片段。②DNA的酶切：用限制性内切酶对已经纯化的DNA进行切割，以产生小片段的DNA，便于连接到适宜的载体中。③连接：将酶切的DNA片段连接到合适的载体中，形成重组子。构建基因组文库可采用不同的载体，包括质粒载体、噬菌体载体、BAC（细菌人工染色体）或YAC（酵母人工染色体）等。④转化：重组子转化合适的宿主菌，建立基因组文库。

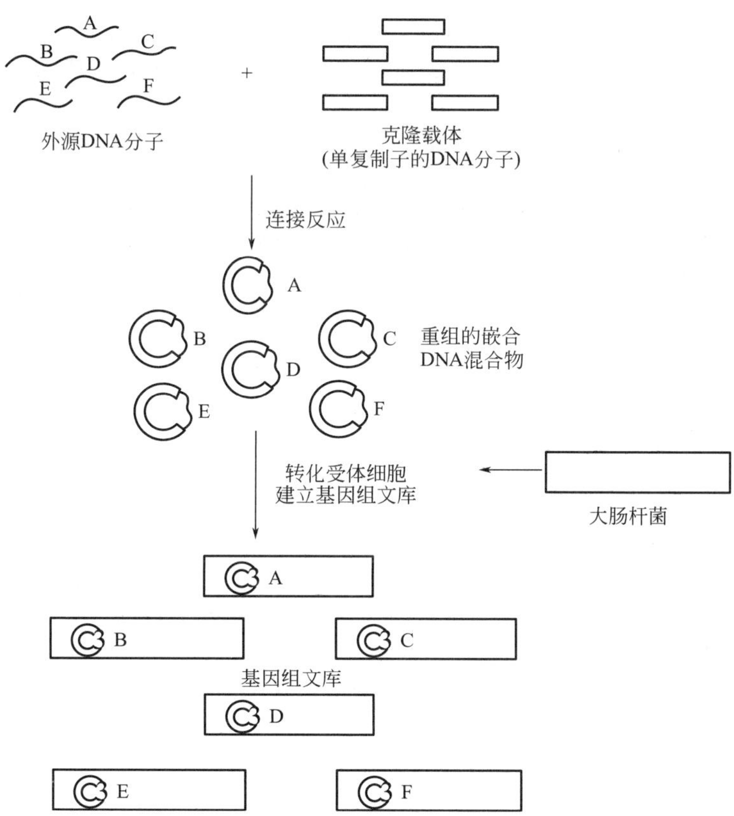

图14-7　基因组文库的构建（引自Greene J J和Rao V B，1998）

染色体文库是指将基因组的一部分如某条染色体全部DNA来构建基因文库，可以用来选择特异基因及对染色体的结构进行分析。

cDNA文库是指以mRNA为模板，经反转录酶催化，在体外反转录成cDNA，与适当的载体（常用噬菌体或质粒载体）连接后转化受体菌，则每个细菌含有一段cDNA，并能繁殖扩增，这样包含着细胞全部mRNA信息的cDNA克隆集合称为该组织细胞的cDNA文库。基因组含有的基因在特定的组织细胞中只有一部分表达，而且处在不同环境条件、不同分化时期的细胞其基因表达的种类和强度也不尽相同，所以cDNA文库具有组织细胞特异性。cDNA文库显然比基因组DNA文库小得多，能够比较容易从中筛选克隆得到细胞特异表达的基因。但对真核细胞来说，从基因组DNA文库获得的基因与从cDNA文库获得的不同，基因组DNA文库所含的是带有内含子和外显子的基因组基因，而从cDNA文库中获得的是已经过剪接、去除了内含子的cDNA。

（2）从基因文库分离特定的基因

从基因文库中分离目的基因包括制备DNA探针、筛选文库、序列测定和功能分析等步骤。

① 制备DNA探针。**探针**（probe）是指一段与待筛选的目的基因或克隆互补的核苷酸序列。利用DNA探针可以从基因文库中筛选特定的基因。探针可以是单链探针，也可以是双链探针。通常用同位素标记探针，也可以用地高辛标记探针。探针可以有多种来源，如果筛选植物基因，标记除了可以来源于植物本身以外，也可以来源于其他植物或动物中同类基因的保守序列。

② 筛选文库。构建好基因文库后，需要从文库中筛选、分离特定的基因，具体的筛选方法需依据建立文库所使用的载体和对所要分离基因信息的了解程度确定。利用质粒构建基因文库时，一般通过**菌落杂交**（colony hybridization）技术寻找所需要的目标基因的克隆。

③ 序列测定和功能分析。从文库筛选获得目标克隆后，需要对克隆进行测序才能进行生物信息的分析和功能分析。

4. 目的基因克隆的鉴定与分析

在基因克隆实验中需要从很多不同的重组体中筛选鉴定目的基因的克隆。将重组DNA分子转入受体细胞后，需要对转化子（具有外源质粒的受体细胞）进行筛选才能确定重组子是否转化。筛选方法包括：遗传检测法、物理检测法、菌落或噬菌斑杂交筛选法和免疫筛选法。

（1）遗传学选择和筛选方法

① 抗药性标记插入失活选择法

pBR322质粒含有Tet^r和Amp^r基因，只要将转化的细胞培养在含有四环素或氨苄青霉素的生长培养基中，便可以容易地检测出获得此种质粒的转化子细胞。抗药性筛选示意图如图14-8所示。

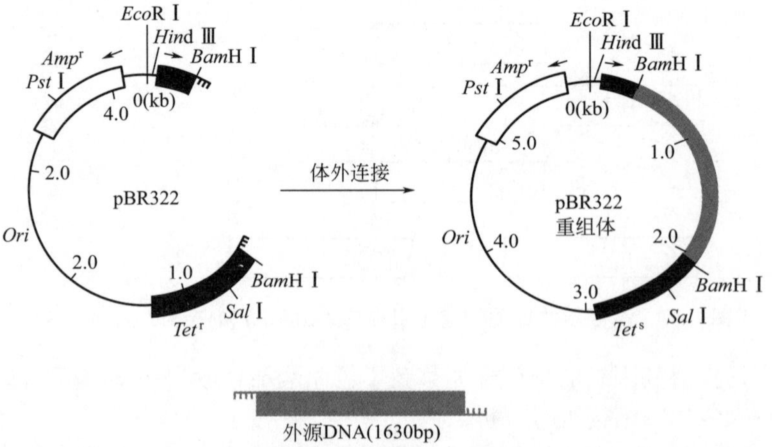

图14-8　抗药性筛选示意图

② β-半乳糖苷酶显色反应选择法

根据插入失活原理，将外源DNA插入*lacZ*基因中造成β-半乳糖苷酶失活，可以通过大肠杆菌转化子菌落在Xgal-IPTG培养基中颜色的变化直接观察出来（图14-9）。

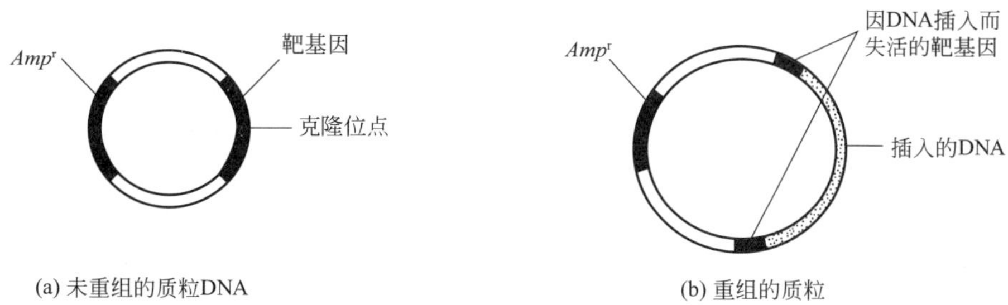

图14-9 插入失活的原理

（2）分子杂交检测

① Southern杂交。**Southern杂交**（Southern blot）是一种DNA-DNA杂交，其基本原理是：利用琼脂糖凝胶电泳分离经限制性内切酶消化的DNA片段，将凝胶上的DNA变性并在原位将单链DNA片段转移至尼龙膜，经过干烤或者紫外线照射固定，再与相对应结构的标记探针进行杂交，用放射自显影反应显色，从而检测特定DNA分子的含量。除此以外，利用Southern杂交还可以确定外源基因转入受体基因组的拷贝数。

② Northern杂交。**Northern杂交**（Northern blot）是一种DNA-RNA杂交，主要用于检测转基因生物外源基因转录表达。如果外源基因整合到染色体后，能够正常表达，受体生物细胞将有其转录的产物mRNA的生成。提取生物总RNA或mRNA，将总RNA或mRNA用变性凝胶电泳分离后，不同分子量的RNA在凝胶上呈顺序排列，转移至尼龙膜，在合适的条件下，用探针与膜杂交，再经放射自显影显色，如果能检测出有杂交带，说明外源基因已经表达，如果没有检测到杂交带，说明外源基因没有表达。

③ Western杂交。**Western杂交**（Western blot）主要用于检测外源基因是否表达出蛋白质。提取转基因生物的总蛋白质，经纯化分离后，进行SDS聚丙烯酰胺凝胶电泳使蛋白质分离，将凝胶上的蛋白质转移到尼龙膜，在合适的条件下与抗体杂交，如果能检测出有杂交带，说明外源基因能表达出蛋白质。

（3）目的基因序列分析和功能分析

在获得目的基因后，需要对目的基因作进一步的分析，最准确的分析方法是序列分析。DNA序列分析可以提供DNA结构的基本信息，包括编码序列、调节序列、内含子序列等。在序列分析过程中，需要对序列进行测序。

5. PCR技术与基因克隆

（1）PCR技术的概述

聚合酶链式反应（polymerase chain reaction，PCR）技术是美国科学家Mullis于1985年发明的一项革命性的新技术。PCR技术的基本原理是（图14-10）：根据碱基互补配对原则，在模板DNA、引物和4种脱氧核糖核苷酸存在下，依赖于DNA聚合酶的酶促合成反应合成靶序列。PCR过程包括高温变性、低温退火、适温延伸，第一次反应，DNA的量增加一倍，经过30次左右的循环，理论上扩增片段的量可以达到10^6以上。PCR反应在PCR仪上进行，PCR仪也称热循环仪，已经实现完全自动化。PCR技术一经问世之后，广泛用于分子生物学实验，在基因定位、基因分离、目的基因鉴定、克隆筛选等方面具有不可替代的作用。

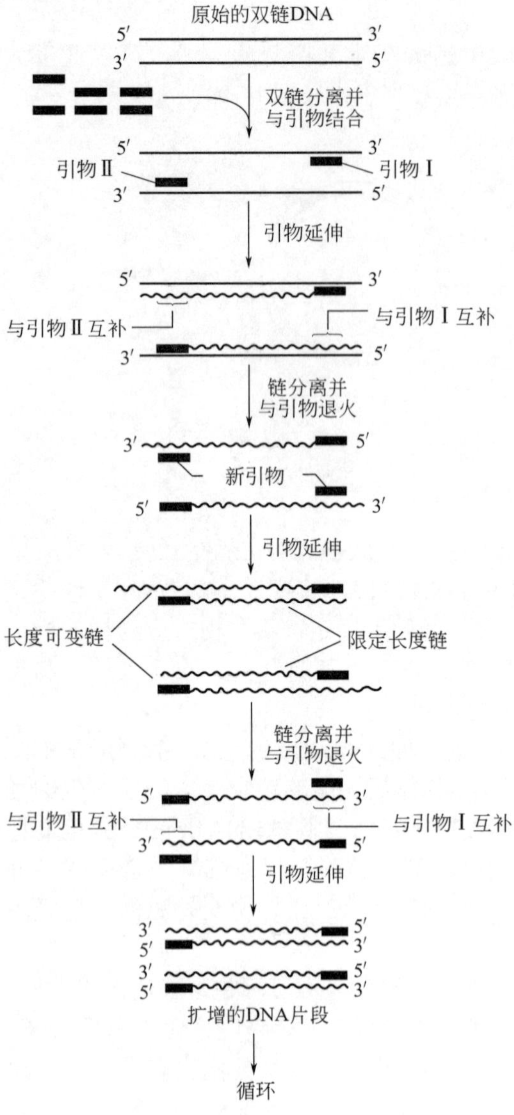

图14-10　PCR技术的基本原理
（引自Watson等，1992）

（2）PCR技术在基因克隆中的应用

对于已知序列的基因，就可以设计引物，通过PCR扩增获得大量的DNA片段用来研究。使用PCR技术可以替代文库的筛选，直接获得基因序列。利用RT-PCR技术不但可以克隆基因的编码序列，也可以用来构建cDNA文库，以寡聚dT为引物合成cDNA第一链，然后在3′-端加一段poly（dC）尾巴，就可以通过5′-端带有酶切位点的寡聚dT和寡聚dG引物扩增cDNA，用于构建cDNA。利用T-DNA插入法获得突变体后，可以直接利用IT-PCR技术来扩增T-DNA插入两端的侧翼序列，进而用侧翼序列作为探针去筛选文库来克隆突变基因。此外，PCR技术在重组子筛选、转化子筛选等方面均具有重要的作用。

（二）外源基因在大肠杆菌中高效表达的原理

外源基因在大肠杆菌中高效表达，主要涉及强化蛋白质的生物合成、抑制蛋白产物的降解及维持蛋白质构型三个方面的因素。其中强化异源蛋白的生物合成主要与外源基因的剂量、基因转录水平和mRNA翻译速率的调控有关。这些调控可以通过在构建表达载体过程中设计相应的表达调控元件来实现。高效表达外源基因必须考虑以下基本原则。

1. 优化表达载体的设计

为了提高外源基因的表达效率，在构建表达载体时对决定转录起始的启动子和决定mRNA翻译的SD序列进行优化。具体方法包括使用组合强启动子和强终止子；增加SD序列中与核糖体16S rRNA互补配对的碱基序列，使SD序列中6～8个碱基与核糖体16S rRNA的碱基完全配对。

2. 增强稀有密码子tRNA的表达或密码子优化

多数密码子具有简并性，而不同基因使用密码子的频率不相同。大肠杆菌基因对某些密码子的使用表现了较大的偏爱性，在几个同义密码子中往往只有一个或两个被频繁地使用。同义密码子使用的频率与细胞内相应的tRNA的丰度呈正相关，稀有密码子的tRNA在细胞内的丰度很低。在mRNA的翻译过程中，往往会由于外源基因中含有过多的稀有密码子而使细胞内稀有密码子的tRNA供不应求，最终使翻译过程终止或发生移码突变。此时可通过点突变等方法将外源基因中的稀有密码子转换为在受体细胞中高频出现的同义密码子。

3. 提高外源基因mRNA的稳定性

大肠杆菌的核酸酶系统能专一性地识别外源DNA或RNA并对其进行降解。对于mRNA

来说，为了保持其在宿主细胞内的稳定性，可采取两种措施，一是尽可能减少核酸外切酶对外源基因mRNA的降解；二是改变外源基因mRNA的结构，使之不易被降解。

4. 提高外源基因表达产物的稳定性

大肠杆菌中含有多种蛋白水解酶，在外源基因表达产物的诱导下，蛋白水解酶的活性可能会增加。需要采用多种措施提高外源蛋白在大肠杆菌细胞内的稳定性。

5. 优化发酵过程

由于大规模发酵需要的条件与实验室条件下发酵条件存在差异，因此对工程菌株大规模培养的优化设计和控制对外源基因的高效表达至关重要。包括优化工艺方面的因素和生物学方面的因素。

六、基因工程的应用

（一）基因工程与医药工业

基因工程的操作使得生物性状之间的重组可以按照人类的意愿进行，使不同物种之间的基因交流成为可能，这是生物科学发展历史的一次重大革命。从基因工程诞生以来，人类首先利用基因工程生产药物，高产值、高效率的基因药物给医药产业带来了一场革命，推动了整个医药产业的发展，医药产业进入了新的历史时期。从1982年全世界第一个基因工程重组新药“人胰岛素”在美国上市以来，美国现已有几百种基因工程重组生物技术药物获得美国食品药品管理局（FDA）批准上市。

（二）植物基因工程的应用

利用基因工程手段将一些有用的外源基因导入植物体，使植物具有一些原来没有的优良性状，从而实现对植物品种进行遗传改良，这种通过基因工程手段改良的植物品种称为转基因植物。转基因植物的范围除了水稻、玉米、大豆、小麦、棉花等农作物，还包括林木、花卉、药用植物和其他经济作物等。由于转基因植物不但可以提高产量，改良品质，还可以抵抗不良的环境，这对于保证世界粮食安全、解决人类的温饱问题具有重大现实意义，各国竞相发展农作物的转基因技术。植物基因工程主要包括植物抗性基因工程，如抗虫基因工程、抗病基因工程、抗逆基因工程，改良植物品质的基因工程以及提高作物产量的基因工程等。自从1983年第一例转基因烟草获得成功，1996年第一个转基因番茄获得批准上市，世界范围内转基因作物的研究发展迅速。我国开展转基因植物研究较晚，经过科学家的努力，我国在转基因植物上也获得重大进展，转基因棉花是我国第一个具有自主知识产权并实行产业化生产的大宗农作物。2009年8月，依据国家农业转基因生物安全委员会的评价结果，中国农业部发放转植酸酶基因玉米BVLA430101、转抗虫基因水稻“华恢1号”和“Bt汕优63”的生产应用安全证书，标志着我国转基因水稻和玉米从研究开发转入大田生产。我国从2021年起每年均批准一批转基因作物安全生产证书，转基因商业化进程不断加速，继2023年10月51个转基因玉米、大豆品种通过国家品种审定后，12月首批转基因玉米、大豆种子生产经营许可证也批准发放，这对于转基因商业化、生物育种技术的发展是非常关键的一步，也标志着我国转基因作物的商业化生产取得实质性的进展。

（三）动物基因工程的应用

在畜牧业上，转基因技术可以用来改善动物的遗传性状和生产性能，例如提高奶、肉、皮毛品质（如生产人乳化牛、羊奶）和产量等，加快动物生长速度，低成本生产高价值蛋白质或者多肽类药物，增强动物对疾病的抵抗力，减少动物排泄物对环境的污染。在渔业上，转基因技术可用于提高鱼类的生长速度，同时在提高鱼类的抗性方面，抗冻蛋白基因可被用来提高鱼类的抗寒能力。

转基因动物因为技术操作比较困难，发展相对迟缓，但自1980年第一个转基因老鼠获得成功后，转基因动物研究方兴未艾。早期科学家主要开展鱼类转基因技术研究，相对其他动物，利用显微注射方法较容易将外源基因导入鱼卵细胞，自我国学者朱作言首次用人的生长激素基因转化获得转基因金鱼以来，目前已有鲫鱼、鲤鱼、泥鳅、大马哈鱼、鲶鱼、罗非鱼、鲔鱼等各种淡水鱼和海水鱼被用于转基因研究。此后转基因猪、牛、马、羊、兔等家畜的研究成果不断推出，并逐步走出实验室进入实用阶段。哺乳动物体外受精和胚胎移植技术为转基因家畜的成功提供了有效的技术手段，随着技术的发展，转基因动物品种也会越来越多。2006年，美国GTC公司利用转基因羊生产的人抗凝血酶Ⅲ获准在欧洲上市，成为世界上第一例成功上市的由转基因动物生产的转基因药物。2009年重组人抗凝血酶Ⅲ获准进入美国市场，转基因动物制药技术正逐步走向产业化。

（四）基因治疗和基因诊断

广义的基因治疗是指利用基因药物的治疗，狭义的基因治疗是指用完整的基因进行基因替代治疗，一般用DNA序列，主要的治疗途径是间接体内法，即在体外用基因转染患者靶细胞，然后将经转染的靶细胞输入患者体内，最终给予患者的疗效物质是基因修饰的细胞，而不是基因药物。除间接体内法外，还可以用基因药物进行直接体内途径治疗，这些基因药物可以是完整基因，也可以是基因片段（包括DNA或RNA）；可以是替代治疗，也可以是抑制性治疗（包括DNA转录水平和mRNA翻译水平）。基因药物不但可用于治疗疾病，而且可用于预防疾病。这类基因药物疗法简单易行，发展迅速，市场应用前景巨大。

基因诊断是通过基因芯片等工具对致病基因进行检测。人类基因组计划研究的完成意味着人们对生命及人体疾病有了最根本的认识。探索并阐明人类基因组的结构，将能界定致病基因并确定其所处的位置，然后通过基因诊断，就可以为患者评价其患病的危险程度，以及针对性采取各种预防措施。2017年4月6日，基因测试公司23andMe针对10种疾病风险的个人基因组服务遗传健康风险（Genetic Health Risk，GHR）测试成为美国FDA批准的第一个消费级基因测序产品。2018年3月27日，用于检测女性罹患乳腺癌和卵巢癌的风险是否升高的产品成为第二个。由于每个人都不同程度地存在致病基因，因此基因诊断的市场前景巨大。

（五）基因工程技术在环境保护中的应用

随着人类社会发展和工业化进程的加快，环境污染问题已经显得十分突出，环境污染已经远远超出自然界微生物的净化能力。可以借助基因工程技术提高微生物净化环境的能力。基因工程技术可应用于降解农药，通过构建高效的基因工程菌可以显著提高农药降解效率，现已开发出净化农药，降解水中染料以及环境中有机氯苯类和氯酚类、多氯联苯的基因工程菌。例如，美国加利福尼亚大学的微生物学工作者培育出了一种以PCBs（聚氯联苯）为“食物”的细菌，用于解决在石油生产、运输和加工过程中经常出现石油对水体和土壤的污染问题。另外，利用基因工程技术生产微生物杀虫剂，如利用基因工程技术生产*Bt*农药，可以减少使用高毒农药对环境的污染。采用基因工程技术治理环境污染，可以最大限度地去除环境中的污染物，是保障可持续发展的一项最有力的措施。随着新型基因工程菌的研制成功，基因工程技术将在污染环境的治理工程中发挥更大的作用。

（六）转基因产品的安全性评价

随着转基因技术的飞速发展以及转基因植物的大面积推广，在关注转基因生物所带来的巨大社会、经济和生态效益的同时，转基因生物及其产品的安全性问题也引起世界范围内的广泛关注。对于转基因生物的安全性争论主要集中在两个方面，第一个方面是转基因生物对生态环境是否有害；第二个方面是利用转基因技术生产加工的食品是否对人体和其他生物有害。大多数人对转基因生物及其制品了解甚少，对转基因食品的安全性存有怀疑。特别是英国的转基因土豆事件（1998年）、美国的斑蝶事件（1999年）、加拿大超级杂草事件（2000年）和墨西哥玉米污染事件（2001年）等转基因生物安全性事件的争论加剧了人们对转基因生物潜在危害的担忧。世界上围绕转基因食品的生产、管理和销售存在着巨大的争论。对于转基因安全性的问题，各国政府和科学界一直存在不同的意见，美国和欧盟等在转基因产品的贸易问题上存在着巨大的争论。国际社会上普遍认为应加强对转基因作物及其制品的管理，消费者对转基因食品应具有知情权和选择权。2001年1月，包括我国在内的113个国家（地区）在加拿大签署联合国《生物安全议定书》，明确规定，消费者有对于转基因食品的知情权，转基因产品越境转移时，进口国可对其实施安全评价与标识管理。

我国对转基因研究采取科学的态度，2022年1月《农业转基因生物安全评价管理办法》《农业植物品种命名规定》《农作物种子生产经营许可管理办法》《主要农作物品种审定办法》修改后重新发布，本次修改对转基因品种审定做出具体说明，优化了安全评价申报要求，标志着我国转基因商业化进入落地阶段，种业板块迎来重大变革。2022年6月8日，农业农村部官网发布《国家级转基因玉米品种审定标准（试行）》《国家级转基因大豆品种审定标准（试行）》，是转基因作物商业化种植在法规层面迈出的重要一步。

第二节　基因组学

一、基因组学概念

基因组（genome）是指一个物种单倍体的染色体数目及其携带的全部基因。一个物种单倍体基因组的DNA含量是相对恒定的，通常称为DNA的**C值**（C value），不同物种的C值差异极大，最小的C值是支原体的，小于10^6bp，而一些显花植物的和两栖动物的C值可高达10^{11}bp（表14-2）。一般说来，随着生物的结构和复杂程度的增加，需要的基因数和基因产物种类越多，C值就越大。但生物的C值大小并不能完全反映生物进化程度和遗传复杂性的高低，也就是说物种的C值与它的进化复杂度之间并没有十分严格的对应关系，这种现象称为**C值悖理**（C value paradox）。比如人类的C值只有3.3×10^9bp，远不及小麦的C值大。该现象使人们认识到真核生物基因组中必然存在大量的不编码基因产物的DNA序列。

要从整体上认识生物的基因组的结构和功能，最好的办法是对全基因组的序列进行测定，进而研究分析生物基因的功能，这就是基因组学要研究的内容。1986年美国科学家R.Thomas提出了基因组学的概念，它是对所有基因进行基因组作图（包括遗传图谱、物理图谱和转录图谱等）、核苷酸序列分析、基因定位和基因功能分析的一门科学。基因组学研究包括两方面的内容：以全基因组测序为目标的结构基因组学和以基因功能鉴定为目标的功能基因组学，又称**后基因组学**（postgenomics）研究。

表 14-2　不同生物的基因组大小

生物名称	基因组大小/bp	生物名称	基因组大小/bp
T4 噬菌体	2.0×10^5	水稻	4.3×10^8
大肠杆菌	4.2×10^6	老鼠	3.0×10^9
酵母	1.5×10^7	人	3.3×10^9
拟南芥	1.0×10^8	大麦	5.3×10^9
线虫	1.0×10^8	玉米	5.4×10^9
果蝇	1.65×10^8	小麦	1.6×10^{11}

随着几个物种基因组计划的启动，基因组学研究取得长足发展。1980年，噬菌体ΦX174（5368bp）完全测序，成为第一个测序的基因组。1995年，流感嗜血杆菌（*Haemophilus influenzae*，1.8Mb）测序完成，这是第一个测定的自由生活物种。1990年，人类基因组计划启动，从那时起，基因组测序工作迅速展开。2001年，人类基因组草图公布，为基因组学研究揭开了新的一页（表14-3）。

表 14-3　人类基因组计划发展大事件

时间	重大事件
1986年3月	人类基因组计划提出
1990年10月	人类基因组计划启动
1998年5月	美国塞莱拉遗传公司宣布独立进行人类基因组测序，并计划2001年完成人类基因组全序列测定，与国际人类基因组计划开展竞争
1999年9月	中国加入国际人类基因组计划，承担1%的测序任务
1999年11月	国际人类基因组计划联合研究小组宣布完成人体第22对染色体测序工作
2000年6月	科学家宣布完成人类基因组的“工作草案”
2001年2月	2001年，国际人类基因组计划联合研究小组和赛莱拉遗传公司同时公布了他们的人类基组序列草图
2003年4月	科学家宣布人类基因组测序工作结束

作为参与这一计划的唯一发展中国家，我国于1999年加入人类基因组计划，承担了1%的测序任务。虽然参加时间较晚，但是我国科学家提前两年于2001年8月26日绘制完成“中国卷”，赢得了国际科学界的高度评价。

水稻是世界上最重要的粮食作物，也是双子叶模式植物，水稻共有24条染色体，全基因组共430Mb。1998年，国际水稻基因组测序计划正式启动，这是继人类基因组计划后又一重大国际合作项目。2002年11月水稻第4号和第1号染色体DNA序列公布。

2008年6月，美国农业部农业科学研究院（USDA-ARS）联合IBM和糖果制造商玛氏，宣布了为期五年的可可基因组测序计划。

2008年12月，美国能源部联合基因组研究所（DOE/JGI）公布了完整的大豆基因组序列草图。

2009年11月，由美国、英国、法国等多国科学家组成的研究小组首次绘制出了杜洛克猪的基因组草图。

2010年4月，中国人参基因组计划正式启动，已完成人参根、茎、叶和花的转录组测序，并已发现所有与人参苷合成相关酶的候选基因。

2010年5月，深圳华大基因研究院发起“千种动植物基因组计划”，计划在两年内完成1000种动植物的基因组测序工作。

2012年3月，大猩猩全基因组测序工作宣告完成。

2021年2月，深圳华大生命科学研究院、浙江大学和中国大熊猫保护研究中心等单位联合发布了大熊猫超高质量基因组，其中熊猫秦岭亚种基因组为首次发布。

2023年8月，中国农科院基因组所联合多家单位发布完整的水稻参考基因组，为水稻研究领域提供了新的有力工具和重要大数据基础。

2023年8月，美国国家人类基因组研究所宣布已经完成对人类Y染色体脱氧核糖核酸（DNA）全部基因测序。

二、基因组图谱的构建

人类基因组计划内容包括遗传图谱、物理图谱、转录图谱和测序图谱。遗传图谱和物理图谱是全基因组测序和组装的基础。在基因组分析中，遗传作图和物理作图技术分别提供大尺度和小尺度的图谱，在图谱的帮助下可以将测定的DNA序列组装到正确的位置。

（一）遗传图谱的构建

遗传图谱是指根据遗传性状的分离比，将其定位在基因组中，构建成相应的连锁图谱。遗传作图主要用于能够进行实验性杂交的物种，不同物种的遗传图谱可以提供基因或遗传标记在染色体的相对位置，也称为连锁作图。遗传图谱的构建需要有能够进行检测的遗传标记。

1. 遗传标记

遗传标记（genetic marker）是可识别的等位基因，其种类主要包括形态学标记、细胞学标记、生化标记和DNA分子标记四类。

（1）**形态学标记**（morphological marker）

它是指生物体中可以观察到的一些性状。如果蝇的眼色、翅膀长度，水稻的叶色、株高等。最早的遗传图谱是以形态学标记为基础的连锁群，如玉米、水稻、果蝇遗传连锁图，这些遗传图谱对于研究生物的生理和生化性状的遗传具有重要的价值。但由于形态学标记数量较少，在染色体中分布也不均匀，很难构建饱和的遗传图谱，因此除了少数几种模式生物构建有形态标记的遗传图谱之外，大多数生物没有构建形态标记图谱。另外，以形态标记为基础的连锁图谱除数量少、分布不均匀外，还受到一些自然环境及生物生活周期的影响，这使其应用受到一定限制。

（2）**细胞学标记**（cytological marker）

它是能明确显示遗传多样性的细胞学特征。生物的染色体数目和结构是相对恒定的，可以作为生物的细胞学标记。染色体的结构特征包括染色体的核型和带型。一个物种的核型特征即染色体数目、形态及行为的稳定是相对的，故可作为一种遗传标记来测定基因所在的染色体及在染色体上的相对位置。染色体是遗传物质的载体，是基因的携带者，染色体变异必然会导致生物体发生遗传变异，是遗传变异的重要来源。通过比较动植物与其近缘祖先的染色体数目和结构，追溯动植物的起源和演化，检测动植物的遗传特性，可以为动植物育种提供较好的方法。

（3）**生化标记**（biochemical marker）

它是以生物体内的某些生化性状为遗传标记，主要指血型、血清蛋白及同工酶标记。蛋白质电泳所检测的主要是血浆和血细胞中的同工酶和其他可溶性蛋白中氨基酸的变化，通过对这些蛋白质的检测，就可为研究动物品种内的遗传变异和品种间的亲缘关系提供有用的信息。蛋白质电泳技术操作简便、快速，检测费用相对较低，目前仍是遗传特性研究中应用较多的方法之一。生化遗传标记经济、方便，且多态性比形态学标记和细胞遗传标记丰富，已被广泛应用于物种起源与分类和动物育种等研究领域。但是，蛋白质是基因的表达产物，非遗传物质本身，它们的表现易受环境和发育状况的影响；这些因素决定了生化标记具有一定的局限性。

（4）**DNA分子标记**（DNA molecular marker）

它是以个体间遗传物质内核苷酸序列变异为基础的遗传标记，是DNA水平遗传多态性的直接反映。与其他几种遗传标记——形态学标记、细胞学标记和生化标记相比，DNA分子标记具有以下优点：大多数分子标记为共显性，对隐性的农艺性状的选择十分便利；基因组变异极其丰富，分子标记的数量几乎是无限的；在生物发育的不同阶段，不同组织的DNA都可用于标记分析；分子标记揭示来自DNA的变异；表现为中性，不影响目标性状的表达，与不良性状无连锁；检测手段简单、迅速。随着分子生物学技术的发展，DNA分子标记技术已有数十种，常见的分子标记包括**限制性片段长度多态性**（restriction fragment length polymorphism，RFLP）标记、**随机扩增多态性DNA**（random amplified polymorphism DNA，RAPD）标记、**微卫星标记**[microsatellite，又称**简单重复序列**（simple sequence repeats，SSR）标记]、**扩增片段长度多态性**（amplified fragment length polymorphism，AFLP）标记和**单核苷酸多态性**（single nucleotide polymorphism，SNP）标记。这些标记广泛应用于动植物遗传育种、基因组作图、基因定位、动植物亲缘关系鉴别、基因库构建、基因克隆等方面。

2. 遗传图谱的构建原理

遗传图谱作图的基本原理是染色体的交换与重组，即同源染色体减数分裂过程中发生交换，使染色体上的基因发生重组，两个基因之间发生重组的频率取决于它们之间的相对距离，因此只要准确地估算出交换值，进而确定基因在染色体上的相对位置，就可以绘制出连锁遗传图。目前主要采用两点测验和三点测验的方法。水稻是禾本科中的模式植物，其遗传图谱构建开展较早，已构建有高密度的基因组图谱。1994年绘制的第一张水稻高密度遗传图谱有927个位点，含1383个标记，该图覆盖水稻基因组1575cM，平均图距达到300kb，2000年水稻遗传标记数量为3267个。此外玉米、大豆、小麦等农作物均构建有高密度的遗传图谱。

3. 人类遗传图谱的构建

人类遗传图谱的构建主要利用家系分析法，在获得相应的RFLP或其他分子标记后，可以采用一定的方法构建RFLP连锁图或其他分子标记的连锁图。人类基因组计划的最初目标是完成一份遗传图谱，遗传密度达到1000kb，在1996年发表的相关的研究论文中，遗传图谱的密度达到600kb，包括5264个微卫星标记。在收集了8个家系的134个成员的信息进行研究的基础上绘制出了人类1～22号染色体图谱，为了绘制X染色体，增加了12个家系170个成员，将5264个标记定位在2335个染色体位点，被指定的位点数少于所用标记是由于有些标记相距太近无法区分而定位在同一位置，整个遗传图谱密度平均为559kb。

（二）物理图谱的构建

物理图谱是将基因组以DNA片段或核苷酸序列排列而成的图谱，反映了染色体上基因或标记间的实际距离。依其产生的方法不同分为三类：限制性酶切图谱、**重叠群图谱**（contig map）和DNA序列图谱。限制性酶切图谱是指限制性酶切位点在DNA分子上的分布图，DNA分子上的酶切位点可以作为一种DNA标记定位重要的特征区域。重叠群图谱是将一套部分重叠的大片段基因组DNA分子（YAC或BAC等克隆的插入片段）依其在染色体上的位置顺序排列，不间断地覆盖染色体上一段完整的区域。DNA序列图谱显示基因组的全部核苷酸序列，从某种意义上讲，也是一种重叠群图谱，只是它的分辨率达到了碱基水平。

人类基因组物理图谱绘制稍晚于遗传图谱。人类基因组序列开始测定时，已有45万个EST序列测定，包括一些重复序列，经计算机分析筛选后获得49625个，各代表一个基因，再从中筛选出3万个EST，2个辐射杂交系库，1个有33000个克隆的YAC文库，用于构建物理图谱。1995年发表的人类基因组STS图含有15086个STS，平均密度为199kb，1996年这份物理图谱又增加了STS标记，其中大多数是EST，从而将大多数蛋白编码基因定位到物理图上，物理图谱的密度为每100kb一个标记，实现了最初的人类基因组确定的物理作图目标。1998年，科学家将物理图谱和遗传图谱整合，产生一份具有综合性的整合的基因组图，使之成为人类基因组计划测序的工作框架。

（三）转录图谱的构建

转录图谱指利用**表达序列标签**（expressed sequence tags，EST）作为标记所构建的分子遗传图谱。EST是从生物组织提取mRNA后，利用反转录法从mRNA合成相应的互补cDNA片段，EST一般长100～500bp。由于EST是用来作为蛋白质合成和最终决定形态性状、组织器官特征的基因模板的产物，因此得到的转录图谱可称为基因组表达图谱，可以利用该图谱系统研究基因功能，这些EST不仅为基因组遗传图谱的构建提供了大量的分子标记，而且来自不同物种、不同生育期和不同组织器官的EST也为基因功能的比较研究以及新基因的发现和鉴定提供了非常有价值的信息。此外，转录图谱的作图原理虽然与遗传图谱是相同的，但它是以表达序列标签EST作为标记所构建的分子遗传图谱，这样利用EST作探针就可以从基因组文库中筛选到全长的基因序列。目前已经建立了人类、拟南芥、水稻、小麦等物种的EST文库。

（四）基因组序列图谱

基因组序列图谱是指一个物种全部基因序列的排列顺序，要知道一个物种的全基因组序列，需要对该物种进行全基因组测序。利用一系列的方法对一个物种整个基因组的核苷酸进行解读、分析，并按照一定原则把整个基因组的核苷酸在染色体上按线性方式排列，这个过程就称为全基因组测序。由于生物基因组序列太大，无法进行直接测序。目前广泛应用的有两种测序策略：全基因组鸟枪法和逐步克隆测定法，人类基因组测序就采用了两种方法。

三、基因测序技术的发展及其应用

人类基因组计划完成后，基因测序技术的发展更加迅猛，在临床实践和基础研究中的应用更加广泛。基因测序技术从1954年Whitfeld等测定多聚核苷酸序列开始，随后发展起一系列的测序技术，包括加减法、双脱氧核苷酸末端终止法、化学降解法、荧光自动测序技术、杂交测序技术等，这些技术与方法均是在化学降解法和双脱氧核苷酸末端终止法的基础上发展起来的，也称为第一代DNA测序技术。人类基因组计划项目是应用第一代测序技术完成的。第一代测序技术一直作为基因诊断的标准，在基因病特别是单基因遗传病的检测方面发挥着重要的作用。第一代测序具有序列读长长、准确性高的优点，但存在成本高、通量低等不足。

二代测序技术又称为**高通量测序技术**（high-throughput sequencing），是一次并行对几十万到几百万条DNA分子进行序列测定，其使得可对一个物种的基因组和转录组进行深入、细致、全面的分析，所以又被称为深度测序。其基本原理是首先进行文库的制备，将基因组DNA片段化并在两侧连上通用接头，再利用PCR技术生成几百万个空间固定的DNA簇（由单个文库片段多个拷贝组成），也称为PCR克隆阵列或者聚合酶克隆。然后进行测序（测定每个克隆的核苷酸序列），最后经过计算机分析获得完整的DNA序列信息。第二代测序广泛用于从头开始的基因组测序、全基因组重测序、转录组分析、DNA甲基化的大规模分析等。

第三代测序技术是指单分子测序技术。DNA测序时，不需要经过PCR扩增，实现了对每一条DNA分子的单独测序。第三代测序技术也叫从头测序技术，即单分子实时DNA测序。第三代测序包括单分子荧光测序和纳米孔测序两种技术类型。第三代测序技术可以用于基因组测序、甲基化研究、突变筛选（SNP检测）等。

四、功能基因组学

（一）功能基因组学概念

人类基因组大规模测序工作的结束，标志着基因组学研究重点从基因组测序转向以鉴定为中心的“功能基因组学”，一个以破译、解读、开发基因组功能为主要研究内容的时代已经开始。功能基因组学又往往被称为后基因组学，它利用结构基因组所提供的信息和产物，发展和应用新的实验手段，通过在基因组或系统水平上全面分析基因的功能，使得生物学研究从对单一基因或蛋白质的研究转向对多个基因或蛋白质同时进行系统的研究。这是在基因组静态的碱基序列弄清楚之后转入对基因组动态的生物学功能学研究。

（二）功能基因组学研究的内容

1. 基因功能的研究

基因的功能主要包括：生物化学功能，如作为蛋白质激酶对特异的蛋白质进行磷酸化修饰；细胞学功能，如参与细胞间和细胞内的信号转导；发育的功能，如参与形态建成等。

2. 基因组的表达及时空调控的研究

一个细胞的转录表达水平能精确而特异地反映其类型、发育阶段以及反应状态。因此，功能基因组学的一个主要研究内容，就是全方位地研究生物体的基因在不同时空条件、不同生理状态下的表达水平及形成这种特定的表达状况的调控机理。

3. 蛋白质组及蛋白质组学研究

蛋白质组学是针对不同时间和空间发挥功能的特定蛋白质群体的研究。它从蛋白质水平上探索蛋白质作用模式和功能机理。蛋白质组学旨在阐明生物体全部蛋白质的表达模式及功能模式，内容包括鉴定蛋白质表达及存在方式（修饰形式）、结构、功能和相互作用方式等。

4. 功能基因组多样性研究

生物多样性是自然界普遍存在的问题，比如人类是一个具有多态性的群体，不同群体和个体在生物学性状及在对疾病的易感性或抗性上存在差别。在全基因组测序基础上进行个体水平再测序来直接识别序列变异，以进行多基因疾病及肿瘤相关基因的研究，将成为功能基因组时代的热点。

5. 模式生物体基因组研究

鉴定基因功能最有效的方法是观察基因表达被阻断或增加后在细胞和整体水平上所产生的表型变异，因此需要建立模式生物体。利用模式生物基因组与人类基因组之间编码顺序和结构上的同源性，可以克隆人类疾病基因，揭示基因功能和疾病分子机制，阐明物种进化关系及基因组的内在结构。

（三）功能基因组学研究技术

1. 差异显示反转录PCR技术

mRNA差异显示技术是由美国波士顿Dena-Farber癌症研究所的LiangPeng博士和Arthur Pardee博士在1992年创立的，也称为**差异反转录PCR**（differential display of reverse transcriptional PCR），简称DDRT-PCR。mRNA差异显示技术是将mRNA反转录技术与PCR技术二者相互结合发展起来的一种RNA指纹图谱技术，具有简便、灵敏、RNA用量少、效率高、可同时检测两种或两种以上经不同处理或处于不同发育阶段的样品的优点。

2. DNA微阵列分析技术

DNA微阵列是寡聚核苷酸或cDNA的高密度微缩阵列，能够在1cm^{2}的大小范围内容纳超过250000个不同的寡聚核苷酸探针或10000个不同的cDNA。主要包括cDNA微阵列和DNA芯片，两者都是基于反向Northern杂交以检测基因表达差异的技术。将cDNA、EST或基因特异的寡聚核苷酸固定在固相支持物上，并与来自不同细胞、组织或整个器官的mRNA反转录生成的第一链cDNA探针进行杂交，然后用特殊的检测系统对每个杂交点进行定量分析，理论上杂交点的强度基本上反映了其所代表的基因在不同细胞、组织或器官中的相对表达丰度。微阵列分析技术在短期内操作大量基因并系统地分析大量基因的表达模式上具有很大的潜力。

3. 基因表达序列分析

基因表达序列分析是随机cDNA测序方法的一种有效的改进，这种基于序列的方法能够鉴定和量化来自新基因，甚至是未知基因的转录物，而不需要预先获得可用于克隆的基因序列。其主要内容为：测定cDNA 3′-末端的部分序列，比较各种不同组织类型细胞的cDNA的种类和数量即构成基因表达图谱。

4. RNA干扰技术

RNA干扰（RNA interference，RNAi）是多种生物体内由双链RNA介导同源mRNA降解的现象。这种现象广泛存在于生物界，是生物体抵御病毒或其他外来核酸入侵以及保持自身遗传稳定的保护性机制。RNA干扰现已发展为一种研究基因功能的新方法。它通过导入的双链mRNA的介导，特异性地降解内源相应序列的mRNA，从而导致转录后水平的基因沉默。迄今已在植物、真菌、线虫、锥虫、涡虫、果蝇、水螅、小鼠和哺乳动物细胞，如人胚肾细胞等发现存在这一基因沉默机制。

5. 基因敲除技术

基因敲除是自20世纪80年代末以来发展起来的一种新型分子生物学技术，是通过一定的途径使机体特定的基因失活或缺失的技术。通常意义上的基因敲除主要是应用DNA同源重组原理，用设计的同源片段替代靶基因片段，从而达到基因敲除的目的。

6. CRISPR-Cas9基因编辑技术

CRISPR-Cas9技术是一类新型基因编辑工具，CRISPR-Cas9技术包含两种重要的组分，一种是行使DNA双链切割功能的Cas9蛋白，而另一种则是具有导向功能的gRNA（guide RNA）。CRISPR-Cas9技术利用一段与靶序列互补的gRNA引导Cas9核酸酶对特异靶向DNA进行识别和切割，造成DNA的双链或单链断裂，然后，细胞会利用自身具备的两种DNA修复机制对断裂的DNA进行修复，即**非同源末端连接**（non-homologous end joining，NHEJ）或**同源定向修复**（homology-directed repair，HDR），利用两种修复机制，可以实现基因的插入和敲除。自从2013年第一次报道可被用于编辑哺乳动物细胞基因组以来，CRISPR-Cas9技术因其简便性、特异性和高效性，正在使整个基因组研究及筛选领域发生着革命性的改变。

7. T-DNA或转座子插入突变

突变体是研究功能基因组的前提，任何基因的发现和定位都离不开突变体。突变体是某个性状发生可遗传变异的材料，或某个基因发生突变的材料。植物的表型经常与基因的功能相联系，突变体的表型通过形态学和生理生化水平的变化表现出来，并为不同的代谢过程中相互作用的研究提供可用的信息，是揭示基因功能的切入点。除可以通过自发诱变、化学诱变和物理诱变产生突变体以外，还可以通过T-DNA或转座子插入构建突变库。转座子、T-DNA和逆转座子的插入可以通过提供poly（A）位点、改变RNA剪接位点扰乱基因的表达或改变启动子的功能实现，也可以插入基因内部改变其编码框，产生出不同的蛋白质。

8. 生物信息学技术

生物信息学（bioinformatics）是用数理和信息科学的观点、理论和方法去研究生命现象，组织和分析呈指数增长的生物学数据的一门学科。基因组学和蛋白质组学的研究产生了大量的数据，由于蛋白质组比基因组有着更大的复杂性，因而蛋白质组生物信息学研究有着更大的必要性和复杂性。蛋白质组生物信息学的研究内容主要包括大量蛋白质组学实验信息的产生、对这些数据的处理，以及结果的分析和发布等。主要的数据库有SWISS-PROT、TrEMBL、PIR等，另外还有一些二维凝胶电泳数据库和蛋白质相互作用的数据库等。

（四）功能基因组学研究进展

随着人类基因组计划的完成，人类功能基因组学研究成为新的热点，已经将生物医学的研究范围从对单一基因或蛋白质的研究扩展到系统和完整地对全部基因或蛋白质的研究。目前，虽然人类基因组全部序列已知，但对许多基因的功能仍然一无所知。根据2008年1月**人类转录组数据库**（H-Invitational Database，H-Inv DB）的统计，在当时已注释的34057个人类编码基因中，有功能报道的只有12404个。还有大量的新基因和蛋白质的功能等待我们去发现。通过功能基因组学研究和挖掘新基因的功能，发现有应用前景的基因资源已成为国际基因组研究领域的焦点。利用功能基因组学和反向生物学开发的基因组药物已经越来越多地进入临床研究。目前，基因组研究已从大规模测序转向细胞及整体水平的功能研究、疾病相关性研究、相互作用蛋白的研究及蛋白质组学研究等。人类功能基因组学研究强调大量创新实验技术的综合利用，并且将实验结果的研究与统计学和计算机分析紧密结合。在人类功能基因组学研究领域中，国际上建立了许多新技术如生物信息学、生物芯片、蛋白质组学、转基因动物、基因敲除模式生物、高通量高内涵细胞筛选技术等。

我国功能基因组学研究始于20世纪90年代，基本上与国际同步，经过科学家的努力，取得了一批重要成果。在人类功能基因组学研究方面，建立了一系列人类功能基因组研究的新技术平台，包括高通量酵母双杂交技术平台、人类全长基因ORF穿梭克隆库和重组连接基因克隆技术平台、大规模病毒载体表达技术平台、细胞水平的基因功能高通量筛选模型等；克隆了数千个人类新的功能基因和剪切体；利用功能筛选平台筛查了大量人类基因，较深入地研究了数百个新的人类功能基因。在人类新功能和疾病相关基因的鉴定与应用研究领域取得了一批重要成果：①发现第一个引起家族性房颤的致病基因；②发现儿童白内障的致病基因；③鼻咽癌研究的新发现；④变异型PML-RAR融合基因研究的最新进展等等。在水稻功能基因组上也取得了一系列新的成果，中国科学院遗传与发育生物学研究所与中国水稻研究所及其合作单位，以水稻育种中发现的分蘖极端突变体（单秆突变体monoculm 1，moc1）为材料，采用图位克隆的方法分离了水稻分蘖控制基因*MOC*1。该项研究成果刊载于《自然》（*Nature*）上。这是我国首次在世界上克隆具有自主知识产权和应用前景的主要农作物重要农艺性状的功能基因，也是我国动植物功能基因研究成果首次在国际高水平杂志上发表。对*MOC1*基因功能与信号转导途径的深入研究，对了解禾谷类作物分蘖调控的分子机理，进而应用于水稻等禾谷类作物超级品种的培育，具有重大的理论与应用意义。中国农业科学院植物保护研究所作物病原生物功能基因组研究创新团队，揭示了水稻 E3 泛素连接酶调控抗病新机制，成果发表在*Science*子刊《科学进展》（*Science Advances*）上，证明了OsCSN5 是水稻广谱抗病的关键感病因子，在植物中首次发现调控 CSN5 蛋白稳态的E3泛素连接酶，为培育广谱抗病新品种提供了重要理论基础和候选基因。总体看来，我国功能基因组学研究取得了系列重要成就，但与发达国家相比，在重要功能基因的研究上，我国仍然存在一定差距。

五、蛋白质组学

蛋白质组学一词，来源于蛋白质与基因组学两个词的组合，指“一种基因组所表达的全套蛋白质”，即包括一种细胞乃至一种生物所表达的全部蛋白质。蛋白质组本质上指的是在大规模水平上研究蛋白质的特征，包括蛋白质的表达水平、翻译后的修饰、蛋白质与蛋白质相互作用等，由此获得蛋白质水平上的关于疾病发生、细胞代谢等过程的整体而全面的认识。基因是遗传信息的源头，而功能蛋白才是基因功能的执行体，因此要从根本上研究基因的功能，离不开对蛋白质的研究，随着生物全基因组测序工作的结束，要从整体上研究生命活动的规律，需要大规模和全方位开展蛋白质的研究，蛋白质组学正是在这种背景下诞生和发展的。

（一）蛋白质组学的研究内容

1. 蛋白质鉴定

可以利用一维电泳和二维电泳并结合Western杂交等技术，利用蛋白质芯片、抗体芯片及免疫共沉淀等技术对蛋白质进行鉴定研究。

2. 翻译后修饰

很多mRNA表达产生的蛋白质要经历翻译后修饰如磷酸化、糖基化、酶原激活等。翻译后修饰是调节蛋白质功能的重要方式，因此对蛋白质翻译后修饰的研究对阐明蛋白质的功能具有重要作用。

3. 蛋白质功能确定

包括分析酶活性和确定酶底物、细胞因子的生物分析和配基-受体结合分析等。可以利用基因敲除和反义技术分析基因表达产物——蛋白质的功能。另外对蛋白质表达出来后在细胞内的定位研究也在一定程度上有助于对蛋白质功能的了解。

对人类而言，蛋白质组学的研究最终要服务于人类的健康，主要指促进分子医学的发展，如寻找药物的靶分子。很多药物本身就是蛋白质，而很多药物的靶分子也是蛋白质。药物也可以干预蛋白质-蛋白质相互作用。

（二）蛋白质组学研究的主要技术

1. 双向电泳技术

双向电泳（two dimensional electrophoresis，2-DE）是蛋白质组学研究中最常用的技术，是能将数千种蛋白质同时分离和展示的分离技术，具有简便、快速、高分辨率等优点。1975年意大利生化学家O'Farrell发明了双向电泳技术，大大提高了蛋白质分离的分辨率而得以广泛应用。经历了几十年的发展，双向电泳技术已较为成熟。目前主要应用的是Gorg等建立的基于固相pH梯度（IPG）的凝胶电泳，Gorg于1998年发展了一种pH值更宽的IPG胶条，碱性范围达到了12，这种电泳具有分辨率高、上样量大、重复性好的优点，并且可与质谱联用对蛋白质进行鉴定。

2. 生物质谱技术

质谱技术（mass spectrometry，MS）常与双向电泳等蛋白质分离技术联用，它具有灵敏度、准确度、自动化程度高的特点，是蛋白质鉴定的核心技术。1906年，Thomson发明了质谱，在随后的几十年里，质谱技术逐渐发展成为研究、分析和鉴定生物大分子的前沿方法。到20世纪80年代中期，出现了以电喷雾电离（ESI）和基质辅助激光解吸电离（MALDI）为代表的软电离技术，即样品分子电离时保持整个分子的完整性，不会形成碎片离子。通过**肽质量指纹谱**（peptide mass fingerprinting）、**肽序列标签**（peptide sequence tag）和**肽阶梯序列**（peptide ladder sequencing）等方法，结合蛋白质数据库检索可实现对蛋白质的快速鉴定和高通量筛选，拓展了质谱的应用范围，形成了一门新技术——生物质谱技术。

3. 蛋白质芯片

蛋白质芯片又称**蛋白质微阵列芯片**（protein chip，protein microarray），其凭借高通量、高特异性和高灵敏度等优点，在蛋白质组学中的应用受到了广泛关注，并越来越多地应用于蛋白质表达谱和蛋白质生物活性测定，蛋白质芯片在蛋白质组的功能研究、疾病诊断以及药物开发中显示出巨大的潜力。

4. 酵母双杂交系统

酵母双杂交系统（yeast two hybrid system）是研究蛋白质相互作用的强有力的工具。自1989年Fields和Song建立酵母双杂交系统以来，该技术已被人们用来检验已知蛋白质之间的作用、发现新的蛋白质和蛋白质的新功能、建立蛋白质相互作用图谱等，其应用广泛，作用强大。最初酵母双杂交系统在分析可能相互作用的蛋白质时必须定位于核内才能激活报告基因，在研究核外和细胞膜上的蛋白质相互作用时，它的应用就受到了限制，目前已开发研究了通过改变某些细胞膜定位序列、在载体中添加核定位信号序列等方法，以及专门研究非核内蛋白质相互作用的系统。酵母双杂交系统的缺陷在于检测蛋白质与蛋白质之间的作用时可以产生很高的假阳性率和假阴性率，文献报道假阴性率可以高达90%，但是可以通过报告基因和聚合酶的改进提高其检测准确率。

（三）蛋白质组学研究进展

蛋白质组自从1995年被首次提出后，就受到科学家的高度重视，各国政府和科学机构也竞相开展蛋白质组学的研究。相比基因组学，蛋白质组学研究更接近实用，具有巨大的市场前景，除各国政府出资开展蛋白质组研究以外，相关企业与制药公司也纷纷斥巨资开展蛋白质组研究。如独立完成人类基因组测序的赛莱拉公司已宣布投资上亿美元于此领域的研究；日内瓦蛋白质组公司与布鲁克质谱仪制造公司联合成立了国际上最大的蛋白质组研究中心。由此可见，蛋白质组学虽然问世时间不长，但鉴于其战略的重要性和技术的先进性，已成为西方各主要发达国家和各跨国制药集团竞相投入的“热点”与“焦点”。

2001年，国际**人类蛋白质组组织**（human proteome organization，HUPO）在美国成立，并计划启动**人类蛋白质组计划**（human proteome project，HPP）。HPP的研究目的是鉴定人类基因组编码的全部蛋白质及其功能，揭示构成各种人类组织不同细胞类型的蛋白质表达谱、蛋白质组翻译后修饰谱、蛋白质组亚细胞定位图、蛋白质-蛋白质相互作用关系图、蛋白质结构与功能联系图等。2002年11月，在法国凡尔赛首届国际人类蛋白质组组织第一次会议上，宣布先行启动“人类血浆蛋白质组计划”（HPPP）和“人类肝脏蛋白质组计划”（HLPP）两项重大国际合作计划，其中“人类肝脏蛋白质组计划”是中国科学家首先提出，并得到国际同行的认可，也是首次由中国科学家领导的生物科学领域大型国际合作项目。中国于2004年4月启动“中国人类肝脏蛋白质组计划”，并成为国际合作计划的重要组成部分。2006年1月，该项目通过国家验收，取得了一系列成果，为我国在人类蛋白质组学研究方面争得一席之地。2014年，“中国人类蛋白质组计划”（CNHPP）这一科技部的重点项目正式展开，计划绘制包括心脏、肝脏、肺、肾脏等在内的10个重要人体器官的蛋白质组生理和病理图谱，旨在以中国重大疾病的防治需求为牵引，发展蛋白质组研究相关设备及关键技术，构建中国人类蛋白质组的“百科全书”。

六、转录组学和代谢组学

转录组学和代谢组学严格来说属于功能基因组学研究的范畴，随着大规模测序技术的发展，转录组学和代谢组学已经成为研究基因表达调控的重要方法和前沿领域，因此着重介绍。

（一）转录组学

转录组学是在整体水平研究生物基因转录及其调控规律的科学。转录是基因表达最为关键的一个步骤，也是基因表达调控的关键环节。转录组就是一个活细胞所能转录出来的所有RNA的总和，也是研究细胞表型和功能的一个重要手段。转录组学研究的技术方法主要有以下三种类型。

1. 基于杂交的转录组分析技术

（1）DNA微阵列技术

应用DNA微阵列技术可以在同一时间定量分析大量的基因表达水平，具有快速、精准和低成本特性。

（2）DNA宏阵列技术

DNA宏阵列技术的原理和DNA微阵列相类似，主要的区别是将DNA以低密度点阵在尼龙膜上制成宏阵列，DNA宏阵列技术中通常使用DIG或^{32}P作为探针。DNA宏阵列技术的检测的通量方面远远比不上DNA微阵列技术，但其操作技术相对简单，且不受仪器设备的制约。

2. 基于标签的转录组分析技术

（1）基因表达系列分析技术

基因表达系列分析（serial analysis of gene expression，SAGE）是通过快速和详细分析成千上万个EST（express sequenced tags）来寻找出表达丰富度不同的SAGE标签序列。SAGE是一种快速分析基因表达信息的技术，它通过快速和详细分析成千上万个表达序列标签来寻找出表达丰度不同的SAGE标签序列，从而接近完整地获得基因组表达信息。

（2）高通量测序技术

高通量测序技术，又名大规模平行测序，是将DNA（或者cDNA）随机片段化、加接头，制备测序文库，通过对文库中数以万计的克隆进行延伸反应，检测对应的信号，最终获取序列信息。

3. 基于直接测序的转录组分析技术

（1）cDNA文库或表达序列文库测序技术

cDNA文库或表达序列标签文库直接测序技术是从样本中分离mRNA并将其反转录成cDNA，建立cDNA文库并大规模随机挑选cDNA克隆进行测序，将测得的EST序列与数据库中的已知序列比较，进行功能注释，对转录表达谱进行分析。

（2）RNA测序技术

RNA测序（RNA sequencing，RNA-seq）也就是从总的RNA中富集出单链mRNA，再反转录成双链cDNA，随后进行高通量测序，并与基因组DNA序列进行比对。通过RNA-seq还可以发现新的转录物。

（二）代谢组学

代谢组学是研究生物体内代谢物的组成和变化的学科。代谢组学是继基因组学、转录组学、蛋白质组学之后发展起来的一门新兴的组学技术。代谢组学分析的主要技术包括色谱分析和质谱检测。常见的检测方法有核磁共振（NMR）、气相色谱-质谱联用（GC-MS）和液相色谱-质谱联用（LC-MS）。代谢组学研究应用十分广范，如在疾病预防和治疗方面可以用于生物标志物寻找、疾病分型、治疗疗效的评估与监控、药物毒理评价等。此外，代谢组学和基因组学、转录组学、蛋白质组学等多组学技术相结合，可以揭示生物系统的复杂性和动态变化过程。

本章小结

基因工程技术是生物技术的核心，其基本程序包括制备目的基因、目的基因与载体连接形成重组体、将重组体导入受体细胞、经过筛选后获得有目的基因的转化细胞并对目的基因的表达进行检测和分离。基因工程在医药、农业、环保等方面具有广泛的应用。限制性内切酶是基因工程操作中必不可少的工具。作为基因工程载体，必须具备四个特征：①在宿主细胞中能保存下来并能大量复制；②有多个限制酶切点；③含有复制起始位点，能独立复制；④有一定的标记基因，便于进行筛选。根据DNA克隆的目的不同，载体又可以分为克隆载体、穿梭载体和表达载体。将外源DNA导入受体细胞需根据所导入细胞的性质来选择，如植物转化主要采用农杆菌介导法和基因枪转化法，动物转化则采用微注射法和体细胞移植技术等。目的基因的分离和鉴定是基因工程中重要的环节，基因的分离方法除了可以利用化学合成法以外，还可以根据基因的性质，采取不同的分离策略。基因文库包括基因组文库、染色体文库和cDNA文库。利用PCR技术可以在较短的时间实现目的基因片段的大量扩增，在基因工程操作中发挥巨大作用。

基因组是指一个物种单倍体的染色体数目及其携带的全部基因。基因组学是对所有基因进行基因组作图、核苷酸序列分析、基因定位和基因功能分析的一门科学。基因组学研究包括两方面的内容：以全基因组测序为目标的结构基因组学和以基因功能鉴定为目标的功能基因组学。结构基因组学主要包括构建遗传图谱、物理图谱和基因组测序。功能基因组学主要研究基因的功能，可以应用差异显示反转录PCR技术、微阵列分析技术、基因表达序列分析、RNA干扰技术、基因敲除技术、基因编辑技术、T-DNA或转座子插入突变、蛋白质组分析技术和生物信息学等方法和技术。蛋白质组学是在蛋白质组水平上分析生物整体的蛋白质结构和功能。蛋白质组学的研究内容主要包括蛋白质组的分离、蛋白质的功能以及相互作用。转录组学是在整体水平研究生物基因转录及其调控规律的科学，代谢组学是研究生物体内代谢物的组成和变化的学科。多组学的技术的协同研究，有助于共同揭示生物系统的复杂性和动态变化过程。

思考拓展

1. 基因工程的主要步骤有哪些？
2. 作为基因工程的载体有哪些要求，载体可分为哪几类？各有哪些用途？
3. 举例说明基因工程技术在医药工业、农业、环境保护等方面的应用。
4. PCR技术的基本原理是什么？ PCR技术在分离基因中有何应用？
5. 什么是DNA分子标记？ DNA分子标记在遗传学研究和动植育种上有哪些应用？
6. 请介绍CRISPR-Cas9基因编辑技术的基本原理，说明其主要的应用，并讨论其使用限制和规范。
7. 什么是基因组文库？基因组文库在基因分离中的作用有哪些？
8. 什么是基因组学，基因组学的研究内容包括哪些方面？
9. 什么是遗传图谱和物理图谱？基因组物理图谱有哪些应用价值？
10. 什么是功能基因组学，功能基因组学研究的内容包括哪些方面？
11. 什么是蛋白质组学，蛋白质组学研究的内容包括哪些方面？
12. 在转录组学和代谢组学研究领域，我国有哪些最新研究进展，请分别介绍两项。

第十五章

人类遗传

【本章导言】

人类遗传学（human genetics）是以人为研究对象的遗传学的分支学科，主要研究人类基因的结构、功能及其变异、传递和表达规律，尤其关注人类的遗传性疾病，是遗传学与医学相结合的一门交叉学科。利用遗传学的理论和方法，从细胞和分子水平探索遗传病的发生机制、传递方式、诊断、治疗、预后和再发风险等，并从个体水平探索遗传病的治疗方法，从家族和群体水平探索遗传病的预防策略，从而降低遗传病在人群中的危害，提高人类的健康水平。

第一节　免疫遗传

一、免疫的基本概念

免疫是人体的一项重要的生理功能，人体依靠这种功能识别“自己”和“非己”成分，从而破坏和排斥进入人体的抗原物质或本身所产生的异常物质，以维持人体的健康。免疫涉及特异性成分和非特异性成分。非特异性成分不需要事先暴露，可以立刻响应，可以有效地防止各种病原体的入侵。当人体被病原体入侵感染时，体内就会发动免疫反应。免疫反应包括三个主要步骤：①识别外来物质；②把这种识别通知给反应细胞；③消灭入侵的因子。特异性免疫是在人体的寿命期内发展起来的，是专门针对某个病原体的免疫。特异反应包括合成特定蛋白质，以及产生清除外来病原体的细胞。因此免疫功能起着保护防御、维持自身稳定和监视细胞病变等重要作用。

一个成年人的免疫系统由上万亿个免疫细胞和千万亿个特定的蛋白质分子所组成，所有这些细胞和分子协同作用以消除外来物质。

特异性（specificity）是免疫系统最惊人的特性。这种特异性是由以下几种组分提供的：①一群特化的细胞；②两种蛋白质武器——抗体和T细胞受体，它们都有识别外来物质的无限能力；③一组特化的蛋白质，即组织相容性抗原，它促进细胞间的通信和使免疫系统的细胞去识别外来物质，并区分本身的细胞（自我）和外来的细胞（非我）。

抗原（antigen）是能够刺激机体产生（特异性）免疫应答，并能与免疫应答产物抗体和致敏淋巴细胞在体内外结合，发生免疫效应（特异性反应）的物质。抗原的基本特性有两种，一是诱导免疫应答的能力，也就是免疫原性；二是与免疫应答的产物发生反应，也就是抗原性。

抗体（antibody）是机体的免疫系统在抗原刺激下，由**B淋巴细胞**（B lymphocyte）或**记忆B细胞**（memory B cell）增殖分化成的浆细胞所产生的、可与相应抗原发生特异性结合的免疫球蛋白。主要分布在血清中，也分布于组织液及外分泌液中。

二、免疫细胞和免疫反应

1. 免疫细胞

人体免疫系统是由数目庞大，种类繁多的免疫细胞和免疫活性物质组成的。其中的免疫细胞都是来源于骨髓中的造血干细胞，这是一种从胚胎期到成人期都保持旺盛分裂能力的细胞群，由这种细胞不断分化发育成各种类型的单能干细胞，然后再分化形成多种具有不同生理功能的细胞类群，从而衍变成多种进入血液或组织中的免疫细胞类群（图15-1）。

免疫反应的一个主要过程是由B淋巴细胞参与的。B淋巴细胞接触外来抗原后，可以分化为**浆细胞**（plasma cell），产生特定的抗体以消除抗原；或者转变成记忆B细胞，这种细胞在以后接触到同一抗原时，能更快地产生抗体。

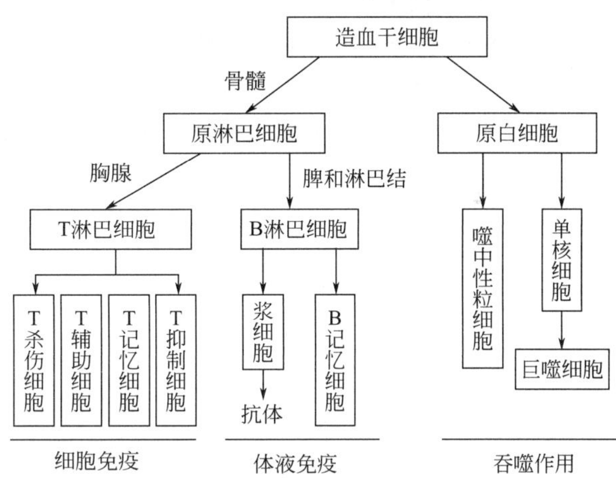

图15-1　免疫细胞的发生和功能

免疫反应的另一个主要过程由**T淋巴细胞**（T lymphocyte）参与，之所以称为**T细胞**（T cell）是因为它在胸腺（thymus gland）经历了关键的分化事件。T淋巴细胞分化成四种重要的T细胞：

① **T杀伤细胞**（killer T cell），其表面携带T细胞受体，可以杀死展示相应抗原的细胞。

② **T辅助细胞**（helper T cell），可以刺激B和T淋巴细胞分别分化成浆细胞和T杀伤细胞。

③ **T抑制细胞**（suppressor T cell），帮助抑制浆细胞和T杀伤细胞的活性。

④ **T记忆细胞**（memory T cell），“记住了”抗原，在以后又遇到同一抗原时，可以迅速转变为T杀伤细胞。

2. 免疫反应

人体对异物入侵的防御体系可分为两道防线，第一道是依靠皮肤和各种组织黏膜作为保护屏障，这是被动的防御防线。若第一道防线被攻破，体内的免疫力就主要依靠第二道防线，即细胞吞噬、细胞免疫和体液免疫三个途径来进行主动防御。所谓吞噬途径，是由分布在各种组织中的多种类型的巨噬细胞以及血液中的单核细胞、嗜中性粒细胞等细胞对入侵的病原菌和异物吞噬、消化、破坏并清除，这种免疫力是先天性免疫方式，但对各种病原菌没有特定的选择针对性，所以属于非特异性免疫方式。更为重要的免疫力是依靠细胞免疫和体液免疫这两种特异性免疫方式来清除具有抗原标志的病原菌和异物。

（1）体液免疫反应

抗体介导的体液免疫反应是哺乳动物抵御细菌和真菌感染，以及在病毒感染宿主细胞前除掉病毒的一种最初的反应。

在巨噬细胞遇到外来病原体时，可以吞噬和破坏它们；来自部分降解的病原体的抗原锚定在巨噬细胞表面，在那里被T辅助细胞识别；活化的T辅助细胞刺激B淋巴细胞分化成一个浆细胞克隆，合成对入侵抗原专一的某一特定抗体，并与之结合形成抗体-抗原复合物。一个成熟的浆细胞每秒钟能合成和分泌2000～20000个抗体。

抗体-抗原复合物的消除有两条主要途径：①吞噬细胞摄入和降解；②IgG和lgM抗体召集补体蛋白质，帮助降解病毒和其他蛋白，以及杀死细菌和真菌（图15-2）。

外来抗原一旦从体内被消除，T抑制细胞就发信号给浆细胞停止产生这种特定的抗体。

（2）细胞免疫反应

除了抗体介导的体液免疫反应外，人体还有第二个抗原专一的防卫机制，称为T细胞介导的细胞免疫反应。当巨噬细胞提呈抗原（通常是病毒或细菌蛋白质部分降解的片段）时，T辅助细胞通过分泌细胞因子、淋巴因子、白细胞介素等信号分子，刺激T淋巴细胞分化成T杀伤细胞，T杀伤细胞识别在细胞表面展示这些抗原的细胞，并将其裂解。T杀伤细胞分泌一种称为**穿孔素**（perforin）的蛋白质，这种蛋白质插入靶细胞的膜内，形成穿孔，靶细胞的细胞质从这些孔中渗漏出来导致细胞死亡。

当一个人第一次接触到某一种外来抗原时，体内产生的相应的抗体，要经过一周到十天时间，才达到明显的浓度；2～3周时抗体的产生达最大值。浆细胞和T杀伤细胞的寿命短，而记忆细胞的寿命很长，可达几个月甚至几年。B记忆细胞和T记忆细胞能更快地发育成浆细胞和T杀伤细胞，所以在以后再遇到已经识别过的抗原时，人体能够引发一种更快的免疫反应，这就是免疫记忆（图15-3）。

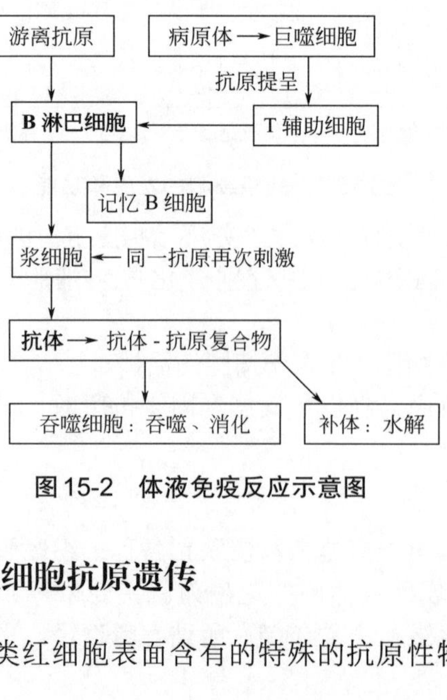

图15-2　体液免疫反应示意图

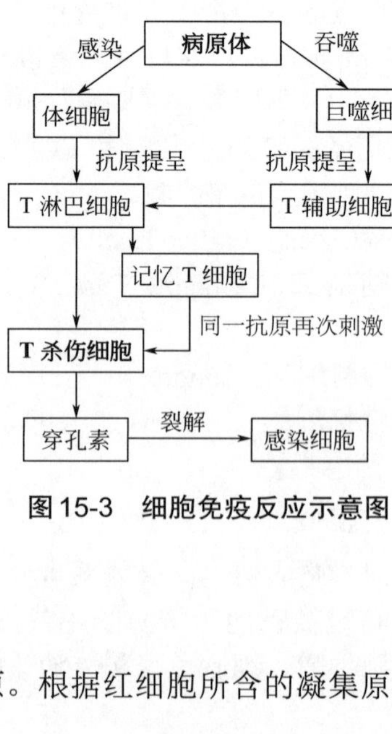

图15-3　细胞免疫反应示意图

三、红细胞抗原遗传

人类红细胞表面含有的特殊的抗原性物质叫凝集原。根据红细胞所含的凝集原不同，可分为若干种类型，就是大家熟知的血型。血型是人类个体的血液特征，终身不变，并可遗传。目前已知的血型系统有23种。输血时如果血型不合会产生不良反应，严重的甚至导致死亡。在这23种血型系统中，最具有临床意义的是ABO和Rh血型系统。

1. ABO血型系统

ABO血型系统是K.Landsteiner在1900年发现的。ABO血型系统分为A、B、AB和O四种血型。该血型是由红细胞表面所含的抗原，即凝集原来决定的。凝集原有凝集原A和凝集原B两种。只含有凝集原A的是A型，只含有凝集原B的是B型，既含凝集原A又含凝集原B的是AB型，既不含凝集原A也不含凝集原B的是O型。此外，血清中也含有两种对应的抗体物质，即抗A凝集素和抗B凝集素。这两种抗体性物质是天生就有的，不是由抗原刺激产生的。A型血的人血清中含抗B凝集素，B型血的人血清中含抗A凝集素，O型血的人血清中含有抗A、抗B两种凝集素，AB型血的人血清中抗A、抗B两种凝集素都没有。也就是说在正常人的血液中，某种凝集原和血清中的相应凝集素不会相遇，但是如果由于错误输血使得凝集原和相应的凝集素相混合时就会引起红细胞凝集成团的严重后果。

2. Rh血型系统

1940年，K.Landsteiner等将恒河猴的红细胞注入家兔体内，得到了一种能使恒河猴红细胞凝集的抗体。用含这种抗体的血清与人的红细胞混合，发现与约85%的白人的红细胞发生凝集反应。于是将恒河猴红细胞表面存在的这种抗原称为Rh抗原，相对应的抗体称为Rh抗体。根据该血型系统的重要抗原D抗原的有无，人类红细胞分为Rh^+和Rh^-两种类型。

3. 血型不相容

临床上有时会出现血型不相容，新生儿溶血症就是较常出现的一种情况，可分为ABO血型不相容和Rh血型不相容。

ABO新生儿溶血症是由于母亲与胎儿的血型不同，母子血型不亲和的胎儿疾病。通常是发生在母亲血型是O型，而父亲和胎儿是A型或B型，其原因是母体血清中的抗A或抗B凝集素通过胎盘进入胎儿血液中，造成红细胞破坏，引起胎儿发生溶血性贫血，严重时甚至早产和流产。所以凡是血型是O型的母亲在怀孕后感觉胎儿发育缓慢的，应注意去医院检测胎儿血型，看是否与母亲血型不亲和。若确诊后可及早对胎儿进行宫内输血，纠正贫血，或采取其他医疗方法降低母体的抗体效价，可获得明显的治疗效果。

当Rh阴性女子与Rh阳性男子婚后第一胎的胎儿为Rh阳性时，在分娩时胎儿的Rh抗原通过子宫进入母体血液中刺激母体产生免疫反应，形成Rh抗体。当第二胎的胎儿仍然是Rh阳性时，由于母体血液中已存在的Rh抗体可通过胎盘进入胎儿体内，这样就会与胎儿体内的红细胞凝集，导致胎儿可能出现严重的贫血症状。当第一胎是Rh阳性时，可在分娩后立即注射Rh抗体，破坏已进入母体但还尚未引起母体免疫反应的胎儿红细胞，这样在第二胎胎儿仍为Rh阳性时也就不会出现严重的贫血症状。

四、白细胞抗原遗传

1. HLA系统

古代医生早就知道，如果不经过检测随意将一个人的皮肤移植到另一个人的身体上，移植的皮肤只能存活10～15天，然后被排斥脱落，如果再次重复移植同一供体的皮肤则会更短时间内就遭到排斥。这表明同种异体移植排斥现象是受一种特异性免疫反应支配的，能够引发一系列免疫反应对移植物加以排斥。这种移植物上的抗原物质受控于**主要组织相容性复合体**（major histocompatibility complex，MHC）。现在已知脊椎动物中普遍存在MHC系统，这是一个在进化上保守的遗传系统，在组织相容性的决定中起主要作用。人的MHC是**白细胞抗原**（human leukocyte antigen，HLA）系统，因为它们是在一种白细胞——淋巴细胞表面发现的。HLA是人类基因组中最复杂、多态性最高的遗传体系，其主要功能是参与自我识别、调节免疫反应和对异体移植的排斥作用。HLA抗原主要包括三类蛋白质：Ⅰ类蛋白质出现在人体几乎所有细胞上，给T杀伤细胞提供了区分“外来”和“自我”的一种机制；Ⅱ类蛋白质主要位于B淋巴细胞和巨噬细胞表面，能与多种相关抗原结合并把它展示给T辅助细胞；Ⅲ类蛋白质为补体，补体可以通过蛋白酶水解作用破坏抗原-抗体复合体，也能通过破坏细胞膜的完整性而杀死受感染细胞。

2. 器官移植前的HLA配型

器官（组织）移植如今已成为治疗某器官因严重病损而致功能衰竭的重要手段，并且由单器官移植发展为多器官移植。但移植过程非常复杂，而且成功率较低，其原因主要是每个个体都有与生俱来的免疫特异性，个体的各种组织和细胞都具有特异的抗原组合。同种异体器官移植存活率的高低主要取决于器官供体与受体之间HLA类别结合的程度，需要HLA配型。进行配型时应使供体和受体具有尽可能多的相同的HLA抗原。通常器官移植存活率按照供体和受体关系由高到低的顺序是：同卵双生>同胞>亲属>无亲缘关系个体。在骨髓移植时，只有供体和受体的HLA完全相同的情况下才容易获得成功。因此，为了精确快速地进行组织配型，保证器官移植的成功，首先必须对供体和候选受体进行HLA基因分型。HLA抗原由位于6号染色体的一个很大的基因簇HLA基因座（HLA locus）所编码。由于HLA的高度多态性，在无关个体间HLA基因型完全相同的概率极低，故HLA的类别是一个个体终生的特异性标记。

五、人类抗体的遗传控制

1. B淋巴细胞分化期间的基因组重排

运用重组DNA技术，分离出人编码抗体链的染色体DNA片段并加以测序，主要构成包括λ、κ轻链和重链，其基因和结构如图15-4所示，编码抗体链的遗传信息是以基因片段的形式零星储存的。在B淋巴细胞和浆细胞中表达的抗体基因，是由这些基因片段通过重组事件拼接而成的；重组事件发生在骨髓中的干细胞分化成这些细胞的期间。在这些基因组重排期间，适当的基因片段通过序列专一的重组过程而连接起来，基因片段之间的一些DNA区域发生缺失。λ和κ轻链基因以及重链基因通过相似的机制被剪切、拼接。可是，编码λ、κ轻链和重链的基因分别位于人的三条染色体（分别是22号、2号和14号染色体）上，因此，人的λ、κ轻链和重链基因的组装涉及三个体细胞重组过程。

（1）λ轻链基因组装

在干细胞染色体上，编码λ轻链的DNA序列是两种基因片段（图15-4）。一种是LV（leader peptide和variable region，先导肽和可变区）基因片段，编码包括①氨基端的信号肽，信号肽在指导新生多肽穿过粗面内质网的膜以后从抗体链上切除下来，和②λ链可变区（variable region）的氨基端97个氨基酸。另一种称为JC（joining segment和constant region，连接片段和恒定区）基因片段，编码λ链可变区羧基端最后的13～15个氨基酸以及λ链羧基端的恒定区。

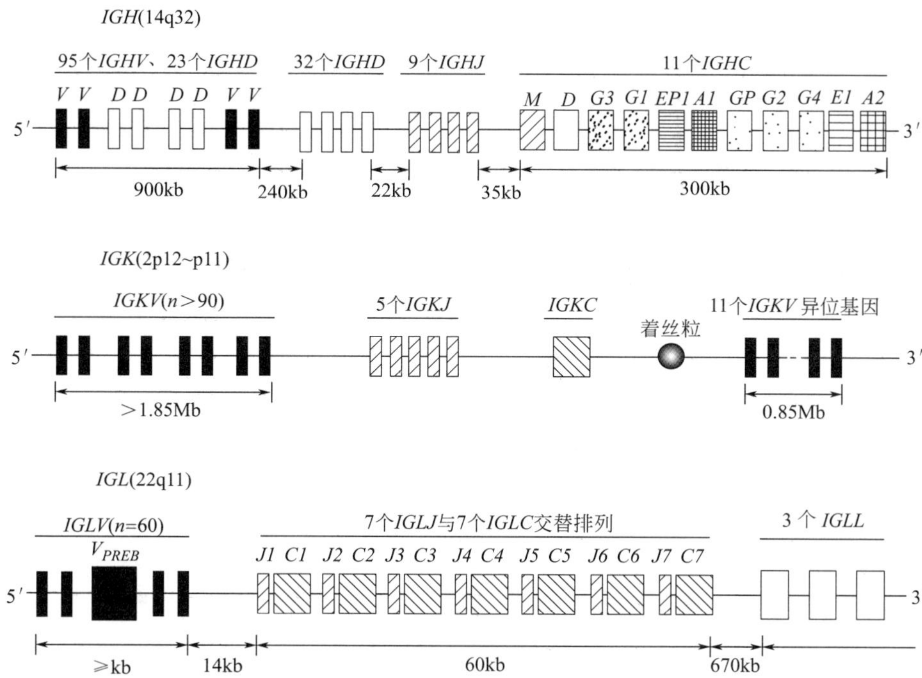

图15-4　人类Ig基因及结构（仿自高晓明，2007）

人体λ轻链基因有大约300种*LV*基因片段，簇状分布在22号染色体着丝粒附近；9种*JC*基因片段，其中至少有6种编码有功能的基因产物，*JC*基因片段的位置离22号染色体着丝粒远些。在B淋巴细胞分化期间，一个*LV*基因片段同一个*JC*基因片段连接并删去居间DNA，形成完整的λ轻链基因*LV-JC*（图15-5）。任何一个*LV*基因片段可同任何一个*JC*基因片段连接。

新组装成的*LV-JC*基因有两个内含子，一个位于*L*和*V*外显子间，含93个核苷酸对；另一个位于*J*和*C*外显子间，含约1200个核苷酸对。这两个内含子在RNA加工期间从中切除。

（2）κ轻链基因组装

κ链的合成受控于三种基因片段：①*LV*基因片段，编码信号肽和可变区氨基端的95个氨基酸；②*J*基因片段，编码可变区羧基端最后的13个氨基酸；③*C*基因片段，编码恒定区。人的2号染色体有约300个*LV*基因片段、5个*J*基因片段和1个*C*基因片段。*J*基因片段位于*LV*基因片段同C基因片段之间。（图15-3）

在干细胞中，5个*J*基因片段同*LV*基因片段之间有一段很长的非编码序列，而同*C*基因片段之间有一段长约2000个核苷酸对的非编码序列。

B淋巴细胞发育期间，将近300个*LV*基因片段中的任何一个，可同5个*J*片段中的任何一个参加重组，并删除所有的居间DNA。重组产生的*LV-J*融合物，编码κ轻链的整个可变区。浆细胞的DNA中保留了*J*基因片段簇同*C*基因片段间的非编码序列，以及未删除的靠近*C*基因片段的*J*基因片段（位于新的*LV-J*融合物和*C*基因片段之间）。这一完整的DNA序列（*LV-J*-非编码序列-*C*）被转录，非编码序列则如同任何真核基因中的内含子一样，在RNA加工期间被除去。

（3）重链基因组装

编码抗体重链可变区的遗传信息，被组织成*LV*、*D*（diversity，多样性）、*J*三种基因片段。*D*基因片段编码可变区2～13个氨基酸。人的14号染色体上有123个*LV*基因片段（39个有功能）、27个D基因片段（25个有功能）、6个J基因片段。B淋巴细胞分化期间，体细胞重组事件将一个LV基因片段同一个D基因片段和一个J基因片段连接，并删去两个DNA居间序列，形成一个连续的DNA序列LV-D-J，它编码整个重链可变区（图15-4）。

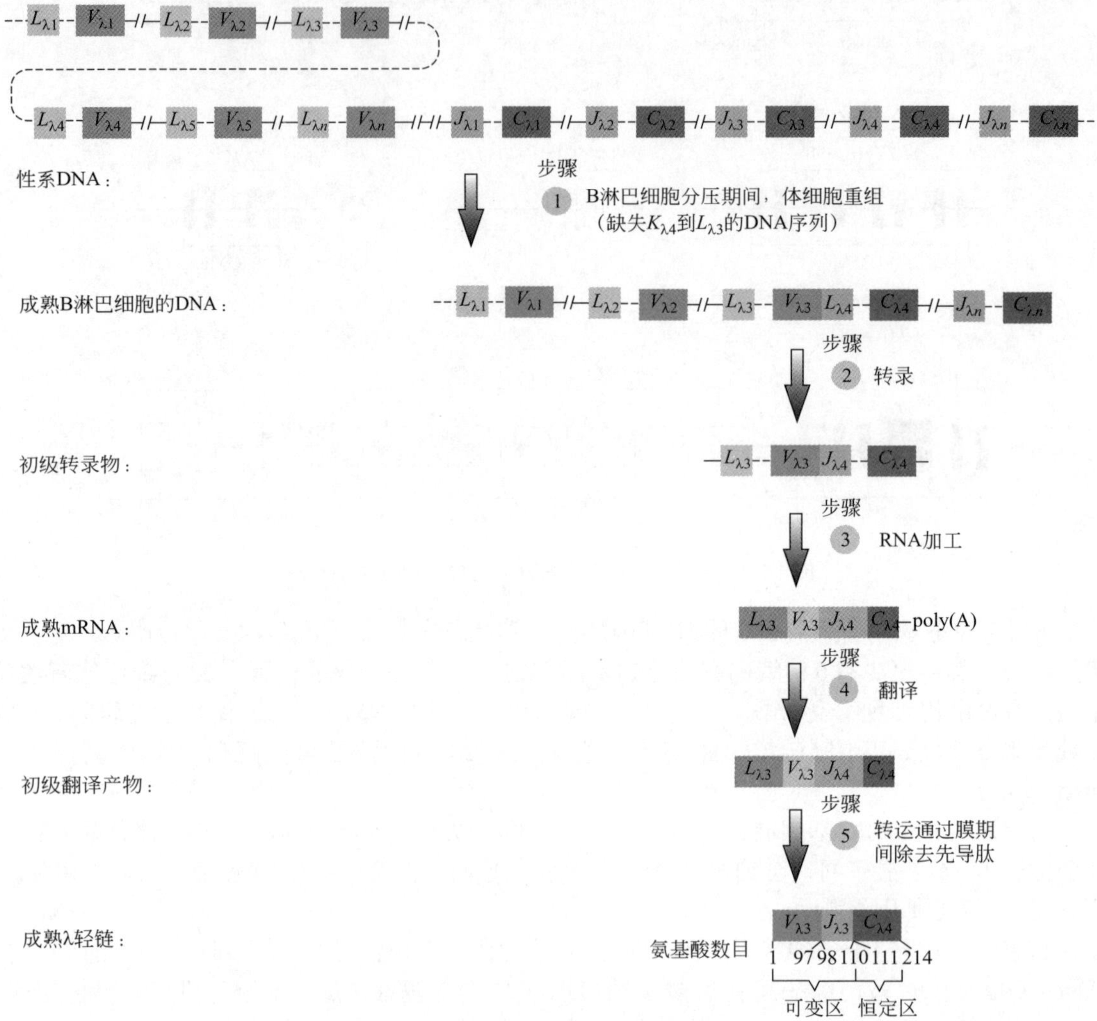

图15-5 λ轻链基因组装及后续成熟过程

重链的恒定区由C基因片段编码，人类有9种C基因片段（$C_{H\mu}$、$C_{H\delta}$、$C_{H\gamma3}$、$C_{H\gamma1}$、$C_{H\alpha1}$、$C_{H\gamma2}$、$C_{H\gamma4}$、$C_{H\varepsilon}$和$C_{H\alpha2}$）。C基因片段与新组装的重链可变区基因LV-D-J之间有非编码序列，它们在RNA加工期间被除去。

（4）抗体基因重排机制

在B淋巴细胞发育期间发生的抗体基因组重排，受控于专一的V-J、V-D和D-J连接信号。这种连接信号序列含有长7 bp（七聚体）和长9 bp（九聚体）的序列，两者被长度不等（12 bp和23 bp）的间隔序列所隔开。位于V基因片段后面（3′端）的七聚体和九聚体序列，同位于J基因片段前面（5′端）的七聚体和九聚体序列是互补的。只有当一个信号序列含有12 bp的居间序列和另一个信号序列中含有23 bp的居间序列时，才会发生连接。十分相似的信号序列控制着V-D和D-J的连接。在所有的V基因片段3′端、J片段5′端，以及D基因片段的两侧，都有DNA重排的识别信号。

（5）抗体多样性的产生

如前所述，抗体基因片段的重组连接，产生了数量极大的抗体多样性。在参与组装成熟抗体基因的连接期间，可能使用不同的重组位点，可以进一步增加抗体的多样性。另外，编码抗体可变区（抗原结合位点）的DNA序列中，发生单核苷酸对置换的频率极高（可达2%），这种置换是通过体细胞突变的某种机制发生的，被称为**体细胞超变**（somatic hypermutation）。体细胞超变使个体对不断变化的外界病原体提供适当的防御成为可能。

2. 抗体类型的转换

当发育中的B淋巴细胞开始合成抗体时，所有的重链*C*基因片段仍然存在，在这个阶段，合成的所有抗体都是IgM（重链恒定区是$C_{H\mu}$基因的产物）。可是有些浆细胞会迅速产生其他类型的抗体（具有IgA、IgD、IgE或IgG重链）。这一过程称为**类型转换**（class swiching）。

① RNA加工的可变途径。当有些浆细胞开始产生IgM和IgD时，发生了第一种类型转换。在这些细胞中，合成了包含$C_{H\mu}$和$C_{H\delta}$基因片段在内的初级转录物；初级转录物可能被剪接成含有$C_{H\mu}$或$C_{H\delta}$的序列，结果是在同一细胞中合成了这两种重链。

② 基因组的重排。其他的B细胞将从产生IgM类型的抗体转换到产生IgA、IgD、IgE或IgG抗体。这种类型转换涉及基因组的重排，在重排期间，最靠近已连接的*LV-D-J*基因片段的C_H基因片段被删除了。类型转换后产生的抗体类型，取决于哪一种CH编码区仍然同已融合的*LV-D-J*编码序列并排在一起。

3. 抗体基因表达调控

（1）增强子调节免疫球蛋白基因表达水平

干细胞中，抗体基因片段的转录水平不明显。B淋巴细胞分化期间，基因组重排把位于*LV*基因片段上游的启动子带到一个组织专一性（B淋巴细胞）增强子的影响范围之内，增强子位于*J*基因片段和*C*基因片段之间的内含子中，这可能是抗体基因激活的一种普遍机制。

（2）等位排斥：每个细胞只有一种功能重排

轻链基因重排首先发生在κ链基因座上，若重排有效，则产生κ链，抑制λ链的基因重排。只有当一对同源染色体上的κ链基因座都不能有效重排，才会启动λ链的基因重排，这样，在一个浆细胞中，只产生一种类型的轻链，这种现象称为轻链类型排斥。

在每一个B淋巴细胞分化期间，重链和轻链编码序列各自都只发生一次产生有功能基因的DNA重排，表达一组重链和轻链。这种现象称为等位基因排斥（allelic exclusion）。结果是，每个浆细胞只产生一种抗体。

第二节 肿瘤遗传

肿瘤遗传学是研究肿瘤发生与遗传因素之间关系的边缘学科，是医学遗传学的一个重要分支。肿瘤泛指一群生长失去正常调控的细胞。肿瘤形成后，可在原位上继续生长，也可转移并进入其他组织器官，而侵袭到其他部位的肿瘤恶性程度较高。肿瘤细胞持续生长将使个体出现严重的组织损伤和器官衰竭，最后导致死亡。

所有癌细胞的共同特点是生长、分裂失控。正常细胞离体培养时，在培养基的表面形成一个单细胞层。可是癌细胞则过度生长而堆积在培养基的表面，形成一堆细胞。因为癌细胞对抑制细胞分裂的化学信号不做出反应，以及癌细胞不能同相邻的细胞形成稳定的连接，所以发生了这种不受调节的细胞堆积。

在20世纪80年代之前，研究者们已经证明：①体外培养的癌细胞的后代全是癌细胞，表明癌有遗传基础；②有些病毒能诱发肿瘤，这意味着病毒基因编码的蛋白质参与癌的发生；③一些关键基因突变会导致癌的发生，诱变因子（化学诱变剂、电离辐射等）能诱发癌；④某些癌有在家系中出现的倾向，说明其易感性是遗传的；⑤某些白细胞癌（白血病和淋巴癌）有染色体畸变。

一、染色体异常与肿瘤

经多年研究证实，复杂染色体变化与肿瘤发生有着密不可分的关系，实际上，肿瘤是一种体细胞遗传病，在大多数人的恶性肿瘤中常伴有染色体数目或者结构上的异常。

1.肿瘤染色体理论的提出

1912年，T.Boveri发现两次受精的海胆幼胚细胞呈不均等分裂，染色体分配不均衡，这种细胞的特性与肿瘤细胞极其相似，失去了正常的生长。1941年，他在归纳总结肿瘤细胞中呈现的一些特殊现象的基础上，提出了肿瘤染色体理论。该理论认为：肿瘤细胞来源于正常细胞，具有某种异常染色体，是一种有缺陷的细胞，染色体畸变是引起正常细胞向恶性转化的主要原因。

2.肿瘤细胞的染色体异常

多数肿瘤细胞具有异常染色体。在一个肿瘤的细胞群体中，可能是单克隆，也可能存在多个克隆。由于细胞内外条件变化，单克隆细胞群可发展为多克隆肿瘤细胞群。因此，同一肿瘤所有细胞的染色体异常可以是相同的（单克隆起源），也可以是不同的（多克隆起源）。

肿瘤细胞的核型多伴有染色体的非整倍体的改变，有超倍体、亚倍体、多倍体等。此外，肿瘤细胞核型中亦频发染色体的结构异常。在肿瘤的发生发展过程中，其增殖失控等因素导致细胞有丝分裂异常并产生部分染色体断裂与重接，形成了一些结构特殊的染色体，称为标记染色体。所有标记染色体的形成可能是随机的，但只有一小部分能够在肿瘤细胞中稳定遗传，称为特异性标记染色体。最早发现的特异性标记染色体是Ph染色体。1960年，Nowell在慢性髓细胞性白血病（chronic myelogenous leukemia，CML）中发现了一条比G组染色体还小的异常染色体，后因为其发现于美国费城而被命名为**Ph染色体**（Philadelphia chromosome）。通过显带技术证明该染色体是t（9；22）（q34；q11）易位（图15-6）。约95%的CML患者具有Ph染色体。该染色体的发现首次证明了一种染色体畸变与一种特异性肿瘤之间的恒定关系，因此被认为是肿瘤细胞遗传学研究的里程碑。后来的研究发现，多种肿瘤具有其对应的特异性的标记染色体，例如，脑膜瘤：22q⁻（22号染色体长臂缺失）；视网膜母细胞瘤：13q14⁻（13号染色体长臂缺失）；黑色素瘤：7三体或22三体；鼻咽癌：t（1；3）（q41；p11）易位。

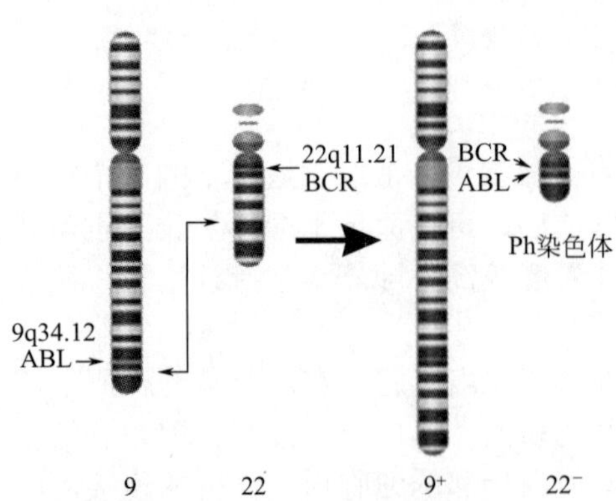

图15-6　Ph染色体的形成

3. 染色体异常在肿瘤发生中的作用

染色体数目或者结构改变可能导致基因的激活、失活、转录调节异常、扩增、缺失或基因及相关区域的改变。这些变化可能涉及癌或抗癌基因顺序、选择性代谢途径控制区、组织特异分化调节，还有编码生长调节因子的基因或细胞-细胞间相互作用表面膜分子等，通过改变细胞的生长与分化并使受累细胞克隆肿瘤样增殖。

二、癌基因

20世纪80年代发展起来的癌基因学说认为：在人的正常细胞中本来就存在着具有诱发肿瘤潜在倾向的原癌基因，在某些内外因子的诱导下，原癌基因会被激活而导致细胞癌变，形成肿瘤。能够使细胞癌变的基因统称为**癌基因**（oncogene），而还未转变为癌基因的原来的基因则称为**原癌基因**（proto-oncogene）。它们原本是正常细胞中的一些基因，是细胞生长发育所必需的。一旦这些基因在表达时间、表达部位、表达数量及表达产物结构等方面发生了异常，就可能导致细胞无限增殖并出现恶性转化（图15-7）。

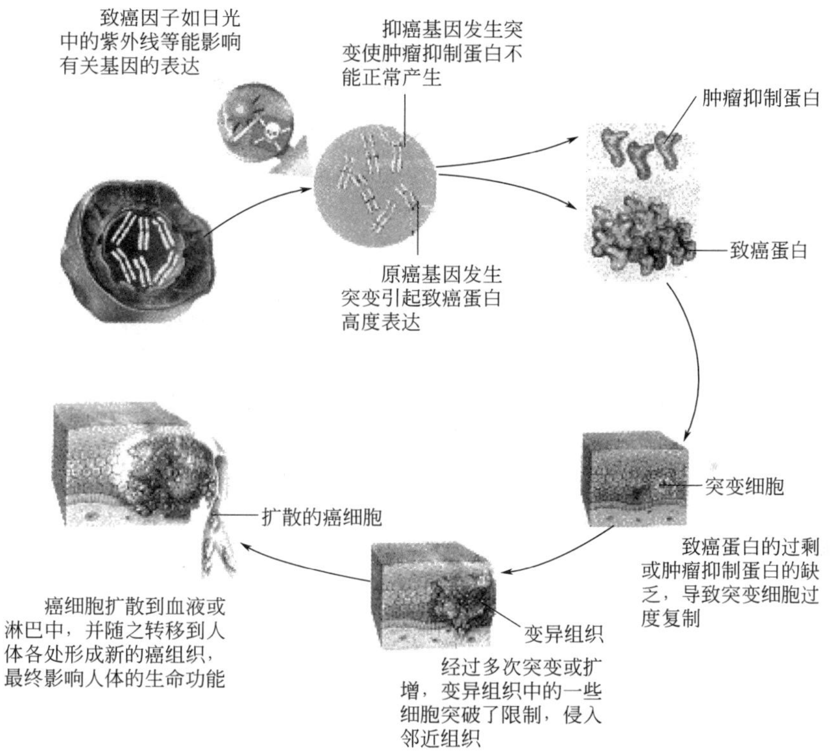

图15-7 肿瘤的发生

1. 病毒癌基因与细胞癌基因

20世纪70年代，研究发现引起肿瘤的RNA病毒（反转录病毒）样本中同一病毒包含两种不同形式。其中一种类型能够扩增，但很少引起肿瘤；另一种类型则不能自我扩增，属于缺陷型，但却能导致肿瘤。分子水平的分析显示：能够扩增的病毒会有一系列完整的反转录基因，缺陷型病毒的基因组通常保留反转录病毒基因组的末端，但基因组内部有与病毒基因序列不同的插入部分。这些插入序列的来源和功能在不同的反转录病毒中是不同的。

杂交分析显示，插入片段最初来源于宿主基因组，一般为高度保守序列。进一步的研究发现，每个插入片段来自宿主细胞的mRNA分子，该序列作为病毒的一部分感染宿主细胞后，或激活细胞增殖，或延长宿主细胞寿命。插入片段所编码的蛋白质在宿主细胞中成为肿瘤的强诱导剂，也作为反转录病毒正常生活周期的一部分，基因组作为双链DNA产生的模板可以整合到宿主细胞的基因组中。当缺陷反转录病毒基因组的DNA整合到细胞的染色体位点后，插入序列编码的蛋白质破坏细胞扩增的限制，引起肿瘤。野生型反转录病毒在一定情况下也可以诱导肿瘤发生，这是由于病毒的基因组插入宿主细胞基因组中控制细胞增殖的位点上。

反转录病毒基因组中能导致正常细胞癌变的核苷酸序列（RNA或DNA），称为**病毒癌基因**（viral oncogene，*v-onc*），宿主基因组序列中与病毒癌基因序列具有同源性的基因称**细胞癌基因**（cellular oncogene，*c-onc*），或**原癌基因**。在正常情况下，也就是未受到致癌因子激活时，这些细胞癌基因并不会使细胞癌变，不同动物的同类型原癌基因的核苷酸序列非常相似。例如在果蝇中可以找到与哺乳动物的某些细胞癌基因基本同源的DNA序列。这说明*c-onc*在长期进化过程中是非常保守的，经过600多万年的自然选择仍然能够保存下来，这种进化保守性显然意味着原癌基因大多与细胞的某些重要生理功能有关。

癌基因包括很多不同的基因，其产物在调控细胞的生长、分裂中起重要作用。在能引发脊椎动物宿主肿瘤的RNA病毒基因组中，人们第一次发现了癌基因。后来，在从果蝇到人类的很多种生物体内，都发现了这些病毒癌基因的细胞对应物。

（1）病毒癌基因

1910年，P. Rous发现了第一个诱发肿瘤的病毒，它在鸡结缔组织中引起肿瘤或肉瘤，因此称之为Rous肉瘤病毒。现代研究表明，Rous肉瘤病毒的RNA基因组中含有4个基因：*gag*，编码病毒粒子的衣壳蛋白；*pol*，编码逆转录酶；*env*，编码病毒外壳蛋白；*v-src*，编码一种蛋白激酶。这4个基因中，只有*v-src*负责病毒引起肿瘤的能力。缺失*v-src*基因的病毒，仍有感染力，但不能引发肿瘤。像*v-src*一样能引起癌的基因称为癌基因。存在于病毒基因组中的癌基因称为病毒癌基因，通常用*v-onc*表示。

通过研究诱发肿瘤的逆转录病毒，已发现至少20种病毒癌基因。病毒癌基因编码一种蛋白质，参与调节与细胞生长和分裂相关的基因表达，主要包括：生长因子基因（*v-sis*），生长因子、激素的受体基因（*v-erb B*），酪氨酸激酶基因（*v-src*、*v-ras*），转录因子基因（*v-jun*、*v-fos*、*v-erb A*、*v-myc*）等。

（2）原癌基因

病毒癌基因的细胞同源物称为原癌基因，或叫细胞癌基因，记作*c-onc*。1976年，Bishop等人在正常的鸡细胞中发现了与病毒癌基因*v-src*相似的基因*c-src*。不同的是，*c-src*含有11个内含子，而*v-src*没有内含子；这表明，病毒癌基因可能来自丢失了内含子的细胞癌基因。

不同物种中原癌基因的核苷酸序列非常相似，这种进化上的保守性意味着原癌基因编码的蛋白质，参与了细胞的重要生理功能。

在正常情况下，原癌基因并不会使细胞癌变。*v-onc*与*c-onc*同源，为何*v-onc*致癌而*c-onc*不致癌？可能的原因包括：病毒基因组增强子激活了*v-onc*的转录，表达了更多的蛋白质；或者*v-onc*在不适当的时间表达；或*v-onc*表达了突变的蛋白质，从而引发肿瘤。

2. 细胞癌基因的激活

一个执行正常功能的原癌基因是怎么变成有致癌活性的癌基因的呢？不同的癌基因激活的机制与途径主要有4种。

（1）点突变

细胞癌基因中由于单个碱基突变而改变编码蛋白的功能，或者是使基因激活并出现功能变异。研究证明从人的膀胱癌细胞克隆的*H-ras*癌基因是由其原癌基因突变所致，*H-ras*癌基因与原癌基因*c-ras*仅有一个碱基差异，即原癌基因*c-ras*的第12个密码子GGC（甘氨酸）突变为GUC（缬氨酸）后就变成了癌基因*H-ras*。与此相应的编码蛋白也就仅相差一个氨基酸。而就是这种微小的变化对蛋白质的空间结构产生了重大影响，导致细胞癌变。

（2）病毒诱导与启动子插入

细胞癌基因附近一旦被插入一个强大的启动子，如反转录病毒基因组中的长末端重复序列，也可被激活。

（3）基因扩增

细胞癌基因通过复制可大量增加拷贝数，从而激活并导致细胞恶性转化。当扩增过程在某一染色体区域产生一系列重复DNA片段，或者染色体区域重复复制形成许多DNA片段释放到胞质中后，由于这些DNA片段没有着丝粒，可随机分配到子代细胞中。人类肿瘤95%的病例有这些DNA片段。它们都是癌基因拷贝数目大量增加的表现，并因此产生过量的癌基因蛋白。如人的急性粒细胞白血病的肿瘤细胞中，原癌基因*c-myc*扩增了多达140倍。

（4）染色体断裂与重排

染色体断裂与重排可导致细胞癌基因在染色体上的位置发生改变，使原来无活性或低表达的癌基因易位到一个强大的启动子、增强子或转录调节元件附近，或者由易位导致基因结构发生改变，并与其他高效表达的基因形成所谓的**融合基因**（fusion gene），使控制癌基因的正常调控机制的作用减弱，激活癌基因引起肿瘤。

三、肿瘤抑制基因

学习了上述癌基因的知识后，有人会说，我们全身挂了这么多“定时炸弹”，岂不是都会得癌症？其实非也，即使是癌家族成员的发病率也只有10%～20%，大多数人还是能够幸免于难的。这是因为我们还有一类被称为**肿瘤抑制基因**（tumor suppressor gene）也称抑癌基因，或隐性癌基因（recessive oncogene）的重要保护因素。1968年，Harris把癌细胞系与同组织类型的正常二倍体细胞融合，所形成的杂交细胞均无恶性表型，将此杂交细胞接种到实验动物体内也不形成肿瘤。这种杂交细胞在体外培养条件下大多数能正常传代，但在部分杂交细胞中常出现染色体丢失现象，当丢失了某条特定染色体后恶性表型又重新恢复。这些试验结果表明，生物体对肿瘤的发生和发展并不是被动接受的，而是在细胞中存在着抑制转化细胞异常表达的某种机制，而且这种机制的功能作用与某些特定染色体的正常存在是直接相关的，例如有试验证明，如果把正常人的11号染色体引入一种肾癌Wilms肿瘤细胞中，则这种肿瘤细胞能恢复成为正常细胞。

其后，肿瘤分子生物学研究中有学者提出一种新的见解，即原癌基因被激活使细胞癌变的作用形式，在遗传上应属于显性致癌，而由某些染色体上特定基因丢失也可导致细胞癌变的现象表明正常二倍体细胞中还存在有抑制癌变的隐性基因，只有当这种隐性基因的两个等位基因都缺失或失活时细胞才发生癌变，于是，便形成了抑癌基因这个学术概念。最先被用于证实这个概念的是发现了视网膜母细胞瘤（retinoblastoma）的癌基因（*Rb*），这是研究抑癌基因的典型分子生物学模型，首先证实该基因的致癌效应是隐性的，即当正常细胞中的Rb^+失活变为rb^-，而且是rb^-/rb^-纯合时，即导致细胞癌变，或者是当两个Rb^+基因都缺失时也同样造成细胞癌变。

视网膜母细胞瘤约40%为家族性，60%为散发性。1971年，A. Knudson提出“二次打击”学说，来解释视网膜母细胞瘤的家族性（遗传型），见图15-8。

由此可见，一个Rb^+的存在是保持细胞正常表型的必要条件。所以*Rb*基因被认为是抑癌基因。对于这类基因来说，致癌和抑癌功能可看成是一对相对性状，抑癌是显性的，致癌则是隐性的，在正常细胞中，原癌基因和抑癌基因都能对细胞的生长分化起调控作用。

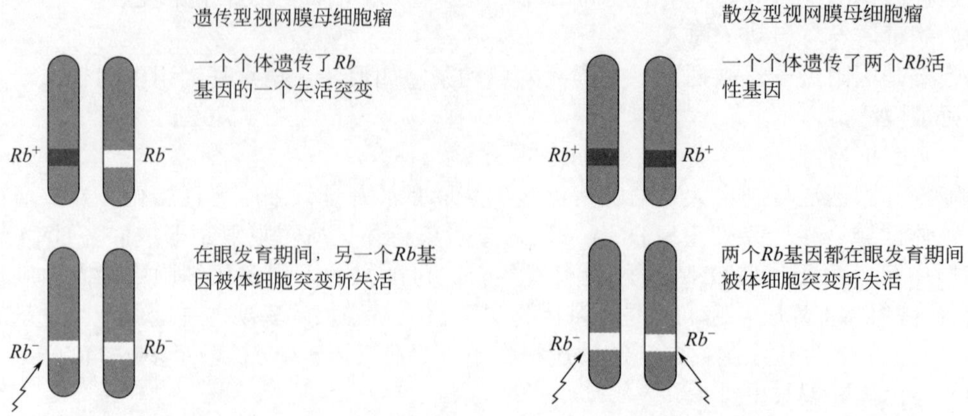

图15-8 利用Knudson的“二次打击”学说解释视网膜母细胞瘤的家族性遗传

四、癌发生的遗传途径

在大部分癌症中，恶性肿瘤的形成并非起源于单个基因的突变。癌的发生是原癌基因和肿瘤抑制基因突变积累的结果。

D. Hanahan和R. Weinberg提出的通往癌的遗传途径的6个标志：

① 能自己解决刺激分裂和生长的信号转导过程。

② 对抑制生长的信号特别不敏感。

③ 能逃避程序性细胞死亡。

④ 获得无限复制的潜能。

⑤ 可以营养自身。

⑥ 获得入侵其他组织并形成细胞集落的能力。

无数研究表明，体细胞突变是多种癌发生的基础。突变积累、整条染色体或染色体片段丢失等遗传不稳定性，增加了癌出现上述每一种特性的可能性。

第三节 遗传与优生

遗传是一种表现为亲代与子代之间、子代个体之间相似的生物学特性。亲代的许多由遗传物质决定的生物特性，通过生育传递给子代，其中既有优异的特性，也有差劣的特性。优生就是使得后代尽可能多地保留亲代优异的遗传物质和生物特性、减少差劣的遗传物质和生物特性，生育健康聪明的后代，使后代在体能、智能等各个方面能够不断优化和加强。

一、优生的影响因素

1. 遗传因素

遗传因素是决定所有生物一切遗传性状（如体型、体质、生理功能等）的物质基础，其本质是染色体和基因DNA中碱基对的排列。父母的遗传物质对子女的影响是显而易见的，良好的遗传物质是优生的首要条件。为了使人类的整体素质不断得到提高达到优生的目的，就必须保持和巩固优良的遗传因素在人群中的分布，限制和减少差劣的遗传因素在人群中的扩散。人工授精和体外授精的推广属于前者，而限制和禁止有严重遗传倾向疾病的人结婚生育则属于后者。

当然，遗传物质对后代的影响并非绝对的和一成不变的。在遗传物质的传递过程中，有可能受到各种因素的影响而使遗传物质发生改变，即基因突变。有利的突变有利于优生，有害的突变则不利于优生。

2. 环境因素

对生活在母体内的胚胎和胎儿来说，其环境就是出生前的宫内环境，宫内环境的质量对胚胎和胎儿的发育具有直接影响。而宫内环境又取决于外界环境和母体的状态。许多遗传性疾病和出生缺陷都与环境有关，因此影响优生的环境因素主要包括外界环境和母体状态。

（1）外界环境

随着社会的发展和科技的进步，环境问题越来越受到人们的关注。每天不但有各种化学物质和“三废”（废水、废气、废渣）不断进入我们的生活环境中，而且在工作和生活中，还要接触到许多物理因素（粒子射线、微波及其他电磁辐射）和生物因素（细菌、霉菌、生物毒素等），在这些化学、物理、生物因素中，有许多可能对胎儿的发育构成严重威胁，导致胎儿畸形。

生物因素是引起出生缺陷较常见的原因之一。特别是母体在孕期受到某些病原体（如病毒、细菌、寄生虫等）感染时，这些病原体可经血液通过胎盘绒毛屏障或子宫颈上行感染胎儿，造成流产、死胎，甚至造成胎儿畸形。生物毒素很容易由母体进入胎儿体内，所以孕妇在日常生活中要小心防范。如孕妇不能吃被黄曲霉素污染的食品，孕妇感染巨细胞病毒也可传给胎儿造成胎内感染，使胎儿脑损害，引起智力、听力障碍。临床证明，可先天致畸的病毒还有引发风疹、疱疹、麻疹、脊髓灰质炎、腮腺炎等的病毒。

放射性辐射，如X射线、放射性同位素、放射性碘等都能致胎儿小头畸形、眼球病变，或产生恶性肿瘤、甲状腺缺陷等。怀孕14周前的早孕期应避免做X射线等检查。如若必须做，则要注意照射剂量、部位，并在孕妇腹部围上铅裙做好防护措施。

（2）母体状态

母体良好的营养状况，不仅可满足自身所需的能量及其生理、心理的需要，更为提高受精卵着床率、保证胚胎的健康发育提供了优越的条件。母亲妊娠期营养不良，低体重新生儿比例将会增加，而母亲长期慢性营养不良对胎儿的影响，比在孕期内的短期营养不良后果更加严重。例如，胎儿的中枢神经系统发育直接影响出生后的智力发展。胎儿大脑细胞生长增殖是一次性完成的，需要很多营养，若营养不够，增殖就很难达到一定数目，胎儿出生后智力水平就会偏低。

胎儿的生长发育是借助胎盘的血液循环和母体进行物质交换，因此母体患某些疾病也会影响到胎儿。如患糖尿病的母亲孕育的胎儿受其影响而体重过高，出生时最大体重可达7kg，这种巨大胎儿易发生呼吸窘迫症。此外，母亲患有糖尿病，胎儿受其内环境影响而导致先天性心脏病或无脑儿的概率高达2.9%。如果母亲甲状腺功能低下，胎儿易产生骨和牙齿的畸形、隐睾、伸舌样痴呆、甲状腺肿大等。

据统计，我国目前出生缺陷的发生率在4%以上，处于较高水平。其原因较复杂，其中遗传因素约占20%～30%，母体疾病及宫内感染约占5%，由环境有害因素或药物引起的约占1%，其余60%～70%原因不明的，可能是遗传因素和环境因素共同作用的结果。

二、优生的措施

优生是一项涉及人类本身兴衰的科学性很强的复杂工作。

1. 做好遗传咨询、禁止近亲结婚

遗传咨询是应用遗传学和临床医学的基本原理和技术，确认并解答遗传病患者及其亲属、有关社会服务人员所提出的关于遗传方面的问题，并在权衡现在与未来、个人与家庭、社会利弊的基础上，给予婚姻、生育、疾病防治和预后教育以及就业等方面医学指导的过程。包括婚前咨询、孕前咨询、孕期咨询、产前咨询等方面。

近亲是指3代以内有共同祖先的个体。这样有亲缘关系的两个个体结婚称之为近亲结婚。如表兄妹结婚，他们可能从共同祖先那里获得较多的相同基因，并将之传递给子女。如果这一基因按常染色体隐性方式遗传，其子女就可能因为是隐性纯合子而发病，如痴呆、畸形、患有遗传病甚至死亡。血缘关系越近，婚后所生子女中具有相同隐性遗传病的病变基因的纯合子的机会就越多，越容易出现隐性遗传病患者。因此许多国家通过法律禁止近亲结婚。禁止近亲结婚的目的是优生，为了子孙后代的健康，为了家庭的幸福，为了提高我国的人口素质，每个公民都应该自觉地杜绝近亲结婚。

2. 开展婚前检查、选择适龄生育

婚前检查是对准备结婚的男女双方进行全面系统的健康检查，以及由专业医师提供关于计划生育、优生优育指导、性保健、性健康的科学性教育等系列服务。婚前检查是为了保障男女双方身体健康、科学地选择生活伴侣、保障婚姻美满和家庭幸福、防止遗传病延续、实现后代优生，也是实行优生监督的第一关。

婚前检查的内容较多，除了必要的全身各系统、器官的基本检查和有关的生化指标检测外，主要还有健康状况询问（既往病史和现病史）、家族史调查（是否近亲结婚、亲属身体健康状况、是否有遗传性疾病等）以及性卫生知识介绍和生育指导等。

最适生育年龄是已婚妇女最合适的生育年龄，是以生理学、心理学、生理产科学、围产医学及社会学等多学科理论为科学基础而确定的。兼顾各方面因素，男性25～35岁，女性23～29岁应是最适宜的生育年龄。该时期的生殖力旺盛，精卵细胞质量好，染色体畸变概率低，计划受孕容易成功，难产概率相对较低，受孕阶段和妊娠过程中不良因素的干扰相对较小，既有利于男女双方的身体健康，又有利于优生优育。因此，每一对夫妇有必要把握好时机，选择合适的生育年龄。

3. 实施产前诊断、适时进行胎教

产前诊断，又称宫内诊断，是近代医学科学的又一重大进展。其理想效果是限制群体内有害基因的传递；对一些患有严重遗传性疾病的胎儿，产前诊断后可及时终止妊娠；如为正常胎儿，则给处于遗传高风险中的夫妇一次难得的生育机会。产前诊断是实现预防性优生的重要途径，常作为遗传咨询的辅助手段之一。自1966年首例羊水胎儿细胞培养成功及1968年第一例先天愚型和先天性代谢（半乳糖症）的产前诊断成功报道后，近年来产前诊断的技术得到了迅速发展和广泛应用，准确性也得到了很大提高。比如常用的超声波诊断技术就具有很大的实用价值。超声显像使胎儿成为“看得见”的动态对象，可以观察胎儿在宫内的生长发育情况，主要可以诊断多胎、羊水过多、脑积水、神经管损伤、宫内发育迟缓、死胎等畸形。目前以B型超声波诊断应用最为广泛，更出现了四维彩超技术，也在临床上得到广泛应用。

胎教是通过科学调整孕妇体内外环境，从受孕开始给胎儿提供良好的、有益的信息，避

免不良因素对胎儿的影响，从而对胎儿进行早期教育和训练，保证胎儿的身心健康发展，智能得到充分发挥。研究表明，胎儿有听觉、视觉、感知及运动、记忆等方面的能力，具有和母亲相互传递情感、交流信息、密切联系的功能。因此在一定程度上适时适宜的胎教，无异于是胎儿精神发育上的营养素。

4. 加强孕期锻炼、重视营养保健

体育锻炼是增强体质的一项有益活动。对孕妇而言更是如此，若每天适时地进行室外的体育活动，不仅能呼吸新鲜空气，沐浴阳光，有利于胎儿的骨骼发育，而且能使母亲保持心情愉快，情绪稳定，既利于胎儿发育，又利于胎教。不过应当注意，在孕早期和晚期不宜进行运动量较大的体育活动，孕早期易引起流产，孕晚期则易引起早产，均不利于优生。所以，孕期运动锻炼有必要在专业人士的指导下科学地进行，根据各个孕期的不同特点分别选择适宜的运动项目和运动强度，避免过于剧烈的运动。

母亲孕期营养素的摄入非常重要，不仅是维持孕妇自身的营养需要，而且也是保证胎儿的生长发育以及乳房、子宫和胎盘等发育的需要，还要为分娩和产后哺乳做好营养储备。在孕早期的三个月里，母亲的营养影响着胎儿细胞的分化和骨骼的生长，后六个月里，母亲能量和营养素的供给则决定着胎儿的大小。妊娠期间应供给母体平衡膳食，既要使之摄入足够的热量和蛋白质，又要供给各种富含维生素及无机盐的食品，同时还应保证各营养素之间的比例恰当。

本章小结

人类遗传是遗传学与医学相结合的研究领域，其主要研究对象是人类的遗传性疾病。免疫是人体的一项重要的生理功能，人体免疫系统是由数目庞大、种类繁多的免疫细胞和免疫活性物质组成的，借助一系列的被动和主动的免疫反应，如细胞吞噬、细胞免疫和体液免疫等来构筑免疫防线。人类红细胞表面含有的特殊抗原性物质叫凝集原，最具有临床意义的是ABO和Rh血型系统。随后深入阐释了白细胞抗原遗传与人类抗体产生的遗传机制。肿瘤遗传部分，首先从肿瘤细胞的特性出发，阐释了癌具有遗传特性，进一步明确了肿瘤与染色体异常的关系，以及癌基因和抑癌基因的基本概念和激活机制与途径。最后，针对与人类关系最为密切的遗传与优生问题作了简要阐述，包括影响优生的遗传和环境因素，以及优生的措施等等。

思考拓展

1. 名词解释

免疫　抗原　抗体　主要组织相容性复合体　癌基因　抑癌基因　优生　产前诊断

2. 请结合人类抗体基因的结构和组装过程，阐释其中涉及的基因表达调控机制。
3. 不同的癌基因激活的机制与途径有哪几种？
4. 试述ABO新生儿溶血症发生的原因及预防措施。
5. 什么是肿瘤抑制基因？它们在肿瘤发生中有什么作用？
6. 影响优生的因素有哪些？采取什么措施保证优生？
7. 产前诊断可以通过哪几种方法进行？常用的技术有哪些？

参考文献

[1] 陈宏. 细胞遗传学. 北京：科学出版社，2022.

[2] 陈茂林. 遗传学. 2版. 武汉: 湖北科学技术出版社, 2006.

[3] 陈竺, 强伯勤, 方福德. 基因组科学与人类疾病. 北京: 科学出版社, 2001.

[4] 陈宇宁, 熊兴东. 长链非编码RNA与表观遗传调控. 生物化学与生物物理进展, 2014, 08: 723-730.

[5] 陈泽辉. 群体与数量遗传学. 贵阳: 贵州科技出版社, 2009.

[6] 戴灼华, 王亚馥, 粟翼玟. 遗传学. 2版. 北京: 高等教育出版社, 2008.

[7] 戴灼华, 王亚馥. 遗传学. 3版. 北京: 高等教育出版社, 2016.

[8] 邓大君. DNA甲基化和去甲基化的研究现状及思考. 遗传, 2014, 05: 403-410.

[9] 丁楠, 渠鸿竹, 方向东. ENCODE计划和功能基因组研究. 遗传, 2014, 03: 237-247.

[10] 冯宗云, 赵钢. 遗传学. 成都: 四川科学技术出版社, 1996.

[11] 高晓明. 医学免疫学. 北京：高等教育出版社，2007.

[12] 高原, 王国秀. 线虫的性别分化和决定. 生命的化学, 2002, 22(5): 425-429.

[13] 郭荣昌. 动物遗传学. 北京: 经济科学出版社, 1997.

[14] 贺竹梅. 现代遗传学教程. 广州: 中山大学出版社, 2002.

[15] 江光怀，王文明，谢兵，等. 水稻抗白叶枯病基因X^{a4}位点跨叠BAC克隆群的构建. 遗传学报, 2001, 28(3): 236-243.

[16] 季道藩. 遗传学. 北京: 农业出版社, 1997

[17] 兰宗宝. 配子水平上动物性别控制的研究进展. 广西农学报, 2009, 24(4): 74-76, 96.

[18] 李宝森, 胡庆宝. 遗传学. 天津: 南开大学出版社, 1991

[19] 李光雷, 喻树迅, 范术丽, 等. 表观遗传学研究进展. 生物技术通报, 2011, 01: 40-49.

[20] 李灵, 宋旭. 长链非编码RNA在生物体中的调控作用. 遗传, 2014, 36(3): 228-236.

[21] 李美婷, 曹林林, 杨洋. 表观遗传修饰在糖脂代谢中的作用. 遗传, 2014, 3: 200-207.

[22] 刘洪珍. 人类遗传学. 北京: 高等教育出版社, 2009.

[23] 刘庆昌. 遗传学. 5版. 北京: 科学出版社, 2024.

[24] 刘祖洞. 遗传学. 2版. 北京: 高等教育出版社, 1991.

[25] 刘祖洞, 乔守怡, 吴燕华, 等. 遗传学. 4版. 北京: 高等教育出版社, 2021.

[26] 卢龙斗. 普通遗传学. 北京: 科学出版社, 2009.

[27] 毛盛贤. 遗传学原理. 2版. 北京: 科学出版社，2022.

[28] 马永信，郭风劲. 医学遗传学. 北京: 科学出版社，2022.

[29] 钱晨, 蔡薇. 人类性别决定的研究现状. 现代预防医学, 2008, 35(20): 4007-4008, 4011.

[30] 钱小红, 贺福初. 蛋白质组学: 理论与方法. 北京: 科学出版社, 2003.

[31] 盛志廉, 陈瑶生. 数量遗传学. 北京: 科学出版社, 2001.

[32] 沈圣, 屈彦纯, 张军. 下一代测序技术在表观遗传学研究中的重要应用及进展. 遗传, 2014, 03: 256-275.

[33] 田顺先. 遗传学. 北京: 中国农业出版社, 2019.

[34] 石春海. 现代遗传学概论. 杭州: 浙江大学出版社, 2007.

[35] 宋运淳, 余先觉. 普通遗传学. 武汉: 武汉大学出版社, 1989.

[36] 孙明. 基因工程. 北京: 高等教育出版社, 2006.

[37] 孙乃恩, 孙东旭, 朱德煦. 分子遗传学. 南京: 南京大学出版社, 1990.

[38] 汤琳琳, 麦一峰, 段世伟. DNA羟甲基化与表观遗传学调控. 中国生物化学与分子生物学报, 2014, 11: 1084-1091.

[39] 王培林, 李冰, 孙文靖. 医学遗传学. 5版. 北京: 科学出版社，2023.

[40] 王瑞娴, 徐建红. 基因组DNA甲基化及组蛋白甲基化. 遗传, 2014, 03: 191-199.

[41] 王亚馥. 遗传学. 北京: 高等教育出版社, 2001.

[42] 吴相钰, 陈守良, 葛明德. 普通生物学. 3版. 北京: 高等教育出版社, 2009.

[43] 吴燕华, 乔守怡, 刘祖洞, 等. 遗传学. 5版. 北京：高等教育出版社，2025.

[44] 谢晓刚, 贾燕青, 仇薪鑫, 等. 哺乳动物性别决定及相关基因研究进展[J]. 动物医学进展, 2021, 42(06): 79-84.

[45] 薛开先. 表遗传学几个重要问题的述评. 遗传, 2014, 03: 286-294.

[46] 徐纪明, 向太和. 三种模式植物性别决定的研究进展. 亚热带植物科学, 2007, 36(2): 68-72.

[47] 徐晋麟, 徐沁, 陈淳. 现代遗传学原理. 2版. 北京: 科学出版社, 2005.

[48] 徐晋麟, 赵耕春. 基础遗传学. 北京: 高等教育出版社, 2009.

[49] 徐子勤. 功能基因组学. 北京: 科学出版社, 2007.

[50] 杨保胜, 李刚. 北京: 高等教育出版社, 2014.

[51] 杨金水. 基因组学. 北京: 高等教育出版社, 2002.

[52] 杨业华. 普通遗传学. 2版. 北京: 高等教育出版社, 2006.

[53] 闫雷, 张晓杰, 许厚强, 等. 家畜性别控制的研究进展. 畜牧与饲料科学, 2009, 30(4): 130-133.

[54] 余其兴, 赵刚. 人类遗传学导论. 北京: 高等教育出版社, 2000.

[55] 翟中和, 王喜忠, 丁明孝. 细胞生物学. 北京: 高等教育出版社, 2000.

[56] 张飞雄, 李雅轩. 普通遗传学. 2版. 北京: 科学出版社, 2015.

[57] 张飞雄. 普通遗传学. 3版. 北京: 科学出版社, 2015.

[58] 张惠展. 基因工程概论. 上海: 华东理工大学出版社, 1999.

[59] 张建民. 现代遗传学. 北京: 化学工业出版社, 2005.

[60] 张淑玲, 于海涛, 张春晶. 人类的性别与性别畸形. 生物学通报, 2006, 41(8): 7-9.

[61] 赵菲轶. 遗传学. 成都: 四川大学出版社, 2016.

[62] 赵国屏. 生物信息学. 北京: 科学出版社, 2002.

[63] 赵金璇，王芳，徐峥嵘, 等. 表观遗传调控pre-mRNA的选择性剪接. 遗传, 2014, (3) : 248-255.

[64] 赵寿元. 现代遗传学. 北京: 高等教育出版社, 2002.

[65] 赵寿元, 乔守怡. 现代遗传学. 2版. 北京: 高等教育出版社, 2008.

[66] 浙江农业大学. 遗传学. 2版. 北京: 中国农业出版社, 1998.

[67] 朱军. 遗传学. 3版. 北京: 中国农业出版社, 2001.

[68] 朱军. 遗传学. 4版. 北京: 中国农业出版社, 2018.

[69] 朱卫国, 宋旭, 张根发, 等. "表观遗传学研究进展专刊" 编者寄语. 遗传, 2014, 03: 189-190.

[70] Gleave A P. A binary *Agrobacterium* vector system with a T-DNA organizational structure conducive to efficient integration of cloned DNA into the plant genome. Plant Mol Biol, 1992, 20(6): 1203-1207.

[71] Cheng X, Blum enthal R M. Mammalian DNA methyl transferases a structural perspective. Structure, 2008, 16(3): 341-350.

[72] Cho Y G, Ishii T, Temnykh S, et al. Diversity of microsatellites derived from genomic libraries and GenBank sequences in rice(*Oryza sativa* L.)Theor Appl Genet, 2000, 100: 713-722.

[73] Dupont C, A rmant D R, Brenner C A. Epigenetics definition, mechanisms and clinical perspective. Sem in Reprod Med, 2009, 27(5): 351-357.

[74] Hartl D L, Jones E W. Genetics: Principles and Analysis. 5th edition. Sudbury: Jones and Bartlett Publishers, 2001.

[75] Hartl D L, Freifelder D, Snyder L A. Basic Genetics. CA: Jones and Bartlett Publishers, 1988

[76] Holliday R. Epigenetics: an overview. Developmental Genetics, 1994, 15(6): 453-457.

[77] Klug W S, Cummings M R. Essentials of genetics, 4th edition. New Jersey: Pearson Education, Inc. , 2002.

[78] Kubota T, M iyake K, Hirasawa T. Novel etiological and therapeutic strategies for neurodiseases epigenetic understanding of gene environment interaction. J Pharmacol Sci, 2010, 113(1): 3-8.

[79] Lau Y F, Kan Y W. Versatile cosmid vectors for the isolation, expression, and rescue of gene sequences: Studies with the human a-globin gene cluster. Proc Nati Acad Sci USA, 1983, 80: 5225-5229.

[80] Lewin B. Genes Ⅷ. New Jersey: Pearson Prentice Hall, 2004.

[81] Makarova J A,Ivanova S M, et al. New functions of small nuclear RNAs. Biochemistry,2013,78(6):638-650.

[82] Mc Quown S C, Wood M A. Epigenetic regulation in substance use disorders. Curr Psychiatry Rep, 2010, 12(2): 145-153.

[83] Panaud O, Chen X, McCouch S R. Development of microsatellite markers and characterization of simple sequence length polymorphism(SSLP) in rice (*Oryza sativa* L.). Mol Gen Genet, 1996, 252: 597-607.

[84] Paul J, Hooykaas J, Schilperoort R A. Agrobacterium and plant genetic engineering. Plant Mol Biol, 1992, 19: 15-38.

[85] Russell P J. Fundamentals of Genetics, 2nd edition. Essex: Addison Wesley Longman, Inc. 2000.

[86] Snustad D P, Simmons M J. Principles of Genetics. 3rd edition. New York: John Wiley and Sons. Inc. , 2003.

[87] Tamarin R H. Principles of Genetics. 6th edition. New York: WcGraw-Hill Companies, Inc. , 2001.

[88] Wang Z, Gerstein M, Snyder M, RNA-seq: a revolutionary tool for trasnseriptomies. Nature Reviews Genet, ics, 2009, 10(1): 57-63.

索　　引

A

B

C

D

F

G

H

J

K

L

M

N

O

P

Q

R

S

T

W

X

Y

Z

其他